普通高等教育"十一五"国家级规划教材
2008年度普通高等教育国家精品教材
湖南省教育科学"十一五"规划重点
资助课题研究成果教材
高职高专计算机类专业规划教材

数据库系统原理与应用
（SQL Server 2005）

第2版

主　编　刘志成　宁云智
副主编　颜谦和　朱兴荣　石庆安
参　编　王鸿铭　彭　勇　陈承欢　翁健红
　　　　冯向科　吴献文　谢树新　薛志良
　　　　王咏梅　林东升　唐丽玲　李　蓓

机械工业出版社

本书通过两个完整的案例，全面地介绍了 SQL Server 2005 数据库管理系统的各种操作技术和应用程序开发方法，寓原理于应用，于应用中解释原理。通过“图书管理系统”详细阐述了关系数据库的管理和开发过程，同时，利用“B-C 电子商务系统”供读者进行模仿、练习和提高。

本书共 12 章，分别介绍了数据库技术基础、数据库操作、表的管理、数据查询、索引和视图操作、T-SQL 基础和存储过程、数据库完整性、数据库安全性、数据管理、事务和锁、数据库设计以及数据库应用程序开发等内容。同时，书后还配套有综合实训和模拟试题，以方便学生上机实训并巩固所学知识内容。

本书适合作为高职高专、中职院校 IT 类专业数据库相关课程的教材，也可作为数据库管理和程序开发人员的参考用书。

为方便教学，本书配备电子课件等教学资源。凡选用本书作为教材的教师均可登录机械工业出版社教材服务网 www. cmpedu. com 免费下载。如有问题请致信 cmpgaozhi@ sina. com 或致电 010-88379375 咨询。

图书在版编目（CIP）数据

数据库系统原理与应用：SQL Server 2005 / 刘志成，宁云智主编. —2 版. —北京：机械工业出版社，2010.1（2016.1 重印）
普通高等教育“十一五”国家级规划教材. 2008 年度普通高等教育国家精品教材. 湖南省教育科学“十一五”规划重点资助课题研究成果教材. 高职高专计算机类专业规划教材
ISBN 978-7-111-28916-6

Ⅰ. 数…　Ⅱ. ①刘…　②宁…　Ⅲ. 关系数据库—数据库管理系统. SQL Server 2005—高等学校—教材　Ⅳ. TP311.138

中国版本图书馆 CIP 数据核字（2009）第 243307 号

机械工业出版社（北京市百万庄大街 22 号　邮政编码 100037）
策划编辑：王玉鑫　责任编辑：张　芳　责任校对：闫玥红
封面设计：王伟光　责任印制：李　洋
北京振兴源印务有限公司印刷
2016 年 1 月第 2 版 · 第 5 次印刷
184mm×260mm · 17.75 印张 · 530 千字
11001—12900 册
标准书号：ISBN 978-7-111-28916-6
定价：38.00 元

凡购本书，如有缺页、倒页、脱页，由本社发行部调换

电话服务
服务咨询热线：010-88379833
读者购书热线：010-88379649

网络服务
机 工 官 网：www.cmpbook.com
机 工 官 博：weibo.com/cmp1952
教育服务网：www.cmpedu.com
金 书 网：www.golden-book.com

第 2 版前言

SQL Server 2005 是由 Microsoft 公司于 2005 年 11 月推出的关系型数据库管理系统，具有安全性、完整性、Internet 支持等新特性，在数据库开发领域得到了广泛的应用。目前，SQL Server 2005 数据库管理系统已成为中、小型桌面 MIS 系统和 Web 应用系统的首选数据库产品。

为了适应 SQL Server 数据库技术的发展，本书在第 1 版的基础上进行了修订。本次修订使用的 SQL Server 版本为 2005 版，一是考虑到 SQL Server 2000 正在逐步退出数据库应用的市场，二是考虑到 SQL Server 2008 在软件企业中的应用和教学中的推广还需要一段时间。

本书的内容结构仍然保留了第 1 版的结构，共 12 章，其中第 1 章和第 11 章的内容基本与第 1 版一致，其余各章最大的变化是将基于 SQL Server 2000 的"企业管理器"数据库管理方式调整为基于 SQL Server 2005 的"SQL Server Management Studio"的数据库管理方式；原有的 T-SQL 数据库管理方式，根据 SQL Server 2005 体系的变化也进行了相应的修改。同时，将数据库相关的原理分解到实际的应用中，在数据库的实际应用中剖析数据库的基本原理，并力求做到深入浅出、适用、实用和够用。

另外，编者结合自己近几年数据库系统的教学、研究和开发经验，并吸纳了众多的使用本书第 1 版教材的教师的建议，优化了教学环节。根据数据库管理员、数据库开发程序员等职业岗位的能力要求，遵循高职高专学生的认知规律，将 SQL Server 2005 数据库管理和开发技术分解成多个独立的技术模块，以真实的数据库管理项目为载体进行内容介绍，这样更有利于实施"项目驱动、案例教学、理论实践一体化"的教学，也更有利于技能型应用人才的培养。

本书由湖南铁道职业技术学院的刘志成、宁云智主编，湖南铁道职业技术学院的颜谦和、朱兴荣和湖南株洲职工大学的石庆安担任副主编，平顶山工业职业技术学院的王鸿铭、湖南铁道职业技术学院的彭勇、陈承欢、翁健红、冯向科、吴献文、谢树新、薛志良、王咏梅、林东升、唐丽玲、李蓓等参与了编写和文字校对工作。机械工业出版社的王玉鑫编辑对本书的编写提供了大力的支持，在此表示感谢。也感谢我们的家人的支持和鼓励。

本书可作为高职高专、中职 IT 类专业数据库应用技术课程的教材，也可作为培训教材使用。由于编者水平有限，加上时间仓促，书中的错误和疏漏在所难免，敬请广大读者和专家批评指正。E-mail：liuzc518@163.com。

编　者

第1版前言

SQL Server 2000 自 2000 年发布以后，由于其安全性、完整性和 Internet 支持等特性，在数据库开发领域得到了广泛的应用，SQL Server 2000 数据库管理系统也成为了中、小型桌面 MIS 系统和 Web 应用系统的首选数据库产品。虽然 Microsoft 于 2005 年推出了 SQL Server 2005，但 SQL Server 2000 因为其成熟性和广大用户的使用习惯仍将在数据库市场存在相当长的时间。为了适应数据库技术的发展和普及应用，各级各类高校计算机专业都开设了数据库技术这门课程，SQL Server 2000 也成为了教学的首选课程。

作者结合自己在数据库系统方面的教学、研究和开发经验，参考了大量资料，编写了本教材。本教材针对高职高专院校学生的特点，将 SQL Server 2000 数据库的管理和开发技术分解成技能点，通过完整案例进行介绍，真正体现"任务驱动"、面向"应用型"人才培养的特点。同时，在应用中剖析原理，力求做到深入浅出、适用、实用和够用。

全书各章节安排如下：

第 1 章　数据库技术基础。介绍了数据库和关系数据库相关的基本知识以及 SQL Server 2000 安装及整体架构。

第 2 章　数据库操作。介绍了书中用到的样例数据库和数据库操作。

第 3 章　表的管理。介绍了 SQL Server 2000 中表和表中记录的操作。

第 4 章　数据查询。介绍了对 SQL Server 2000 的数据查询。

第 5 章　索引和视图操作。介绍了 SQL Server 2000 中的索引和视图操作。

第 6 章　T-SQL 基础和存储过程。介绍了 T-SQL 基本语法和 SQL Server 2000 中的存储过程。

第 7 章　数据库完整性。介绍了 SQL Server 2000 中的数据完整性。

第 8 章　数据库安全性。介绍了 SQL Server 2000 中的数据安全性。

第 9 章　数据管理。介绍了 SQL Server 2000 中的高级数据管理。

第 10 章　事务和锁。介绍了 SQL Server 2000 中的事务和锁。

第 11 章　数据库设计。介绍了数据库设计的方法和过程。

第 12 章　应用程序开发。介绍了 Visual Basic 6.0、Java 平台和 .NET 平台下典型的 SQL Server 2000 开发实例。

参加本书编写的还有湖南铁道职业技术学院的翁健红、冯向科、吴献文、陈承欢和朱兴荣，张家界民航职业技术学院的黄金水，广州民航职业技术学院的于斌和广州大学城建学院的曾光辉。

由于作者水平有限，加上时间仓促，书中的错误和疏漏在所难免，敬请广大读者和专家批评指正，E-mail：liuzc518@163.com。

编　者

目　　录

第1章 数据库技术基础

【学习目标】

本章主要介绍与数据库相关的基本理论和SQL Server 2005的基本知识。包括数据库的基本概念、数据处理的发展历程、3种数据模型、SQL语句的基本格式、SQL Server 2005的安装和SQL Server 2005的基本架构等。

【学习要点】

- 数据库相关的基本概念。
- 数据库技术的发展。
- 关系数据库的基本概念。
- 3种数据模型及其主要特点。
- SQL语句的基本格式。
- SQL Server的发展。
- SQL Server 2005的新特性。
- SQL Server 2005的版本和安装条件。
- SQL Server 2005的基本架构。
- SQL Server 2005的安装。

1.1 数据库技术概述

1946年第一台计算机研制成功，标志着人类开始使用机器来存储和管理数据。随着计算机技术的发展和普及，计算机管理数据的方式也不断发生变化，从手工处理到文件系统，从文件系统到数据库系统。现在，数据库技术成为数据管理的最新技术，也成为了计算机科学中的一个重要分支。数据库技术作为信息技术的一个重要支撑部分，它的产生来源于社会的实际需要，同时又对社会生活的各个领域带来了许多积极的影响。

1.1.1 数据库的基本概念

数据、数据库、数据库管理系统和数据库系统是与数据库密切相关的4个基本概念，在学习数据库之前，必须对这几个概念有一个深刻的理解。

1. 数据

数据(Data)是客观事物的反映和记录，是用以承载信息的物理符号。数据不等于数字，数据包括两大类，即数值型数据和非数值型数据。在计算机系统中，凡是能被计算机存储并处理的数字、字符、图形、声音等统称为数据。

在学习“数据”概念的同时，有必要区分一下数据和信息这两个概念。其中信息是指有意义的数据，即在数据上定义的有意义的描述。例如，对“101”而言，如果仅仅是3个代码的组合，它表示的是数据(一种符号表示)；而“软件技术专业的101个学生”中的“101”就是信息，表示的学生的数量。数据和信息是两个相互联系，但又相互区别的概念；数据是信息的具体表现形式，信息是数据有意义的表现。

2. 数据处理

数据处理就是将数据转换为信息的过程。数据处理的内容主要包括：数据的收集、整理、存储、加工、分类、维护、排序、检索和传输等一系列活动的总和。数据处理的目的是从大量的数据中，根据数据自身的规律和及其相互联系，通过分析、归纳、推理等科学方法，利用计算机技术、数据库技术等手段，提取有效的信息资源，为进一步分析、管理和决策提供依据。数据处理也称信息处理。

例如，上面所提到的将信息工程系各专业学生人数相加，经过计算得出平均人数和总人数等信息，这种计算处理的过程就是数据处理。下一小节将详细介绍自计算机产生以来数据处理的发展历程。

3. 数据库

数据库(DataBase,DB)是数据库系统(DataBase System,DBS)的核心，是被管理的对象。形象地说，数据库即存放数据的仓库，可把它定义为存放在计算机存储设备上的相关数据的集合。数据库最终也是以文件的形式存储，但不同于普通文件的是，它指的是相互关联的数据的集合，而一般文件仅指相关信息的集合，它的存放形式可以是杂乱无章的。

4. 数据库管理系统

数据库管理系统(DataBase Management System,DBMS)负责对数据库进行管理和维护，是数据库系统的主要软件系统。它借助于操作系统实现对数据的存储管理。

一般来说，DBMS 应包括如下几个功能：

(1) 数据定义语言(DDL)　用来描述和定义数据库中的各种数据及数据之间的联系。

(2) 数据管理语言(DML)　用来对数据库中的数据进行插入、查找、修改、删除等操作。

(3) 数据控制语言(DCL)　用来完成系统控制、数据完整性控制及并发控制等操作。

关系数据库领域中典型的 DBMS 系统有：FoxPro、Sybase、Informix、Oracle、DB2 和 SQL Server 等。

5. 数据库系统

数据库系统实际上是一个应用系统，它由数据库(DB)、数据库管理系统(DBMS)、用户和计算机系统组成。

(1) 数据库(DB)　它是数据库系统操作的对象。数据库中的数据具有集中性和共享性。所谓集中性是指数据库可以被看成性质不同的数据文件的集合，其中的数据冗余很小。所谓共享性是指多个不同用户，使用不同的语言，为了不同的应用目的可同时存取数据库中的数据。

(2) 数据库管理系统(DBMS)　它是数据库系统负责对数据库进行管理的软件系统。它对数据库中的数据资源进行统一管理和控制，把用户程序和数据库数据进行隔离。

图 1-1 所示是数据库管理系统与计算机硬件及其他软件的层次关系，外层应用依赖于内层资源的支持。

(3) 用户　指使用数据库的人员。数据库系统中的用户有终端用户、应用程序员和数据库管理员 3 类用户。

1) 终端用户是指数据库系统的最终使用人员，他们通过数据库系统提供的界面友好的交互式对话手段使用数据库中的数据。

2) 应用程序员是为终端用户编写应用程序的软件人员，他们使用前台开发语言(VB、Delphi、.net 或 Java)，结合后台数据库管理系统(Access、SQL Server 2005 或 Oracle)开发数据库应用程序。他们设计的应用程序主要目的是使用和维护数据库。

3) 数据库管理员(DBA)是全面负责数据库系统正常运转的人员，他们负责对数据库系统的深入研究。

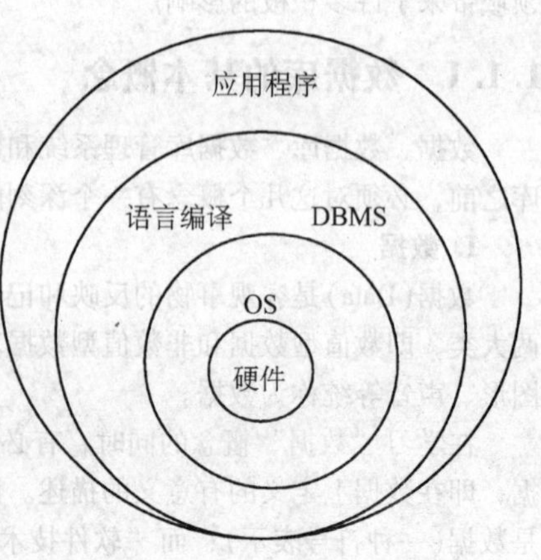

图 1-1　DBMS 与计算机软硬件的层次关系

例如，一个电子商务网站中，通过浏览器进行信息查询

和购物的用户即为终端用户；编写网页程序和相关管理程序的人员即为应用程序员；负责后台网络数据库的维护人员即为数据库管理员(DBA)。

(4) 计算机系统　指存储数据库及运行 DBMS 的软、硬件资源，如操作系统和磁盘、I/O 通道等。

1.1.2 数据处理发展简史

自计算机产生以来，数据处理经历了手工处理、文件系统和数据库系统阶段，现在已经发展到数据仓库技术。

1. 手工处理

20 世纪 50 年代以前，计算机应用于科学计算。这个阶段的数据处理是通过手工进行的，计算机上没有专门管理数据的软件，也没有磁盘之类的存储设备来存储数据。那时应用程序和数据之间是一对一的关系，即一个程序对应于一组数据，这样就造成了手工处理数据的两个缺点：一是应用程序和数据之间的依赖性太强，独立性差；二是数据和数据之间存在许多重复数据，造成大量数据冗余。手工数据处理模型如图 1-2 所示。

2. 文件系统

20 世纪 50 年代中期以后，随着计算机的硬件和软件的飞速发展，出现了专门管理数据的软件，即文件系统。在文件系统数据管理阶段，数据按一定的规则组织成为一个文件，应用程序通过文件系统对文件中的数据进行存取和加工。文件系统对数据的管理，实际上是通过应用程序和数据之间的一种接口实现的。

文件系统解决了应用程序和数据之间的一个公共接口问题，使得应用程序可以采用统一的存取方法来操作数据。但是，不同的应用程序很难共享同一数据文件，也就是说数据独立性仍然较差，数据冗余度较大。文件系统模型如图 1-3 所示。

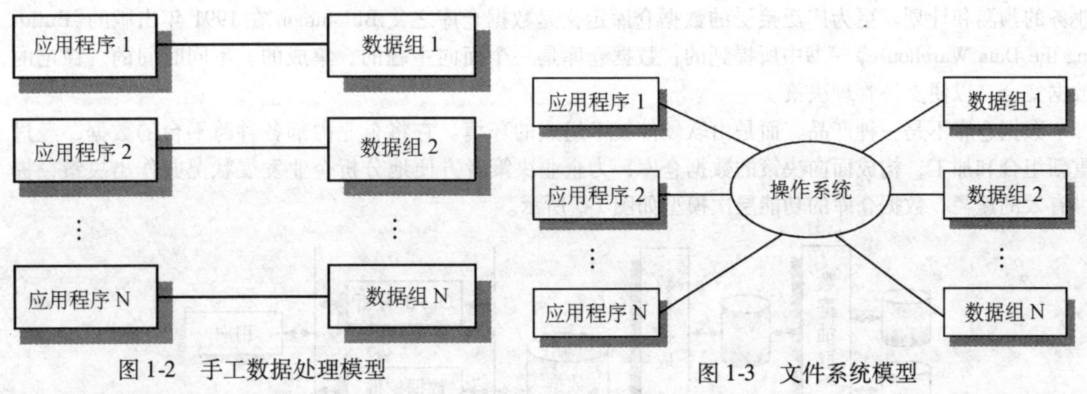

图 1-2　手工数据处理模型　　图 1-3　文件系统模型

3. 数据库系统

20 世纪 60 年代以后，为了满足巨大的信息流和数据流的需要，数据库系统出现了。数据库系统也是以文件方式存储数据的，但是它是数据的一种高级组织形式。在应用程序和数据库之间有一个新的数据管理软件 DBMS(DataBase Management System)，即数据库管理系统。数据库管理系统把所有应用程序中使用的数据汇集在一起，并以记录为单位存储起来，以便于应用程序查询和使用。数据库系统模型如图 1-4 所示。

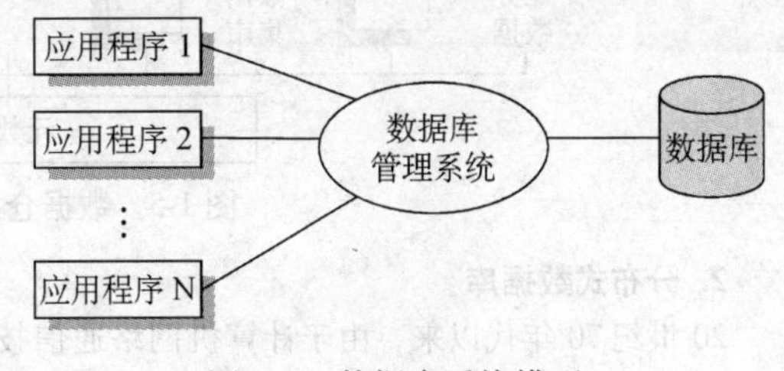

图 1-4　数据库系统模型

在数据库系统中，数据库对数据的存储和管理是按照同一结构进行的，不同的应用程序都可以直接操作这些数据，也就是说应用程序具有高度的独

立性。同时，数据库系统对数据的完整性、唯一性和安全性都提供了一套有效的管理手段。数据库系统还提供管理和控制数据的各种简单操作命令，使用户编写程序时更容易掌握。相对文件而言，数据库系统有如下几个特点：

(1) 数据结构化 数据库系统中包含的多个单独的文件之间是相互联系的，在整体上有一个统一的结构形式。

(2) 数据共享 数据库系统中的数据可以为不同的用户使用。

(3) 数据独立性 应用程序和数据库间的依赖性较小。

(4) 最小冗余度 数据库系统中的数据集中存储，共同使用，避免了数据的大量重复。

自20世纪60年代中期以来，数据库技术与其他领域的技术相结合，出现了数据库的许多新分支。例如，与网络技术相结合的网络数据库；与分布式处理技术相结合的分布式数据库；与面向对象技术相结合的面向对象数据库；与人工智能技术相结合出现了知识库、主动数据库；与并行处理技术相结合的并行数据库；与多媒体技术相结合的多媒体数据库。此外，针对不同应用领域还出现了工程数据库、实时数据库、空间数据库、地理数据库、统计数据库、时态数据库和数据仓库等多种数据库及相关技术。

1.1.3 高级数据库技术

1. 数据仓库

随着关系型数据库技术的广泛采用、客户机/服务器(C/S)和浏览器/服务器(B/S)技术的成熟和并行数据库的发展，信息处理技术的发展趋势已变为：从大量的事务型数据库中抽取数据，并将其清理、转换为新的存储格式，也就是为决策目标把数据聚合在一种特殊的格式中。随着此过程的发展和完善，这种支持决策的、特殊的数据存储即被称为数据仓库(Data Warehouse,DW)。典型的数据仓库应该是一个主题数据库，支持用户从巨大的运营数据存储中发现信息，支持对业务趋势进行跟踪和响应，实现业务的预测和计划。更为广泛接受的数据仓库定义是数据仓库之父Bill Inmon在1991年出版的《Building the Data Warehouse》一书中所提到的：数据仓库是一个面向主题的、集成的、不同时间的、稳定的数据集合，以便支持管理决策。

数据仓库不是一种产品，而是由软硬件技术组成的环境。它将企业内部各种跨平台的数据，经过重新组合和加工，构成面向决策的数据仓库，为企业决策者方便地分析企业发展状况并作出决策，提供有效的途径。数据仓库的功能层次模型如图1-5所示。

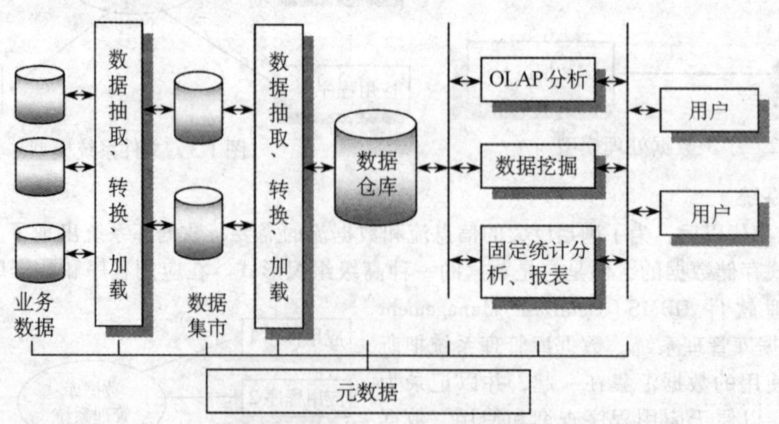

图1-5 数据仓库的功能层次模型

2. 分布式数据库

20世纪70年代以来，由于计算机网络通信技术的迅速发展，以及地理上分散的公司、团体和组织对数据库更为广泛应用的需求，在集中式数据库系统成熟技术的基础上产生和发展了分布式数据库

系统(Distributed DataBase System, DDBS)。分布式数据库系统是数据库技术和网络技术两者相互渗透和有机结合的结果。

实际上，分布式数据库由一组物理上分布在计算机网络的不同节点上的数据组成，这些数据在逻辑上属于同一个系统。分布式数据库强调了数据的分布性和逻辑整体性，如图 1-6 所示。

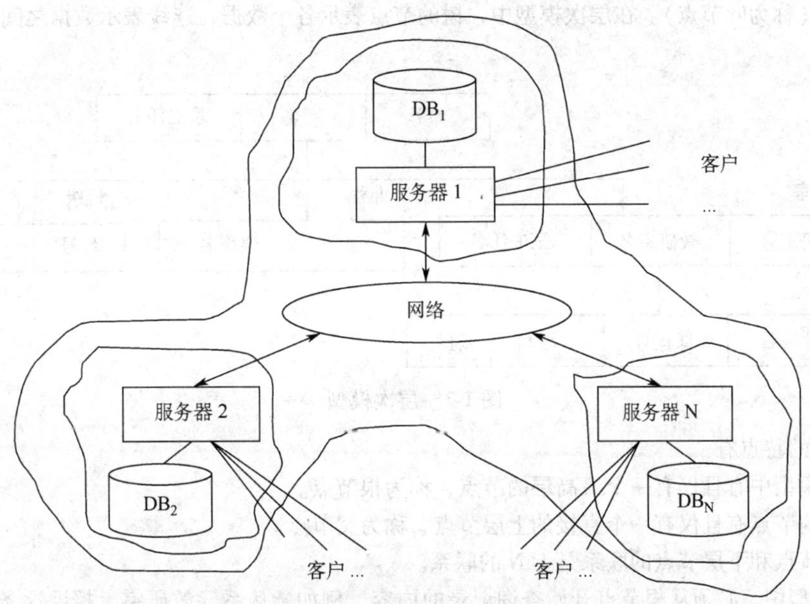

图 1-6　分布式数据库系统

与传统的集中式数据库系统相比，分布式数据库系统具有以下优点：

1）适应部门分布的组织结构，各部门使用数据库更方便、更经济。

2）提高了系统的可靠性和可用性。

3）充分利用数据库资源，提高了现有集中式数据库的利用率。

4）有利于逐步扩展处理能力和系统规模。

3. 面向对象数据库

面向对象数据库系统(Object Oriented DataBase System, OODBS)是数据库技术与面向对象程序设计方法相结合的产物。面向对象数据库系统来源于面向对象的程序设计语言，面向对象程序设计方法所支持的封装、继承等特性提供了同时表示、同时管理程序和数据的统一框架，数据库研究人员借鉴和吸收了面向对象的方法和技术，提出了面向对象数据模型(简称对象模型)，把面向对象方法和数据库技术结合起来产生了面向对象数据库系统。

一个面向对象数据库系统是一个持久的、可共享的对象库的存储和管理者，而一个对象库是由一个面向对象(Object Oriented, OO)模型所定义的对象的集合体。OO 模型是用面向对象观点来描述现实世界实体(对象)的逻辑组织、对象间约束、联系等的模型。类和对象等一系列面向对象核心概念构成了 OO 模型的基础。

1.2　数据模型

数据模型是数据库系统中用于提供信息表示和操作手段的形式构架，是对客观世界的抽象，即客观事物及其联系的数学描述。由于事物之间的联系不同，则数据之间的联系亦不同，必须用不同的数据结构来表示数据之间的联系，即不同的数据模型。目前，比较流行的数据模型有 3 种，即按图论理论建立的层次结构模型和网状结构模型以及按关系理论建立的关系结构模型。

1.2.1 层次模型

层次模型是指用树形结构来表示数据及数据间联系的模型。图 1-7 所示的高等学校组织结构模型就是层次模型。这个组织结构图像一棵树，其中系就是树根(称为根节点)，各教研室、课程、班级、授课等为树枝(称为叶节点)。在层次模型中，树的节点表示各个数据，连线表示数据之间的关系。

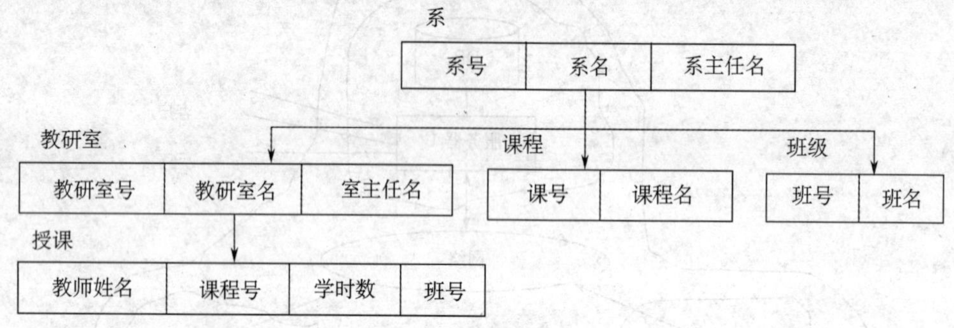

图 1-7　层次模型

层次模型的特点有：

1) 层次模型中有且仅有一个最高层的节点，称为根节点。

2) 其他的节点有且仅有一个直接的上层节点，称为父节点。

3) 上层节点和下层节点的联系是 1:N 的联系。

在层次模型中，必须从根节点开始查询记录的内容。例如，从系、教研室、授课这条路径可以查到某个教师的课号和班号。又如某一处室中，处长领导着下面几个科长，每个科长又领导几个科员，只要不存在一个兼任两个职务的情况，该处室里的这种领导关系就可表示成层次模型。

按照层次模型建立的数据库系统称为层次模型数据库系统。1969 年美国 IBM 公司研制的 IMS(Information Management System,信息管理系统)就是层次模型的典型代表。

1.2.2 网状模型

网状模型是指用网络结构来表示数据及数据间联系的模型。图 1-8 所示的高校学生选课模型，这种数据结构就是网状数据结构。

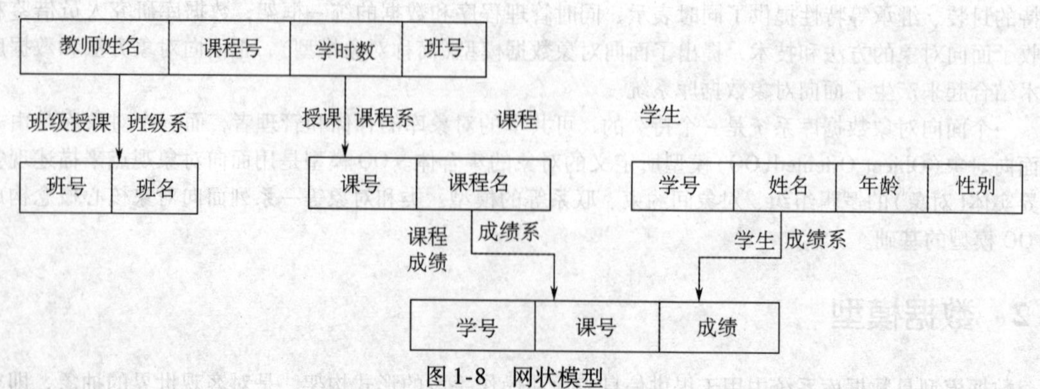

图 1-8　网状模型

网状模型的特点有：

1) 可以有一个以上的节点，无双亲。

2) 至少有一个节点，有多于一个以上的双亲。

3）两个节点之间有两种或两种以上的关系。

网状模型是层次模型的拓展，一个连通的基本层次联系的集合就是一个网状模型。网状模型和层次模型一样，记录的存取路径是由模型的结构定义好的，数据必须按照定义好的存取路径才能进行存取操作。

又如：交通运输线路、电力网络分析、课程表的制定等都是典型的网状结构。

按照网状数据结构建立的数据库系统称为网状数据库系统，其典型代表是 DBTG（DataBase Task Group，数据库任务组）。

1.2.3　关系模型

关系模型指的是用二维表格来表示数据间联系的模型。学生的基本情况就是一个二元关系，见表 1-1。

表 1-1　学生基本情况

s_no （学号）	s_name （姓名）	s_sex （性别）	s_birth （出生年月）	s_address （家庭地址）	s_class （班级）
20021001001	谭桂香	女	1984-07-25	湖南长沙	软件 021
20021003010	刘奇	男	1979-08-02	广西南宁	信息 021
20021003011	刘晶晶	女	1985-04-14	湖南株洲	信息 021
20021003012	张以能	女	1985-10-02	湖南长沙	信息 021
20021003013	曾建桥	男	1984-01-22	湖南株洲	信息 021
20021003016	周天	男	1984-04-20	广东广州	信息 021
20031001001	李婷	女	1986-06-10	湖北武汉	软件 031
20031201001	王玉梅	女	1986-05-18	湖南株洲	电商 031
20041001001	谭华	男	1988-11-20	湖南长沙	软件 041
20041003012	罗桂华	女	1985-06-15	湖南株洲	信息 041

1. 关系模型中的基本概念

（1）字段（属性）　二维表格的每一列称为一个字段（即属性）。其中字段名（属性名称）相当于标题栏中的标题；表 1-1 中的每一行是包含了 6 个属性，其中 s_no（学号）、s_name（姓名）、s_sex（性别）、s_birth（出生年月）、s_address（家庭地址）和 s_class（班级）称作字段名，而 20041003012、罗桂华、女、1985-06-15、湖南株洲、信息 041 为字段的值。

（2）记录（元组）　二维表格中的每一行称为一条记录（元组）。记录是由若干个相关属性组成的。“20041003012”、“罗桂华”、“女”、“1985-06-15”、“湖南株洲”、“信息 041”5 个属性便构成了描述“罗桂华”这名学生的记录。

（3）二维表（关系）　一个二维表格就是一个关系，它是由相关记录组成的。所有学生的记录便构成了“学生基本情况”表，见表 1-1。

2. 关系模型的特点

关系模型的特点有：

1）每一列必须是基本数据项，即不可再分解。

2）表中每一列必须具有相同的数据类型（如字符型或数值型）。

3）表中每一列的名字必须是唯一的。

4）表中不应有内容完全相同的行。

5）行的顺序与列的顺序不影响表格中所表示的信息的含义。

对于关系数据库的几个名词在不同的领域中有不同的称谓：列、行、二维表属于日常用语；属性、元组、关系是数学领域中的名词；字段、记录、数据库是数据库领域中的名词，要注意区分。

由关系数据结构组成的数据库系统被称为关系数据库系统。例如，FoxPro、Sybase、Informix、Oracle、DB2 以及本书所介绍的 SQL Server 2005。

1.3 SQL 语言简介

1.3.1 SQL 语言概述

SQL(可以被读作“sequel”,也可以按单个字母的读音读作 S—Q—L)全称是“结构化查询语言(Structured Query Language)”，最早的是 IBM 公司的圣约瑟研究实验室为其关系数据库管理系统 SYSTEM R 开发的一种查询语言，它的前身是 SQUARE 语言。SQL 语言结构简洁，功能强大，简单易学，自从 IBM 公司 1981 年推出以来，得到了广泛的应用。如今无论是像 Oracle、Sybase、Informix，SQL Server 这些大型的数据库管理系统，还是 Visual FoxPro、PowerBuilder 这些微机上常用的数据库开发系统，都支持 SQL 语言作为查询语言。

在 20 世纪 70 年代初，E. F. Codd 首先提出了关系模型。20 世纪 70 年代中期，IBM 公司在研制 SYSTEM R 关系数据库管理系统中研制了 SQL 语言，最早的 SQL 语言(叫 SEQUEL2)是在 1976 年 11 月的 IBM Journal of R&D 上公布的。

1979 年 Oracle 公司首先提供商用的 SQL，IBM 公司在 DB2 和 SQL/DS 数据库系统中也实现了 SQL。

1986 年 10 月，美国 ANSI 采用 SQL 作为关系数据库管理系统的标准语言(ANSI X3. 135-1986)，后为国际标准化组织(ISO)采纳为国际标准。

1989 年，美国 ANSI 采纳在 ANSI X3. 135-1989 报告中定义的关系数据库管理系统的 SQL 标准语言，称为 ANSI SQL 89，该标准替代了 ANSI X3. 135-1986 版本。

1992 年，修正后的标准称为 ANSI SQL-92(SQL2)。现在正制定的标准称为 SQL3。

本书中要介绍的 Transact-SQL(后面简称为 T-SQL)是 Sybase 公司和 Microsoft 公司使用的 SQL 语言，它也在 ANSI SQL-92 基础上进行了扩充，使得其功能更为强大，使用更为方便。而 Oracle 公司使用的是 PL/SQL 语言。

1.3.2 SQL 语言分类

SQL 语言由命令、子句、运算符和聚合函数构成。这些元素结合起来组成语句，用来创建、更新和操作数据库。SQL 语言按照用途分为如下 3 类：

(1) 数据定义语言(Data Definition Language, DDL) CREATE、ALTER、DROP 等。

(2) 数据管理语言(Data Manipulation Language, DML) INSERT、UPDATE、DELETE、SELECT 等。

(3) 数据控制语言(Data Control Language, DCL) GRANT、REVOKE 等。

SQL 不但提供了数据定义语言命令，还提供了数据操作语言命令。DDL 命令允许创建和定义新的数据库、字段和索引，而 DML 命令则允许创建查询来从数据库中排序、筛选和抽取数据，DCL 命令则提供对数据库用户和权限相关的操作方式。

1. 数据定义语言

SQL 中的 DDL 语句是用来建立、删除和修改数据库、表和索引相关数据库对象的操作命令。DDL 语句见表 1-2。

表 1-2 DDL 语句

命令	描述	命令	描述
CREATE	该命令用来创建新的数据库、表和索引等	ALTER	该命令用来修改数据库、表和索引等
DROP	该命令用来删除数据库、表和索引等		

2. 数据管理语言

SQL 中的 DML 语句是用来查询、插入、更新和删除数据库记录的操作命令。DML 语句见表 1-3。

表 1-3　DML 语句

命　令	描　述	命　令	描　述
SELECT	该命令用来在数据库中查找满足特定条件的记录	UPDATE	该命令用来改变数据库中特定记录和字段的值
INSERT	该命令用来在数据库中插入一条或一批记录	DELETE	该命令用来从数据库表中删除记录

3. 数据控制语言

SQL 中的 DCL 语句是用来授予或撤消数据库用户操作权限的操作命令。DCL 语句见表 1-4。

表 1-4　DCL 语句

命　令	描　述	命　令	描　述
GRANT	该命令用来向用户授予操作权限	REVOKE	该命令用来回收用户操作权限

1.3.3　SQL 语句组成

1. 基本命令

SQL 基本命令见表 1-5。

表 1-5　SQL 基本命令

操作对象	操作方式			
	创　建	删　除	修　改	查　询
数据库	CREATE DATABASE	DROP DATABASE	ALTER DATABASE	
基本表	CREATE TABLE	DROP TABLE	ALTER TABLE	
视图	CREATE VIEW	DROP VIEW		
索引	CREATE INDEX	DROP INDEX		
触发器	CREATE TRIGGER	DROP TRIGGER		
存储过程	CREATE PROCEDURE	DROP PROCEDURE		
记录	INSERT	DELETE	UPDATE	SELECT

2. 子句

子句是用来修改条件的，这些条件被用来定义要选定或要操作的数据，主要是用于 SELECT 语句中。SELECT 可用的子句见表 1-6。

表 1-6　子句功能

子　句	描　述	子　句	描　述
FROM	用来指定表名	HAVING	用来说明每个组需要满足的条件
WHERE	用来指定所选记录必须满足的条件	ORDER BY	用来按特定的次序将记录排序
GROUP BY	用来把选定的记录分成特定的组		

3. 运算符

在 SQL 中有两类运算符：逻辑运算符和比较运算符。

(1) 逻辑运算符 逻辑运算符用来连接两个表达式，它通常位于 WHERE 子句中。例如：

SELECT * from information WHERE condition1 AND condition2

在这个语句中，AND 运算符把条件表达式 condition1 和 condition2 连接起来，表示这两个条件必须同时符合才满足选择条件。逻辑运算符包括：

AND：并列条件。

OR：或者条件。

NOT：否定条件。

(2) 比较运算符 比较运算符用来比较两个表达式的关系值，从而决定应当进行什么操作。例如：

SELECT * from information WHERE s_no ="20041003012"

这里的“=”运算符指出：只有 s_no 字段的值为“20041003012”的记录才会被查询。常用的运算符见表 1-7。

表 1-7 运算符

运 算 符	含义/用法	运 算 符	含义/用法
<	小于	<>	不等于
<=	小于等于	BETWEEN	用来指定值的范围
>	大于	LIKE	在模式匹配中使用
>=	大于等于	IN	用来指定包含在某个集合中
=	等于		

4. 聚合函数

在 SELECT 子句内使用聚合函数对记录组进行操作，它返回应用于一组记录的单一值。常见的聚合函数见表 1-8。

表 1-8 聚合函数

聚 合 函 数	描 述	聚 合 函 数	描 述
AVG	用来获得特定字段中的值的平均数	MAX	用来返回指定字段中的最大值
COUNT	用来返回选定记录的个数	MIN	用来返回指定字段中的最小值
SUM	用来返回特定字段中所有值的总和	DISTINCT COUNT	用来返回不重复的值的数目

1.4 SQL Server 2005 基础

1.4.1 SQL Server 2005 简介

1. 概述

SQL Server 2005 是 Microsoft 公司开发的 SQL Server 产品中变化最大的版本。该版本具备有许多新特性。在这一节中，首先介绍 SQL Server 的发展历史。SQL Server 具体的发展过程如下：

1987 年，Sybase 公司发行了用于 UNIX 平台的 SQL Server。

1988 年，Microsoft、Sybase 和 Ashton-Tate 3 个公司把 SQL Server 移植到 OS/2 平台。

1989 年，Microsoft、Sybase 和 Ashton-Tate 发行了用于 OS/2 的 SQL Server。

1990 年，发行了支持 Windows 3 客户机的 SQL Server 1.1。

1992 年，Microsoft 公司和 Sybase 公司把 SQL Server 移植到 Windows NT 平台。

1993 年，Microsoft 公司和 Sybase 公司发行了用于 Windows NT 的 SQL Server 4. 2。

1995 年，Microsoft 公司发行了 SQL Server 6. 0 版本。

1996 年，Microsoft 公司发行了 SQL Server 7. 0 标准版本。

1997 年，Microsoft 公司发行了 SQL Server 7. 0 企业版本。

2000 年，Microsoft 公司发行了 SQL Server 2000 版本。

2005 年，Microsoft 公司发行 SQL Server 2005 版本。

2008 年，Microsoft 公司发行 SQL Server 2008 版本。

虽然 SQL Server 2008 已经发布，但 SQL Server 2005 因为其稳定、成熟以及老用户习惯性仍将在数据库市场上占据大量的市场份额。

2. SQL Server 2005 的新增功能

Microsoft SQL Server 2005 扩展了 SQL Server 2000 的性能、可靠性、可用性、可编程性和易用性。SQL Server 2005 包含了多项新功能，这使它成为大规模联机事务处理（OLTP）、数据仓库和电子商务应用程序的优秀数据库平台。

SQL Server 2005 的新增功能见表 1-9。

表 1-9　SQL Server 2005 的新增功能

主　　题	说　　明
Notification Services 增强功能	Notification Services 是一种新平台，用于生成发送并接收通知的高伸缩性应用程序。Notification Services 可以把及时的、个性化的消息发送给使用各种各样设备的数以千计乃至以百万计的订阅方
Reporting Services 增强功能	Reporting Services 是一种基于服务器的新型报表平台，它支持报表创作、分发、管理和最终用户访问
新增的 Service Broker	Service Broker 是一种新技术，用于生成安全、可靠和可伸缩的数据库密集型的应用程序。Service Broker 提供应用程序用以传递请求和响应的消息队列
数据库引擎增强功能	数据库引擎引入了新的可编程性增强功能（如与 Microsoft . NET Framework 的集成和 Transact-SQL 的增强功能）、新 XML 功能和新数据类型。它还包括对数据库的可伸缩性和可用性的改进
数据访问接口方面的增强功能	SQL Server 2005 提供了 Microsoft 数据访问（MDAC）和 . NET Frameworks SQL 客户端提供程序方面的改进，为数据库应用程序的开发人员提供了更好的易用性、更强的控制性和更高的工作效率
Analysis Services 的增强功能（SSAS）	Analysis Services 引入了新管理工具、集成开发环境以及与 . NET Framework 的集成。许多新功能扩展了 Analysis Services 的数据挖掘和分析功能
Integration Services 的增强功能	Integration Services 引入了新的可扩展体系结构和新设计器，这种设计器将作业流从数据流中分离出来并且提供了一套丰富的控制流语义。Integration Services 还对包的管理和部署进行了改进，同时提供了多项新打包的任务和转换
复制功能增强	复制在可管理性、可用性、可编程性、移动性、可伸缩性和性能方面提供了改进
工具和实用工具增强功能	SQL Server 2005 引入了管理和开发工具的集成套件，改进了对大规模 SQL Server 系统的易用性、可管理性和操作支持

3. SQL Server 2005 的版本

SQL Server 2005 的不同版本能够满足企业和个人独特的性能、运行以及价格要求。根据应用程序的需要，安装要求可能有很大不同。需要安装哪些 SQL Server 2005 组件也要根据企业或个人的需求而定。版本包括：SQL Server 2005 Enterprise Edition、Stándard Edition、Workgroup Edition、Developer Edition 和 Express Edition。

1. SQL Server 2005 Enterprise Edition(32 位和 64 位)

SQL Server 2005 Enterprise Edition 达到了支持超大型企业进行联机事务处理（OLTP)、高度复杂的数据分析、数据仓库系统和网站所需的性能水平。Enterprise Edition 的全面商业智能和分析能力及其高可用性功能(如故障转移群集)，使它可以处理大多数关键业务的企业工作负荷。Enterprise Edition 是最全面的 SQL Server 版本，是超大型企业的理想选择，能够满足最复杂的要求。该版本还推出了一种适用于 32 位或 64 位平台的 120 天Evaluation Edition。

2. SQL Server 2005 Standard Edition(32 位和 64 位)

SQL Server 2005 Standard Edition 是适合中小型企业的数据管理和分析平台。它包括电子商务、数据仓库和业务流解决方案所需的基本功能。Standard Edition 的集成商业智能和高可用性功能可以为企业提供支持其运营所需的基本功能。Standard Edition 是需要全面的数据管理和分析平台的中小型企业的理想选择。

3. SQL Server 2005 Workgroup Edition(仅适用于 32 位)

对于那些需要在大小和用户数量上没有限制的数据库的小型企业，SQL Server 2005 Workgroup Edition 是理想的数据管理解决方案。Workgroup Edition 可以用作前端 Web 服务器，也可以用于部门或分支机构的运营。它包括 SQL Server 产品系列的核心数据库功能，并且可以轻松地升级至 Standard Edition 或 Enterprise Edition。Workgroup Edition 是理想的入门级数据库，具有可靠、功能强大且易于管理的特点。

4. SQL Server 2005 Developer Edition(32 位和 64 位)

SQL Server 2005 Developer Edition 使开发人员可以在 SQL Server 上生成任何类型的应用程序。它包括 SQL Server 2005 Enterprise Edition 的所有功能，但有许可限制，只能用于开发和测试系统，而不能用作生产服务器。Developer Edition 是独立软件供应商(ISV)、咨询人员、系统集成商、解决方案供应商以及创建和测试应用程序的企业开发人员的理想选择。Developer Edition 可以根据生产需要升级至 SQL Server 2005 Enterprise Edition。

5. SQL Server 2005 Express Edition(仅适用于 32 位)

SQL Server 2005 Express Edition 是一个免费、易用且便于管理的数据库。Express Edition 与 Microsoft Visual Studio 2005 集成在一起，可以轻松开发出功能丰富、存储安全、可快速部署的数据驱动应用程序。Express Edition 是免费的，可以再分发(受制于协议)，还可以起到客户端数据库以及基本服务器数据库的作用。Express Edition 是低端 ISV、低端服务器用户、创建 Web 应用程序的非专业开发人员以及创建客户端应用程序的编程爱好者的理想选择。

如果已经安装了 SQL Server 2000，则可以进行升级。从 SQL Server 2000 升级到 SQL Server 2005 版本的升级方案见表 1-10。

表 1-10　SQL Server 2000 升级方案

<table>
<tr><th>SQL Server 2000 版本</th><th>SQL Server 2005 版本</th><th>SQL Server 2000 版本</th><th>SQL Server 2005 版本</th></tr>
<tr><td>Enterprise Edition SP3 或更高版本</td><td>Enterprise Edition</td><td rowspan="2">Workgroup Edition</td><td rowspan="2">Standard Edition
Workgroup Edition</td></tr>
<tr><td>Developer Edition SP3 或更高版本</td><td>Developer Edition</td></tr>
<tr><td>Standard Edition SP3 或更高版本</td><td>Enterprise Edition
Developer Edition
Standard Edition</td><td>Personal Edition SP3 或更高版本</td><td>Standard Edition
Workgroup Edition
Express Edition</td></tr>
<tr><td>Workgroup Edition</td><td>Enterprise Edition
Developer Edition</td><td>Evaluation Edition SP3 或更高版本</td><td>Evaluation Edition</td></tr>
</table>

1.4.2　SQL Server 2005 安装过程

1. 软、硬件和操作系统要求

（1）软、硬件要求　安装 SQL Server 2005 的软、硬件要求见表 1-11。

表 1-11　SQL Server 2005 的软、硬件要求

类　型	子 类 型	要　求
硬件	监视器	需要 VGA 或更高分辨率：分辨率至少为 1024×768 像素
	指点设备	需要 Microsoft 鼠标或兼容的指点设备
	CD 或 DVD 驱动器	安装时需要相应的 CD 或 DVD 驱动器
	群集硬件要求	在 32 位和 64 位平台上，支持 8 节点群集安装
软件	Windows Installer	SQL Server 安装程序需要 Microsoft Windows Installer 3.1 或更高版本
	Microsoft 数据访问组件(MDAC)	Microsoft 数据访问组件(MDAC)2.8 SP1 或更高版本
	.NET Framework	Microsoft Windows .NET Framework 2.0
	无	Microsoft SQL Server 本机客户端
	无	Microsoft SQL Server 安装程序支持文件
Internet	网络软件要求	Microsoft Internet Explorer 6.0 SP1 或更高版本
		需要 IIS 5.0 或更高版本
		ASP.NET 2.0
		Windows 2003、Windows XP 和 Windows 2000 都具有内置网络软件

（2）Windows 操作系统的要求　由于使用功能不同，SQL Server 2005 有多个针对不同用户的版本，有不同的操作系统的要求。不同版本或组件对 Windows 操作系统要求见表 1-12。

表 1-12　SQL Server 2005 的操作系统要求

Windows 操作系统	企业版	开发版	标准版	工作组版	快速版	评估版
Windows 2000 Professional Edition SP4	否	是	是	是	是	是
Windows 2000 Server SP4	是	是	是	是	是	是
Windows 2000 Advanced Server SP4	是	是	是	是	是	是
Windows XP Home Edition SP2	否	是	否	否	是	否
Windows XP Professional Edition SP2	否	是	是	是	是	是
Windows 2003 Server SP1	是	是	是	是	是	是
Windows 2003 Enterprise Edition SP1	是	是	是	是	是	是

2. SQL Server 2005 的安装过程

在安装 SQL Server 2005 之前，要首先确定计算机的硬件和操作系统是否满足 SQL Server 2005 的要求。然后再用具有本地管理权限的用户账户登录到操作系统，或者给域用户指派适当的权限。关闭所有和 SQL Server 相关的服务，包括所有使用 ODBC 的服务，如 Microsoft Internet Information 服务(IIS)等，然后开始进行安装。

1）开始安装时，将 SQL Server 2005 DVD 插入 DVD 驱动器。如果 DVD 驱动器的自动运行功能无法启动安装程序，可进入 DVD 的根目录，然后启动 splash.hta。如果通过网络共享进行安装，可进入到网络文件夹，然后启动 splash. hta。

2）在自动运行的对话框中，单击“运行 SQL Server 安装向导”，打开“开始”对话框。选择“基于 x86 的操作系统”后，打开如图 1-9 所示的“开始”对话框。

【提示】

- 可以选择“检查硬件和软件要求”，进行安装所需的硬、软件检查。
- 可以选择安装“服务器组件、工具、联机丛书和示例”开始安装。

3）打开“最终用户许可协议”对话框，阅读许可协议，再选中“我接受许可条款和条件”复选框以接受许可条款和条件，如图 1-10 所示。单击“下一步”按钮继续安装。如果要结束安装程序，请单击“取消”按钮。

图 1-9 “开始”对话框

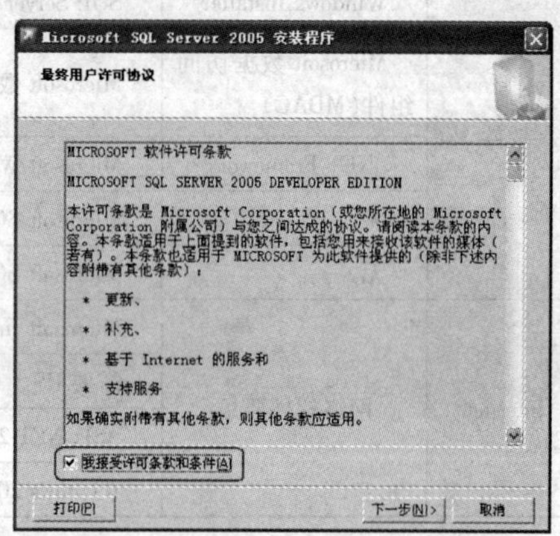

图 1-10 “最终用户许可协议”对话框

4）打开“安装必备组件”对话框，安装程序显示安装 SQL Server 2005 的必需软件。单击“安装”按钮安装必备的组件。如果要取消安装，请单击“取消”按钮，如图 1-11 所示。

【提示】

- 在必备组件安装过程中，也可以取消安装，单击“取消”按钮，如图 1-12 所示。

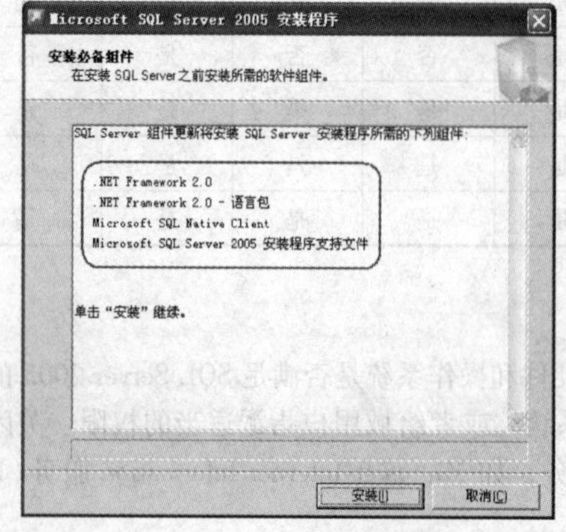

图 1-11 “安装必备组件”对话框

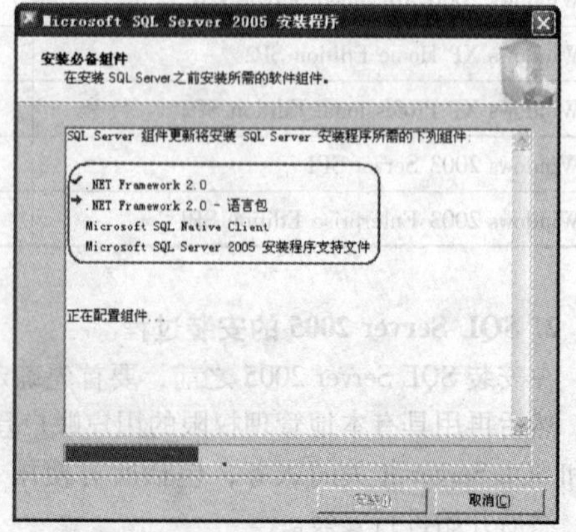

图 1-12 “安装必备组件”安装进度

- 在必备组件安装完成后，单击“下一步”按钮继续安装，如图 1-13 所示。

5）打开“欢迎使用 Microsoft SQL Server 安装向导”对话框，单击“下一步”按钮继续安装，如图 1-14 所示。如果要取消安装，单击“取消”按钮。

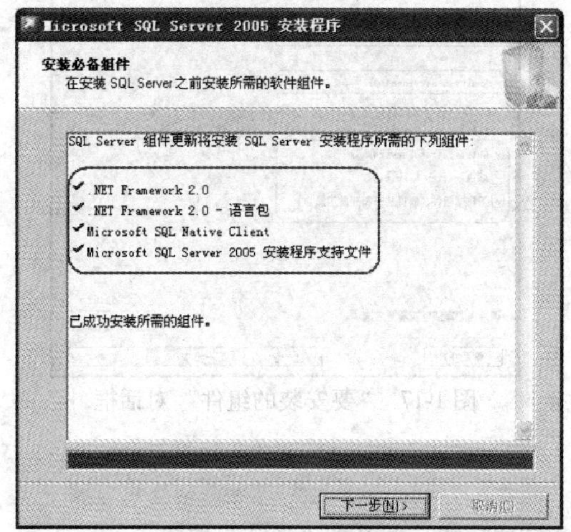

图 1-13　“安装必备组件”完成安装

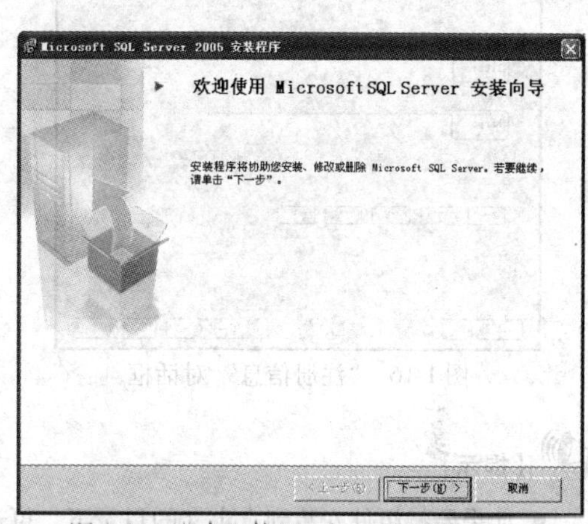

图 1-14　“欢迎使用 Microsoft SQL Server 安装向导”对话框

6）打开“系统配置检查”对话框进行系统配置检查。系统配置检查通过后，单击“下一步”按钮继续安装，如图 1-15 所示。

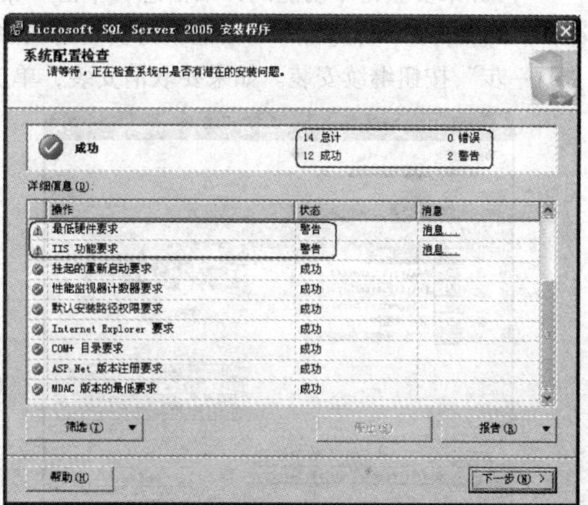

图 1-15　“系统配置检查”对话框

【提示】

- 在“系统配置检查”（SCC）页上，将扫描安装计算机，检查是否存在可能阻止安装程序运行的情况。如果检查出“错误”信息，将不能继续安装，如果检查出“警告”信息，可以继续安装。
- 有关配置检查项的信息，可单击该页底部的“帮助”按钮获取相关信息，或参阅系统配置检查器的检查参数。
- 在系统配置检查过程，如果要中断扫描，可单击“停止”按钮。
- 如果要显示按结果进行分组的检查项列表，可单击“筛选”按钮，然后从下拉列表中选择类别。
- 如果要查看 SCC 结果的报表，可单击“报告”按钮，然后从下拉列表中选择选项。

7）打开“注册信息”对话框，在“姓名”和“公司”文本框中，输入相应的信息（这里为“liuzc”和“hnrpc”）。单击“下一步”继续安装，如图 1-16 所示。如果要取消安装，可单击“取消”按钮。

8）打开“要安装的组件”对话框，选择要安装的组件，如图 1-17 所示。可以选中任意一些复选框。选择完毕，单击“下一步”按钮继续安装。如果要安装单个组件，单击“高级”按钮。如果要取消安装，单击“取消”按钮。

9）如果在“要安装的组件”对话框单击“高级”按钮，将会打开“功能选择”对话框。在“功能选择”对话框中，使用下拉框选择要安装的程序功能，如图 1-18 所示。完成功能选择后单击“下一步”按钮继续安装。如果要取消安装，单击“取消”按钮。

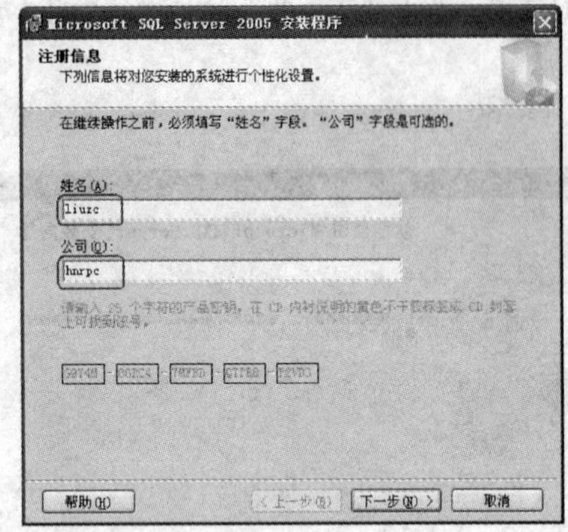

图 1-16 “注册信息”对话框

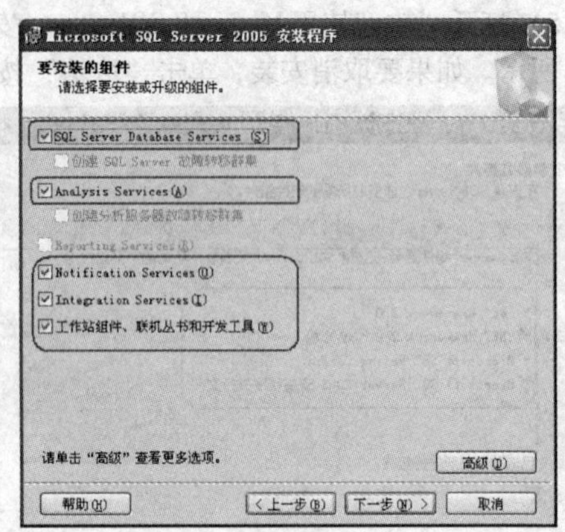

图 1-17 “要安装的组件”对话框

【提示】

- 如果要将组件安装到自定义的目录下，可选择相应的功能，再单击“浏览”按钮。
- 如果要了解所选择的功能占用磁盘空间情况，单击“磁盘开销”按钮。
- 如果要获得本功能的详细信息，单击“帮助”按钮。

10）打开“实例名”对话框，为安装的软件选择默认实例或已命名的实例，如图 1-19 所示。单击“下一步”按钮继续安装。如果要取消安装，单击“取消”按钮。

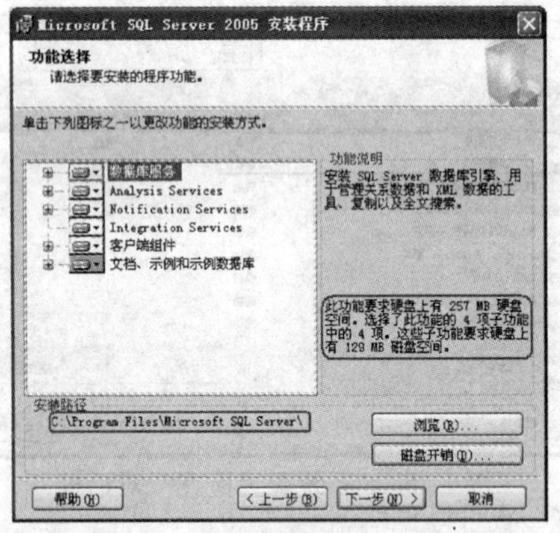

图 1-18 “功能选择”对话框

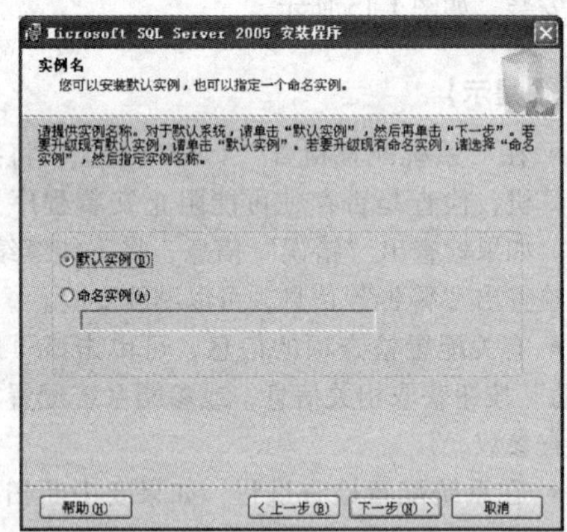

图 1-19 “实例名”对话框

【提示】

- 如果已经安装了默认实例或已命名实例，并且为安装的软件选择了现有实例，安装程序将升级所选的实例并提供安装其他组件的选项。
- 计算机上必须没有默认实例，才可以安装新的默认实例。
- 如果要安装新的命名实例，单击“命名实例”，然后在提供的空白处输入一个唯一的实例名。
- 如果要想 SQL Server 2000 和 SQL Server 2005 实例共存，必须选择“命名实例”，否则将会在 SQL Server 2000 基础上进行升级安装。

11）打开“服务帐户”对话框，为 SQL Server 服务帐户指定用户名、密码和域名，如图 1-20 所示。单击“下一步”按钮继续安装。如果要取消安装，单击“取消”按钮。

【提示】

● 可以对所有服务使用一个帐户。也可以根据需要，为各个服务指定单独的帐户。若要为各个服务指定单独的帐户，选中“为每个服务帐户进行自定义”复选框，从“服务”下拉框中选择服务名称，然后为该服务提供登录凭据。

● 如果选择“使用域用户帐户”，则需要指定用户名、密码和域。并且域名不能为完整的域名系统(DNS)名称。

● 可以指定安装结束时启动服务的类型。

12）打开“身份验证模式”对话框，选择要用于 SQL Server 安装的身份验证模式，如图 1-21 所示。单击“下一步”按钮继续安装。如果要取消安装，单击“取消”按钮。

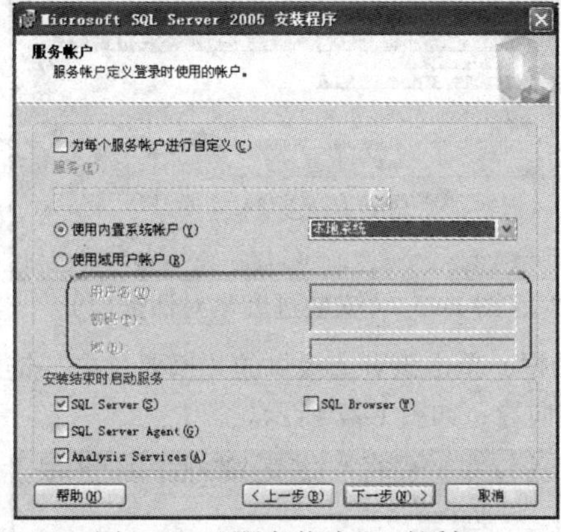

图 1-20　“服务帐户”对话框

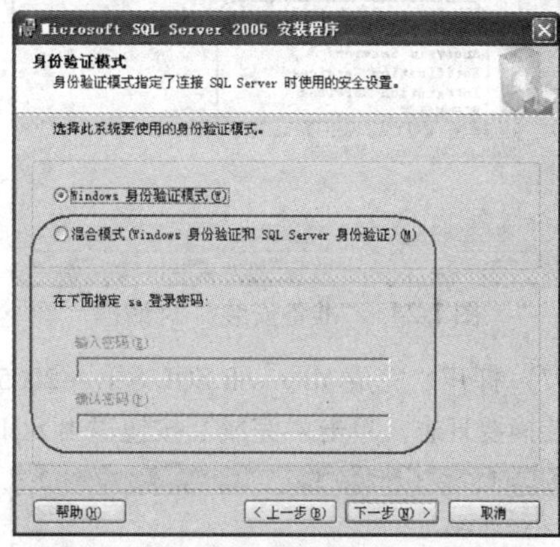

图 1-21　“身份验证模式”对话框

【提示】

● 如果选择“混合模式(Windows 身份验证和 SQL Server 身份验证)”单选按钮，还必须输入并确认用于 sa 登录的强密码。

● 从安全角度考虑，尽量使用 Windows 身份验证。

13）打开“排序规则设置”对话框，指定 SQL Server 实例的排序规则。可以为各个组件分别指定排序规则，如图 1-22 所示。单击“下一步”按钮继续安装。如果要取消安装，单击“取消”按钮。

14）打开“错误和使用情况报告设置”对话框，可以清除复选框以禁用错误报告，如图 1-23 所示。单击“下一步”按钮继续安装。如果要取消安装，单击“取消”按钮。

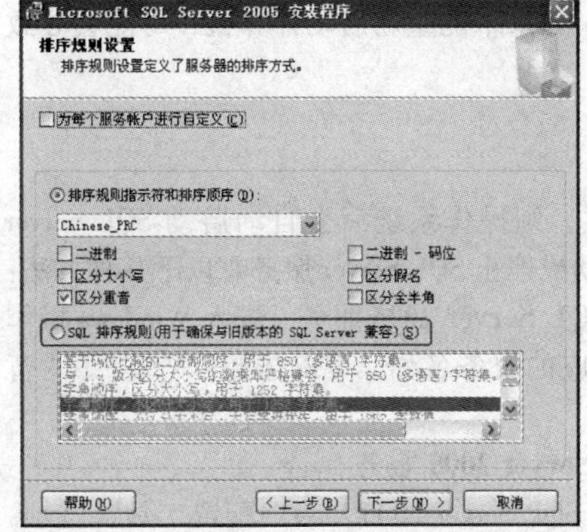

图 1-22　“排序规则设置”对话框

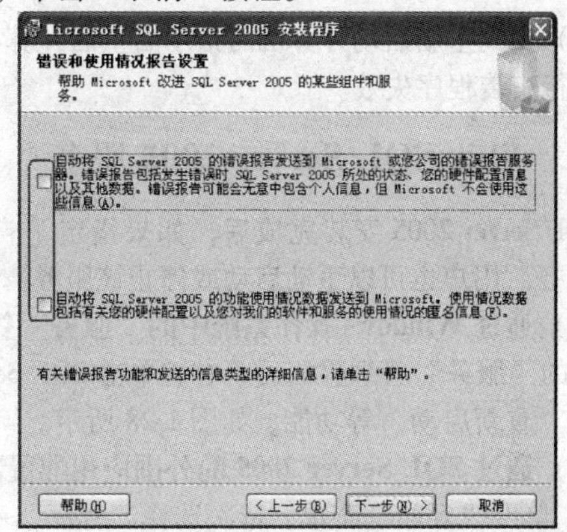

图 1-23　“错误和使用情况报告设置”对话框

15）打开“准备安装”对话框，查看要安装的SQL Server功能和组件的摘要，如图1-24所示。单击“继续”按钮继续安装。如果要取消安装，单击“取消”按钮。

16）打开“安装进度”对话框，在安装过程中监视安装进度。如果要在安装期间查看组件的日志文件，单击产品或状态名称。如果要取消安装，单击“取消”按钮，如图1-25所示。安装完毕后，单击“下一步”按钮继续安装，如图1-26所示。

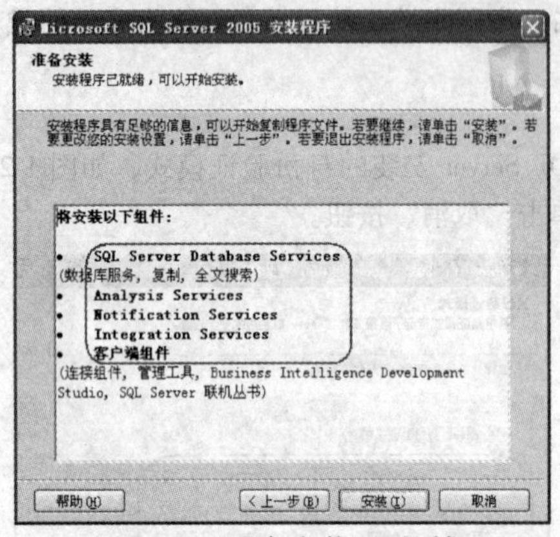

图1-24 “准备安装”对话框

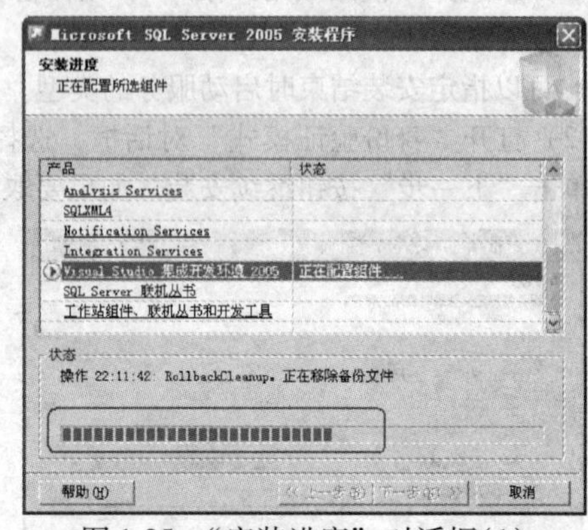

图1-25 “安装进度”对话框(1)

17）打开“完成Microsoft SQL Server 2005安装”对话框，单击该页上提供的“摘要日志”链接查看安装摘要日志。单击“完成”按钮退出SQL Server安装向导，如图1-27所示。

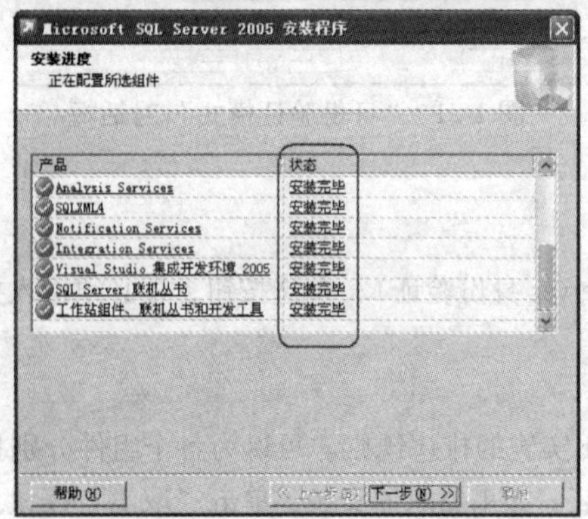

图1-26 “安装进度”对话框(2)

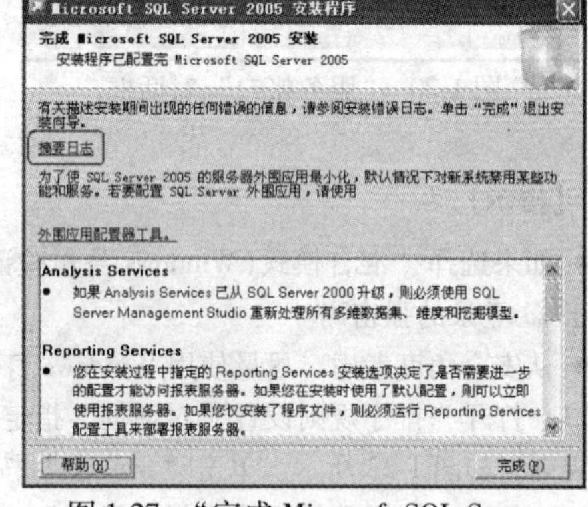

图1-27“完成Microsoft SQL Server 2005安装”对话框

18）得到重新启动计算机的指示后重启计算机完成安装。如果未能重新启动计算机，可能会导致以后运行安装程序失败。

1.4.3 启动SQL Server 2005服务

SQL Server 2005安装完成后，如果指定了自动启动模式，则操作系统后会自动启动SQL Server 2005服务。用户也可以手动启动或停止该服务。用户手动启动或停止SQL Server服务有以下几种方法：

(1) 通过Windows操作系统中的“服务”管理器管理SQL Server 2005服务 进入Windows操作系统中的“服务”管理界面后，右键单击SQL Server 2005对应的服务名称，可以选择“停止”、“暂停”和“重新启动”等功能，如图1-28所示。

(2) 通过SQL Server 2005的外围应用配置器管理SQL Server 2005服务

1）单击“开始”菜单，依次选择“程序”→“Microsoft SQL Server 2005”→“配置工具”选项，再单击“SQL Server外围应用配置器”，打开“SQL Server 2005外围应用配置器”启动界面，如图1-29

所示。

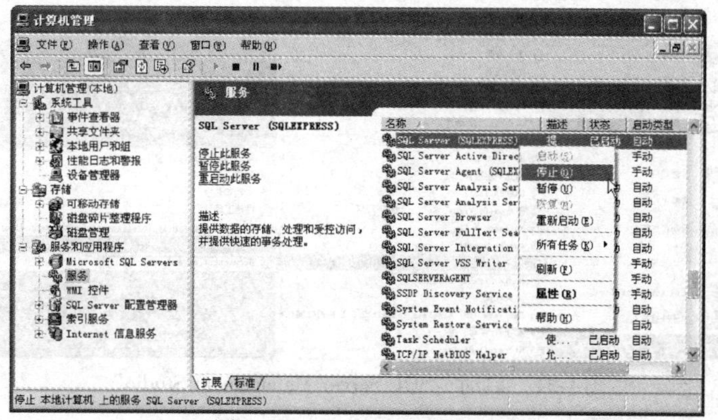

图 1-28　Windows 服务管理

2）选择“服务和连接的外围应用配置器”链接后，打开“服务和连接的外围应用配置器-localhost”对话框，通过“启动”、“停止”和“暂停”按钮可以实现对 SQL Server 数据库引擎服务或分析服务的操作，如图 1-30 所示。

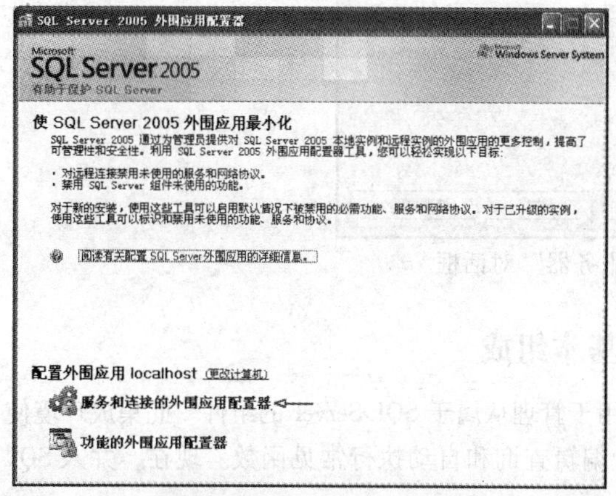

图 1-29　“SQL Server 2005 外围应用配置器”启动界面

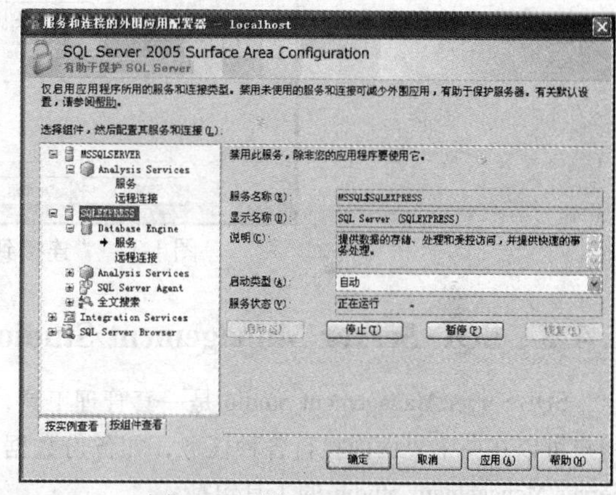

图 1-30　“服务和连接的外围应用配置器-localhost”对话框

【提示】

- 如果同一台计算机安装有 SQL Server 的不同版本，要注意每一版本对应的服务名称。
- 一般情况下，不同版本的 SQL Server 服务可以同时启动，如果发生冲突，可停止其中某一版本的服务。
- 有些情况下，SQL Server 2005 服务会受到防病毒软件（如 360 卫士）的影响，需视具体情况考虑关闭防病毒软件或防火墙软件。

1.4.4　启动 SQL Server Management Studio

1）单击“开始”菜单，依次选择“程序”→“Microsoft SQL Server 2005”选项，再单击“SQL Server Management Studio”，如图 1-31 所示。进入“SQL Server Management Studio”启动界面。

2）在“连接到服务器”对话框中，选择服务器类型（这里为数据库引擎）、服务器名称（这里为 LIUZC\SQLEXPRESS）和身份验证（这里为 Windows 身份验证）后，再单击“连接”按钮，即可进入“SQL Server Management Studio”的管理界面，如图 1-32 所示。

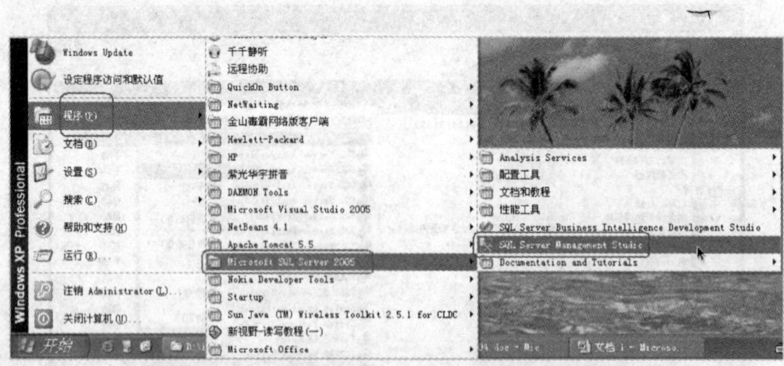
图 1-31　启动“SQL Server Management Studio”

图 1-32　“连接到服务器”对话框

1.4.5　SQL Server Management Studio 基本组成

SQL Server Management Studio 是一套管理工具，用于管理从属于 SQL Server 的组件。此集成环境使用户可以在一个界面内执行各种任务，如备份数据、编辑查询和自动执行常见函数。现在，并入 SQL Server Management Studio 的工具包括：

(1) 代码编辑器　用于编写和编辑脚本，是一种功能丰富的脚本编辑器。代码编辑器取代了 SQL Server 早期版本中的查询分析器。SQL Server Management Studio 提供了 4 种版本的代码编辑器：SQL 查询编辑器、MDX 查询编辑器、XML 查询编辑器和 SQL Mobile 查询编辑器。

(2) 对象资源管理器　用于查找、修改、编写脚本或运行从属于 SQL Server 实例的对象。

(3) 模板资源管理器　用于查找模板以及为模板编写脚本。

(4) 解决方案资源管理器　用于将相关脚本组织并存储为项目的一部分。

(5) 属性窗口　用于显示当前选定对象的属性。

【提示】 SQL Server Management Studio 还提供了一些新的功能，包括：

- 断开连接的访问。可以编写和编辑脚本，而不用与 SQL Server 实例连接。
- 在任意对话框中编写脚本。可以在任意对话框中创建脚本，以便在创建脚本之后读取、修改、存储和重用脚本。
- 非模式对话框。在访问某个 UI 对话框时，可以浏览 SQL Server Management Studio 中的其他资源而不用关闭该对话框。
- 在本书的后面内容中，SQL Server Management Studio 简称为 SSMS。

默认情况下，Management Studio 中将显示“已注册的服务器”、“对象资源管理器”和“文档窗

口”3个组件窗口，如图1-33所示。

1. 已注册的服务器

“已注册的服务器”窗口列出的是经常管理的服务器，可以在此列表中添加和删除服务器。如果计算机以前安装了SQL Server 2000企业管理器，则系统将提示导入已注册服务器的列表。否则，列出的服务器中仅包含运行Management Studio的计算机上的SQL Server实例。如果未显示所需的服务器，可在“已注册的服务器”中右键单击“Microsoft SQL Servers”，再单击“更新本地服务器注册”。

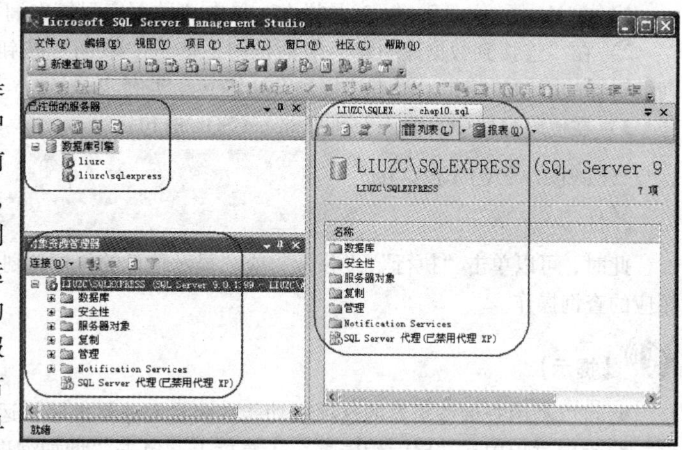

图1-33 “Microsoft SQL Server Management Studio”主界面

【提示】

● “已注册的服务器”组件的工具栏包括数据库引擎、Analysis Services、Reporting Services、SQL Server Mobile和Integration Services按钮。可以注册上述任意服务器类型以便于管理。

● 如果同一台计算机中安装了SQL Server 2000，在SSMS中也可以连接到SQL Server 2000的实例，并进行数据库管理操作。

● SQL Server 2000的版本为8.0，SQL Server 2005的版本为9.0。

2. 对象资源管理器

“对象资源管理器”是服务器中所有数据库对象的树视图，此树视图可以包括SQL Server Database Engine、Analysis Services、Reporting Services、Integration Services和SQL Server Mobile的数据库。“对象资源管理器”包括与其连接的所有服务器的信息。打开Management Studio时，系统会提示将“对象资源管理器”连接到上次使用的设置。可以在“已注册的服务器”组件中双击任意服务器进行连接，但无需注册要连接的服务器。

【提示】

● “对象资源管理器”也可以连接到数据库引擎、Analysis Services、Integration Services、Reporting Services和SQL Server Mobile。

● 在“对象资源管理器”的工具栏上，单击“连接”按钮显示可用连接类型下拉列表，再选择“数据库引擎”，系统将打开“连接到服务器”对话框。

3. 文档窗口

文档窗口是Management Studio中的最大部分。文档窗口可能包含查询编辑器和浏览器窗口。默认情况下，将显示已与当前计算机上的数据库引擎实例连接的“摘要”页。

文档窗口可以配置为显示选项卡式文档或多文档界面（MDI）环境。在选项卡式文档模式中，默认的多个文档将沿着文档窗口的顶部显示为选项卡。

1.4.6 SQL Server Management Studio中执行查询

SQL Server Management Studio允许与服务器断开连接时编写或编辑代码。当服务器不可用或要节省短缺的服务器或网络资源时，这一点非常有用。也可以更改查询编辑器与SQL Server新实例的连接，而无需打开新的查询编辑器窗口或重新输入代码。

1. 脱机编码

1）在 Management Studio 工具栏上，单击“数据库引擎查询”图标打开查询编辑器。

2）在“连接到数据库引擎”对话框中，单击“取消”按钮。系统将打开查询编辑器，同时，查询编辑器的标题栏将指示没有连接到 SQL Server 实例。

3）在代码窗格中，输入下列 Transact-SQL 语句：

```
SELECT * FROM BookInfo
GO
```

此时，可以单击“执行”、“分析”或“显示估计的执行计划”按钮以连接到 SQL Server 实例，完成相应的查询操作。

【提示】

- 可以利用查询编辑器的这项新功能在多台服务器上轻松运行相同的代码。
- 编辑过程中在“SQL 编辑器”工具栏上，单击“增加缩进”可以同时缩进所有的行。
- 可以通过“工具”→“选项”→“文本编辑器”→“所有语言”→“制表符”，更改默认缩进。
- 单击“查询编辑器”窗口中的任意位置，按“Shift + Alt + Enter”组合键，可在全屏显示模式和常规显示模式之间进行切换。
- 单击“查询编辑器”窗口中的任意位置，在“窗口”菜单上，单击“自动全部隐藏”。

2. 使用注释

通过 SQL Server Management Studio，可以注释(或取消注释)指定的查询脚本。

1）选择要注释(或要取消注释)的文本。

2）在“编辑”菜单中，选择“高级”选项，再单击“注释选定内容”。所选文本前将带有破折号“——”，表示已完成注释。

【提示】

- 也可以使用“SQL 编辑器”工具栏上的按钮注释或取消注释文本。
- 也可以使用“/ * * /”来对大段文本进行注释。

3. 使用 SQLCMD 模式

若要将“查询编辑器”窗口切换到 SQLCMD 模式，可执行以下操作：

1）在“对象资源管理器”中，右键单击服务器，再单击“新建查询”打开新的“查询编辑器”窗口。

2）在“查询”菜单上，单击“SQLCMD 模式”。查询编辑器将在其上下文中执行 sqlcmd 语句。

3）在“SQL 编辑器”工具栏的“可用数据库”列表中，选择“Library”选项。

4）在查询编辑器窗口中，输入以下两个 T-SQL 语句和!!DIR sqlcmd 语句：

```
SELECT *
FROM BookInfo
GO
!!DIR
GO
SELECT *
FROM ReaderInfo
GO
```

5）按“F5”键执行整个 Transact-SQL 和 MS-DOS 语句混合句段。

6）在“结果”窗格中，单击“消息”选项卡可以查看到所有 3 个语句产生的消息，如图 1-34 所示。

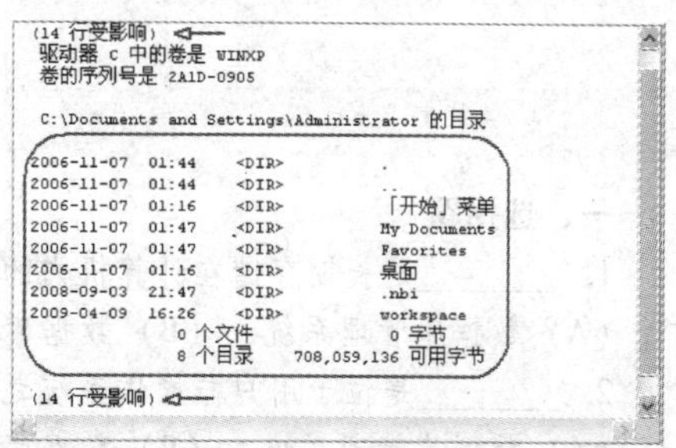

图 1-34　带有 SQLCMD 语句的执行结果

【提示】

● 从命令行执行 sqlcmd 实用工具时，允许与操作系统完全交互。而在“SQLCMD 模式”下使用查询编辑器时，必须注意不要执行交互语句。查询编辑器不能对操作系统提示符作出响应。

● 有关运行 SQLCMD 的详细信息，请参阅 sqlcmd 实用工具或学习 SQLCMD 教程。

1.4.7　联机丛书

联机丛书包含有 SQL Server 2005 的使用说明，包括 SQL Server 2005 的安装、数据库管理、新增功能、T-SQL 语句、SQL 函数等，是帮助用户学习和掌握 SQL Server 2005 进行数据管理的工具，使用非常方便，如图 1-35 所示。

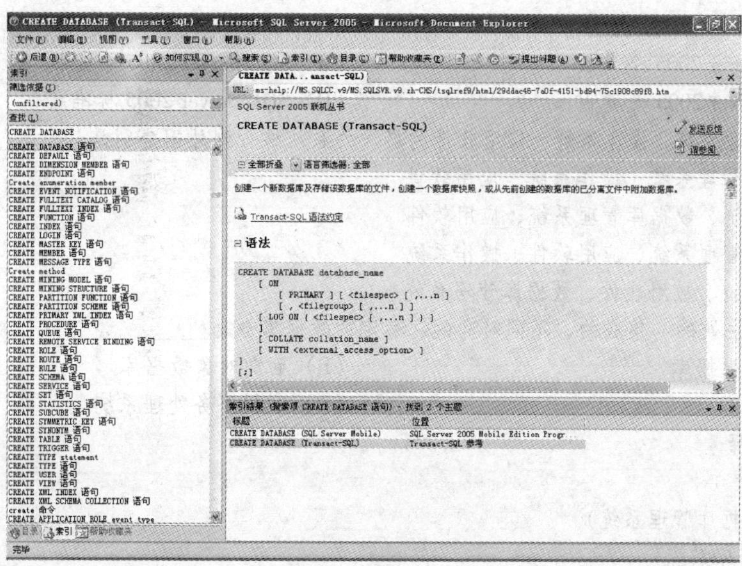

图 1-35　“联机丛书”窗口

本章小结

本章学习了如下内容：

■ 数据库技术概述。数据、数据库、数据库管理系统和数据库系统的基本概念；数据处理发展经历了手工处理、文件系统和数据库系统阶段。

■ 数据模型。即按图论理论建立的层次结构模型和网状结构模型以及按关系理论建立的关系结构模型。其中关系模型指的是用二维表格来表示数据间联系的模型。一个关系由不同记录组成，一条记录由不同字段组成。

■ SQL 语言简介。SQL 语言概述、SQL 语言分类和 SQL 语句组成。

■ SQL Server 2005 基础。SQL Server 2000 简介、SQL Server 2005 安装过程和 SQL Server 2005 常用管理工具。

习　题　1

一、选择题

1. ________是长期存储在计算机内的有组织、可共享的数据集合。

(A) 数据库管理系统　(B) 数据库系统　(C) 数据库　(D) 文件组织

2. ________是位于用户与操作系统之间的一层数据管理软件。

(A) 数据库管理系统　(B) 数据库系统　(C) 数据库　(D) 数据库应用系统

3. 数据库系统不仅包括数据库本身，还要包括相应的硬件、软件和________。

(A) 数据库管理系统　(B) 数据库应用系统　(C) 相关的计算机系统　(D) 各类相关人员

4. 下列命令不属于 DBMS 的数据定义语言的是________。

(A) CREATE　(B) DROP　(C) INSERT　(D) ALTER

5. SQL Server 2005 是一种________的数据库管理系统。

(A) 关系型　(B) 层次型　(C) 网状　(D) 树形

6. 支持 SQL Server 2005 中的所有可用功能，可作为企业数据库服务器使用的 SQL Server 2005 版本是________。

(A) SQL Server 2005 个人版　(B) SQL Server 2005 企业版

(C) SQL Server 2005 开发版　(D) SQL Server 2005 标准版

7. 数据库管理系统、操作系统、应用软件的层次关系从核心到外围分别是________。

(A) 数据库管理系统、操作系统、应用软件

(B) 操作系统、数据库管理系统、应用软件

(C) 数据库管理系统、应用软件、操作系统

(D) 操作系统、应用软件、数据库管理系统

8. 一个面向主题的、集成的、不同时间的、稳定的数据集合是________。

(A) 分布式数据库　(B) 面向对象数据库

(C) 数据仓库　(D) 联机事务处理系统

二、名词解释

1. DB(数据库)
2. DBMS(数据库管理系统)
3. DBS(数据库系统)
4. 关系模型
5. 数据仓库

三、简答题

1. 数据库阶段的数据管理有什么特点?
2. 数据库系统有哪些部分组成？试举例说明。
3. 怎样理解实体、属性、记录、字段这些概念的类型和值的差别？试举例说明。
4. SQL Server 2005 的新特性包括哪些方面?

实训 1　初识 SQL Server 2005

一、实训目的

1. 了解 SQL Server 2005 的版本和软、硬件需求。

2. 掌握 SQL Server 2005 的安装。
3. 了解 SQL Server 2005 的基本架构。
4. 掌握 SQL Server 2005 SSMS 的启动。
5. 掌握 SQL Server 2005 查询的基本使用。
6. 了解 SQL Server 2005 和其他数据库管理系统的区别。

二、实训要求

1. 完成 SQL Server 2005 指定版本的安装。
2. 启动 SQL Server 2005 的 SSMS，了解 SSMS 的主要组成。
3. 启动 SSMS 后，新建查询并运行指定 T-SQL 语句。

三、实训步骤

1. 根据管理和开发需要，选择 SQL Server 2005 版本，安装指定版本的 SQL Server 2005。
2. 启动 SQL Server 2005 SSMS 并以 Windows 用户登录。
3. 了解 SQL Server 2005 SSMS 的基本组成。
4. 在 SQL Server 2005 SSMS 中新建查询并输入如下语句：

```
USE    WebShop
GO
SELECT * FROM Goods
GO
```

5. 按“F5”键或单击工具栏上的运行按钮执行查询，并查看运行结果。

四、实训提示

1. 提供 SQL Server 2005 安装光盘或网络共享文件夹，SQL Server 2005 版本可以自行选择，推荐使用企业版。

2. 提供满足上述 SQL Server 2005 版本安装条件的个人计算机。
3. SQL Server 2005 版本和操作系统的关系。
4. 安装过程中登录模式的选择。
5. 安装过程中许可模式的选择。

第 2 章　数据库操作

【学习目标】

本章的内容介绍是基于假设数据库设计(数据库设计见第 11 章内容)已经完成，在此基础上学习 SQL Server 2005 数据库相关的基本操作。包括教学示例数据库 Library、实训示例数据库 WebShop、SQL Server 2005 数据库的组成、SQL Server 2005 数据库的存储结构、使用 T-SQL 管理数据库和使用“SSMS”管理数据库等。

【学习要点】

- 教学案例和实训案例数据库。
- SQL Server 2005 数据库的组成。
- SQL Server 2005 存储结构。
- 使用 SSMS 创建和修改数据库。
- 使用 SSMS 查看和删除数据库。
- 使用 T-SQL 创建和修改数据库。
- 使用 T-SQL 查看和删除数据库。

2.1　示例数据库介绍

2.1.1　教学示例数据库

下面以“图书管理系统”作为讲授示例，通过“图书管理系统”介绍数据库管理和开发的相关技术，帮助学生掌握数据库相关理论和 SQL Server 2005 数据管理实践。在示例“图书管理系统”(数据库名为 Library)中包含 BookType、Publisher、BookInfo、BookStore、ReaderType、ReaderInfo 和 BorrowReturn 共 7 个表。

1. 图书类别表

图书类别(BookType)表结构的详细信息见表 2-1。

表 2-1　BookType 表结构

表序号	1	表名	BookType			
含义	存储图书类别信息					
序号	属性名称	含义	数据类型	长度	为空性	约束
1	bt_ID	图书类别编号	char	10	not null	主键
2	bt_Name	图书类别名称	varchar	20	not null	
3	bt_Description	描述信息	varchar	50	null	

图书类别表内容的详细信息见表 2-2。

表 2-2 BookType 表内容

bt _ ID	bt _ Name	bt _ Description	bt _ ID	bt _ Name	bt _ Description
01	A 马、列、毛著作	null	12	N 自然科学总论	null
02	B 哲学	关于哲学方面的书籍	13	O 数理科学和化学术	null
03	C 社会科学总论	null	14	P 天文学、地球	null
04	D 政治、法律	关于政治和法律方面的书籍	15	R 医药、卫生	null
05	E 军事	关于军事方面的书籍	16	S 农业技术(科学)	null
06	F 经济	关于宏观经济和微观经济方面的书籍	17	T 工业技术	null
			18	U 交通、运输	null
07	G 文化、教育、体育	null	19	V 航空、航天	null
08	H 语言、文字	null	20	X 环境科学、劳动科学	null
09	I 文学	null	21	Z 综合性图书	null
10	J 艺术	null	22	M 期刊杂志	null
11	K 历史、地理	null	23	W 电子图书	null

2. 出版社信息表

出版社信息(Publisher)表结构的详细信息见表 2-3。

表 2-3 Publisher 表结构

表序号	2	表名	Publisher			
含义	存储出版社信息					
序号	属性名称	含义	数据类型	长度	为空性	约束
1	p _ ID	出版社编号	char	4	not null	主键
2	p _ Name	出版社名称	varchar	30	not null	
3	p _ ShortName	出版社简称	varchar	8	not null	
4	p _ Code	出版社代码	char	4	not null	
5	p _ Address	出版社地址	varchar	50	not null	
6	p _ PostCode	邮政编码	char	6	not null	
7	p _ Phone	联系电话	char	15	not null	

出版社信息表内容的详细信息见表 2-4。

表 2-4 Publisher 表内容

p _ ID	p _ Name	p _ ShortName	p _ Code	p _ Address	p _ PostCode	p _ Phone
001	电子工业出版社	电子	7-12	北京市海淀区万寿路 173 信箱	100036	(010)68279077
002	高等教育出版社	高教	7-04	北京西城区德外大街 4 号	100011	(010)58581001
003	清华大学出版社	清华	7-30	北京清华大学学研大厦	100084	(010)62776969
004	人民邮电出版社	人邮	7-11	北京市崇文区夕照寺街 14 号	100061	(010)67170985
005	机械工业出版社	机工	7-11	北京市西城区百万庄大街 22 号	100037	(010)68993821
006	西安电子科技大学出版社	西电	7-56	西安市太白南路 2 号	710071	(010)88242885

(续)

p _ ID	p _ Name	p _ ShortName	p _ Code	p _ Address	p _ PostCode	p _ Phone
007	科学出版社	科学	7-03	北京东黄城根北街 16 号	100717	(010)62136131
008	中国劳动社会保障出版社	劳动	7-50	北京市惠新东街 1 号	100029	(010)64911190
009	中国铁道出版社	铁道	7-11	北京市宣城区右安门西街 8 号	100054	(010)63583215
010	北京希望电子出版社	希望电子	7-80	北京市海淀区车道沟 10 号	100089	(010)82702660
011	化学工业出版社	化工	7-50	北京市朝阳区惠新里 3 号	100029	(010)64982530
012	中国青年出版社	中青	7-50	北京市东四十二条 21 号	100708	(010)84015588
013	中国电力出版社	电力	7-50	北京市三里河路 6 号	100044	(010)88515918
014	北京工业大学出版社	北工大	7-56	北京市朝阳区平乐园 100 号	100022	(010)67392308
015	冶金工业出版社	冶金	7-50	北京市沙滩嵩祝院北巷 39 号	100009	(010)65934239

3. 图书信息表

图书信息(BookInfo)表结构的详细信息见表 2-5。

表 2-5　BookInfo 表结构

表 序 号	3	表　　名	BookInfo			
含　义	存储图书信息					
序　　号	属 性 名 称	含　　义	数 据 类 型	长　　度	为 空 性	约　　束
1	b _ ID	图书编号	varchar	16	not null	主键
2	b _ Name	图书名称	varchar	50	not null	
3	bt _ ID	图书类别编号	char	10	not null	外键
4	b _ Author	作者	varchar	20	not null	
5	b _ Translator	译者	varchar	20	null	
6	b _ ISBN	ISBN	varchar	30	not null	
7	p _ ID	出版社编号	char	4	not null	外键
8	b _ Date	出版日期	datetime		not null	
9	b _ Edition	版次	smallint		not null	
10	b _ Price	图书价格	money		not null	
11	b _ Quantity	副本数量	smallint		not null	
12	b _ Detail	图书简介	varchar	100	null	
13	b _ Picture	封面图片	varchar	50	null	

图书信息表内容的详细信息见表 2-6。

表 2-6　BookInfo 表内容

b _ ID	b _ Name	bt _ ID	b _ Author	b _ Translator	b _ ISBN
TP3/2737	Visual Basic. NET 实用教程	17	佟伟光	无	7-5053-8956-4
TP3/2739	C#程序设计	17	李德奇	无	7-03-015754-0
TP3/2741	JSP 程序设计案例教程	17	刘志成	无	7-115-15380-9

（续）

b_ID	b_Name	bt_ID	b_Author	b_Translator	b_ISBN
TP3/2742	数据恢复技术	17	戴士剑、陈永红	无	7-5053-9036-8
TP3/2744	Visual Basic. NET 进销存程序设计	17	阿惟	无	7-302-06731-7
TP3/2747	VC. NET 面向对象程序设计教程	17	赵卫伟、刘瑞光	无	7-111-18764-4
TP3/2752	Java 程序设计案例教程	17	刘志成	无	7-111-18561-7
TP312/146	C++程序设计与软件技术基础	17	梁普选	无	7-121-00071-7
TP39/707	数据库基础	17	沈祥玖	无	7-04-012644-3
TP39/711	管理信息系统基础与开发	17	陈承欢、彭勇	无	7-115-13103-1
TP39/713	关系数据库与 SQL 语言	17	黄旭明	无	7-04-01375-4
TP39/716	UML 用户指南	17	Grady Booch 等	邵维忠等	7-03-012096
TP39/717	UML 数据库设计应用	17	[美]Eric J. Naiburg 等	陈立军、郭旭	7-5053-6432-4
TP39/719	SQL Server 2005 实例教程	17	刘志成、陈承欢	无	7-7-302-14733-6
TP39/720	数据库及其应用系统开发	17	张迎新	无	7-302-12828-6

p_ID	b_Date	b_Edition	b_Price	b_Quantity	b_Detail	b_Picture
001	2003-8-1	1	￥18.00	9		
007	2005-8-1	1	￥26.00	14		
004	2007-9-1	1	￥27.00	4		
001	2003-8-1	1	￥39.00	4		
003	2003-7-1	1	￥38.00	4		
005	2006-5-1	1	￥20.00	9		
003	2006-9-1	1	￥26.00	14		
001	2004-7-1	1	￥28.00	7		
002	2003-9-1	1	￥18.50	4		
004	2005-2-1	1	￥23.00	2		
002	2004-1-1	1	￥15.00	4		
007	2003-8-1	1	￥35.00	4		
001	2001-3-1	1	￥30.00	9		
001	2006-10-1	1	￥34.00	3		
003	2006-7-1	1	￥26.00	4		

4. 图书存放信息表

图书存放信息（BookStore）表结构的详细信息见表 2-7。

表 2-7　BookStore 表结构

表序号	4	表名	BookStore			
含义	存储图书存放信息					
序号	属性名称	含义	数据类型	长度	为空性	约束
1	s_ID	条型码	char	8	not null	主键
2	b_ID	图书编号	varchar	16	not null	外键
3	s_InDate	入库日期	datetime		not null	

(续)

表　序　号	4	表　　名	BookStore			
含　　义	存储图书存放信息					
序　　号	属性名称	含　　义	数据类型	长　　度	为空性	约　　束
4	s_Operator	操作员	varchar	10	not null	
5	s_Position	存放位置	varchar	12	not null	
6	s_Status	图书状态	varchar	4	not null	

图书存放信息表内容的详细信息见表2-8。

表2-8　BookStore表内容

s_ID	b_ID	s_InDate	s_Operator	s_Position	s_Status
121497	TP39/719	2006-10-20	林静	03-03-07	借出
121498	TP39/719	2006-10-20	林静	03-03-07	借出
121499	TP39/719	2006-10-20	林静	03-03-07	在藏
128349	TP3/2741	2007-9-20	林静	03-03-01	借出
128350	TP3/2741	2007-9-20	林静	03-03-01	借出
128351	TP3/2741	2007-9-20	林静	03-03-01	借出
128352	TP3/2741	2007-9-20	林静	03-03-01	遗失
128353	TP39/711	2005-9-20	谭芳洁	03-03-01	借出
128354	TP39/711	2005-9-20	谭芳洁	03-03-01	在藏
128374	TP3/2752	2006-12-4	林静	03-03-02	借出
128375	TP39/716	2005-9-20	谭芳洁	03-03-02	借出
128376	TP39/717	2005-9-20	谭芳洁	03-03-02	在藏
145353	TP3/2744	2004-9-20	谭芳洁	03-03-02	在藏
145354	TP3/2744	2004-9-20	谭芳洁	03-03-02	借出
145355	TP3/2744	2004-9-20	谭芳洁	03-03-02	借出

5. 读者类别信息表

读者类别信息(ReaderType)表结构的详细信息见表2-9。

表2-9　ReaderType表结构

表　序　号	5	表　　名	ReaderType			
含　　义	存储读者类别信息					
序　　号	属性名称	含　　义	数据类型	长　　度	为空性	约　　束
1	rt_ID	读者类别编号	char	2	not null	主键
2	rt_Name	读者类型名称	varchar	10	not null	唯一
3	rt_Quantity	限借数量	smallint		not null	
4	rt_Long	限借期限	smallint		not null	
5	rt_Times	续借次数	smallint		not null	
6	rt_Fine	超期日罚金	money		not null	

读者类别信息表内容的详细信息见表 2-10。

表 2-10　ReaderType 表内容

rt _ ID	rt _ Name	rt _ Quantity	rt _ Long	rt _ Times	rt _ Fine
01	特殊读者	30	12	5	¥1.00
02	一般读者	20	6	3	¥0.50
03	管理员	25	12	3	¥0.50
04	教师	20	6	5	¥0.50
05	学生	10	6	2	¥0.10

6. 读者信息表

读者信息（ReaderInfo）表结构的详细信息见表 2-11。

表 2-11　ReaderInfo 表结构

表　序　号	6	表　　名	ReaderInfo			
含　　义	存储读者信息					
序　　号	属 性 名 称	含　　义	数 据 类 型	长　　度	为 空 性	约　　束
1	r _ ID	读者编号	char	8	not null	主键
2	r _ Name	读者姓名	varchar	10	not null	
3	r _ Date	发证日期	datetime		not null	
4	rt _ ID	读者类别编号	char	2	not null	
5	r _ Quantity	可借书数量	smallint		not null	
6	r _ Status	借书证状态	varchar	4	not null	

读者信息表内容的详细信息见表 2-12。

表 2-12　ReaderInfo 表内容

r _ ID	r _ Name	r _ Date	rt _ ID	r _ Quantity	r _ Status
0016584	王周应	2003-9-16	03	24	有效
0016585	阳杰	2003-9-16	02	19	有效
0016586	谢群	2003-9-16	02	17	有效
0016587	黄莉	2003-9-16	04	19	有效
0016588	向鹏	2003-9-16	05	10	注销
0016589	龙川玉	2003-12-12	01	28	有效
0016590	谭涛涛	2003-12-12	04	20	有效
0016591	黎小清	2003-12-12	05	10	注销
0016592	蔡鹿其	2003-12-12	03	25	有效
0016593	王谢恩	2003-12-12	05	10	注销
0016594	罗存	2004-9-23	05	10	注销
0016595	熊薇	2004-9-23	02	20	挂失
0016596	王彩梅	2004-9-23	05	10	注销
0016597	栗彬	2004-9-23	05	8	注销
0016598	孟昭红	2005-10-17	02	30	有效

7. 借还信息表

借还信息(BorrowReturn)表结构的详细信息见表2-13。

表2-13 BorrowReturn 表结构

表序号	7	表名	BorrowReturn			
含义	存储借还书信息					
序号	属性名称	含义	数据类型	长度	为空性	约束
1	br_ID	借阅编号	char	6	not null	主键
2	s_ID	条型码	char	8	not null	外键
3	r_ID	借书证编号	char	8	not null	外键
4	br_OutDate	借书日期	datetime		not null	
5	br_InDate	还书日期	datetime		null	
6	br_LostDate	挂失日期	datetime		null	
7	br_Times	续借次数	tinyint		null	
8	br_Operator	操作员	varchar	10	not null	
9	br_Status	图书状态	varchar	4	not null	

借还信息表内容的详细信息见表2-14。

表2-14 BorrowReturn 表内容

br_ID	s_ID	r_ID	br_OutDate	br_InDate	br_LostDate	br_Times	br_Operator	br_Status
000001	128349	0016584	2007-6-15	2007-9-1		0	张颖	已还
000002	121497	0016584	2007-9-15			0	张颖	未还
000003	128376	0016584	2007-9-15	2007-9-30		1	张颖	已还
000004	128350	0016587	2007-9-15			1	张颖	未还
000005	128353	0016589	2007-9-15			0	张颖	未还
000006	128354	0016590	2007-9-15	2007-9-30		0	张颖	已还
000007	128349	0016584	2007-9-15			1	张颖	未还
000008	128375	0016585	2007-9-15			0	江丽娟	未还
000009	128376	0016586	2007-6-24	2007-9-24		0	江丽娟	已还
000010	145355	0016598	2007-10-24			0	江丽娟	未还

2.1.2 实训示例数据库

下面以流行的B-C模式的电子商城系统(数据库名 WebShop)中的数据库管理和开发作为练习和实训示例，通过模仿课堂讲授的“图书管理系统”数据库管理和开发的知识和技能，进一步巩固数据库相关理论和SQL Server 2005数据管理的数据管理实践，通过该系统中的会员信息管理、商品信息管理、订单信息管理等对数据库相关概念、SQL Server 2005数据库管理和开发技术进行巩固。在示例的 WebShop 数据库中包含了8个表，主要数据表及其内容如下。

1. Customers 表(会员信息表)

Customers 表结构的详细信息见表2-15。

表 2-15　Customers 表结构

表序号	1	表名	Customers			
用途	存储客户基本信息					
序号	属性名称	含义	数据类型	长度	为空性	约束
1	c _ ID	客户编号	char	5	not null	主键
2	c _ Name	客户名称	varchar	30	not null	唯一
3	c _ TrueName	真实姓名	varchar	30	not null	
4	c _ Gender	性别	char	2	not null	
5	c _ Birth	出生日期	datetime		not null	
6	c _ CardID	身份证号	varchar	18	not null	
7	c _ Address	客户地址	varchar	50	null	
8	c _ Postcode	邮政编码	char	6	null	
9	c _ Mobile	手机号码	varchar	11	null	
10	c _ Phone	固定电话	varchar	15	null	
11	c _ E-mail	电子邮箱	varchar	50	null	
12	c _ Password	密码	varchar	30	not null	
13	c _ SafeCode	安全码	char	6	not null	
14	c _ Question	提示问题	varchar	50	not null	
15	c _ Answer	提示答案	varchar	50	not null	
16	c _ Type	用户类型	varchar	10	not null	

Customers 表的内容详细信息见表 2-16。

表 2-16　Customers 表内容

c _ ID	c _ Name	c _ TrueName	c _ Gender	c _ Birth	c _ CardID	c _ Address	c _ Postcode	c _ Mobile
C0001	liuzc	刘志成	男	1972-5-18	120104197205186313	湖南株洲市	412000	13317411740
C0002	liujj	刘津津	女	1986-4-14	430202198604141006	湖南长沙市	410001	13313313333
C0003	wangym	王咏梅	女	1976-8-6	120102197608061004	湖南长沙市	410001	13513513555
C0004	huangxf	黄幸福	男	1978-4-6	120102197608060204	广东顺德市	310001	13613613666
C0005	huangrong	黄蓉	女	1982-12-1	220102197608060104	湖北武汉市	510001	13613613667
C0006	chenhx	陈欢喜	男	1970-2-8	430202197002081108	湖南株洲市	412001	13607330303
C0007	wubo	吴波	男	1979-10-10	430202197910108110	湖南株洲市	412001	13607338888
C0008	luogh	罗桂华	女	1985-4-26	430201198504264545	湖南株洲市	412001	13574268888
C0009	wubing	吴兵	女	1987-9-9	430201198709092346	湖南株洲市	412001	13873308088
C0010	wenziyu	文子玉	女	1988-5-20	320908198805200116	河南郑州市	622000	13823376666

c _ Phone	c _ SafeCode	c _ Password	c _ E-mail	c _ Question	c _ Answer	c _ Type
0733-8208290	6666	123456	liuzc518@ 163. com	你的生日哪一天	5 月 18 日	普通
0731-8888888	6666	123456	amy@ 163. com	你出生在哪里	湖南长沙	普通
0731-8666666	6666	123456	wangym@ 163. com	你最喜爱的人是谁	女儿	VIP
0757-25546536	6666	123456	huangxf@ sina. com	你最喜爱的人是谁	我的父亲	普通
024-89072346	6666	123456	huangrong@ sina. com	你出生在哪里	湖北武汉	普通

(续)

c _ Phone	c _ SafeCode	c _ Password	c _ E-mail	c _ Question	c _ Answer	c _ Type
0733-26545555	6666	123456	chenhx@ 126. com	你出生在哪里	湖南株洲	VIP
0733-26548888	6666	123456	wubo@ 163. com	你的生日哪一天	10 月 10 日	普通
0733-8208888	6666	123456	guihua@ 163. com	你的生日哪一天	4 月 26 日	普通
0733-8208208	6666	123456	wubing0808@ 163. com	你出生在哪里	湖南株洲	普通
0327-8208208	6666	123456	wenziyu@ 126. com	你的生日哪一天	5 月 20 日	VIP

2. Types 表(商品类别表)

Types 表结构的详细信息见表 2-17。

表 2-17 Types 表结构

表 序 号	2	表 名	Types			
含 义	存储商品类别信息					
序 号	属 性 名 称	含 义	数 据 类 型	长 度	为 空 性	约 束
1	t _ ID	类别编号	char	2	not null	主键
2	t _ Name	类别名称	varchar	50	not null	
3	t _ Description	类别描述	varchar	100	null	

Types 表内容的详细信息见表 2-18。

表 2-18 Types 表内容

t _ ID	t _ Name	t _ Description
01	通信产品	包括手机和电话等通信产品
02	计算机产品	包括台式计算机和笔记本计算机及计算机配件
03	家用电器	包括电视机、洗衣机、微波炉等
04	服装服饰	包括服装产品和服饰商品
05	日用商品	包括家庭生活中常用的商品
06	运动用品	包括篮球、排球等运动器具
07	礼品玩具	包括儿童、情侣、老人等礼品
08	女性用品	包括化妆品等女性用品
09	文化用品	包括光盘、图书、文具等文化用品
10	时尚用品	包括一些流行的商品

3. Goods 表(商品信息表)

Goods 表结构的详细信息见表 2-19。

表 2-19 Goods 表结构

表 序 号	3	表 名	Goods			
含 义	存储商品信息					
序 号	属 性 名 称	含 义	数 据 类 型	长 度	为 空 性	约 束
1	g _ ID	商品编号	char	6	not null	主键
2	g _ Name	商品名称	varchar	50	not null	
3	t _ ID	商品类别	char	2	not null	外键

（续）

表序号	3	表名	Goods			
含义	存储商品信息					
序号	属性名称	含义	数据类型	长度	为空性	约束
4	g_Price	商品价格	float		not null	
5	g_Discount	商品折扣	float		not null	
6	g_Number	商品数量	smallint		not null	
7	g_ProduceDate	生产日期	datetime		not null	
8	g_Image	商品图片	varchar	100	null	
9	g_Status	商品状态	varchar	10	not null	
10	g_Description	商品描述	varchar	1000	null	

Goods 表内容的详细信息见表 2-20。

表 2-20　Goods 表内容

g_ID	g_Name	t_ID	g_Price	g_Discount	g_Number	g_ProduceDate	g_Image	g_Status	g_Description
010001	诺基亚 6500 Slide	01	1500	0.9	20	2007-6-1	略	热点	略
010002	三星 SGH-P520	01	2500	0.9	10	2007-7-1	略	推荐	略
010003	三星 SGH-F210	01	3500	0.9	30	2007-7-1	略	热点	略
010004	三星 SGH-C178	01	3000	0.9	10	2007-7-1	略	热点	略
010005	三星 SGH-T509	01	2020	0.8	15	2007-7-1	略	促销	略
010006	三星 SGH-C408	01	3400	0.8	10	2007-7-1	略	促销	略
010007	摩托罗拉 W380	01	2300	0.9	20	2007-7-1	略	热点	略
010008	飞利浦 292	01	3000	0.9	10	2007-7-1	略	热点	略
020001	联想旭日 410MC520	02	4680	0.8	18	2007-6-1	略	促销	略
020002	联想天逸 F30T2250	02	6680	0.8	18	2007-6-1	略	促销	略
030002	海尔电冰箱 HDFX01	03	2468	0.9	15	2007-6-1	略	热点	略
030003	海尔电冰箱 HEF02	03	2800	0.9	10	2007-6-1	略	热点	略
040001	劲霸西服	04	1468	0.9	60	2007-6-1	略	推荐	略
060001	红双喜牌乒乓球拍	06	46.8	0.8	45	2007-6-1	略	促销	略
999999	测试商品	01	8888	0.8	8	2007-8-8	略	热点	略

4. Employees（员工表）

Employees 表结构的详细信息见表 2-21。

表 2-21　Employees 表结构

表序号	4	表名	Employees			
含义	存储员工信息					
序号	属性名称	含义	数据类型	长度	为空性	约束
1	e_ID	员工编号	char	10	not null	主键
2	e_Name	员工姓名	varchar	30	not null	
3	e_Gender	性别	char	2	not null	
4	e_Birth	出生年月	datetime		not null	

(续)

表 序 号	4	表 名	Employees			
含 义	存储员工信息					
序 号	属性名称	含 义	数据类型	长 度	为空性	约 束
5	e_Address	员工地址	varchar	100	null	
6	e_Postcode	邮政编码	char	6	null	
7	e_Mobile	手机号码	varchar	11	null	
8	e_Phone	固定电话	varchar	15	not null	
9	e_E-mail	电子邮箱	varchar	50	not null	

Employees 表内容的详细信息见表 2-22。

表 2-22 Employees 表内容

e_ID	e_Name	e_Gender	e_Birth	e_Address	e_Postcode	e_Mobile	e_Phone	e_E-mail
E0001	张小路	男	1982-9-9	湖南株洲市	412000	13317411740	0733-8208290	zhangxl@163. com
E0002	李玉蓓	女	1978-6-12	湖南株洲市	412001	13873307619	0733-8208290	liyp@126. com
E0003	王忠海	男	1966-2-12	湖南株洲市	412000	13973324888	0733-8208290	wangzhh@163. com
E0004	赵光荣	男	1972-2-12	湖南株洲市	412000	13607333233	0733-8208290	zhaogr@163. com
E0005	刘丽丽	女	1984-5-18	湖南株洲市	412002	13973309090	0733-8208290	liulili@163. com

5. Payments 表(支付方式表)

Payments 表结构的详细信息见表 2-23。

表 2-23 Payments 表结构

表 序 号	5	表 名	Payments			
含 义	存储支付信息					
序 号	属性名称	含 义	数据类型	长 度	为空性	约 束
1	p_Id	支付编号	char	2	not null	主键
2	p_Mode	支付名称	varchar	20	not null	
3	p_Remark	支付说明	varchar	100	null	

Payments 表内容的详细信息见表 2-24。

表 2-24 Payments 表内容

p_Id	p_Mode	p_Remark	p_Id	p_Mode	p_Remark
01	货到付款	货到之后再付款	04	银行电汇	通过各商业银行电汇
02	网上支付	采用支付宝等方式	05	其他方式	赠券等其他方式
03	邮局汇款	通过邮局汇款方式			

6. Orders 表(订单信息表)

Orders 表结构的详细信息见表 2-25。

表 2-25　Orders 表结构

表 序 号	6	表　名	Orders			
含　义	存储订单信息					
序　号	属 性 名 称	含　义	数 据 类 型	长　度	为 空 性	约　束
1	o_ID	订单编号	char	14	not null	主键
2	c_ID	客户编号	char	5	not null	外键
3	o_Date	订单日期	datetime		not null	
4	o_Sum	订单金额	float		not null	
5	e_ID	处理员工	char	10	not null	外键
6	o_SendMode	送货方式	varchar	50	not null	
7	p_Id	支付方式	char	2	not null	外键
8	o_Status	订单状态	bit		not null	

Orders 表内容的详细信息见表 2-26。

表 2-26　Orders 表内容

o_ID	c_ID	o_Date	o_Sum	e_ID	o_SendMode	p_Id	o_Status
200708011012	C0001	2007-8-1	1387. 44	E0001	送货上门	01	0
200708011430	C0001	2007-8-1	5498. 64	E0001	送货上门	01	1
200708011132	C0002	2007-8-1	2700	E0003	送货上门	01	1
200708021850	C0003	2007-8-2	9222. 64	E0004	邮寄	03	0
200708021533	C0004	2007-8-2	2720	E0003	送货上门	01	0
200708022045	C0005	2007-8-2	2720	E0003	送货上门	01	0

7. OrderDetails 表(订单详情表)

OrderDetails 表结构的详细信息见表 2-27。

表 2-27　OrderDetails 表结构

表 序 号	7	表　名	OrderDetails			
含　义	存储订单详细信息					
序　号	属 性 名 称	含　义	数 据 类 型	长　度	为 空 性	约　束
1	d_ID	编号	int		not null	主键
2	o_ID	订单编号	char	14	not null	外键
3	g_ID	商品编号	char	6	not null	外键
4	d_Price	购买价格	float		not null	
5	d_Number	购买数量	smallint		not null	

OrderDetails 表内容的详细信息见表 2-28。

表 2-28　OrderDetails 表内容

d_ID	o_ID	g_ID	d_Price	d_Number
1	200708011012	010001	1350	1
2	200708011012	060001	37. 44	1

(续)

d _ ID	o _ ID	g _ ID	d _ Price	d _ Number
3	200708011430	060001	37. 44	1
4	200708011430	010007	2070	2
5	200708011430	040001	1321. 2	1
6	200708011132	010008	2700	1
7	200708021850	030003	2520	1
8	200708021850	020002	5344	1
9	200708021850	040001	1321. 2	1
10	200708021850	060001	37. 44	1
11	200708021533	010006	2720	1
12	200708022045	010006	2720	1

8. Users 表(用户表)

Users 表结构的详细信息见表 2-29。

表 2-29 Users 表结构

表 序 号	8	表 名	Users			
含 义	存储管理员基本信息					
序 号	属 性 名 称	含 义	数 据 类 型	长 度	为 空 性	约 束
1	u _ ID	用户编号	varchar	10	not null	主键
2	u _ Name	用户名称	varchar	30	not null	
3	u _ Type	用户类型	varchar	10	not null	
4	u _ Password	用户密码	varchar	30	null	

Users 表内容的详细信息见表 2-30。

表 2-30 Users 表内容

u _ ID	u _ Name	u _ Type	u _ Password	u _ ID	u _ Name	u _ Type	u _ Password
01	admin	超级	admin	03	wangym	普通	wangym
02	amy	超级	amy0414	04	luogh	查询	luogh

2. 2 SQL Server 2005 数据库概述

2. 2. 1 SQL Server 2005 数据库组成

1. 概述

在 SQL Server 2005 中，除了数据管理功能之外，还增强了商业智能、数据仓库等功能，其中负责数据管理的是由一个称之为“数据库引擎”的对象来实现的。什么是“数据库引擎”？它又具备什么样的功能呢？

Microsoft SQL Server 2005 Database Engine(数据库引擎)是存储、处理和保证数据安全的核心服务。数据库引擎提供控制访问和进行快速的事务处理，满足企业中最需要占用数据的应用程序的要求，数

据库引擎还为维护高可用性提供了大量的支持。SQL Server 2005 中数据库引擎的位置如图 2-1 所示。

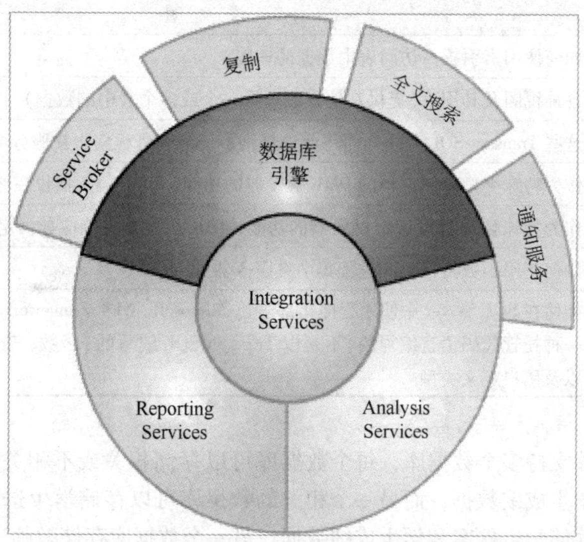

图 2-1 数据库引擎

数据库引擎相关的角色及职责见表 2-31。

表 2-31 数据库引擎角色及职责

角 色	职 责
数据库引擎结构设计师	1）设计支持企业处理要求的数据存储基础结构，决定数据存储系统使用的技术，并协调企业内数据驱动系统和应用系统之间的交互和互操作性 2）设计和创建数据库 3）在 SQL Server 中使用 XML 4）在 SQL Server 2005 中使用本机 XML Web 服务
数据库引擎开发人员	涵盖开发人员与数据库引擎的全部交互操作。许多类型的开发人员（如数据库设计人员或网站开发人员）都使用数据库引擎
数据库引擎管理员	在系统可用性、性能监视和优化、部署、升级、故障排除及配置等方面对数据库引擎实例的日常操作进行计划和运行。中小型组织可能只有一个管理员；较大型的组织可能将管理员角色细分为多个职务
数据库引擎信息工作者	是一个领域专家，了解数据库中存储的数据之间的关系并能够将数据转换成业务信息。信息工作者很少直接与联机事务处理（OLTP）数据库交互，而是使用与数据库相关联的应用程序进行交互。当信息工作者与数据库直接交互时，通常是为了对辅助报表数据库执行临时查询或报告，或者是为了使用与工作组或个人应用程序一同发布的较小的数据库

在 SQL Server 2005 中，数据库引擎中的数据库由包含数据的基本表和其他对象（如视图、索引、存储过程和触发器）组成，本书后面各章都是围绕着数据库这个中心介绍其组成对象。这些不同的数据库对象的主要目的是为执行与数据有关的活动提供支持。SQL Server 2005 主要数据库对象见表 2-32。

表 2-32 数据库及其对象组成

对 象	说 明
数据库	说明如何使用数据库表示、管理和访问数据
表	说明如何使用表存储数据行和定义多个表之间的关系

(续)

对　　象	说　　明
索引	说明如何使用索引提高访问表中数据的速度
视图	说明各种视图及其用途(提供其他方法查看一个或多个表中的数据)
存储过程	说明这些 Transact-SQL 程序如何将业务规则、任务和进程集中在服务器中
DML 触发器	说明作为特殊类型存储过程的 DML 触发器的功能，DML 触发器仅在修改表中的数据后执行
DDL 触发器	说明作为特殊触发器的 DDL 触发器的功能，DDL 触发器在响应数据定义语言(DDL)语句时激发
用户定义函数	说明如何使用函数将任务和进程集中在服务器中
程序集	说明如何在 SQL Server 中使用程序集部署以 Microsoft . NET Framework 公共语言运行时(CLR)中驻留的一种托管代码语言编写的(不是以 Transact-SQL 编写的)函数、存储过程、触发器、用户定义聚合以及用户定义类型

SQL Server 2005 能够支持多个数据库，每个数据库可以存储相关或不相关数据。例如，一个数据库可以存储学生档案和学生成绩数据，而另一个相关的数据库可以存储学生选课的数据；另一种方案是，可以有一个数据库存储学生档案和学生成绩数据，另一个数据库存储教师工资数据。

在创建数据库之前，需要理解数据库的各组成部分的功能及其设计方法，这样就可以确保实现数据库以后数据库能很好地运行。

2. 文件和文件组

SQL Server 2005 使用一组操作系统文件映射数据库。数据库中的所有数据和对象(如表、存储过程、触发器和视图)都存储在下列操作系统文件中：

(1) 主要数据库文件　主要数据库文件包括数据库对象，可用作存储系统表和对象。该文件包含数据库的启动信息，并用于存储数据。每个数据库都有一个主要数据文件，主要数据库文件的扩展名为 . mdf。

(2) 次要数据库文件　次要数据库文件可用作存储用户数据和对象。这些文件含有不能置于主要数据文件中的所有数据，如果主文件可以包含数据库中的所有数据，那么数据库就不需要次要数据文件。有些数据库可能比较大，所以需要多个次要数据文件，或使用位于不同磁盘驱动器上的辅助文件将数据扩展到多个磁盘。并不是所有的数据库都需要次要数据库文件，次要数据库文件的扩展名为 . ndf。

(3) 事务日志　这些文件包含用于恢复数据库的日志信息。每个数据库都必须至少有一个日志文件，事务日志文件最小为 512KB，事务日志文件的扩展名为 . ldf。

【提示】

- 一个数据库必须包括一个主要数据库文件和一个事务日志文件。

例如，创建简单的数据库 student 时，可以只使用一个包含所有数据和对象的主文件和一个包含事务日志信息的日志文件。但如果数据库 student 很复杂时，可以使用 1 个主要数据库文件和 5 个次要数据库文件，数据库内的数据和对象扩展到所有的 6 个文件中，另外还可以有 4 个日志文件包含事务日志信息。

文件组允许对文件进行分组，这样就可以方便地管理数据的分配或放置。例如，可以分别在 3 个硬盘驱动器上创建 3 个文件(Data1. ndf、Data2. ndf 和 Data3. ndf)，并将这 3 个文件指派到文件组 fgroup1 中。然后，可以在文件组 fgroup1 上创建一个表。对表中数据的查询将分散到 3 个磁盘上，使性能得以很大提高。另外，如果数据库超过单个操作系统 NT 文件的最大大小，则可以使用次要数据文件允许数据库继续增长。

文件和文件组的设计规则为：

1）文件或文件组不能由一个以上的数据库使用。例如，文件 student. mdf 和 student. ndf 包含 student 数据库中的数据和对象，任何其他数据库都不能使用这两个文件。

2）文件只能是一个文件组的成员。

3）数据和事务日志信息不能属于同一文件或文件组。

4）事务日志文件不能属于任何文件组。

3. 日志文件

前面提到，在 Microsoft SQL Server 2005 中，数据库必须至少包含一个数据文件和一个事务日志文件。数据和事务日志信息从不混合在同一文件中，并且每个文件只能由一个数据库使用。

SQL Server 使用每一个数据库的事务日志来记录事务和恢复事务。事务日志是数据库中已发生的所有修改和执行每次修改的操作的连续记录。事务日志记录每个事务的开始。它记录了在每个事务期间，对数据的更改及撤消所作更改的信息。对于一些大的操作（如 CREATE INDEX），事务日志则记录该操作发生的事实情况。随着对数据库中记录操作的增加，日志会不断地增长。

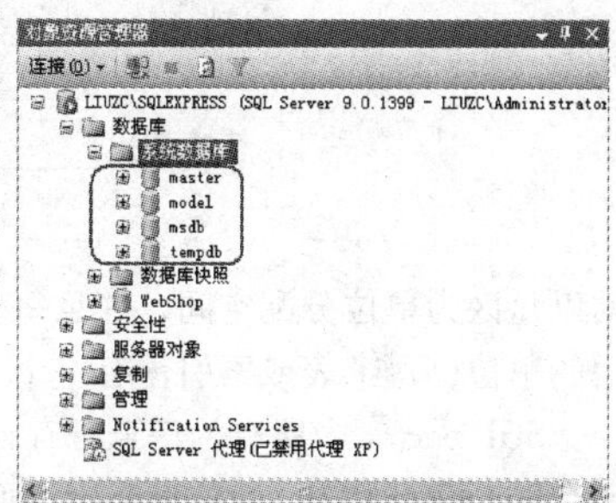

图 2-2　系统数据库

4. 系统数据库

1）启动“SQL Server Management Studio”。

2）在“对象资源管理器”中展开“数据库”节点，然后展开“系统数据库”，即可查看到 master 等系统数据库，如图 2-2 所示。

如图 2-2 所示，在安装好 SQL Server 2005 之后，通常会将一些系统数据库（master、model、msdb 和 tempdb）自动安装到数据库服务器上。系统数据库及其说明见表 2-33。

表 2-33　系统数据库

系统数据库	说　明
master 数据库	记录 SQL Server 实例的所有系统级信息
msdb 数据库	用于 SQL Server 代理计划警报和作业
model 数据库	用作 SQL Server 实例上创建的所有数据库的模板。对 model 数据库进行的修改（如数据库大小、排序规则、恢复模式和其他数据库选项）将应用于以后创建的所有数据库
Resource 数据库	一个只读数据库，包含 SQL Server 2005 包括的系统对象。系统对象在物理上保留在 Resource 数据库中，但在逻辑上显示在每个数据库的 sys 架构中
tempdb 数据库	一个工作空间，用于保存临时对象或中间结果集

【提示】

- SQL Server 2005 不同于 SQL Server 2000，默认情况下没有安装 pubs 和 northwind 数据库，用户可以从微软网站下载这些数据库文件后附加到数据库服务器上。
- 在 SQL Server 2005，有一个样例数据库 AdventureWorks，也需要用户下载数据库文件后自行附加。有关 AdventureWorks 的使用，请参阅其他相关资料。

2.2.2　SQL Server 2005 数据库存储结构

1. 数据库存储结构

SQL Server 数据库包括数据库文件和日志文件。在创建数据库时，SQL Server 会使用特定的数据结构给数据对象分配空间，即盘区和页面。盘区和页面以及数据库和文件间的关系如图 2-3 所示。

盘区是由 8 个连续页面组成的数据存储结构，大小为 64KB。创建数据库对象时，SQL Server 会自

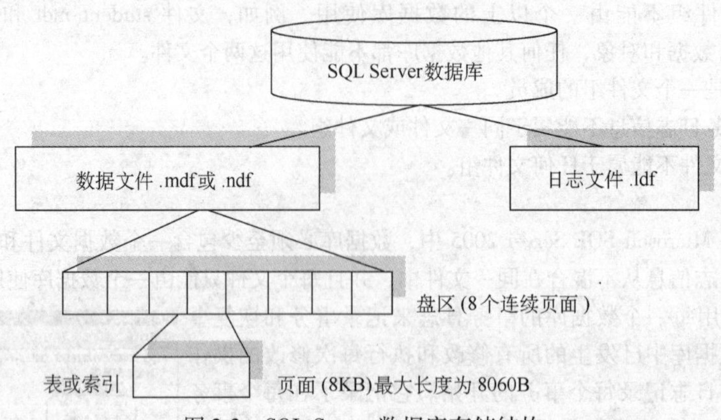

图 2-3　SQL Server 数据库存储结构

动以盘区为单位分配空间，并且每个盘区只能包含一个数据库对象。同时，盘区也是表或索引分配空间的单位，每个表或索引占有一个盘区的空间(64KB)。

SQL Server 中所有的信息都存储在页面上，页面是数据库中使用的最小数据存储单元。每一个页面存储 8KB(8192B)的信息。因为所有的页面都包含一个 132B 的页面头，该页面头是用来唯一地标识存储在页面中的数据。因此每个页面存储的信息不超过 8060B。同时，SQL Server 不允许跨页面存储数据信息，因此，每一数据行的最大值也为 8060B。由图 2-3 可知，SQL Server 的数据库是由文件组成，而文件是由盘区组成，盘区是由页面组成的。

2. 数据库文件存储位置

SQL Server 2005 文件有两个名称：逻辑文件名和操作系统文件名。

(1) 逻辑文件名　逻辑文件名是在所有 T-SQL 语句中引用物理文件时所使用的名称。逻辑文件名必须符合 SQL Server 标识符规则，而且在数据库中的逻辑文件名中必须是唯一的。逻辑文件名的操作请参阅本章数据库的查看和修改部分内容。

(2) 操作系统文件名　操作系统文件名是包括目录路径的物理文件名。它必须符合操作系统文件命名规则。图 2-4 显示了在默认 SQL Server 2005 实例上创建的 Library 数据库的逻辑文件名和物理文件名示例。

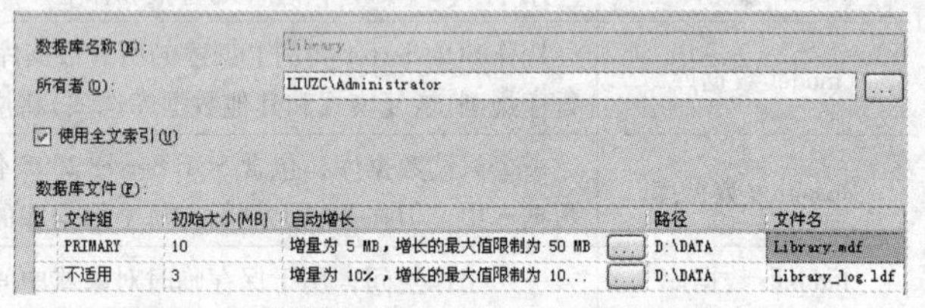

图 2-4　数据库逻辑文件名与物理文件名

在默认情况下，SQL Server 用户创建的数据库存储在应用程序文件夹下的 MSSQL\Data 文件。例如，master 文件的存储位置为：

数据文件：c:\Program Files\Microsoft SQL Server\MSSQL\Data\master. mdf

日志文件：c:\Program Files\Microsoft SQL Server\MSSQL\Data\ mastlog. ldf

用户可以在创建数据库时指定数据库对应的物理文件的位置。了解 SQL Server 2005 数据库文件的位置对于 SQL Server 2005 数据库应用程序是非常重要的，假设要在应用程序中实现“数据备份”操作，首先可以利用后面要介绍的数据库分离功能将数据库文件和数据库服务分离，再利用程序设计语言提供的文件复制方法完成数据库文件从一个位置到另一个位置的复制，最后应用数据库附加功能重新将数据库文件附加到指定的数据库上，从而完成应用程序中的“数据备份”操作。而“数据恢复”操作也是先将数据库文件从数据库服务器分离，再利用备份的数据库文件覆盖现有的数据库文件，最后重新将新的数据库文件附加到指定数据库上。

2.3　创建和修改数据库

2.3.1　使用 SSMS 创建和修改数据库

1. 创建数据库

【应用 2-1】 为了能够方便地管理图书管理系统的图书信息、借阅者信息、借还信息等，选择 DBMS 为 SQL Server 2005，现在需要在通过 SQL Server 2005 的 SQL Server Management Studio 创建图书管理系统数据库 Library。

使用 SSMS 创建 Library 数据库的步骤如下：

1）启动 SQL Server Management Studio，在“对象资源管理器”中右键单击“数据库”节点，在弹出的快捷菜单中选择“新建数据库”命令，如图 2-5 所示。

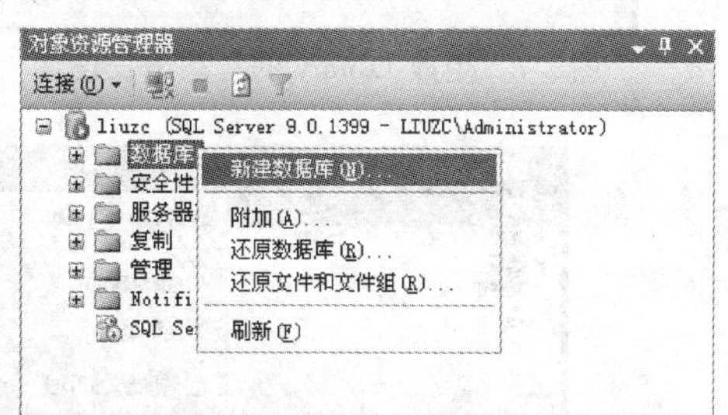

图 2-5　新建数据库

2）打开“新建数据库”对话框，在“名称”文本框中输入新数据库的名称(这里为 Library)，如图 2-6 所示。

3）添加或删除数据文件和日志文件；指定数据库的逻辑名称，系统默认用数据库名作为前缀创建主数据库和事务日志文件，如 Library 和 Library _ log，如图 2-6 所示。

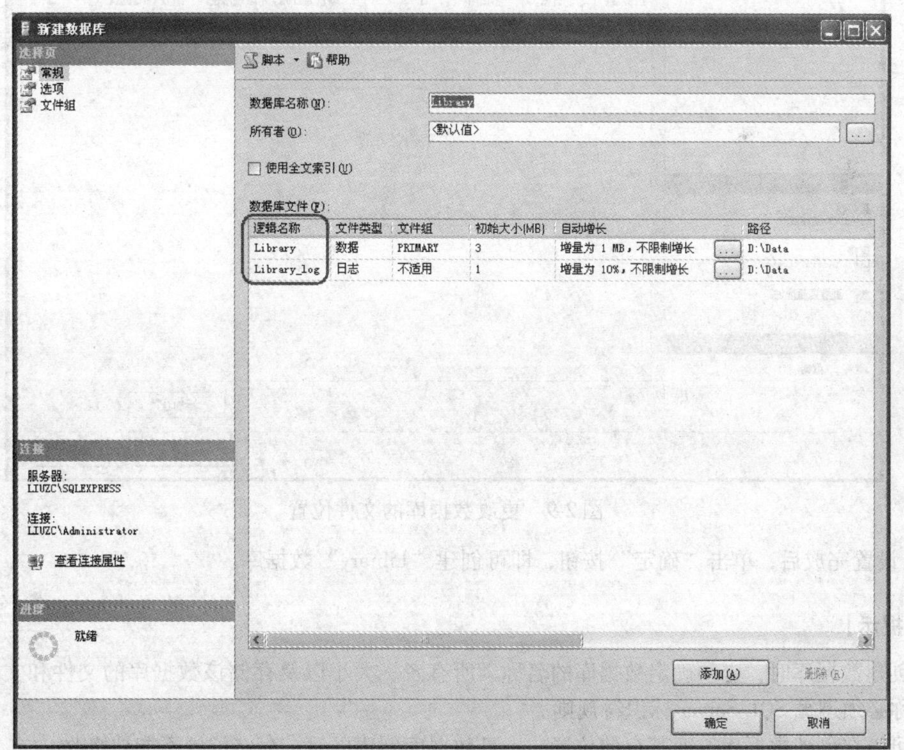

图 2-6　“新建数据库”对话框

4）可以更改数据库的自动增长方式。文件的增长方式有多种，数据文件的默认增长方式是“按 MB”，日志文件的默认增长方式是“按百分比”，如图 2-7 和图2-8 所示。

5）可以更改数据库对应的操作系统文件的路径，如图 2-9 所示。

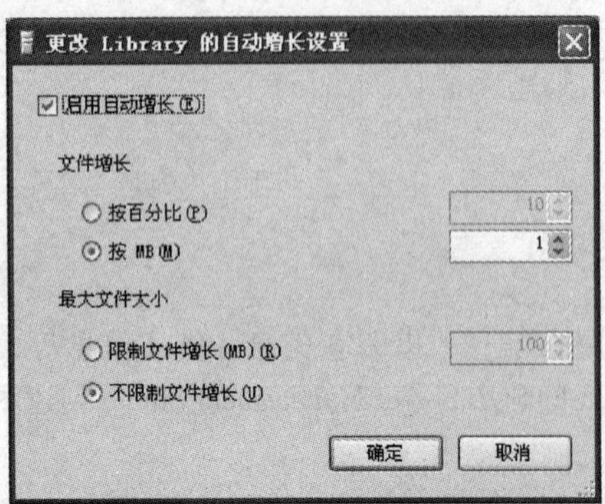

图 2-7　更改 Library 的自动增长设置

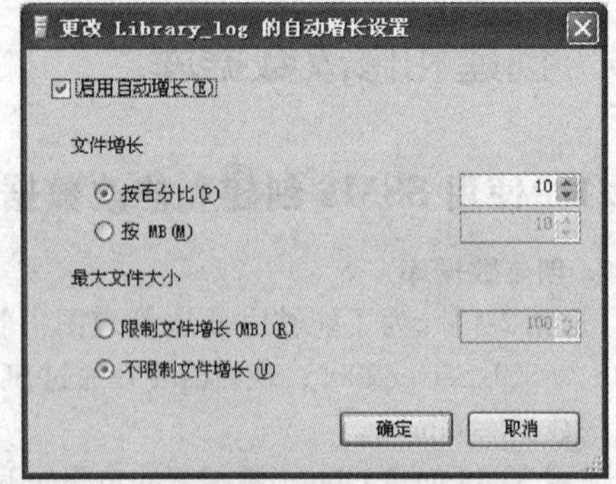

图 2-8　更改 Library _ log 的自动增长设置

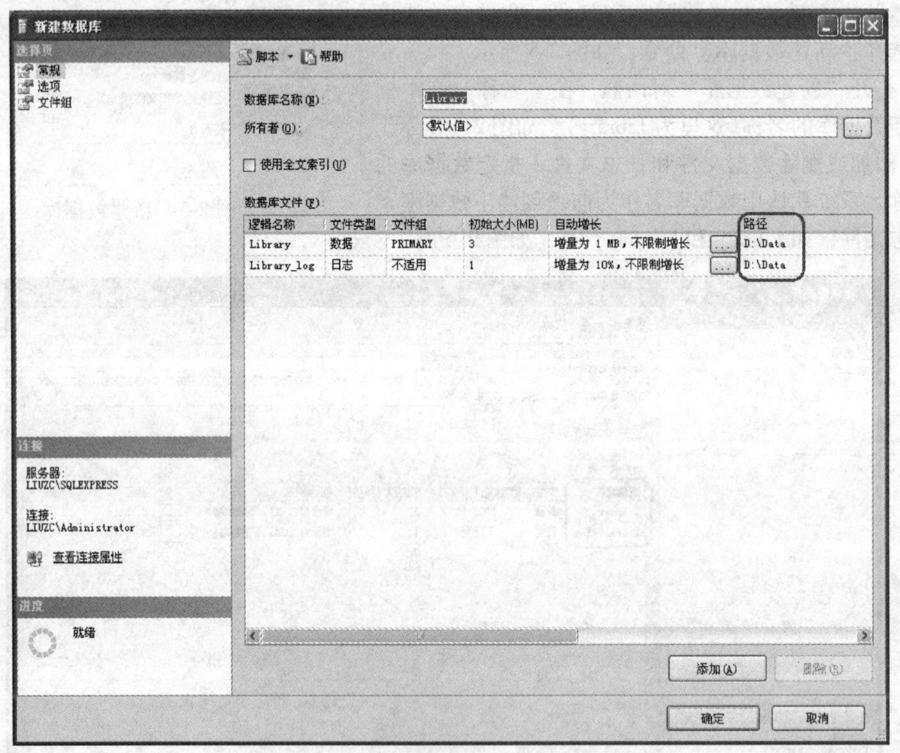

图 2-9　更改数据库的文件位置

6）设置完成后，单击“确定”按钮，即可创建“Library”数据库。

【提示】

- 创建数据库时，必须确定数据库的名称、所有者、大小以及存储该数据库的文件和文件组。数据库名称必须遵循 SQL Server 标识符规则。
- 可以在创建数据库改变其存储位置，一旦数据库创建以后，存储位置不能被修改。
- 数据库和事务日志文件的初始大小与为 model 数据库指定的默认大小相同，主文件中包含数据库的系统表。
- 创建数据库之后，构成该数据库的所有文件都将用零填充，以重写磁盘上以前的删除文件所遗留的现有数据。
- 在创建数据库时最好指定文件的最大允许增长的大小，这样可以防止文件在添加数据时无限制

增大，以至用尽整个磁盘空间。

● 创建数据库之后，建议创建一个 master 数据库的备份。

● 对于一个 SQL Server 实例，最多可以创建 32767 个数据库。

● model 数据库中的所有用户定义对象都将复制到所有新创建的数据库中。可以向 model 数据库中添加任何对象(如表、视图、存储过程和数据类型)，以将这些对象包含到所有新创建的数据库中。

● 如果需要在数据库节点中显示新创建的数据库，则需要在数据库节点上单击右键，再选择“刷新”命令。

2. 修改数据库

【应用 2-2】 考虑到先前创建的数据库不够完善，需要在 SQL Server 2005 的“SQL Server Management Studio”中，完成对数据库 Library 的相关修改。

在 SSMS 中修改 Library 数据库的步骤如下：

1）启动 SQL Server Management Studio，在“对象资源管理器”中展开“数据库”节点。

2）右键单击“Library”数据库节点，在弹出的快捷菜单中选择“属性”命令，如图 2-10 所示。

3）打开“数据库属性”对话框，进行数据库属性的修改。数据库属性的界面类似于图 2-9 所示。

图 2-10　选择数据库属性

在创建 Library 数据库后，可以根据数据库管理的实际需要修改数据库的属性。修改的内容包括以下几个方面：

① 扩充或收缩分配给数据库的数据或事务日志空间。

② 添加或删除数据和事务日志文件。

③ 创建文件组。

④ 创建默认文件组。

⑤ 更改数据库名称。

⑥ 更改数据库的所有者。

2.3.2　使用 T-SQL 创建数据库

现在主流的数据库管理系统都提供了图形用户界面管理数据库的方式，同时也可以使用 SQL 语句来进行数据库的管理。图形用户管理界面因数据库产品和版本的不同而各不相同，如 Access 不同于 SQL Server 和 Oracle，SQL Server 2005 也不同于 SQL Server 2000。而 SQL 作为一种标准的结构化查询语言，是一种通用的语言，虽然也会因其种类而小有差异，但基本的语法是一致的，这也是要求数据库用户比较熟练地掌握 SQL 的基本语句的原因。在 SQL Server 中介绍的是 Transact-SQL，本书简称 T-SQL。

1. CREATE DATABASE 基本格式

创建数据库的基本语句格式如下：

```
CREATE DATABASE <数据库文件名>
[ON  <数据文件>]
([NAME = <逻辑文件名>,]
  FILENAME ='<物理文件名>'
  [,SIZE = <大小>]
  [,MAXSIZE = <可增长的最大大小>]
  [,FILEGROWTH = <增长比例>])
[LOG ON  <日志文件>]
 ([NAME = <逻辑文件名>,]
```

```
FILENAME ='<物理文件名>'
[,SIZE = <大小>]
[,MAXSIZE = <可增长的最大大小>]
[,FILEGROWTH = <增长比例>])
```

参数具体含义请参阅“SQL Server 联机丛书”。

2. SQL Server Management Studio 中使用 T-SQL 语句

（1）新建查询 单击工具栏上的 新建查询(N) 按钮，或依次选择“文件”→“新建”→“使用当前连接查询”菜单项，建立一个新的查询，如图 2-11 所示。

（2）编写查询 在查询窗口中输入完成特定功能的 T-SQL 语句，如图 2-12 所示。

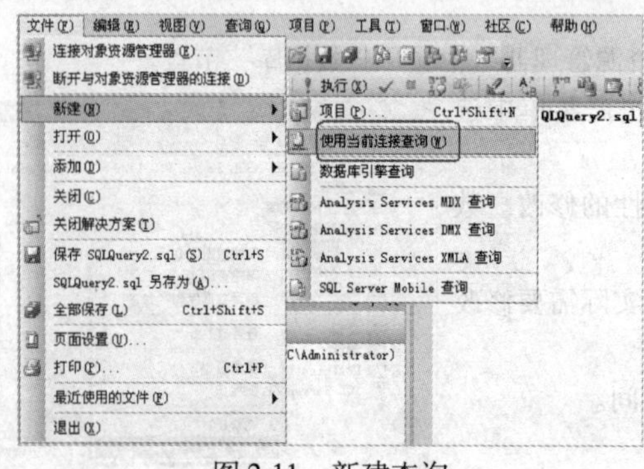

图 2-11 新建查询

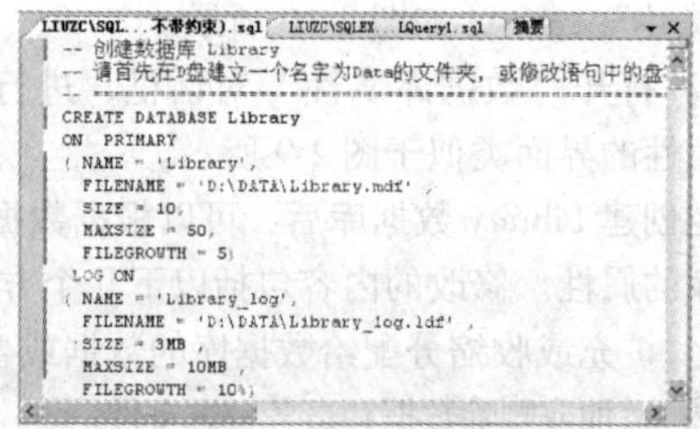

图 2-12 输入 T-SQL 语句

（3）执行查询 在工具栏上选择 ✓ 按钮对 SQL 语句进行检查，选择 ! 执行(X) 按钮执行指定的 SQL 语句。

【提示】

- 如果在查询语句编辑区域选定了语句，则对指定语句执行检查和执行操作，否则执行所有语句。
- 后面章节中 T-SQL 的编写和执行的步骤与此相同。
- 用户编写的 T-SQL 脚本可以以文件(.sql)形式保存。

3. 使用 CREATE DATABASE 语句创建数据库

【应用 2-3】 更改“应用 2-1”中完成方式，使用 T-SQL 语句创建 Library 数据库。

【分析】 由 CREATE DATABASE 的语句格式可知，可以以默认方式创建数据库，也可以通过改变该语句中的相关参数，为数据库对应的物理文件指定存储位置来创建数据库，还可以进一步指定文件的属性创建数据库。下面以不同的方式来实现使用 CREATE DATABASE 语句创建数据库的任务。

（1）使用默认方式创建数据库

```
CREATE DATABASE Library
```

（2）指定数据库对应的物理文件的存储位置 考虑到数据的安全和系统维护的方便，数据库管理员决定创建 Library 数据库到 d:\data 文件夹，并指定数据库主要数据库文件的逻辑名称为“Library_dat”，物理文件名为“Library.mdf”。

```
CREATE DATABASE Library
ON
(NAME = Library_dat,
FILENAME ='d:\data\Library.mdf')
```

【提示】

- 创建名为 Library 的数据库，同时指定 Library _ dat 为主文件，大小等于 model 数据库中主文件的大小。
- 事务日志文件会自动创建，其大小为主文件大小的 25% 或 512KB 中的较大值。因为没有指定 MAXSIZE，文件可以增长到填满所有可用的磁盘空间为止。

(3) 创建数据库时指定数据库文件和日志文件的属性　进一步考虑到文件的增长和日志文件的管理，指定主数据库文件的逻辑名称为“Library _ dat”，物理文件名称为“Library _ dat. mdf'”，初始大小为20MB，最大为60MB，增长为5MB；日志文件的逻辑名称为“Library _ log”，物理文件名称为“Library _ log. ldf'”，初始大小为5MB，最大为25MB，增长为5MB。

```
CREATE DATABASE Library
ON
(NAME = Library _ dat,
   FILENAME = 'd:\data\Library _ dat. mdf',
   SIZE = 20,
   MAXSIZE = 60,
   FILEGROWTH = 5)
LOG ON
(NAME = 'Library _ log',
   FILENAME = 'd:\data\Library _ log. ldf',
   SIZE = 5MB,
   MAXSIZE = 25MB,
   FILEGROWTH = 5MB)
```

【提示】

- 没有使用关键字 PRIMARY，则第一个文件(Library _ dat)成为主文件。
- 因为 Library _ dat 文件的 SIZE 参数没有指定 MB 或 KB，所以默认为 MB，以兆字节为单位进行分配。
- Library _ log 文件以 MB 为单位进行分配，因为 SIZE 参数中显式声明了 MB 后缀。

2.3.3　使用 T-SQL 修改数据库

1. ALTER DATABASE 语句格式

使用 ALTER DATABASE 命令可以在数据库中添加或删除文件和文件组，也可以更改文件和文件组的属性，如更改文件的名称和大小。ALTER DATABASE 提供了更改数据库名称、文件组名称以及数据文件和日志文件的逻辑名称的能力，但不能改变数据库的存储位置。

修改数据库的基本语句格式如下：

```
ALTER DATABASE <数据库名称>
{ADD FILE <数据文件>
| ADD LOG FILE <日志文件>
| REMOVE FILE <逻辑文件名>
| ADD FILEGROUP <文件组名>
| REMOVE FILEGROUP <文件组名>
```

```
| MODIFY FILE <文件名>
| MODIFY NAME = <新数据库名称>
| MODIFY FILEGROUP <文件组名>
| SET <选项>}
```

参数具体含义请参阅“SQL Server 联机丛书”。

2. 使用 ALTER DATABASE 修改数据库

【应用 2-4】 根据实际需要，考虑到对 Library 数据库的完善，使用 T-SQL 语句对已创建好的 Library 数据库进行指定的修改。

【分析】 根据前面的内容和 ALTER DATABASE 的语句格式，对数据库的修改包括添加、修改和删除文件以及更改数据库选项的操作。下面以不同的方式来实现 ALTER DATABASE 修改数据库的任务。

(1) 添加次要数据库文件 考虑到数据的存储和访问速度，要求在已创建的数据库 Library 中增加一个次要数据文件来保存相关数据，其逻辑名称为“Library_dat2”，物理文件名称为“Library_dat2.ndf”，初始大小为 5MB，最大为 100MB，增长为 5MB。

```
ALTER DATABASE Library
ADD FILE
(
 NAME = Library_dat2,
 FILENAME = 'd:\Data\Library_dat2.ndf',
 SIZE = 5MB,
 MAXSIZE = 100MB,
 FILEGROWTH = 5MB
)
```

(2) 更改指定文件 考虑到数据库中 Library_dat2 文件初始大小(5MB)太小，现在将它的初始大小增加到 20MB。

```
ALTER DATABASE Library
MODIFY FILE
   (NAME = Library_dat2,
   SIZE = 20MB)
```

(3) 删除指定文件 考虑到实际应用中可能不需要 Library 数据库中的 Library_dat2 文件，现在把它从 Library 数据库中删除。

```
ALTER DATABASE Library
REMOVE FILE Library_dat2
```

3. 使用存储过程修改数据库

【应用 2-5】 使用 T-SQL 语句更改数据库选项。

使用系统存储过程 sp_dboption 可以显示或更改数据库选项，sp_option 的详细选项请参阅联机丛书。存储过程 sp_dboption 的基本语句格式如下：

```
sp_dboption[数据库名称][,[要设置的选项的名称]][,[新设置]]
```

考虑到 Library 数据库的安全，要将 Library 数据库设置为只读，完成语句如下：

```
EXEC sp _ dboption 'Library','read only','TRUE'
```

【提示】

- 系统存储过程是指存储在数据库内，可由应用程序(或查询分析器)调用执行的一组语句的集合，其目的是用来执行数据库的管理和信息活动。存储过程详细内容可参阅“存储过程”章节和“SQL Server 联机丛书”。
- 执行存储过程中的 EXEC 关键字可选。
- 本书中系统存储过程的执行与前面所述的 T-SQL 语句的执行相同。
- 不能在 master 或 tempdb 数据库上使用 sp _ dboption。

【应用 2-6】 使用 T-SQL 语句更改数据库名称。

通过使用系统存储过程 sp _ renamedb 可以更改数据库名称。存储过程 sp _ renamedb 基本语句格式如下：

```
sp _ renamedb[当前数据库名称],[数据库新名称]
```

为了能更好地区分 SQL Server 2005 中的各个数据库，将 Library 数据库的名称改为 Library _ bak，完成语句如下：

```
EXEC sp _ renamedb 'Library','Library _ bak'
```

4. 更改数据库所有者

在 SQL Server 2005 中，可以更改当前数据库的所有者。任何可以访问到 SQL Server 的连接的用户(SQL Server 登录账户或 Microsoft Windows 用户)都可成为数据库的所有者，但无法更改系统数据库的所有权。更改数据库的所有者可以使用存储过程 sp _ changedbowner 来实现，详细用法请参阅“联机丛书”。

2.4　查看和删除数据库

2.4.1　使用 SSMS 查看和删除数据库

1. 查看数据库

【应用 2-7】 在 SQL Server 2005 的“SQL Server Management Studio”中，查看数据库 Library 的相关信息。

1）启动 SQL Server Management Studio，在“对象资源管理器”中展开“数据库”节点。

2）右键单击“Library”数据库节点，在弹出的快捷菜单中选择“属性”命令，如图2-13 所示。

3）打开“数据库属性”对话框，可以查看数据库的属性。

2. 删除数据库

【应用 2-8】 在 SQL Server 2005 的“SQL Server Management Studio”中，删除数据库 Library。

1）启动 SQL Server Management Studio，在“对象资源管理器”中展开“数据库”节点。

2）右键单击“Library”数据库节点，在弹出的快捷菜单中选择“删除”命令，如图2-14 所示。

3）打开“删除对象”对话框，单击“确定”按钮确认删除，如图 2-15 所示。

【提示】

- 当不再需要数据库，或将数据库移到另一数据库或服务器时，即可删除该数据库。一旦删除数据库，文件及其数据都从服务器上的磁盘中删除，不能再进行检索，除非使用以前的备份。
- 在数据库删除之后备份 master 数据库，因为删除数据库将更新 master 中的系统表。如果 master 需要还原，则自上次备份 master 之后删除的所有数据库都将仍然在系统表中有引用，因而可能导致出

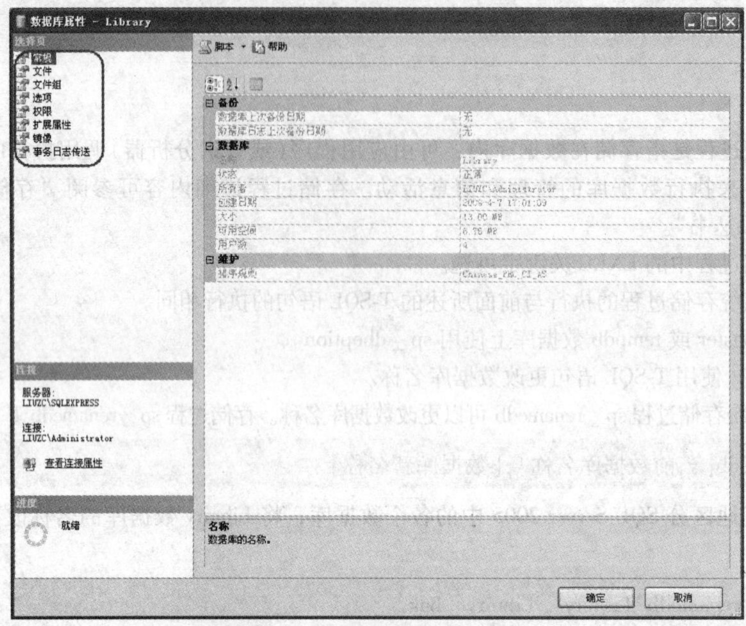

图 2-13　“数据库属性” 对话框

现错误信息。

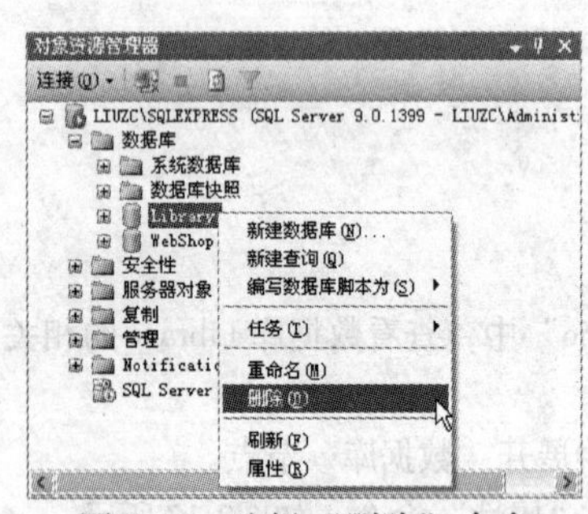

图 2-14　选择 “删除” 命令

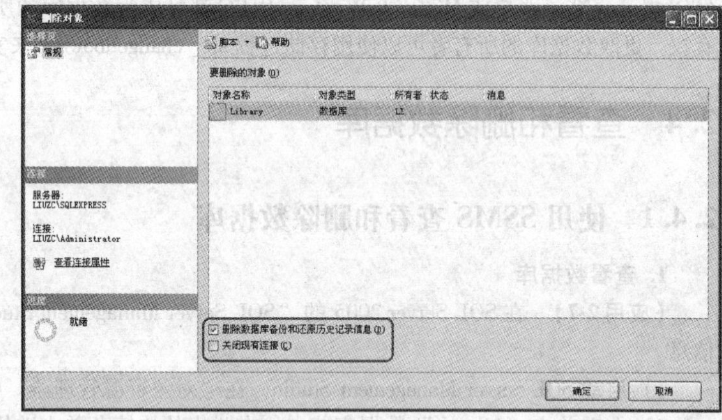

图 2-15　“删除对象” 对话框

- 必须将当前数据库指定为其他数据库，不能删除当前打开的数据库。

2.4.2　使用 T-SQL 查看和删除数据库

1. 查看数据库

【应用 2-9】　使用 T-SQL 语句查看指定的数据库或所有的数据库信息。

使用系统存储过程 sp _ helpdb 查看指定数据库或所有数据库的信息。存储过程 sp _ helpdb 基本语句格式如下：

```
sp _ helpdb[数据库名称]
```

需要查看当前数据库服务器中所有数据库的信息。

```
sp _ helpdb
```

该语句可以查看所有数据库的信息，如图 2-16 所示。

需要查看当前数据库服务器中 Library 数据库的信息。

```
sp _ helpdb Library
```

该语句可以查看指定数据库 Library 的信息，如图 2-17 所示。

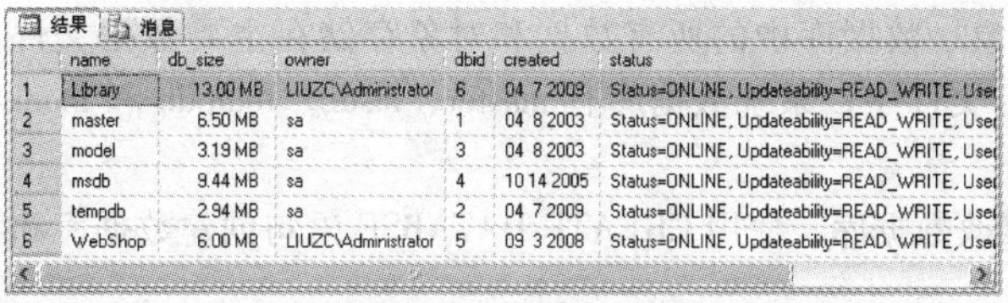

结果 | 消息

	name	db_size	owner	dbid	created	status
1	Library	13.00 MB	LIUZC\Administrator	6	04 7 2009	Status=ONLINE, Updateability=READ_WRITE, User
2	master	6.50 MB	sa	1	04 8 2003	Status=ONLINE, Updateability=READ_WRITE, User
3	model	3.19 MB	sa	3	04 8 2003	Status=ONLINE, Updateability=READ_WRITE, User
4	msdb	9.44 MB	sa	4	10 14 2005	Status=ONLINE, Updateability=READ_WRITE, User
5	tempdb	2.94 MB	sa	2	04 7 2009	Status=ONLINE, Updateability=READ_WRITE, User
6	WebShop	6.00 MB	LIUZC\Administrator	5	09 3 2008	Status=ONLINE, Updateability=READ_WRITE, User

图 2-16　所有数据库信息

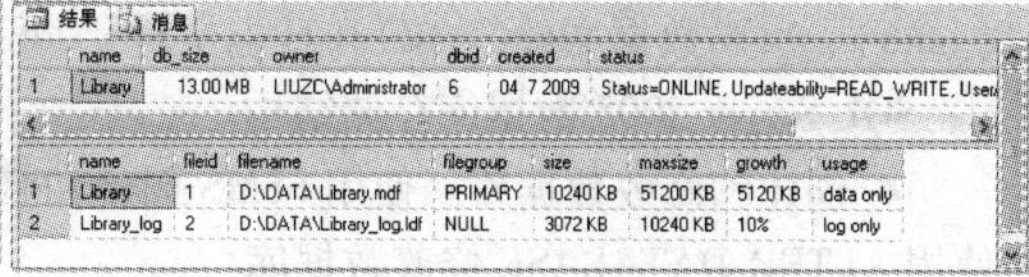

结果 | 消息

	name	db_size	owner	dbid	created	status
1	Library	13.00 MB	LIUZC\Administrator	6	04 7 2009	Status=ONLINE, Updateability=READ_WRITE, User

	name	fileid	filename	filegroup	size	maxsize	growth	usage
1	Library	1	D:\DATA\Library.mdf	PRIMARY	10240 KB	51200 KB	5120 KB	data only
2	Library_log	2	D:\DATA\Library_log.ldf	NULL	3072 KB	10240 KB	10%	log only

图 2-17　Library 数据库信息

数据库信息各属性含义见表 2-34，数据库文件信息各属性含义见表 2-35。

表 2-34　数据库信息

名　　称	含　　义
name	数据库名称
db _ size	数据库总计大小
owner	数据库所有者(如 sa)
dbid	数字数据库 ID
created	数据库创建的日期
status	以逗号分隔的值的列表，这些值是当前在数据库上设置的数据库选项的值
compatibility _ level	数据库兼容级别(60、65、70 和 80)

表 2-35　数据库文件信息

名　　称	含　　义
name	逻辑文件名
fileid	数字文件标识符
file name	操作系统文件名(物理文件名称)
filegroup	文件所属的组；为便于分配和管理，可以将数据库文件分成文件组；日志文件不能作为文件组的一部分
size	文件大小
maxsize	文件可达到的最大值，此字段中的 UNLIMITED 值表示文件可以一直增大直到磁盘满为止
growth	文件的增量，表示每次需要新的空间时给文件增加的空间大小
usage	文件用法；数据文件的用法是 data only(仅数据)，而日志文件的用法是 log only(仅日志)

2. 删除数据库

【应用 2-10】 使用 T-SQL 语句删除指定的数据库。

删除数据库的基本语句格式如下：

```
DROP DATABASE <数据库名称>
```

如果不再需要数据库 Library，现在要将它删除，完成语句如下：

```
DROP DATABASE Library
```

本章小结

本章学习了如下内容：

■ 示例数据库介绍。教学示例数据库(图书管理系统)和实训示例数据库(电子商务系统)。

■ SQL Server 2005 数据库概述。数据库对象、数据库中的所有数据和对象存储在主要数据文件(.mdf)、次要数据文件(.ndf)和日志文件(.ldf)文件中；系统数据库有 master、msdb、tempdb 和 model；SQL Server 2005 数据库存储结构。

■ 创建和修改数据库。使用 SSMS 创建和修改数据库、使用 CREATE DATABSE 语句创建数据库和使用 ALTER DATABASE 修改数据库。

■ 查看和删除数据库。使用 SSMS 查看和删除数据库、T-SQL 查看和删除数据库。

习　题　2

一、选择题

1. 以下________不属于数据库对象。

(A) 表和视图　(B) 索引和约束　(C) T-SQL 脚本　(D) 触发器

2. SQL Server 2005 的物理数据库构架主要包括________。

(A) 文件及文件组　(B) 页面和盘区　(C) 表和视图　(D) 数据和程序

3. SQL Server 2005 的数据以页为基本存储单位，页的大小为________。

(A) 8KB　(B) 16KB　(C) 32KB　(D) 64KB

4. SQL Server 2005 的文件包括主数据文件、辅助数据文件和________。

(A) 索引文件　(B) 日志文件　(C) 备份文件　(D) 程序文件

5. 只有________才能作为文件组的成员。

(A) 日志文件　(B) 索引文件　(C) 数据文件　(D) 备份文件

6. 下列________不属于 SQL Server 2005 在安装时创建的系统数据库。

(A) master　(B) model　(C) msdb　(D) userdb

7. SQL Server 2005 数据库文件的扩展名是________。

(A) .ndf　(B) .ldf　(C) .mdf　(D) 没有扩展名

8. 删除数据库使用的 T-SQL 语句是________。

(A) CREATE DATABASE　(B) ALTER DATABASE

(C) DROP DATABASE　(D) DELETE DATABASE

二、简答题

1. 在 SQL Server 2005 数据库中包含有哪几种文件类型?
2. 简述在 SQL Server 2005 中建立数据库的方法有哪几种。
3. SQL Server 2005 数据库包括哪些主要对象? 其主要功能是什么?
4. SQL Server 2005 的系统数据库有哪几个? 其主要功能是什么?

实训 2　SQL Server 2005 数据库操作

一、实训目的

1. 了解本书示例数据库 WebShop 和 Library 的基本组成。
2. 掌握应用 SSMS 创建数据库的方法。

3. 掌握应用 SSMS 修改和查看数据库的方法。
4. 掌握应用 SSMS 删除数据库的方法。
5. 掌握应用 T-SQL 创建数据库的方法。
6. 掌握应用 T-SQL 修改和查看数据库的方法。
7. 掌握通过 T-SQL 删除数据库的方法。
8. 掌握 SQL Server 2005 数据库和操作系统物理文件的关系。

二、实训要求

1. 创建实训所用到的“电子商城系统”数据库 WebShop。
2. 完成对 WebShop 数据库的修改和删除等操作。
3. 保存实训结果到网络文件夹。

三、实训步骤

1. 使用系统默认方式创建“网上购物系统”数据库 WebShop。(SSMS)
2. 在操作系统环境下找到 WebShop 数据库对应的物理文件的位置并查看其属性。(操作系统)
3. 查看 WebShop 数据库的相关信息。(SSMS)
4. 删除 WebShop 数据库。(SSMS)
5. 在 E 盘(根据机房环境选择)创建文件夹 mydata。(操作系统)
6. 在 E:\mydata 文件夹下创建名为 WebShop 的数据库，同时指定 WebShop_dat 为数据库主文件名，WebShop_log 为数据库日志文件名，文件初始大小为 10MB，最大为 50MB，文件增长为 5MB。(T-SQL)
7. 在操作系统环境下找到 WebShop 数据库对应的物理文件的位置并查看其属性。(操作系统)
8. 查看新建数据库和数据库文件的相关信息。(T-SQL)
9. 在 WebShop 数据库中添加一个次要数据库文件(WebShop_dat2)，文件初始大小为 5MB，最大容量为 100MB，文件增长为 5MB。(T-SQL)
10. 查看修改后的数据库和数据库文件的相关信息。(T-SQL)
11. 删除步骤 9 中所添加次要数据库文件 WebShop_dat2。(T-SQL)
12. 将 WebShop 数据库改名为 WebShop_bak。(T-SQL)
13. 删除 WebShop_bak 数据库。(T-SQL)
14. 将实训过程中相关的 SQL 语句保存至 chap02. sql。

四、实训提示

1. SQL Server 数据库对应的物理文件。
2. 存储过程 sp_helpdb 的功能和执行。
3. 数据库大小的估算和设置。

第3章　表的管理

【学习目标】

表是用来物理存放数据的数据库对象，本章将要学习数据库中表的管理，包括设计表、SQL Server 2005 中的数据类型、T-SQL 管理表的方法、SSMS 管理表的方法、INSERT 命令的使用、UPDATE 命令的使用和 DELETE 命令的使用。

【学习要点】

- 设计表的过程及其在数据库应用程序开发中的作用。
- SQL Server 2005 中的数据类型。
- 使用 SSMS 创建和修改表。
- 使用 T-SQL 创建和修改表。
- 使用 SSMS 查看和删除表。
- 使用 T-SQL 查看和删除表。
- 使用 INSERT、UPDATE 和 DELETE 语句操作表的记录。

3.1　基本知识

3.1.1　设计表

表是存放数据库中所有数据的数据库对象。如同 Excel 电子表格，数据在表中是按行和列的格式进行组织的。其中每行代表一条记录，每列代表记录中的一个域。例如，在包含图书信息的 BookInfo 表中每一行代表一种图书，每一列分别表示这种图书的某一方面的特性，如图书名称、图书价格、图书数量及图书作者等。

在一个数据库中需要包含各个方面的数据，如在 Library 数据库中，包含图书信息、借还信息、读者信息等。所以在设计数据库时，应先确定需要什么样的表，各表中都应该包括哪些数据以及各个表之间的关系和存取权限等，这个过程称之为设计表。在设计表时需要确定如下项目：

1）表的名称。

2）表中每一列的名称。

3）表中每一列的数据类型和长度。

4）表中的列中是否允许空值、是否唯一、是否要进行默认设置或添加用户定义约束。

5）表中需要的索引的类型和需要建立索引的列。

6）表间的关系，即确定哪些列是主键，哪些是外键。

良好的表的设计需要能够精确地捕捉用户需求，并对具体的事务处理非常了解。本书假设读者具备一定的数据库设计能力，只考虑数据库在 SQL Server 2005 数据库管理系统中的实现和管理操作。关于数据库设计的详细内容请读者参阅其他相关资料。

1. 基本数据类型

SQL Server 2005 可以存储不同类型的数据，如字符、货币、整型和日期时间等。SQL Server 2005 表中的每一列都必须指出该列可存储的数据类型。SQL Server 2005 常用的数据类型及其存储值范围见

表 3-1。

表 3-1　SQL Server 2005 数据类型

	数据类型	范围	存储
精确数字	bigint	-2^{63}(−9223372036854775808) ~ $2^{63}-1$(9223372036854775807)	8B
	int	-2^{31}(−2147483648) ~ $2^{31}-1$(2147483647)	4B
	smallint	-2^{15}(−32768) ~ $2^{15}-1$(32767)	2B
	tinyint	0 ~ 255	1B
	bit	0、1、NULL	不定
	decimal numeric	$-10^{38}+1$ ~ $10^{38}-1$	5 ~ 17B
	money	−922337203685477. 5808 ~ 922337203685477. 5807	8B
	smallmoney	−214748. 3648 ~ 214748. 3647	4B
近似数字	float	−1. 79E+308 ~ −2. 23E−308、0 以及 2. 23E−308 ~ 1. 79E+308	4 ~ 8B
	real	−3. 40E+38 ~ −1. 18E−38、0 以及 1. 18E−38 ~ 3. 40E+38	4B
日期和时间	datetime	1753 年 1 月 1 日 ~ 9999 年 12 月 31 日(精确到 3. 33ms)	8B
	smalldatetime	1900 年 1 月 1 日 ~ 2079 年 6 月 6 日(精确到 1min)	4B
字符串	char	固定长度，长度为 n 个字节，n 的取值范围为 1 ~ 8000	n 个字节
	varchar	可变长度，n 的取值范围为 1 ~ 8000	输入数据的实际长度加 2B
	text	服务器代码页中长度可变的非 Unicode 数据，最大长度为 $2^{31}-1$(2147483647)个字符	≤2147483647B
Unicode 字符串	nchar	固定长度的 Unicode 字符数据，n 值必须在 1 ~ 4000 之间(含)	2×n 个字节
	nvarchar	可变长度 Unicode 字符数据，n 值在 1 ~ 4000 之间(含)	输入字符个数的 2 倍+2B
	ntext	长度可变的 Unicode 数据，最大长度为 $2^{30}-1$(1073741823)个字符	输入字符个数的 2 倍
二进制字符串	binary	长度为 n 字节的固定长度二进制数据，其中 n 值在 1 ~ 8000 之间	n 字节
	varbinary	可变长度二进制数据，n 值在 1 ~ 8000 之间	输入数据的实际长度+2B
	image	长度可变的二进制数据，从 0 ~ $2^{31}-1$(2147483647)个字节	不定
其他数据类型	cursor	游标的引用	
	sql_variant	存储 SQL Server 支持的各种数据类型(text、ntext、timestamp 和 sql_variant 除外)值的数据类型	
	table	一种特殊的数据类型，存储供以后处理的结果集	
	timestamp	数据库范围的唯一数字，每次更新行时也进行更新	
	uniqueidentifier	全局唯一标识符(GUID)	
	xml	存储 xml 数据的数据类型。可以在列中或者 xml 类型的变量中存储 xml 实例	

SQL Server 2005 在数据类型方面的改进如下：

1）varchar(max)、nvarchar(max)类型的引入大大提高了编程的效率，可以使用字符串函数对

CLOB 类型进行操作。

2）varbinary(max)代替 image，令 SQL Server 的字段类型更加简洁统一。

3）xml 字段类型更好地解决了 xml 数据的操作。

【提示】

- bit 类型。bit 列为 8bit 或更少时作为 1 个字节存储。如果为 9～16bit，则这些列作为 2 个字节存储，依次类推。
- char 与 varchar 类型。如果列数据项的大小一致，则使用 char。如果列数据项的大小差异相当大，则使用 varchar。如果列数据项大小相差很大，而且大小可能超过 8000B，则使用 varchar(max)($2^{31}-1$ 个字节)。
- binary 与 varbinary 类型。如果列数据项的大小一致，则使用 binary。如果列数据项的大小差异相当大，则使用 varbinary。当列数据条目超出 8000B 时，则使用 varbinary(max)。
- 二进制数据类型。二进制数据由十六进制数表示(如十进制数 245 等于十六进制数 F5)。
- image 类型。image 数据列可以用来存储超过 8KB 的可变长度的二进制数据，如 Microsoft Word 文档、Microsoft Excel 电子表格、包含位图的图像、图形交换格式(GIF)文件和联合图像专家组(JPEG)文件。
- text 类型。text 数据类型的列可用于存储大于 8KB 的 ASCII 字符。例如，由于 HTML 文档均由 ASCII 字符组成且一般长于 8KB，所以用浏览器查看之前应在 SQL Server 中存储在 text 列中。
- nchar、nvarchar 和 ntext 类型。字符列宽度的定义不超过所存储的字符数据可能的最大长度，如果要在 SQL Server 中存储国际化字符数据，可使用 nchar、nvarchar 和 ntext 数据类型。
- Unicode 数据类型。Unicode 数据类型需要相当于非 Unicode 数据类型两倍的存储空间。
- numeric 与 decimal 类型。在 SQL Server 中，numeric 数据类型等价于 decimal 数据类型，如果数值超过货币数据范围，则可使用 decimal 数据类型代替。
- timestamp 类型。timestamp 用于表示 SQL Server 在一行上的活动顺序，按二进制格式以递增的数字来表示。当表中的行发生变动时，用从@@DBTS 函数获得的当前数据库的时间戳值来更新时间戳。timestamp 数据与插入或修改数据的日期和时间无关。若要自动记录表中数据更改的时间，使用 datetime 或 smalldatetime 数据类型记录事件或触发器。
- uniqueidentifier 类型。uniqueidentifier 以一个 16 位的十六进制数表示全局唯一标识符(GUID)。当需要在多行中唯一标识某一行时可使用 GUID。例如，可使用 uniqueidentifier 数据类型定义一个客户标识代码列，以编辑公司来自多个国家/地区的总的客户名录。
- table 类型。table 数据类型只能用于定义 table 类型的局部变量或用户定义函数的返回值。

2. 别名数据类型

因 Library 数据库中的图书信息表(BookInfo)、读者信息表(ReaderInfo)和借还信息表(BorrowReturn)中都包含“日期”，为了保证该系统中日期数据的一致性，使用一个别名数据类型 mydate。

(1) 创建别名数据类型 当多个表的列中要存储同样类型的数据，并且要确保这些列具有完全相同的数据类型、长度和为空性时，可使用别名数据类型。别名数据类型是基于 SQL Server 2005 中的系统基本数据类型的。

创建别名数据类型时必须提供以下 3 个参数：名称、新数据类型所依据的系统数据类型、为空性(数据类型是否允许空值)。如果为空性未明确定义，系统将依据数据库或连接的 ANSI Null 默认设置进行指派。可以使用 CREATE TYPE 创建别名数据类型，其基本语句格式如下：

```
CREATE TYPE 类型名
{
    FROM 基本数据类型
    [NULL | NOT NULL]
}
```

参数含义：

- 类型名：是指别名数据类型或用户定义类型的名称。类型名称必须符合标识符的规则。
- 基本数据类型：是指别名数据类型所基于的数据类型(decimal、int 等)，由 SQL Server 提供。
- NULL | NOT NULL：是否可以为空。

【应用 3-1】 为 Library 数据库中的日期型列创建一个别名数据类型 mydate，它的基本数据类型为 Varchar、长度为 12、非空。

```
USE Library
GO
CREATE TYPE mydate
FROM varchar(12)NOT NULL
```

【提示】

- 在 SQL Server 2005 中建议不使用存储过程 sp _ addtype 创建别名数据类型，也不使用 sp _ droptype 删除别名数据类型。
- 在 SQL Server 2005 有别名数据类型和用户自定义数据类型之分，后者使用 CREATE ASSEMBLY 语句创建。
- 如果别名数据类型是在 model 数据库中创建的，它将作用于所有用户定义的新数据库中；如果别名数据类型是在用户定义的数据库中创建的，则该数据类型只作用于此用户定义的数据库。

(2) 使用别名数据类型 一旦别名数据类型创建以后，可以像普通的系统数据类型一样被应用到表中的列或变量的定义中，如图 3-1 所示。

图 3-1 使用别名数据类型

(3) 删除用户自定义类型 使用 DROP TYPE 可以从 systypes 中删除用户定义的数据类型，其基本语句格式如下：

```
DROP TYPE 类型名
```

参数含义：类型名是指已经定义好的别名数据类型的名称。

【应用 3-2】 因为不需要别名数据类型，现在要删除创建的别名数据类型 mydate。

```
USE Library
GO
DROP TYPE mydate
```

【提示】 如果在表定义内已经使用了某个别名数据类型，或者将某个规则或默认值绑定到这种数据类型，那么就不能删除它。

3.1.2 目录视图

在 SQL Server 2000 中存在着许多系统表，用来保存数据库系统中的重要信息。而 SQL Server 2005 中的系统数据存储在隐藏的一个“资源”表中，这个表只能被服务器自身直接访问。低级用户和数据库管理员必须使用新的一系列的分类视图，通过这些视图可以显示各种用户看不到也不能调用的隐藏表和各种隐藏函数中的数据。目录视图可返回 Microsoft SQL Server 2005 Database Engine 使用的信息。使用目录视图这一最常用的目录元数据界面，可提供最有效的方法来获取、转换并显示此信息的自定义形式。

SQL Server 2000 中每个数据库内的系统表与在 SQL Server 2005 中对应的目录视图的映射关系见表 3-2。

表 3-2 SQL Server 2000 常用系统表映射到 SQL Server 2005 目录视图

系统表名	功能	目录视图
sysdatabases	记录数据库信息	sys. databases
syslogins	记录登录账户信息	sys. server _ principals
sysmessages	记录系统错误和警告	sys. messages
syscolumns	记录表、视图和存储过程信息	sys. columns
syscomments	包含每个视图、规则、默认值、触发器、CHECK 约束、DEFAULT 约束和存储过程的项	sys. sql _ modules
sysdepends	包含对象(视图、过程和触发器)与对象定义中包含的对象(表、视图和过程)之间的相关性信息	sys. sql _ dependencies
sysfilegroups	记录数据库中的文件组信息	sys. filegroups
sysfiles	记录数据库中的每个文件信息	sys. database _ files
sysforeignkeys	记录关于表定义中的 FOREIGN KEY 约束的信息	sys. foreign _ keys
sysindexes	记录数据库中的索引信息	sys. indexes
sysfulltextcatalogs	列出全文目录集	sys. fulltext _ catalogs
sysusers	记录数据库中用户、组(角色)信息	sys. database _ principals
systypes	记录系统数据类型和用户定义数据类型信息	sys. types
sysreferences	记录 FOREIGN KEY 约束定义到所引用列的映射	sys. foreign _ keys
syspermissions	记录对数据库内的用户、组和角色授予和拒绝的权限的信息	sys. database _ permissions sys. server _ permissions
sysobjects	记录在数据库内创建的每个对象(约束、默认值、日志、规则、存储过程等)的信息	sys. objects

【提示】

- SQL Server 2005 的目录视图可以帮助数据库管理员获取数据库的一些基本信息，详细用法请查阅相关资料。
- 读者只需简单了解 SQL Server 2000 中系统表和 SQL Server 2005 的目录视图的映射关系。

3.2 创建和修改表

3.2.1 使用 SSMS 创建和修改表

表作为数据库的基本组成部分，实际上是关系数据库中对关系的一种抽象化描述。数据库就是由一系列的表构成的，数据库中数据就是存储在表中。下面介绍在 SQL Server 2005 中使用“SQL Server Management Studio”实现对表的创建、修改操作。

1. 创建表

【应用 3-3】 根据数据库设计情况，要将图书相关的信息存放在 BookInfo 表中。需要在图书管理系统数据库 Library 中创建存放图书信息的表 BookInfo。

1）启动 SQL Server Management Studio，在“对象资源管理器”中依次展开“数据库”节点和“Library”数据库节点。

2）右键单击“表”，在弹出的快捷菜单上选择“新建表”命令，如图 3-2 所示。也可以在“摘要

页”区域单击鼠标右键，选择“新建表”命令。

3）在如图 3-3 所示窗口的右上部面板中输入列名、长度、数据类型、为空性等表的基本信息。输入完成后表的基本信息如图 3-4 所示。

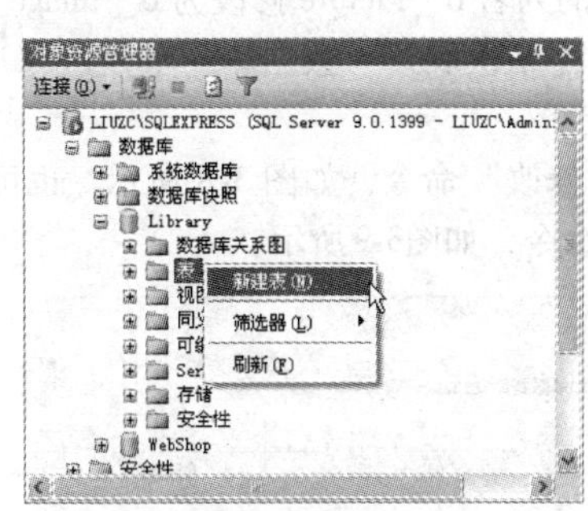

图 3-2　选择“新建表”命令

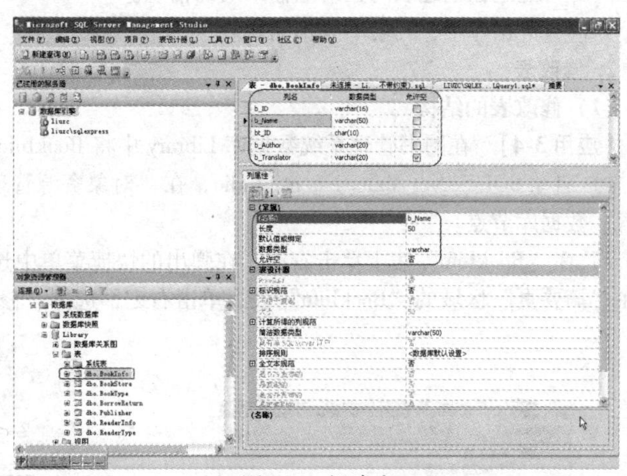

图 3-3　新建表

4）在图 3-3 所示窗口的右下部面板中输入表是否自动增长等补充信息，如图3-5所示。

列名	数据类型	允许空
b_ID	varchar(16)	☐
b_Name	varchar(50)	☐
bt_ID	char(10)	☐
b_Author	varchar(20)	☐
b_Translator	varchar(20)	☑
b_ISBN	varchar(30)	☐
p_ID	char(4)	☐
b_Date	datetime	☐
b_Edition	smallint	☐
b_Price	money	☐
b_Quantity	smallint	☐
b_Detail	varchar(100)	☑
b_Picture	image	☑

图 3-4　在“新表”窗口中输入“表”基本信息

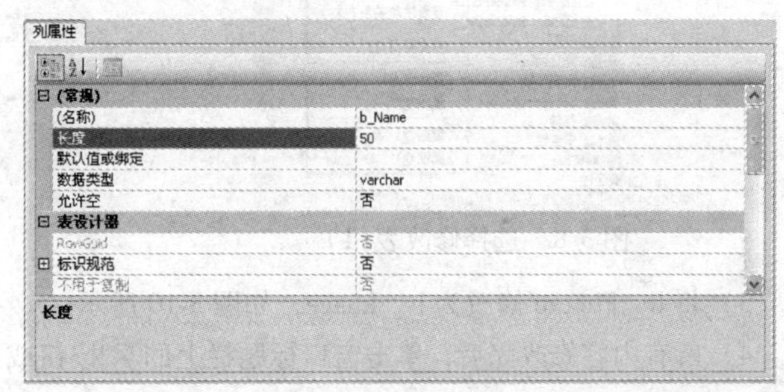

图 3-5　在“新表”窗口中输入“表”补充信息

5）所有列名输入完成后，单击窗口标题栏上的按钮或工具栏上的按钮，打开确认“是否保存所创建表”对话框。

6）单击“是”按钮后打开“选择名称”对话框，输入表名 BookInfo，完成表的建立，如图 3-6 所示。如果在该数据库中已经有同名的表存在，系统会弹出警告对话框，用户可以换一个名称重新进行保存。

新表创建后，在“对象资源管理器”中展开“数据库”节点中的数据库节点“Library”，可以查看到刚才所建的表，如图 3-7 所示。

图 3-6　输入表名称

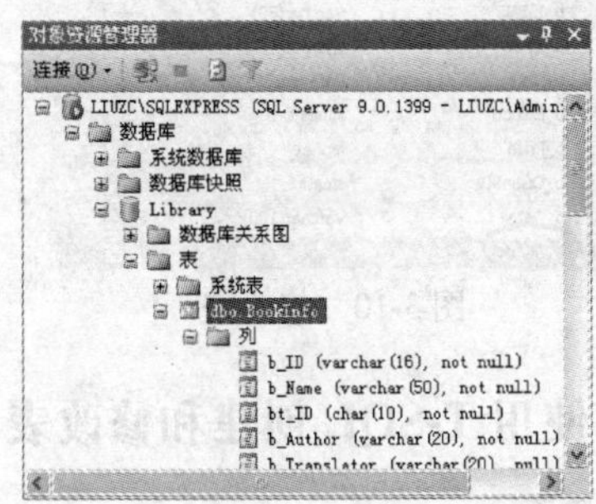

图 3-7　创建好的 BookInfo 表

【提示】

- 尽可能地在创建表时正确地输入列的信息。
- 同一数据库中，列名不能相同。

2. 修改表

(1) 修改表的结构

【应用 3-4】 在图书管理系统数据库 Library 中将 BookInfo 表中的列名 b _ Picture 修改为 b _ Image。

1）启动 SQL Server Management Studio，在“对象资源管理器”中依次展开“数据库”节点、“Library”数据库节点。

2）在“BookInfo”表上单击右键，在弹出的快捷菜单中选择“修改”命令，如图 3-8 所示。也可以在“摘要页”区域的“BookInfo”表上单击右键，选择“修改”命令，如图3-9 所示。

图 3-8 选择修改表(1)

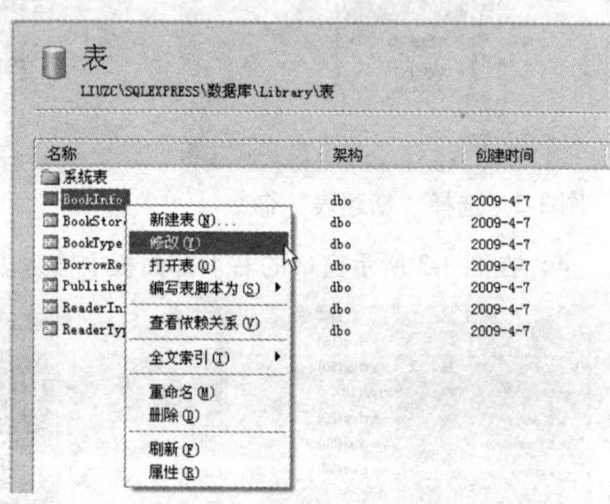

图 3-9 选择修改表(2)

3）将 b _ Picture 修改为 b _ Image，如图 3-10 所示。

4）所有内容修改完后，单击窗口标题栏上的按钮或工具栏上的按钮进行保存，完成表的修改。如果表中已有数据，则保存时系统会弹出对话框让用户进行确认。在工具栏上选择按钮则可以保存修改后的脚本。

(2) 重命名表 表在创建以后可以根据需要对其表名进行修改，在图 3-11 所示的“BookInfo”表的右键菜单中选择“重命名”命令，或者在选定的表上单击，在表名的编辑状态下完成表名的修改。

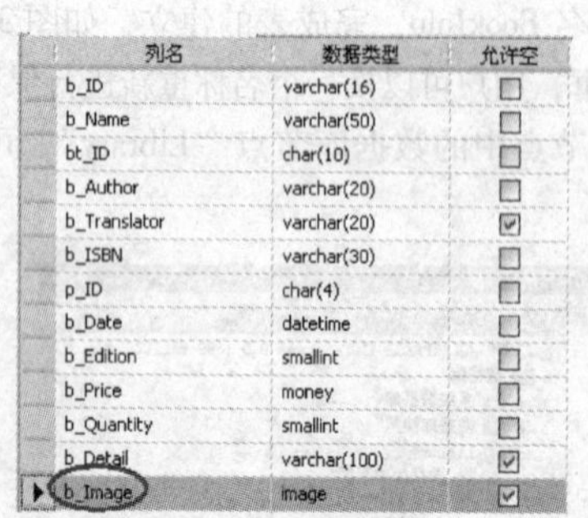

列名	数据类型	允许空
b_ID	varchar(16)	☐
b_Name	varchar(50)	☐
bt_ID	char(10)	☐
b_Author	varchar(20)	☐
b_Translator	varchar(20)	☑
b_ISBN	varchar(30)	☐
p_ID	char(4)	☐
b_Date	datetime	☐
b_Edition	smallint	☐
b_Price	money	☐
b_Quantity	smallint	☐
b_Detail	varchar(100)	☑
b_Image	image	☑

图 3-10 修改表

图 3-11 选择重命名表

3.2.2 使用 T-SQL 创建和修改表

1. 创建表

使用T-SQL语句创建表的基本语句格式如下：

```
CREATE TABLE <表名>(<列名><数据类型>[列级完整性约束条件]
[,<列名><数据类型>[列级完整性约束条件]…]
[,<表级完整性约束条件>])
```

参数含义：

• 表名：要建立的表名是符合命名规则的任意字符串。在同一个数据库中表名应当是唯一的，而在不同数据库中允许出现名称相同的表。

• 列名：是组成表的各个列的名字。在一个表中，列名也应该是唯一的，而在不同的表中允许出现相同的列名。

• 数据类型：是对应列数据所采用的数据类型。可以是数据库管理系统支持的任何数据类型。

• 列级约束：用来对于列中的数据进行限制，如非空约束、键约束及用条件表达式表示的完整性约束。

• 表级约束：如果完整性约束条件涉及该表的多个属性列，则必须定义在表级上。这些约束连同列约束会被存储到系统的数据字典中。当用户对数据进行相关操作的时候，由DBMS自动检查该操作的合法性。

【应用3-5】 为了保存图书管理系统中图书的基本信息，需要在Library数据库中创建一个名为“BookInfo”的表，该操作使用T-SQL语句完成。

```
USE Library
GO
CREATE TABLE BookInfo
(
    b_ID varchar(16),                --图书编号
    b_Name varchar(50),              --图书名称
    bt_ID char(10),                  --图书类型编号
    b_Author varchar(20),            --作者
    b_Translator varchar(20)L,       --译者
    b_ISBN varchar(30),              --ISBN
    p_ID char(4),                    --出版社编号
    b_Date datetime,                 --出版日期
    b_Edition smallint,              --版次
    b_Price money,                   --价格
    b_Quantity smallint,             --副本数量
    b_Detail varchar(100),           --图书简介
    b_Picture image                  --封面图片
)
```

【提示】

• 表是数据库的组成对象，在进行创建表的操作之前，先要通过命令USE Library打开要操作的数据库。

• 用户在选择表和列名称时不要使用SQL语言中的保留关键词，如select、create、insert等。

• 在这里没有考虑表中的约束情况。

2. 修改表

在数据库设计完成后，有时要求对数据库中的表进行修改，ALTER TABLE语句就可以让数据库

管理人员或者是设计者在一个表创建以后对它的结构进行调整，包括添加新列、增加新约束条件、修改原有的列定义和删除已有的列和约束条件。其基本语句格式如下：

```
ALTER TABLE <表名>
[ALTER COLUMN <列名> <新数据类型>]
[ADD <新列名> <数据类型> [完整性约束]]
[DROP <完整性约束名>]
```

其中<表名>指定需要修改的表，ADD 子句用于增加新列和新的完整性约束条件，DROP 子句用于删除指定的完整性约束条件或指定的列，MODIFY 子句用于修改原有的列定义(主要是数据类型)。

(1) 添加列

【应用 3-6】 因为需要了解图书所属的丛书系列信息，要在 BookInfo 表中添加一个长度为 20 个字符、名称为 b _ Belong、类型为 varchar 的新的一列。该操作使用 T-SQL 语句完成。

```
ALTER TABLE BookInfo ADD b _ Belong varchar(20)
```

【提示】

- 在 ALTER TABLE 语句中使用 ADD 关键字增加列。
- 无论表中原来是否已有数据，新增加的一列一律为空值，且新增加的一列位于表结构的末尾，如图 3-12 所示。

列名	数据类型	允许空
b_ID	varchar(16)	☐
b_Name	varchar(50)	☐
bt_ID	char(10)	☐
b_Author	varchar(20)	☐
b_Translator	varchar(20)	☑
b_ISBN	varchar(30)	☐
p_ID	char(4)	☐
b_Date	datetime	☐
b_Edition	smallint	☐
b_Price	money	☐
b_Quantity	smallint	☐
b_Detail	varchar(100)	☑
b_Picture	image	☑
b_Belong	varchar(20)	☑

图 3-12 添加 g _ Producer 列后的 BookInfo 表

(2) 修改列

【应用 3-7】 考虑到图书出版日期的实际长度和数据操作的方便性，将 BookInfo 表中的 b _ Date 数据类型改为 char 型，且宽度为 10。该操作使用 T-SQL 语句完成，基本语句格式如下。

```
ALTER TABLE BookInfo ALTER COLUMN  b _ Date char(10)
```

该语句可以将 b _ Date 列的数据类型由 datetime 修改为 char，修改后的结果如图 3-13 所示。

列名	数据类型	允许空
b_ID	varchar(16)	☐
b_Name	varchar(50)	☐
bt_ID	char(10)	☐
b_Author	varchar(20)	☐
b_Translator	varchar(20)	☑
b_ISBN	varchar(30)	☐
p_ID	char(4)	☐
b_Date	char(10)	☑
b_Edition	smallint	☐
b_Price	money	☐
b_Quantity	smallint	☐
b_Detail	varchar(100)	☑
b_Picture	image	☑
b_Belong	varchar(20)	☑

图 3-13 修改 b _ Date 列后的 BookInfo 表

【提示】

- 在 ALTER TABLE 语句使用 ALTER COLUMN 关键字修改列的数据类型或宽度。
- 在“对象资源管理器”中展开“表”节点中的指定表节点后再展开“列”节点可以查看指定表中列的信息。

(3) 删除列 用 ALTER TABLE 语句删除列，可用 DROP COLUMN 关键字。

【应用 3-8】 如果不考虑图书所属的丛书系列信息，在 BookInfo 表中删除已有列 b _ Belong。

```
ALTER TABLE BookInfo DROP COLUMN b _ Belong
```

【提示】

- 使用 ALTER TABLE 时，每次只能添加或者删除一列。
- 在添加列时，不需要带关键字 COLUMN；在删除列时，在列名前要带上关键字 COLUMN，因为在默认情况下认为是删除约束。

● 在添加列时，需要指定数据类型和长度(诸如 datetime 类型不需要指定长度)；在删除列时，不需要带数据类型和长度，只需指定列名。

● 如果在该列定义了约束，在修改列时会进行限制。如果确实要修改该列，必须先删除该列上的约束，然后再进行修改。

(4) 重命名表　使用存储过程 sp _ rename 可以更改当前数据库中表的名称。存储过程 sp _ rename 基本语句格式如下：

```
sp _ rename[当前表名],[新表名]
```

参数含义：

● 当前表名：是指表的当前名称。

● 新表名：即指定表的新名称，该名称要遵循标识符的规则。

【应用 3-9】　考虑到表名的可读性和表的命名一致问题，要将表 BookInfo 改名为 tb _ BookInfo。该操作使用 T-SQL 语句完成，基本语句格式如下：

```
sp _ rename'BookInfo','tb _ BookInfo'
```

3.3　查看和删除表

3.3.1　使用 SSMS 查看和删除表

1. 查看表

【应用 3-10】　查看图书管理系统数据库 Library 中所创建 BookInfo 表的信息。

1）启动 SQL Server Management Studio，在“对象资源管理器”中依次展开“数据库”节点、“Library”数据库节点。

2）在“BookInfo”表上单击鼠标右键，在弹出的快捷菜单中选择“属性”命令，如图 3-14 所示。

图 3-14　选择“属性”命令

3）打开“表属性”对话框，可以查看 BookInfo 表的常规、权

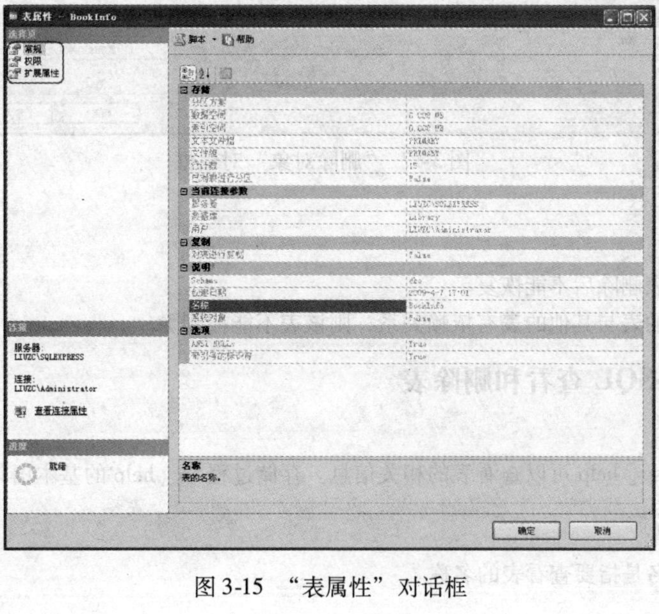

图 3-15　“表属性”对话框

限和扩展属性等详细信息，如图 3-15 所示。

2. 删除表

根据数据管理的需要，有时需要删除数据库中的某些表以释放空间。删除表时，表的结构定义、数据、全文索引、约束和索引都永久地从数据库中删除，原来存放表及其索引的存储空间可用来存放其他表。数据库系统中的临时表一般情况下会自动删除，如果不想等待临时表自动删除，可自行删除临时表。

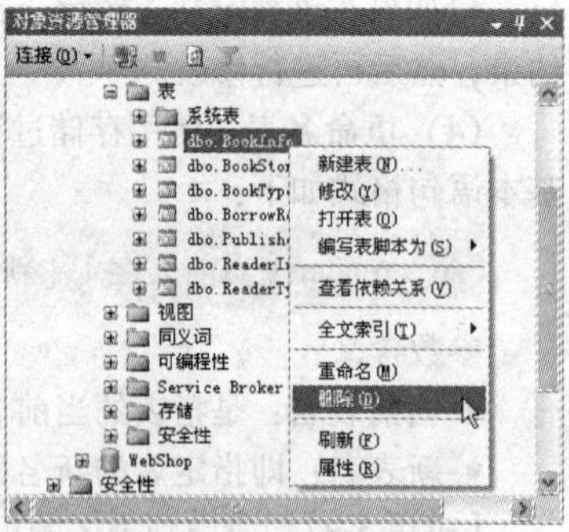

【**应用 3-11**】 删除图书管理系统数据库 Library 中所创建的 BookInfo 表。

1）启动 SQL Server Management Studio，在“对象资源管理器”中展开“数据库”节点。

2）展开“Library”数据库节点，在“BookInfo”表上单击鼠标右键，在弹出的快捷菜单中选择“删除”命令，如图 3-16 所示。

图 3-16 “删除”表命令

3）打开“删除对象”对话框，单击“确定”按钮即可完成表的删除，如图 3-17 所示。

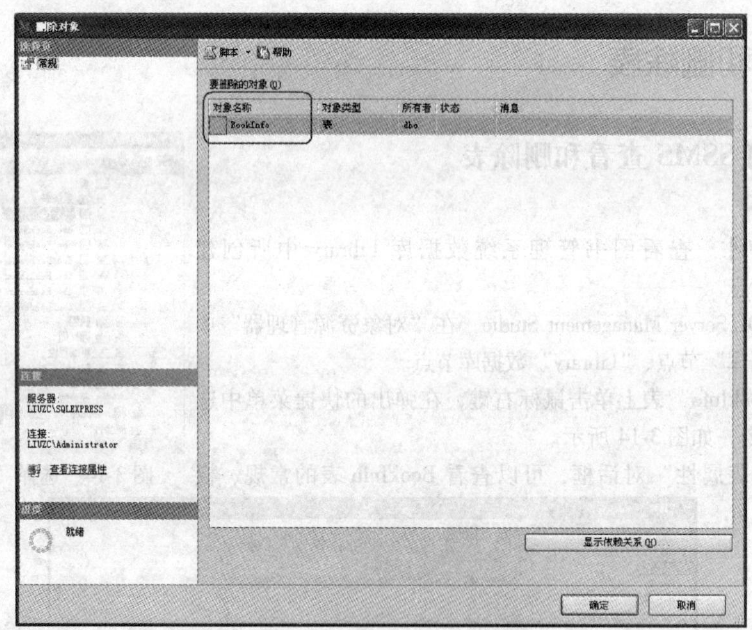

图 3-17 “删除对象”对话框

【提示】

- 数据库中的表删除后不能恢复。
- 如果要删除的表与其他的表有依赖关系，则该表不能被删除。

3.3.2 使用 T-SQL 查看和删除表

1. 查看表

使用存储过程 sp _ help 可以查看表的相关信息。存储过程 sp _ help 的基本语句格式如下：

```
sp _ help[表名]
```

参数含义：表名是指要查看表的名称。

【应用3-12】 了解 Library 数据库中 BookInfo 表的详细信息。该操作使用 T-SQL 语句完成，完成语句如下：

```
sp _ help BookInfo
```

该语句可以查看到 BookInfo 表的详细信息，如图 3-18 所示。

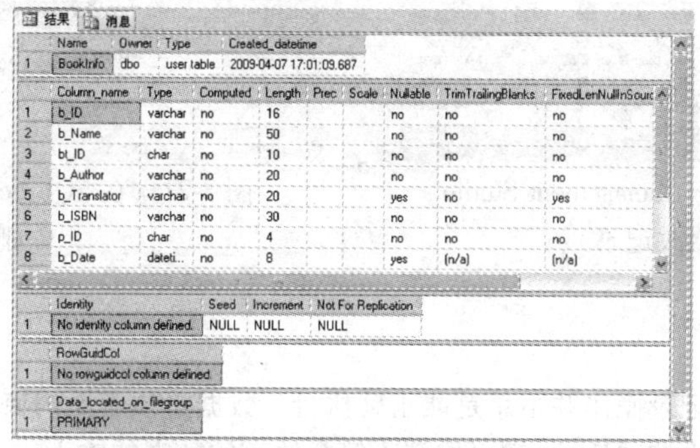

	Name	Owner	Type	Created_datetime
1	BookInfo	dbo	user table	2009-04-07 17:01:09.687

	Column_name	Type	Computed	Length	Prec	Scale	Nullable	TrimTrailingBlanks	FixedLenNullInSourc
1	b_ID	varchar	no	16			no	no	no
2	b_Name	varchar	no	50			no	no	no
3	bt_ID	char	no	10			no	no	no
4	b_Author	varchar	no	20			no	no	no
5	b_Translator	varchar	no	20			yes	no	yes
6	b_ISBN	varchar	no	30			no	no	no
7	p_ID	char	no	4			no	no	no
8	b_Date	dateti...	no	8			yes	(n/a)	(n/a)

	Identity	Seed	Increment	Not For Replication
1	No identity column defined.	NULL	NULL	NULL

	RowGuidCol
1	No rowguidcol column defined.

	Data_located_on_filegroup
1	PRIMARY

图 3-18　查看表信息

2. 删除表

使用 DROP TABLE 可以删除数据库的表，其基本语句格式如下：

```
DROP TABLE <表名>
```

参数含义：表名是指要删除的表名。

【应用3-13】 因为不再需要 Library 数据库的 BookInfo 表，要将该表从 Library 数据库中删除。该操作使用 T-SQL 语句完成，完成语句如下：

```
DROP TABLE BookInfo
```

该语句删除 Library 数据库中的 BookInfo 表。表定义一旦删除，表中的数据、在此表上建立的索引都将自动被删除掉，而建立在此表上的视图虽仍然保留，但已无法引用。因此，执行删除操作一定要格外小心。

3.4　记录操作

3.4.1　使用 SSMS 进行记录操作

【应用3-14】 在 SQL Server 2005 的 SQL Server Management Studio 中完成 BookInfo 表中记录的添加、删除和修改等操作。

1）启动 SQL Server Management Studio，在“对象资源管理器”中依次展开“数据库”节点、“Library”数据库节点。

2）在“BookInfo”表上单击鼠标右键，在弹出的快捷菜单中选择“打开表”命令，如图 3-19 所示。

3）在 SQL Server Management Studio 中可以直接在图 3-20 所示的表格中完成添加、修改表中的记录的操作。

4）如果要删除记录，在选定的记录上单击鼠标右键，在弹出的快捷菜单中选择“删除”命令即可，如图 3-21 所示。记录操作完成后，根据提示保存操作结果则完成表中记录的操作。

图 3-19　选择“打开表”命令

b_ID	b_Name	bt_ID	b_Author	b_Translator	b_ISBN
TP3/2737	Visual Basic.NET…	17	佟伟光	无	7-5053-8956-4
TP3/2739	C#程序设计	17	李德奇	无	7-03-015754-0
TP3/2741	JSP程序设计案…	17	刘志成	无	7-115-15380-9
TP3/2742	数据恢复技术	17	戴士剑、陈永红	无	7-5053-9036-8
TP3/2744	Visual Basic.NET…	17	阿惟	无	7-302-06731-7
TP3/2747	VC.NET面向对…	17	赵卫伟、刘瑞光	无	7-111-18764-4
TP3/2752	Java程序设计…	17	刘志成	无	7-111-18561-7
TP312/146	C++程序设计…	17	梁普选	无	7-121-00071-7
TP39/707	数据库基础	17	沈祥玖	无	7-04-012644-3
TP39/711	管理信息系统…	17	陈承欢、彭勇	无	7-115-13103-1
TP39/713	关系数据库与S…	17	黄旭明	无	7-04-01375-4
TP39/716	UML用户指南	17	Grady Booch等	邵维忠等	7-03-012096
TP39/717	UML数据库设计…	17	[美]Eric J.Naibur…	陈立军、郭旭	7-5053-6432-4
TP39/719	SQL Server 200…	17	刘志成、陈承欢	无	978-7-302-1473…
TP39/720	数据库及其应…	17	张迎新	无	7-302-12828-6
TP00/001	新添加的图书	17	NULL	NULL	NULL

图 3-20　在 SQL Server Management Studio 中添加和修改记录

b_ID	b_Name	bt_ID	b_Author	b_Translator	b_ISBN
TP3/2737	Visual Basic.NET…	17	佟伟光	无	7-5053-8956-4
TP3/2739	C#程序设计	17	李德奇	无	7-03-015754-0
TP3/2741	JSP程序设计案…	17	刘志成	无	7-115-15380-9
TP3/2742	[illegible]	17	戴士剑、陈永红	无	7-5053-9036-8
TP3/2744	Visual Basic.NE		阿惟	无	7-302-06731-7
TP3/2747	VC.NET面向对		赵卫伟、刘瑞光	无	7-111-18764-4
TP3/2752	Java程序设计		刘志成	无	7-111-18561-7
TP312/146	C++程序设计		梁普选	无	7-121-00071-7
TP39/707	数据库基础		沈祥玖	无	7-04-012644-3
TP39/711	管理信息系统		陈承欢、彭勇	无	7-115-13103-1
TP39/713	关系数据库与		黄旭明	无	7-04-01375-4
TP39/716	UML用户指南		Grady Booch等	邵维忠等	7-03-012096
TP39/717	UML数据库设计…	17	[美]Eric J.Naibur…	陈立军、郭旭	7-5053-6432-4
TP39/719	SQL Server 200…	17	刘志成、陈承欢	无	978-7-302-1473…
TP39/720	数据库及其应…	17	张迎新	无	7-302-12828-6

执行 SQL(X)
剪切(T)
复制(Y)
删除(D)
窗格(N)
清除结果(L)

图 3-21　在 SQL Server Management Studio 中删除记录

【提示】

- 添加、修改和删除记录操作并不总是能正确执行，数据必须遵循约束规则。
- 在添加和修改过程中按“Esc”键可取消不符合约束的数据的输入。

3.4.2　使用 T-SQL 插入记录

使用 INSERT INTO 语句可以向表中添加记录或者创建追加查询，插入单个记录的基本语句格式如下：

```
INSERT   INTO <表名>
[ <属性列 1>[ ,<属性列 2>…] ]
VALUES( <常量 1>[ ,<常量 2>]…)
```

1. 插入所有列

【应用 3-15】 新书入库，将名称为“数据库原理与应用(SQL Server 2005)”的图书信息添加到 BookInfo 表中。

```
INSERT INTO BookInfo VALUES('TP39/769','数据库原理与应用(SQL Server 2005)','17','刘志成','无
','978-7-121-05788-7','005','2009-8-1',1,34.00,3,NULL,NULL)
```

该语句将一个图书记录插入到 BookInfo 表中，要求提供图书的每一列信息(即使为 NULL)，添加之后的结果如图 3-22 所示。

2. 插入指定列

【应用 3-16】 新书入库，该图书没有译者，图书封面图片和图书简介尚缺，只能将该图书的部分信息('TP39/888','Java 进阶教程','17','宁云智','978-7-888-05788-8','005','2009-2-1',1,35.00,10)添加到 BookInfo 表中。

```
INSERT INTO BookInfo(b_ID,b_Name,bt_ID,b_Author,b_ISBN,p_ID,b_Date
,b_Edition,b_Price,b_Quantity)
VALUES('TP39/888','Java 进阶教程','17','宁云智','978-7-888-05788-8','005','2009-2-1',1,
35.00,10)
```

该语句可以将指定图书信息插入到 BookInfo 表中，但图书译者、图书封面图片和图书简介取空值(NULL)，添加之后的结果如图 3-22 所示。

【提示】

- INSERT 语句中的 INTO 可以省略。

• 如果某些属性列在表名后的列名表没有出现，则新记录在这些列上将取空值。但必须注意的是，在表定义时说明了 NOT NULL 的属性列不能取空值，否则系统会出现错误提示。

• 如果没有指明任何列名，则新插入的记录必须在每个属性列上均有值。

• 字符型数据必须使用“'”将其引起来。

• 常量的顺序必须和指定的列名顺序保持一致。

b_ID	b_Name	bt_ID	b_Author	b_Translator	b_ISBN
TP3/2737	Visual Basic.NET…	17	佟伟光	无	7-5053-8956-4
TP3/2739	C#程序设计	17	李德奇	无	7-03-015754-0
TP3/2741	JSP程序设计案…	17	刘志成	无	7-115-15380-9
TP3/2742	数据恢复技术	17	戴士剑、陈永红	无	7-5053-9036-8
TP3/2744	Visual Basic.NET…	17	阿惟	无	7-302-06731-7
TP3/2747	VC.NET面向对…	17	赵卫伟、刘瑞光	无	7-111-18764-4
TP3/2752	Java程序设计…	17	刘志成	无	7-111-18561-7
TP312/146	C++程序设计…	17	梁普选	无	7-121-00071-7
TP39/707	数据库基础	17	沈祥玖	无	7-04-012644-3
TP39/711	管理信息系统…	17	陈承欢、彭勇	无	7-115-13103-1
TP39/713	关系数据库与S…	17	董旭明	无	7-04-01375-4
TP39/716	UML用户指南	17	Grady Booch等	邵维忠等	7-03-012096
TP39/717	UML数据库设计…	17	[美]Eric J.Naibur…	陈立军、郭旭	7-5053-6432-4
TP39/719	SQL Server 200…	17	刘志成、陈承欢	无	978-7-302-1473…
TP39/720	数据库及其应…	17	张迎新	无	7-302-12828-6
TP39/769	数据库原理与…	17	刘志成	无	978-7-121-0578…
TP39/888	Java进阶教程	17	宁云智	NULL	978-7-888-0578…

图 3-22 SQL Server Management Studio 中添加记录

3.4.3 使用 T-SQL 修改记录

使用 UPDATE 语句可以按照某个条件修改特定表中的字段值，其基本语句格式如下：

```
UPDATE <表名>
SET <列名>=<表达式>[,<列名>=<表达式>]…
[FROM <表名>]
[WHERE <条件>];
```

其功能是修改指定表中满足 WHERE 子句条件的记录。其中 SET 子句用于指定修改方法，即用<表达式>的值取代相应的属性列值。如果省略 WHERE 子句，则表示要修改表中的所有记录。

1. 修改单条记录

【应用 3-17】 将“Java 进阶教程”的作者修改为“刘志成 宁云智”。

```
UPDATE BookInfo
SET b_Author ='刘志成 宁云智'
WHERE b_Name ='Java 进阶教程'
```

2. 修改多条记录

【应用 3-18】 由于部分图书缺少简介，将原来没有图书简介的图书的介绍统一修改为“暂无简介”。

```
UPDATE BookInfo
SET b_Detail ='暂无简介'
WHERE b_Detail IS NULL
```

【提示】

• 如果不指定条件，则会修改所有的记录。

• 如果加上条件 IS NULL 就可以保证对没有图书简介的图书进行修改。

3. 修改所有记录并指定多项修改

【应用 3-19】 将所有图书的数量减 1，并将所有图书的入库日期调整为 2009 年 3 月 1 日。

```
UPDATE BookInfo
SET b_Quantity = b_Quantity-1, b_Date ='2009-03-01'
```

执行结果如图 3-23 所示。

b_Date	b_Edition	b_Price	b_Quantity	b_Detail	b_Picture
2009-3-1 0:00:00	1	18.0000	8	暂无简介	NULL
2009-3-1 0:00:00	1	26.0000	13	暂无简介	NULL
2009-3-1 0:00:00	1	27.0000	3	暂无简介	NULL
2009-3-1 0:00:00	1	39.0000	3	暂无简介	NULL
2009-3-1 0:00:00	1	38.0000	3	暂无简介	NULL
2009-3-1 0:00:00	1	20.0000	8	暂无简介	NULL
2009-3-1 0:00:00	1	26.0000	13	暂无简介	NULL
2009-3-1 0:00:00	1	28.0000	6	暂无简介	NULL
2009-3-1 0:00:00	1	18.5000	3	暂无简介	NULL
2009-3-1 0:00:00	1	23.0000	1	暂无简介	NULL
2009-3-1 0:00:00	1	15.0000	3	暂无简介	NULL
2009-3-1 0:00:00	1	35.0000	3	暂无简介	NULL
2009-3-1 0:00:00	1	30.0000	8	暂无简介	NULL
2009-3-1 0:00:00	1	34.0000	2	暂无简介	NULL
2009-3-1 0:00:00	1	26.0000	3	暂无简介	NULL
2009-3-1 0:00:00	1	34.0000	2	暂无简介	NULL
2009-3-1 0:00:00	1	35.0000	9	暂无简介	NULL

图 3-23　记录修改后结果

【提示】

- 如果要修改多列，则在 SET 语句后用“,”分隔各修改子句。
- 这类语句一般在进行数据初始化时使用。
- 修改记录时可以通过约束和触发器实现数据完整性。

3.4.4 使用 T-SQL 删除记录

使用 DELETE 语句可以删除表中的记录，其基本语句格式如下：

```
DELETE
FROM <表名>
[WHERE <条件>]
```

DELETE 语句的功能是从指定表中删除满足 WHERE 子句条件的所有记录。如果省略 WHERE 子句，表示删除表中全部记录，但表的定义仍存在。也就是说，DELETE 语句删除的是表中的数据，而不是关于表的定义。

1. 删除指定记录

【应用 3-20】 图书编号为“TP3/2742”的图书已下架，并且以后也不再购买该图书，需要在图书信息表中清除该图书的信息。

```
DELETE
FROM BookInfo
WHERE b_ID ='TP3/2742'
```

DELETE 操作也是一次只能操作一个表，因此同样会遇到 UPDATE 操作中提到的数据不一致问题。比如图书编号为“TP3/2742”的图书被删除后，与该图书相关的借还记录也应同时删除。这里涉及的数据完整性问题请参阅第 7 章。

【提示】

- 如果是外键约束，则可以先将外键表中对应的记录删除，然后再删除主键表中的记录。
- 记录删除后不能被恢复。

2. 删除所有记录

【应用 3-21】 删除图书信息表中的所有信息。

```
DELETE
FROM BookInfo
```

该语句使 BookInfo 成为空表，它删除了 BookInfo 的所有记录。删除表中所有记录也可以使用 TRUNCATE TABLE <表名>语句来完成。

```
TRUNCATE TABLE BookInfo
```

【提示】

- DELETE 删除操作被当作是系统事务，删除操作可以被撤销。
- TRUNCATE TABEL 则不是，删除操作不能被撤销。

本章小结

本章学习了如下内容：

■ 设计表。包括 SQL Server 2005 的基本数据类型、使用别名数据类型和了解目录视图。

■ 创建和修改表。包括使用 SSMS 创建和修改表、使用 CREATE TABLE 创建表、使用 ALTER TABLE 修改表。

■ 查看和删除表。包括使用 SSMS 查看和删除表、使用 sp_help 查看表、使用 DROP TABLE 删除表。

■ 记录操作。包括使用 SSMS 进行记录操作、使用 INSERT 语句插入记录、使用 UPDATE 语句修改记录和使用 DELETE 语句删除记录。

习 题 3

一、选择题

1. 用来表示可变长度的非 Unicode 数据的类型是________。

（A） char （B） nchar （C） varchar （D） nvarchar

2. SQL Server 2005 支持的整数型数据类型包括 bigint、int、smallint、tinyint，其中 int 的数值范围为________。

（A） $-2^{63} \sim 2^{63}-1$ （B） $-2^{31} \sim 2^{31}-1$ （C） $-2^{15} \sim 2^{15}-1$ （D） $0 \sim 255$

3. 假设表中某列的数据类型为 varchar(100)，而输入的字符串为“liujin3456”，则存储的是________。

（A） liujin3456，共 8 个字节 （B） liujin3456 和 92 个空格

（C） liujin3456 和 12 个空格 （D） liujin3456 和 32 个空格

4. 下面________是游标数据类型。

（A） table （B） uniqueidentifier （C） cursor （D） sql_variant

5. 对一个已创建的表，________操作是不可以的。

（A） 更改表名 （B） 增加或删除列

（C） 修改已有列的属性 （D） 将已有 text 数据类型修改为 image 数据类型

6. 下列表述正确的是________。

（A） 所有用户定义的数据库都拥有 sysusers 表

（B） 所有数据库都拥有 sysusers 表

（C） master 数据库拥有 sysusers 表

（D） sysusers 表保存在 Windows 2000 的注册表中

7. 更新表中记录，使用________命令动词。

（A） INSERT （B） UPDATE （C） DELETE （D） SELECT

8. 如果要删除 WebShop 数据库中的 Goods 表，则可以使用________命令。

（A） DELETE TABLE Goods （B） TRUNCATE TABLE Goods

(C) DROP TABLE Goods (D) ALTER TABLE Goods

二、简答题

1. 举例说明在定义一个表结构时，需要定义哪些方面的内容。

2. 举例说明 INSERT、UPDATE 和 DELETE 的用法。

实训 3 SQL Server 2005 表和记录操作

一、实训目的

1. 了解表设计和表结构相关知识。
2. 了解 SQL Server 2005 中的常用数据类型。
3. 掌握应用 SSMS 创建和修改表的方法。
4. 掌握应用 SSMS 查看和删除表方法。
5. 掌握应用 T-SQL 创建和修改表的方法。
6. 掌握应用 T-SQL 查看和删除表的方法。
7. 了解表和数据库的关系。
8. 掌握 INSERT INTO 语句的方法。
9. 了解 INSERT FROM 语句的方法。
10. 掌握 UPDATE 语句的方法。
11. 掌握 DELETE 语句的方法。

二、实训要求

1. 创建好“电子商城系统”数据库 WebShop。
2. 准备好 WebShop 数据库中的各表的样例数据。
3. 保存实训结果到网络文件夹。

三、实训步骤

1. 在电子商城数据库 WebShop 中创建存放商品信息的表 Goods。(SSMS)

2. 在电子商城数据库 WebShop 中将 Goods 表中的列名 g _ ProduceDate 修改为 g _ Date。(SSMS)

3. 查看电子商城数据库 WebShop 中所创建的 Goods 表的信息。(SSMS)

4. 删除电子商城数据库 WebShop 中所创建的 Goods 表。(SSMS)

5. 为了保存商品基本信息，需要在 WebShop 数据库中创建一个名为“Goods”的表。(T-SQL)

6. 为了了解商品生产厂商的信息，需要在 Goods 表中添加一个长度为 20 个字符、名称为 g _ Producer、类型为 varchar 的新的一列。(T-SQL)

7. 考虑到出生日期的实际长度和数据操作的方便性，将 Goods 表中的 g _ ProduceDate 数据类型改为 char 型，且宽度为 10。(T-SQL)

8. 在 Goods 表中删除已有列 g _ Producer。(T-SQL)

9. 考虑到表名的可读性和表的命名一致问题，要将表 Goods 改名为 tb _ Goods。(T-SQL)

10. 了解 WebShop 数据库中 Goods 表的详细信息。(T-SQL)

11. 因为不再需要 WebShop 数据库的 Goods 表，要将该表从 WebShop 数据库中删除。(T-SQL)

12. 新商品入库，将商品信息('020003','爱国者 MP3-1G','02',128,0.8,20,'2007-08-01','pImage/020003.gif','热点','容量 G')添加到 Goods 表中。(T-SQL)

13. 新商品入库，该商品的图片和商品描述尚缺，需要将该商品的部分信息('040002','杉杉西服

(男装),'04',1288,0.9,20,'2007-08-01',NULL,'热点',NULL)添加到 Goods 表中。(T-SQL)

14. “劲霸西服”由“推荐”商品转为“热点”商品，需要完成对该商品状态的更改。(T-SQL)

15. 商品图片存放路径由原来的 pImage 更改为 Images/pImage，需要对已有商品图片的信息进行更改。(T-SQL)

16. 将所有商品图的折扣调整为 0.8，并将所有的进货日期调整为 2007 年 7 月 1 日。(T-SQL)

17. 商品号为“040002”的商品已售完，并且以后也不再进货，需要在商品信息表中清除该商品的信息。(T-SQL)

18. 删除商品信息表中的所有信息。(T-SQL)

19. 将实训过程中相关的 SQL 语句保存至 chap03.sql。

20. 创建 WebShop 数据库中的所有表。

四、实训提示

1. 注意数据类型 char 和 varchar 的区别。

2. 在对表进行操作之前，必须选择表所在的数据库。

3. 注意修改表命令的多种类型。

4. 使用“SELECT * FROM <表名>”语句查看修改记录。

5. 往基本表中插入记录时表名后面可带列名表(插入指定列及列顺序,指定对应列的值)，也可不带列名表(指定所有列的值,按固定顺序)。

第4章 数据查询

【学习目标】

本章将要学习利用T-SQL语句对数据库中数据进行查询的方法，包括简单查询、连接查询、子查询和联合查询。

【学习要点】

- 简单查询方法。
- 连接查询方法。
- 子查询方法。
- 联合查询方法。

4.1 简单查询

SQL的查询语句是从数据库中检索满足条件的记录，形成记录集合，并将它们存入新的记录集对象中。当然，应用程序可以操作该记录集，即根据需要显示、添加、更改或者删除记录，也可以使用这些数据进行统计和生成报表。

SQL查询语句的目标是从数据库中检索满足条件的记录。SQL查询通过SELECT语句来完成，查询语句并不会改变数据库中的数据，它只是检索数据。

SQL查询的基本语句格式：

```
SELECT[ALL|DISTINCT]<目标列表达式>[,<目标列表达式>]
FROM<表名或视图名>[,<表名或视图名>]
[WHERE<条件表达式>]
[GROUP BY<列名1>
[HAVING<条件表达式>]
[ORDER BY<列名2>[ASC|DESC];
```

完整SELECT语句的含义主要有以下几点：

1）根据WHERE子句的条件表达式，从FROM子句指定的基本表或视图中找出满足条件的记录。

2）按SELECT子句中的目标列表达式，选取记录中的属性值形成结果表。

3）如果指定了GROUP子句，则将结果按<列名1>的值进行分组，该属性列值相等的记录为一个组，每个组产生结果表中的一条记录。通常会在分组时使用聚合函数。

4）如果GROUP子句带HAVING短语，则只有满足HAVING短语后指定的条件表达式的组才会输出。

5）如果指定了ORDER子句，则结果表还要按<列名2>的值进行升序或降序排列。

4.1.1 选择列

1. 所有列

【应用4-1】 图书馆主管或采购人员需要查询图书馆中所有图书的详细信息。

```
SELECT *
FROM BookInfo
```

该语句无条件地把 BookInfo 表中的全部信息都查询出来，所以也称为全表查询，这是最简单的一种查询。运行结果如图 4-1 所示。

	b_ID	b_Name	bt_...	b_Author	b_Translator	b_ISBN
1	TP3/2737	Visual Basic.NET实用教程	17	佟伟光	无	7-5053-8956-4
2	TP3/2739	C#程序设计	17	李德奇	无	7-03-015754-0
3	TP3/2741	JSP程序设计案例教程	17	刘志成	无	7-115-15380-9
4	TP3/2742	数据恢复技术	17	戴士剑、陈永红	无	7-5053-9036-8
5	TP3/2744	Visual Basic.NET进销存程序设计	17	阿惟	无	7-302-06731-7
6	TP3/2747	VC.NET面向对象程序设计教程	17	赵卫伟、刘瑞光	无	7-111-18764-4
7	TP3/2752	Java程序设计案例教程	17	刘志成	无	7-111-18561-7
8	TP312/146	C++程序设计与软件技术基础	17	梁普选	无	7-121-00071-7
9	TP39/707	数据库基础	17	沈祥玖	无	7-04-012644-3
10	TP39/711	管理信息系统基础与开发	17	陈承欢、彭勇	无	7-115-13103-1
11	TP39/713	关系数据库与SQL语言	17	黄旭明	无	7-04-01375-4
12	TP39/716	UML用户指南	17	Grady Booch等	邵维忠等	7-03-012096
13	TP39/717	UML数据库设计应用	17	[美]Eric J.Naiburg等	陈立军、郭旭	7-5053-6432-4
14	TP39/719	SQL Server 2005实例教程	17	刘志成、陈承欢	无	978-7-302-14733-6
15	TP39/720	数据库及其应用系统开发	17	张迎新	无	7-302-12828-6

图 4-1　查询所有图书详细信息

【提示】

- 本章使用数据库中的基础数据。
- 如果在第 3 章对 BookInfo 进行了相关的修改，则删除数据后重新添加数据。

2. 指定列

【应用 4-2】　图书馆管理人员在查询图书信息时只需要查询所有图书的图书编号、图书名称和图书价格。

```
SELECT b_ID,b_Name,b_Price
FROM BookInfo
```

该语句把 BookInfo 表中所有图书的 b_ID(图书编号)、b_Name(图书名称)和 b_Price(图书价格)查询出来，运行结果如图 4-2 所示。

	b_ID	b_Name	b_Price
1	TP3/2737	Visual Basic.NET实用教程	18.00
2	TP3/2739	C#程序设计	26.00
3	TP3/2741	JSP程序设计案例教程	27.00
4	TP3/2742	数据恢复技术	39.00
5	TP3/2744	Visual Basic.NET进销存程序设计	38.00
6	TP3/2747	VC.NET面向对象程序设计教程	20.00
7	TP3/2752	Java程序设计案例教程	26.00
8	TP312/146	C++程序设计与软件技术基础	28.00
9	TP39/707	数据库基础	18.50
10	TP39/711	管理信息系统基础与开发	23.00
11	TP39/713	关系数据库与SQL语言	15.00
12	TP39/716	UML用户指南	35.00
13	TP39/717	UML数据库设计应用	30.00
14	TP39/719	SQL Server 2005实例教程	34.00
15	TP39/720	数据库及其应用系统开发	26.00

图 4-2　查询指定列

【提示】

- SELECT 子句的“<目标列表达式>”中各个列的先后顺序可以与表中的顺序不一致。
- 用户在查询时可以根据需要改变列的显示顺序，但不改变表中列的原始顺序。

3. 计算列

【应用 4-3】　在 BookInfo 表中存储有图书数量和图书价格，现在需要查询所有图书的图书编号、图书名称和图书总额。

```
SELECT b_ID,b_Name,b_Price*b_Quantity
FROM BookInfo
```

运行结果如图 4-3 所示。

	b_ID	b_Name	(无列名)
1	TP3/2737	Visual Basic.NET实用教程	162.00
2	TP3/2739	C#程序设计	364.00
3	TP3/2741	JSP程序设计案例教程	108.00
4	TP3/2742	数据恢复技术	156.00
5	TP3/2744	Visual Basic.NET进销存程序设计	152.00
6	TP3/2747	VC.NET面向对象程序设计教程	180.00
7	TP3/2752	Java程序设计案例教程	364.00
8	TP312/146	C++程序设计与软件技术基础	196.00
9	TP39/707	数据库基础	74.00
10	TP39/711	管理信息系统基础与开发	46.00
11	TP39/713	关系数据库与SQL语言	60.00
12	TP39/716	UML用户指南	140.00
13	TP39/717	UML数据库设计应用	270.00
14	TP39/719	SQL Server 2005实例教程	102.00
15	TP39/720	数据库及其应用系统开发	104.00

图 4-3　查询计算列

【提示】

- 该语句“<目标列表达式>”中第 3 项不是通常的列名，而是一个计算表达式，是图书价格与图书数量的乘积，所得的积是图书的总价值。
- 计算列不仅可以是算术表达式，还可以是字符串常量、函数等。

4. 使用别名

在显示结果集时，可以指定以别名(显示的名字)代替原来的列名，通常也用来显示结果集中列的汉字标题。

【应用 4-4】　要求查询所有图书的图书编号、图书名称和总价值，但希望以汉字标题图书编号、图书名称和总价值表示 g_ID、g_Name 和 g_Price * g_Number。

```
SELECT g_ID 图书编号,g_Name 图书名称,g_Price * g_Number 总价值
FROM BookInfo
```

运行结果如图 4-4 所示。

	图书编号	图书名称	总价值
1	TP3/2737	Visual Basic.NET实用教程	162.00
2	TP3/2739	C#程序设计	364.00
3	TP3/2741	JSP程序设计案例教程	108.00
4	TP3/2742	数据恢复技术	156.00
5	TP3/2744	Visual Basic.NET进销存程序设计	152.00
6	TP3/2747	VC.NET面向对象程序设计教程	180.00
7	TP3/2752	Java程序设计案例教程	364.00
8	TP312/146	C++程序设计与软件技术基础	196.00
9	TP39/707	数据库基础	74.00
10	TP39/711	管理信息系统基础与开发	46.00
11	TP39/713	关系数据库与SQL语言	60.00
12	TP39/716	UML用户指南	140.00
13	TP39/717	UML数据库设计应用	270.00
14	TP39/719	SQL Server 2005实例教程	102.00
15	TP39/720	数据库及其应用系统开发	104.00

图 4-4　汉字列标题

【提示】

• 用户可以通过指定别名来改变查询结果的列标题，这在含有算术表达式、常量、函数名的列分隔目标列表达式时非常有用。

• 有 3 种方法指定别名：

1）通过“列名　列标题”形式。

2）通过“列名　AS　列标题”形式。

3）通过“列标题 = 列名”形式。

完成此应用也可使用如下语句：

```
SELECT b_ID AS 图书编号,b_Name AS 图书名称,b_Price * b_Quantity AS 总价值
FROM BookInfo
```

还可使用下面语句完成同样功能：

```
SELECT 图书编号 = b_ID,图书名称 = b_Name,总价值 = b_Price * b_Quantity
FROM BookInfo
```

4.1.2　选择行

1. 满足条件的行

查询满足指定条件的记录可以通过 WHERE 子句实现。WHERE 后可以使用关系运算符来进行条件判断。在 WHERE 条件中常见的运算符见表 4-1。

表 4-1　WHERE 条件常见的运算符

运　算　符	含义/用法	运　算　符	含义/用法
<	小于	<>	不等于
<=	小于等于	BETWEEN	用来指定值的范围
>	大于	LIKE	在模式匹配中使用
>=	大于等于	IN	用来指定包含在某个集合中
=	等于		

(1) 简单条件查询

【应用 4-5】　需要查询所有图书中的“刘志成”编写的图书的所有信息。

```
SELECT *
FROM BookInfo
WHERE b_Author ='刘志成'
```

运行结果如图 4-5 所示。

(2) 复合条件查询　使用逻辑运算符 AND 和 OR 可用来联结多个查询条件。如果这两个运算符同时出现在同一个 WHERE 条件子句中，则 AND 的优先级高于 OR，但用户可以用括号改变优先级。

	b_ID	b_Name	bt_...	b_Author	b_Translator	b_ISBN	p_...	b_Date
1	TP3/2741	JSP程序设计案例教程	17	刘志成	无	7-115-15380-9	004	2007-09-01 00:00:00.00
2	TP3/2752	Java程序设计案例教程	17	刘志成	无	7-111-18561-7	003	2006-09-01 00:00:00.00

图 4-5　简单条件查询

【应用4-6】 需要查询图书类别编号为“17”，图书价格在25～30元之间的图书信息，要求以汉字标题显示图书编号、图书名称、图书类别编号和图书价格。

```
SELECT b_ID 图书编号,b_Name 图书名称,bt_ID 类别编号,b_Price 价格
FROM BookInfo
WHERE bt_ID ='17' AND b_Price >25 AND b_Price <30
```

运行结果如图4-6所示。

	图书编号	图书名称	类别编号	价格
1	TP3/2739	C#程序设计	17	26.00
2	TP3/2741	JSP程序设计案例教程	17	27.00
3	TP3/2752	Java程序设计案例教程	17	26.00
4	TP312/146	C++程序设计与软件…	17	28.00
5	TP39/720	数据库及其应用系统…	17	26.00

图4-6 应用4-6运行结果

(3) 指定范围查询

【应用4-7】 查询所有入库在5年以上并且图书价格在10～20之间的图书的名称、图书作者、图书价格和入库时间(用“入库时长”表示,该列不是基本表中的字段,是计算出来的列)。

```
SELECT b_Name 图书名称,b_Author 图书作者,b_Price 图书价格,Year(GetDate())-Year(b_Date) 入库时长
FROM BookInfo
WHERE Year(GetDate())-Year(b_Date) >=5 AND b_Price BETWEEN 10 AND 20
```

运行结果如图4-7所示。

	图书名称	图书作者	图书价格	入库时长
1	Visual Basic.NET实用教程	佟伟光	18.00	6
2	数据库基础	沈祥玖	18.50	6
3	关系数据库与SQL语言	黄旭明	15.00	5

图4-7 指定范围内查询

与BETWEEN…AND…相对的谓词是NOT BETWEEN…AND…，即不在某一范围内。

【应用4-8】 查询所有入库在5年以上并且图书价格不在10～20之间的图书的名称、图书作者、图书价格和入库时间(同应用4-7)。

```
SELECT b_Name 图书名称,b_Author 图书作者,b_Price 图书价格,Year(GetDate())-Year(b_Date) 入库时长
FROM BookInfo
WHERE Year(GetDate())-Year(b_Date)>=5 AND b_Price NOT BETWEEN 10 AND 20
```

运行结果如图4-8所示。

	图书名称	图书作者	图书价格	入库时长
1	数据恢复技术	戴士剑、陈永红	39.00	6
2	Visual Basic.NET进销存程序设计	阿惟	38.00	6
3	C++程序设计与软件技术基础	梁普选	28.00	5
4	UML用户指南	Grady Booch等	35.00	6
5	UML数据库设计应用	[美]Eric J.Naiburg等	30.00	8

图4-8 指定范围外查询

(4) 指定集合查询

【应用4-9】 查询出版社编号为“001”和“003”的图书详细信息。

```
SELECT *
FROM BookInfo
WHERE p_ID IN('001','003')
```

运行结果如图4-9所示。

该语句相当于多个OR运算符，下面语句也可完成相同的查询功能：

```
SELECT *
FROM BookInfo
WHERE p_ID ='001' OR p_ID ='003'
```

		b_Name	bt_...	b_Author	b_Translator	b_ISBN	p_ID
1	'2737	Visual Basic.NET实用教程	17	佟伟光	无	7-5053-8956-4	001
2	'2742	数据恢复技术	17	戴士剑、陈永红	无	7-5053-9036-8	001
3	'2744	Visual Basic.NET进销存程序设计	17	阿惟	无	7-302-06731-7	003
4	'2752	Java程序设计案例教程	17	刘志成	无	7-111-18561-7	003
5	2/146	C++程序设计与软件技术基础	17	梁曾选	无	7-121-00071-7	001
6	3/717	UML数据库设计应用	17	[美]Eric J.Naiburg等	陈立军、郭旭	7-5053-6432-4	001
7	3/719	SQL Server 2005实例教程	17	刘志成、陈承欢	无	978-7-302-14...	001
8	3/720	数据库及其应用系统开发	17	张迎新	无	7-302-12828-6	003

图 4-9　指定集合查询

与 IN 相对的谓词是 NOT IN，用于查找属性值不属于指定集合的记录。

(5) 模糊查询　谓词 LIKE 可以用来进行字符串的匹配，其一般语句格式如下：

```
[NOT]LIKE "<匹配串>"[ESCAPE "<换码字符>"]
```

其含义是查找指定的属性列值与<匹配串>相匹配的记录。<匹配串>可以是一个完整的字符串，也可以含有通配符“%”和“_”。

%(百分号)：代表任意长度(长度可以为0)的字符串。

_(下横线)：代表任意单个字符。

【应用 4-10】　查询图书名称中包含“数据库”字样的图书的详细信息。

```
SELECT *
FROM BookInfo
WHERE b _ Name LIKE '%数据库%'
```

运行结果如图 4-10 所示。

	b_ID	b_Name	bt_ID	b_Author	b_Translator	b_ISBN	p_ID
1	TP39/707	数据库基础	17	沈祥玖	无	7-04-012644-3	002
2	TP39/713	关系数据库与SQL语言	17	黄旭明	无	7-04-01375-4	002
3	TP39/717	UML数据库设计应用	17	[美]Eric J.Naiburg等	陈立军、郭旭	7-5053-6432-4	001
4	TP39/720	数据库及其应用系统开发	17	张迎新	无	7-302-12828-6	003

图 4-10　模糊查询(1)

【应用 4-11】　查询姓“王”且名字中有 3 个汉字的读者的编号、读者的姓名及可借书数量。

```
SELECT r _ ID,r _ Name,r _ Quantity
FROM ReaderInfo
WHERE r _ Name LIKE '王_ _'
```

运行结果如图 4-11 所示。

【提示】

- 如果用户要查询的匹配字符串本身就含有“%”或“_”，这时就要使用“ESCAPE”关键字对通配符进行转义。
- “ESCAPE \ ”短语表示“ \ ”为换码字符，这样匹配串中紧跟在“ \ ”后面的字符“_”不再具有通配符的含义，而是取其本身含义，即普通的“_”字符。

	r_ID	r_Name	r_Quantity
1	0016584	王周应	24
2	0016593	王谢恩	10
3	0016596	王彩梅	10

图 4-11　模糊查询(2)

(6) 涉及空值的查询

【应用 4-12】　查询暂时没有图书封面图片的图书信息。

如果有些图书暂时没有添加封面图片，则该图书对应的 b _ Picture 值为空。

```
SELECT *
FROM BookInfo
WHERE b _ Picture IS NULL
```

由于在样例数据库中的所有图书记录都缺少封面图片，运行结果如图 4-12 所示。

【提示】

- 这里的“IS”不能用等号(“=”)代替。IS NULL 表示空，IS NOT NULL 表示非空。
- 这里的 NULL 值是抽象的空值，不是 0，也不是空字符串。

	b_Translator	b_ISBN	p_...	b_Date	b_Edition	b_Price	b_Quantity	b_Detail	b_Picture
1	无	7-5053-8956-4	001	2003-08-01 00:00:00.000	1	18.00	9	NULL	NULL
2	无	7-03-015754-0	007	2005-08-01 00:00:00.000	1	26.00	14	NULL	NULL
3	无	7-115-15380-9	004	2007-09-01 00:00:00.000	1	27.00	4	NULL	NULL
4	无	7-5053-9036-8	001	2003-08-01 00:00:00.000	1	39.00	4	NULL	NULL
5	无	7-302-06731-7	003	2003-07-01 00:00:00.000	1	38.00	4	NULL	NULL
6	无	7-111-18764-4	005	2006-05-01 00:00:00.000	1	20.00	9	NULL	NULL
7	无	7-111-18561-7	003	2006-09-01 00:00:00.000	1	26.00	14	NULL	NULL
8	无	7-121-00071-7	001	2004-07-01 00:00:00.000	1	28.00	7	NULL	NULL
9	无	7-04-012644-3	002	2003-09-01 00:00:00.000	1	18.50	4	NULL	NULL
10	无	7-115-13103-1	004	2005-02-01 00:00:00.000	1	23.00	2	NULL	NULL
11	无	7-04-01375-4	002	2004-01-01 00:00:00.000	1	15.00	4	NULL	NULL
12	邵維忠等	7-03-012096	007	2003-08-01 00:00:00.000	1	35.00	4	NULL	NULL
13	陈立军、...	7-5053-6432-4	001	2001-03-01 00:00:00.000	1	30.00	9	NULL	NULL
14	无	978-7-302-1...	001	2006-10-01 00:00:00.000	1	34.00	3	NULL	NULL
15	无	7-302-12828-6	003	2006-07-01 00:00:00.000	1	26.00	4	NULL	NULL

图 4-12　涉及空值的查询

2. 消除重复行

【应用 4-13】　通过图书管理系统查询借阅图书的读者编号，如果一个读者借阅了多本图书，只需要显示一次读者编号。

```
SELECT r_ID
FROM BorrowReturn
```

运行结果如图 4-13 所示，该运行结果中包含了重复“0016584”。如果想让读者编号“0016584”只显示一次，必须指定 DISTINCT 短语。

```
SELECT DISTINCT r_ID
FROM BorrowReturn
```

运行结果如图 4-14 示。

	r_ID
1	0016584
2	0016584
3	0016584
4	0016587
5	0016589
6	0016590
7	0016584
8	0016585
9	0016586
10	0016598

图 4-13　未消除重复行

	r_ID
1	0016584
2	0016585
3	0016586
4	0016587
5	0016589
6	0016590
7	0016598

图 4-14　消除重复行

3. 前 N 行

在 SELECT 子句中利用 TOP 子句限制返回到结果集中的行数，其基本语句格式如下：

```
TOP n[PERCENT]
```

n 指定返回的行数。如果未指定 PERCENT，n 就是返回的行数。如果指定了 PERCENT，n 就是返回的结果集行的百分比。

【应用 4-14】　查询前 5 行图书的详情信息。

```
SELECT TOP 5 *
FROM BookInfo
```

运行结果如图 4-15 所示。

【应用 4-15】　查询前 20% 行图书的详情信息。

```
SELECT TOP(20)PERCENT *
FROM BookInfo
```

运行结果如图 4-16 所示。

	b_ID	b_Name	bt_...	b_Author	b_Translator	b_ISBN	p_...	b_
1	TP3/2737	Visual Basic.NET实用教程	17	佟伟光	无	7-5053-8956-4	001	2(
2	TP3/2739	C#程序设计	17	李德奇	无	7-03-015754-0	007	2(
3	TP3/2741	JSP程序设计案例教程	17	刘志成	无	7-115-15380-9	004	2(
4	TP3/2742	数据恢复技术	17	戴士剑、陈永红	无	7-5053-9036-8	001	2(
5	TP3/2744	Visual Basic.NET进销存程序设计	17	阿惟	无	7-302-06731-7	003	2(

图 4-15　查询前 5 行

	b_ID	b_Name	bt_...	b_Author	b_Translator	b_ISBN	p_...	b_Date
1	TP3/2737	Visual Basic.NET实用教程	17	佟伟光	无	7-5053-8956-4	001	2003-08-01 00:00:00.(
2	TP3/2739	C#程序设计	17	李德奇	无	7-03-015754-0	007	2005-08-01 00:00:00.(
3	TP3/2741	JSP程序设计案例教程	17	刘志成	无	7-115-15380-9	004	2007-09-01 00:00:00.(

图 4-16　查询前 20% 行

【提示】

- 按比例查询记录时，对查询的记录数会进行四舍五入运算。

4.1.3　查询结果排序

在利用 T-SQL 语句进行查询时，如果没有指定查询结果的显示顺序，DBMS 将按其最方便的顺序(通常是记录在表中的先后顺序)输出查询结果。

【应用 4-16】　查询图书出版社编号为“001”的图书的图书编号、图书名称、图书价格和出版社编号，并要求根据图书价格进行降序(价格由高到低)排列。

```
SELECT b_ID 图书编号,b_Name 图书名称,b_Price 图书价格,p_ID 出版社编号
FROM BookInfo
WHERE p_ID ='001'
ORDER BY b_Price DESC
```

运行结果如图 4-17 所示。

	图书编号	图书名称	图书价格	出版社编号
1	TP3/2742	数据恢复技术	39.00	001
2	TP39/719	SQL Server 2005实例教程	34.00	001
3	TP39/717	UML数据库设计应用	30.00	001
4	TP312/146	C++程序设计与软件技术基础	28.00	001
5	TP3/2737	Visual Basic.NET实用教程	18.00	001

图 4-17　按价格的降序排列

【提示】

- 用 ORDER BY 子句对查询结果按价格排序时，若按升序排列，价格为空值的记录将最后显示；若按降序排列，价格为空值的记录将最先显示。
- 中英文字符按其 ASCII 码大小进行比较。
- 数值型数据根据其数值大小进行比较。
- 日期型数据按年、月、日的数值大小进行比较。
- 逻辑型数据“false”小于“true”。

【应用 4-17】　查询价格在 20 元以上的图书的图书编号、图书名称、图书价格和出版社编号的信息，并要求按出版社编号升序排列；如果是同一出版社的图书，则按价格降序排列。

```
SELECT b_ID 图书编号,b_Name 图书名称,b_Price 图书价格,p_ID 出版社编号
FROM BookInfo
WHERE b_Price >20
ORDER BY p_ID ASC,b_Price DESC
```

运行结果如图 4-18 所示。

	图书编号	图书名称	图书价格	出版社编号
3	TP39/717	UML数据库设计应用	30.00	001
4	TP312/146	C++程序设计与软件技术基础	28.00	001
5	TP3/2744	Visual Basic.NET进销存程序设计	38.00	003
6	TP3/2752	Java程序设计案例教程	26.00	003
7	TP39/720	数据库及其应用系统开发	26.00	003
8	TP3/2741	JSP程序设计案例教程	27.00	004
9	TP39/711	管理信息系统基础与开发	23.00	004
10	TP39/716	UML用户指南	35.00	007
11	TP3/2739	C#程序设计	26.00	007

图 4-18　多关键字排序

4.1.4　查询结果分组

GROUP BY 子句可以将查询结果表的各行按某一列或多列取值相等的原则进行分组。一般情况下，分组的目的是便于进一步统计。在 SELECT 子句内使用聚合函数对记录组进行操作，它返回应用于一组记录的单一值。T-SQL 中常见的聚合函数见表 4-2。

表 4-2　聚合函数

聚合函数	描　述	聚合函数	描　述
AVG	用来获得特定字段中的值的平均数	DISTINCT COUNT	用来返回不重复的输入值的数目
COUNT	用来返回选定记录的个数	STDEV	返回指定表达式中所有值的标准偏差
SUM	用来返回特定字段中所有值的总和	STDEVP	返回指定表达式中所有值的总体标准偏差
MAX	用来返回指定字段中的最大值	VAR	返回指定表达式中所有值的方差
MIN	用来返回指定字段中的最小值	VARP	返回指定表达式中所有值的总体方差

对查询结果分组的目的是为了细化聚合函数的作用对象。如果没有对查询结果分组，聚合函数将作用于整个查询结果，即整个查询结果只有一个函数值。如果对查询结果实现了分组，聚合函数将作用于每一个组，即每一组都有一个函数值。

1. 简单分组

【应用 4-18】　查询图书馆中每一个出版社的图书种类数。

```
SELECT p_ID 出版社编号,COUNT(p_ID)  图书种类数
FROM BookInfo
GROUP BY p_ID
```

该语句对 BookInfo 表按 p_ID(出版社编号)的取值进行分组，所有具有相同 p_ID 值的记录为一组，然后对每一组使用聚合函数 COUNT 求得该组的图书种类数。运行结果如图 4-19 所示。

【应用 4-19】　查询图书馆中每一个出版社的图书种类数及图书总数。

```
SELECT p_ID 出版社编号,COUNT(p_ID)  图书种类数,SUM(b_Quantity)  图书总数
FROM BookInfo
GROUP BY p_ID
```

对每一组使用聚合函数 COUNT 求得该组的图书种类数，使用 SUM 函数求得该组的图书总数。运行结果如图 4-20 所示。

	出版社编号	图书种类数
1	001	5
2	002	2
3	003	3
4	004	2
5	005	1
6	007	2

图 4-19　按出版社统计图书种类数

	出版社编号	图书种类数	图书总数
1	001	5	32
2	002	2	8
3	003	3	22
4	004	2	6
5	005	1	9
6	007	2	18

图 4-20　按出版社统计图书种类数和图书总数

2. 分组后排序

分组后的数据也可以根据指定的条件进行排序。

【应用 4-20】　对“应用 4-18”分组后的数据按图书总数进行降序排列。

```
SELECT p_ID 出版社编号,COUNT(p_ID)  图书种类数,SUM(b_Quantity)  图书总数
FROM BookInfo
GROUP BY p_ID
ORDER BY 图书总数 DESC
```

排序时以 SUM(b_Quantity)的别名“图书总数”作为排序关键字，该语句的执行结果如图 4-21 所示。

3. 分组后筛选

如果分组后还要求按一定的条件对这些组进行筛选，最终只输出满足指定条件的组，则可以使用HAVING短语指定筛选条件。

	出版社编号	图书种类数	图书总数
1	001	5	32
2	003	3	22
3	007	2	18
4	005	1	9
5	002	2	8
6	004	2	6

图 4-21 分组后排序

【应用 4-21】 对“应用 4-18”分组后的数据进行筛选，要求显示图书总量大于15的出版社编号、图书种类数和图书总数，筛选后的结果按“图书总数”升序排列。

```
SELECT p_ID 出版社编号,COUNT(p_ID)  图书种类数,SUM(b_Quantity)  图书总数
FROM BookInfo
GROUP BY p_ID
HAVING SUM(b_Quantity) >15
ORDER BY 图书总数
```

运行结果如图 4-22 所示。

	出版社编号	图书种类数	图书总数
1	007	2	18
2	003	3	22
3	001	5	32

图 4-22 分组后筛选

该语句首先根据出版社编号进行分组，再使用HAVING短语指定选择组的条件(图书总数大于15)，只有满足条件的组才会被查找出来。最后再按照图书总数进行升序排列。

【提示】

- 在使用分组时要显示的列要么包含在聚合函数中，要么包含在GROUP BY子句中，否则不能被显示。
- WHERE子句与HAVING短语的根本区别在于作用对象不同。WHERE子句作用于基本表或视图，从中选择满足条件的记录；HAVING短语作用于组，从中可以选择满足条件的组。
- HAVING子句中不能使用别名“图书总数”，而需要使用SUM(b_Quantity)；ORDER BY子句中可以使用别名“图书总数”。

4.1.5 COMPUTE BY子句汇总

使用COMPUTE BY子句可以在同一个SELECT语句既可以查看明细行，又可以查看汇总行；既可以计算子组的汇总值，也可以计算整个结果集的汇总值。COMPUTE子句需要提供下列信息：

1）可选BY关键字，它基于每一列计算指定的行聚合。

2）行聚合函数名称，包括SUM、AVG、MIN、MAX或COUNT。

3）要对其执行聚合函数的列。

COMPUTE所生成的汇总值在查询结果中显示为单独的结果集。当COMPUTE带有可选的BY子句时，符合SELECT条件的每个组都有两个结果集：

1）每个组的第一个结果集是明细行集，其中包含该组的选择列表信息。

2）每个组的第二个结果集有一行，其中包含该组的COMPUTE子句中所指定的聚合函数的小计。

当COMPUTE不带可选的BY子句时，SELECT语句有两个结果集：

1）每个组的第一个结果集是包含选择列表信息的所有明细行。

2）第二个结果集有一行，其中包含COMPUTE子句中所指定的聚合函数的合计。

【应用 4-22】 查询图书馆中每种图书的价格和数量明细信息，并查询出版社的所有图书价格总和和图书数量的总和。

```
SELECT p_ID,b_Price,b_Quantity
FROM BookInfo
ORDER BY p_ID
COMPUTE SUM(b_Price),SUM(b_Quantity)
```

运行结果如图 4-23 所示。

【应用 4-23】 查询图书馆中每个出版社的图书的价格和数量明细信息，并查询该出版社的所有图书价格总和和图书数量的总和。

```
SELECT p_ID,b_Price,b_Quantity
FROM BookInfo
ORDER BY p_ID
COMPUTE SUM(b_Price),SUM(b_Quantity)BY p_ID
```

该语句的结果为每个出版社的图书返回两个结果集。第一个结果集包含图书价格和图书数量明细信息；第二个结果集包含 COMPUTE 子句中的两个 SUM 函数的小计，即每个出版社的图书价格总和与数量总和。运行结果如图 4-24 所示。

	p_ID	b_Price	b_Quantity
1	001	18.00	9
2	001	39.00	4
3	001	28.00	7
4	001	30.00	9
5	001	34.00	3
6	002	15.00	4
7	002	10.50	4
8	003	26.00	14
9	003	38.00	4
10	003	26.00	4
11	004	27.00	4
12	004	23.00	2
13	005	20.00	9
14	007	26.00	14
15	007	35.00	4

	sum	sum
1	403.50	95

图 4-23 使用 COMPUTE 汇总

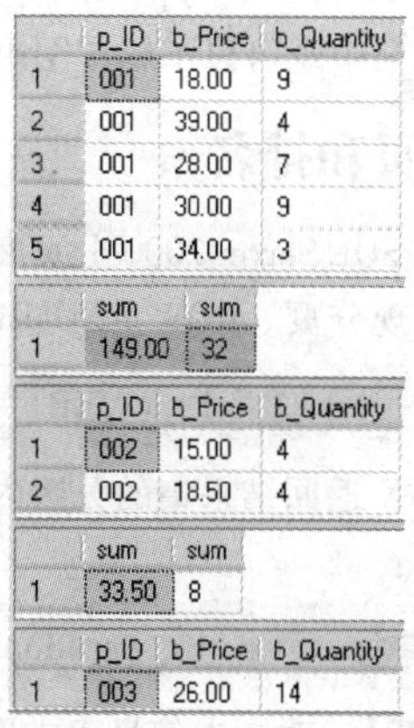

	p_ID	b_Price	b_Quantity
1	001	18.00	9
2	001	39.00	4
3	001	28.00	7
4	001	30.00	9
5	001	34.00	3

	sum	sum
1	149.00	32

	p_ID	b_Price	b_Quantity
1	002	15.00	4
2	002	18.50	4

	sum	sum
1	33.50	8

	p_ID	b_Price	b_Quantity
1	003	26.00	14

图 4-24 使用 COMPUTE BY 汇总

【提示】

- 提供 COMPUTE 和 COMPUTE BY 是为了向后兼容。SQL Server 2005 中可以使用 ROLLUP 运算符。
- 在 COMPUTE 或 COMPUTE BY 子句中，不能包含 ntext、text 或 image 数据类型。
- GROUP BY 生成单个结果集。每个组都有一个只包含分组依据列和显示该组子聚合的聚合函数的行。选择列表只能包含分组依据列和聚合函数。
- COMPUTE 生成多个结果集。一种结果集包含每个组的明细行，其中包含选择列表中的表达式。另一种结果集包含组的子聚合，或 SELECT 语句的总聚合。选择列表可包含除分组依据列或聚合函数之外的其他表达式。聚合函数在 COMPUTE 子句中指定，而不是在选择列表中指定。

4.1.6 WITH CUBE 汇总数据

CUBE 运算符生成的结果集是多维数据集。多维数据集是事实数据(即记录个别事件的数据)的扩展。扩展是基于用户要分析的列而建立的，这些列称为维度。多维数据集是结果集，其中包含各维度的所有可能组合的交叉表格。

CUBE 运算符在 SELECT 语句的 GROUP BY 子句中指定。该语句的选择列表包含维度列和聚合函数表达式。GROUP BY 指定了维度列和关键字 WITH CUBE。结果集包含维度列中各值的所有可能组合，以及与这些维度值组合相匹配的基础行中的聚合值。

【应用 4-24】 对于图书馆中的图书信息既需要了解每一种图书类型的总数量，也需要了解每个出版社的图书总数量。(由于数据库中的基础数据中只有 bt_ID 为“17”的记录,为方便测试,将最后两条记录的 bt _ ID 修改为“16”)

```
SELECT o_SendMode,e_ID,SUM(o_Sum) AS QtySum
FROM Orders
GROUP BY o_SendMode,e_ID WITH CUBE
```

该语句运行结果如图 4-25 所示。

	bt_ID	p_ID	图书总量
1	16	001	3
2	16	003	4
3	16	NULL	7
4	17	001	29
5	17	002	8
6	17	003	18
7	17	004	6
8	17	005	9
9	17	007	18
10	17	NULL	88
11	NULL	NULL	95
12	NULL	001	32
13	NULL	002	8
14	NULL	003	22
15	NULL	004	6
16	NULL	005	9
17	NULL	007	18

图 4-25　多维度汇总数据

【提示】

- 第 1、2 行：bt _ ID 为 “16” 的图书总量明细信息。
- 第 3 行：bt _ ID 为 “16” 的图书总量小计(7)。
- 第 4 ~ 9 行：bt _ ID 为 “17” 的图书总量明细信息。
- 第 10 行：bt _ ID 为 “17” 的图书总量小计(88)。
- 第 11 行：所有类型的 bt _ ID 图书总量总计(95 = 7 + 88)。
- 第 12 ~ 17 行：不同 p _ ID 的图书总量明细。

从这个结果中既可以了解按图书类型统计的图书数量，也可以了解按出版社统计的图书数量。

4.1.7　分页和排名

过去使用 SQL Server 2000 分页时，需要用到临时表。在 SQL Server 2005 借助于 ROW _ NUMBER 可以很方便地实现分页。ROW _ NUMBER 的基本语句格式如下：

```
ROW_NUMBER( )   OVER([<partition_by_clause>] <order_by_clause>)
```

使用 RANK 返回结果集的分区内每行的排名，行的排名是相关行之前的排名数加 1。RANK 的基本语句格式如下：

```
RANK( )   OVER([< partition_by_clause>] <order_by_clause>)
```

【应用 4-25】　对图书信息表中图书按图书数量(b _ Quantity)进行排序，并且只需要显示其中指定的第 6 ~ 10 条记录，通过这种方法实现分页。

```
SELECT * FROM
(
    SELECT b_ID 图书编号,b_Name 图书名称,b_Quantity 图书数量,ROW_NUMBER()
    OVER(ORDER BY b_Quantity) AS 行号
    FROM BookInfo
) AS temp
WHERE 行号 BETWEEN 6 AND 10
```

该语句运行结果如图 4-26 所示。

【提示】

- ROW _ NUMBER 返回结果集分区内行的序列号，每个分区的第 1 行从 1 开始。
- ORDER BY 子句可确定在特定分区中为行分配唯一 ROW _ NUMBER 的顺序。

	图书编号	图书名称	图书数量	行号
1	TP3/2741	JSP程序设计案例教程	4	6
2	TP3/2742	数据恢复技术	4	7
3	TP3/2744	Visual Basic.NET进销存程序设计	4	8
4	TP39/707	数据库基础	4	9
5	TP312/146	C++程序设计与软件技术基础	7	10

图 4-26　分页显示数据

【应用 4-26】　对图书信息表中图书按图书数量(b _ Quantity)进行排序，并且显示排名在 8 ~ 11 之间的图书编号、图书名称、图书数量和排名情况。

```
SELECT * FROM
(
    SELECT b_ID,b_Name,b_Quantity,RANK()
    OVER(ORDER BY b_Quantity)AS 排名
    FROM BookInfo
)AS temp
WHERE 排名 BETWEEN 8 AND 11
```

该语句运行结果如图4-27所示。

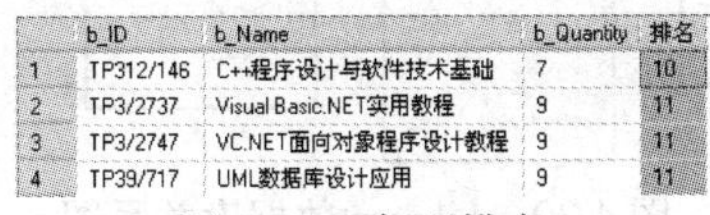

	b_ID	b_Name	b_Quantity	排名
1	TP312/146	C++程序设计与软件技术基础	7	10
2	TP3/2737	Visual Basic.NET实用教程	9	11
3	TP3/2747	VC.NET面向对象程序设计教程	9	11
4	TP39/717	UML数据库设计应用	9	11

图4-27 实现排名

4.2 连接查询

一个数据库中的多个表之间一般都存在某种内在联系，它们共同为数据库管理员和设计人员提供有用的信息。前面所介绍的查询都是针对一个表进行的，如果一个查询同时涉及两个以上的表，则称之为连接查询。连接查询主要包括等值连接查询、非等值连接查询、自身连接查询、外连接查询和复合条件连接查询。

在讲述连接关系之前，首先了解一下WebShop数据库中各表之间的关系。数据库中表间的关系可以通过“数据库关系图”来表示。在“SQL Server Management Studio”中创建数据库关系图的步骤如下：

1）启动SQL Server Management Studio，在“对象资源管理器”中依次展开“数据库”、“WebShop”数据库节点。

2）右键单击“数据库关系图”，在弹出的快捷菜单中选择“新建数据库关系图”命令，如图4-28所示。

3）选择要创建关系的表(这里选择所有的表)，如图4-29所示。

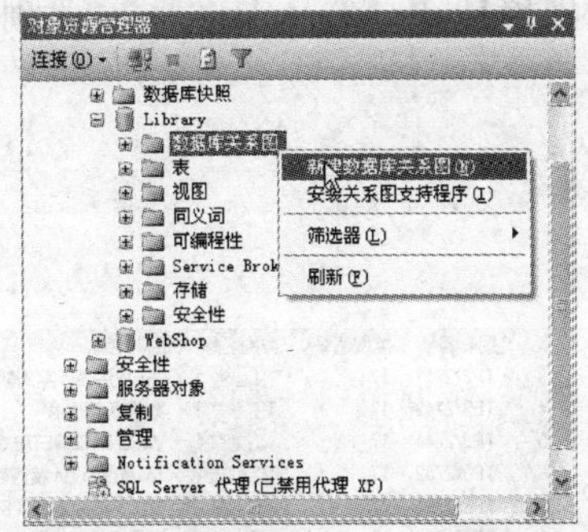

图4-28 选择“新建数据库关系图”命令

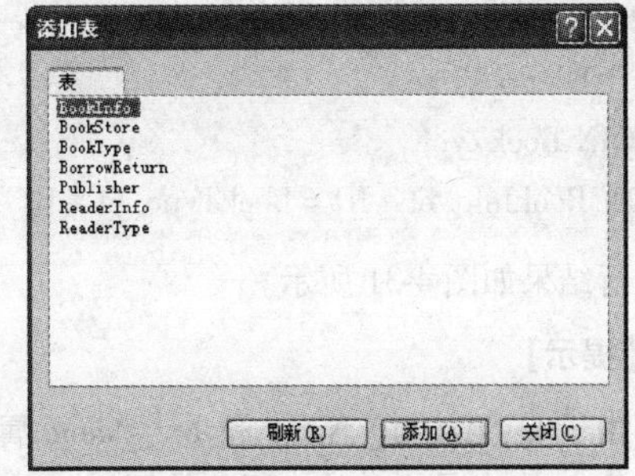

图4-29 “添加表”对话框

4）调整好各个表的位置，单击【保存】按钮，在弹出的对话框中输入“Diagram”，就创建好了关系。通过该关系图，可以方便地了解表之间的关系，如图4-30所示。

4.2.1 内连接

内连接是用比较运算符比较要连接列的值的连接。在SQL-92标准中，内连接可在FROM或

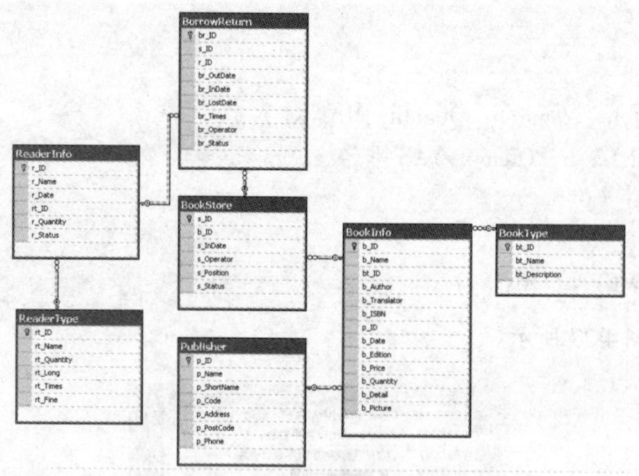

图 4-30 Library 数据库关系图

WHERE 子句中指定。在 WHERE 子句中指定的内连接称为旧式内连接。在本书中提供了两种用法，具体使用哪一种连接方式，取决于数据库管理员或数据库程序员的选择。

1. 等值连接

用来连接两个表的条件称为连接条件或连接谓词，其一般格式如下：

```
[<表名1>.]<列名1><比较运算符>[<表名2>.]<列名2>
```

【提示】 当比较运算符为“=”时，称为等值连接。

此外连接谓词还可以使用下面形式：

```
[<表名1>.]<列名1> BETWEEN [<表名2>.]<列名2> AND [<表名2>.]<列名3>
```

【应用 4-27】 查询每种图书的图书编号、图书名称和图书类型名称(不是图书类别编号)。

【分析】 图书基本信息存放在 BookInfo 表中，图书分类信息存放在 BookType 表，所以本查询实际上同时涉及 BookInfo 与 BookType 两个表中的数据。这两个表之间的联系是通过两个表都具有的属性 bt_ID 实现的。要查询图书及其类型名称，就必须将这两个表中图书类别编号相同的记录连接起来，这是一个等值连接。

```
SELECT BookInfo.b_ID 图书编号,BookInfo.bt_ID 类别编号,BookType.bt_Name 类别名称,
BookInfo.b_Name 图书名称
FROM BookInfo
JOIN BookType
ON BookInfo.bt_ID = BookType.bt_ID
```

运行结果如图 4-31 所示。

	图书编号	类别编号	类别名称	图书名称
3	TP3/2741	17	T工业技术	JSP程序设计案例教程
4	TP3/2742	17	T工业技术	数据恢复技术
5	TP3/2744	17	T工业技术	Visual Basic.NET进销存...
6	TP3/2752	17	T工业技术	Java程序设计案例教程
7	TP39/719	17	T工业技术	SQL Server 2005实例教程
8	TP39/720	17	T工业技术	数据库及其应用系统开...
9	TP312/...	17	T工业技术	C++程序设计与软件技...
10	TP39/707	17	T工业技术	数据库基础
11	TP39/711	17	T工业技术	管理信息系统基础与开...
12	TP39/713	17	T工业技术	关系数据库与SQL语言
13	TP39/716	17	T工业技术	UML用户指南
14	TP39/717	17	T工业技术	UML数据库设计应用

图 4-31 图书及类别名称信息

【提示】

- 由于 b_ID、b_Name 和 bt_Name 属性列在 BookInfo 与 BookType 表中是唯一的，因此使用时可以去掉表名前缀。
- bt_ID 在两个表都出现了，因此引用时必须加上表名前缀。

还可以使用下列语句完成查询：

```
SELECT BookInfo. b _ ID 图书编号,BookInfo. bt _ ID 图书类别编号,BookType. bt _ Name 图书类型名称,BookInfo. b _ Name 图书名称
FROM BookInfo,BookType
WHERE BookInfo. bt _ ID = BookType. bt _ ID
```

该语句是使用 WHERE 来实现连接查询。

【应用 4-28】 查询借还表中所有“未还”图书的借阅 ID、借阅人(读者)、图书名称、详细存放位置和借出日期。

【分析】 在“BorrowReturn”表中存放了读者的借书信息，而读者的详细信息在 ReaderInfo 表中，图书的存放位置保存在“BookStore”表中，图书名称保存在“BookInfo”表。该应用主要涉及 4 个表的查询。

完成语句如下：

```
SELECT br _ ID,ReaderInfo. r _ Name,BookInfo. b _ Name,BookStore. s _ Position,br _ OutDate
FROM BorrowReturn
JOIN ReaderInfo
ON BorrowReturn. r _ ID = ReaderInfo. r _ ID
JOIN BookStore
ON BorrowReturn. s _ ID = BookStore. s _ ID
JOIN BookInfo
ON BookStore. b _ ID = BookInfo. b _ ID
WHERE br _ Status ='未还'
```

运行结果如图 4-32 所示。

	br_ID	r_Name	b_Name	s_Position	br_OutDate
1	000007	王周应	JSP程序设计案例教程	03-03-01	2007-09-15 00:00:00.000
2	000004	黄莉	JSP程序设计案例教程	03-03-01	2007-09-15 00:00:00.000
3	000010	孟昭红	Visual Basic.NET进销存程序设计	03-03-02	2007-10-24 00:00:00.000
4	000005	龙川玉	管理信息系统基础与开发	03-03-01	2007-09-15 00:00:00.000
5	000008	阳杰	UML用户指南	03-03-02	2007-09-15 00:00:00.000
6	000002	王周应	SQL Server 2005实例教程	03-03-07	2007-09-15 00:00:00.000

图 4-32 订单及图书名称信息

【提示】

- 如果是按照两个表中的相同属性进行等值连接，且目标列中去掉了重复的属性列，但保留了所有不重复的属性列，则称之为自然连接。
- 自行比较使用 JOIN 连接和使用 WHERE 连接的异同。

2. 非等值连接

使用 >、<、>=、<= 等运算符作为连接条件的连接称为非等值连接。但在实际应用中很少使用非等值连接，并且通常非等值连接只有与自身连接同时使用才有意义。

3. 自身连接

连接操作不仅可以在两个表之间进行，也可以是一个表与其自己进行连接，这种连接称为表的自身连接。自身连接一般很少用于查询数据，主要用于 INSERT、UPDATE 语句中对一个表中满足特定条件的行进行操作的情况。

【应用 4-29】 查询不低于《JSP 程序设计案例教程》价格的图书编号、图书名称和图书价格，查询后的结果要求按图书价格升序排列。

```
SELECT G2. b _ ID 图书编号,G2. b _ Name 图书名称,G2. b _ Price 价格
FROM BookInfo G1
JOIN BookInfo G2
ON G1. b _ Name ='JSP 程序设计案例教程'  AND G1. b _ Price <= G2. b _ Price
ORDER By G2. b _ Price
```

该语句运行结果如图4-33所示。

	图书编号	图书名称	价格
1	TP3/2741	JSP程序设计案例教程	27.00
2	TP312/146	C++程序设计与软件技术基础	28.00
3	TP39/717	UML数据库设计应用	30.00
4	TP39/719	SQL Server 2005实例教程	34.00
5	TP39/716	UML用户指南	35.00
6	TP3/2744	Visual Basic.NET进销存程序设计	38.00
7	TP3/2742	数据恢复技术	39.00

图4-33　自身连接

【提示】

- 因为是对同一个表进行连接操作，所以用别名G1和G2代表同一个表BookInfo。
- 如果将上述语句中SELECT子句中的G2换成G1，将会出现错误查询结果。

4.2.2　外连接

在通常的连接操作中，只有满足连接条件的记录才能作为结果输出，但是如果想以BookType表为主体列出每个图书类别的基本情况及其图书信息情况，若某个图书类别没有对应图书，则只输出其类别信息，其对应图书信息为空值即可，这时就需要借助于外连接来实现。

1. 左外连接

左外连接包括第一个命名表(“左”表,出现在JOIN子句的最左边)中的所有行，但不包括右表中的不满足条件的行。

【应用4-30】　查询所有图书类别及其对应图书信息，如果该图书类别没有对应图书也需要显示其类别信息。

将BookType表和BookInfo表进行左外连接，BookType为左表，BookInfo表为右表。完成语句如下：

```
SELECT BookType. bt _ ID,bt _ Name,b _ ID,b _ Name,b _ Price,b _ Quantity
FROM BookType
LEFT OUTER JOIN BookInfo on. BookType. bt _ ID = BookInfo. bt _ ID
```

运行结果如图4-34所示。

	bt_ID	bt_Name	b_ID	b_Name	b_Price	b_Quantity
10	10	J艺术	NULL	NULL	NULL	NULL
11	11	K历史、地理	NULL	NULL	NULL	NULL
12	12	N自然科学总论	NULL	NULL	NULL	NULL
13	13	O数理科学和化学术	NULL	NULL	NULL	NULL
14	14	P天文学、地球	NULL	NULL	NULL	NULL
15	15	R医药、卫生	NULL	NULL	NULL	NULL
16	16	S农业技术（科学）	NULL	NULL	NULL	NULL
17	17	T工业技术	TP3/2737	Visual Basic.NET实用教程	18.00	9
18	17	T工业技术	TP3/2739	C#程序设计	26.00	14
19	17	T工业技术	TP3/2741	JSP程序设计案例教程	27.00	4
20	17	T工业技术	TP3/2742	数据恢复技术	39.00	4
21	17	T工业技术	TP3/2744	Visual Basic.NET进销存程序设计	38.00	4
22	17	T工业技术	TP3/2747	VC.NET面向对象程序设计教程	20.00	9
23	17	T工业技术	TP3/2752	Java程序设计案例教程	26.00	14
24	17	T工业技术	TP312/146	C++程序设计与软件技术基础	28.00	7

图4-34　左外连接

2. 右外连接

右外连接包括第二个命名表(“右”表,出现在JOIN子句的最右边)中的所有行，但不包括左表中不满足条件的。

【应用4-31】　查询所有图书的信息(即使是不存在对应的图书类别信息,实际上这种情况是不存在的)。

将BookType表和BookInfo表进行右外连接，BookInfo为左表，BookType表为右表。完成语句如下：

```
SELECT BookType. bt _ ID,bt _ Name,b _ ID,b _ Name,b _ Price,b _ Quantity
FROM BookType
RIGHT OUTER JOIN BookInfo on. BookType. bt _ ID = BookInfo. bt _ ID
```

运行结果如图4-35所示。

3. 完整外部连接

完整外部连接将包括所有连接表中的所有行，不论它们是否匹配。

【应用4-32】　查询所有图书的基本信息和图书类别信息。

在BookType表和BookInfo表之间的建立完整外部连接。完成语句如下：

```
SELECT BookType. bt _ ID,bt _ Name,b _ ID,b _ Name,b _ Price,b _ Number
FROM BookType
FULL OUTER JOIN BookInfo on. BookType. t _ ID = BookInfo. t _ ID
```

完整外部连接将两个表中的记录按连接条件全部进行连接，如图 4-36 所示。

	bt_ID	bt_Name	b_ID	b_Name	b_Price	b_Quantity
1	17	T工业技术	TP3/2737	Visual Basic.NET实用教程	18.00	9
2	17	T工业技术	TP3/2739	C#程序设计	26.00	14
3	17	T工业技术	TP3/2741	JSP程序设计案例教程	27.00	4
4	17	T工业技术	TP3/2742	数据恢复技术	39.00	4
5	17	T工业技术	TP3/2744	Visual Basic.NET进销存程序设计	38.00	4
6	17	T工业技术	TP3/2747	VC.NET面向对象程序设计教程	20.00	9
7	17	T工业技术	TP3/2752	Java程序设计案例教程	26.00	14
8	17	T工业技术	TP312/146	C++程序设计与软件技术基础	28.00	7
9	17	T工业技术	TP39/707	数据库基础	18.50	4
10	17	T工业技术	TP39/711	管理信息系统基础与开发	23.00	2
11	17	T工业技术	TP39/713	关系数据库与SQL语言	15.00	4
12	17	T工业技术	TP39/716	UML用户指南	35.00	4
13	17	T工业技术	TP39/717	UML数据库设计应用	30.00	9
14	17	T工业技术	TP39/719	SQL Server 2005实例教程	34.00	3
15	17	T工业技术	TP39/720	数据库及其应用系统开发	26.00	4

图 4-35　右外连接

	bt_ID	bt_Name	b_ID	b_Name	b_Price	b_Quantity
23	17	T工业技术	TP3...	Java程序设计案例教程	26.00	14
24	17	T工业技术	TP3...	C++程序设计与软件技术基础	28.00	7
25	17	T工业技术	TP3...	数据库基础	18.50	4
26	17	T工业技术	TP3...	管理信息系统基础与开发	23.00	2
27	17	T工业技术	TP3...	关系数据库与SQL语言	15.00	4
28	17	T工业技术	TP3...	UML用户指南	35.00	4
29	17	T工业技术	TP3...	UML数据库设计应用	30.00	9
30	17	T工业技术	TP3...	SQL Server 2005实例教程	34.00	3
31	17	T工业技术	TP3...	数据库及其应用系统开发	26.00	4
32	18	U交通、运输	NULL	NULL	NULL	NULL
33	19	V航空、航天	NULL	NULL	NULL	NULL
34	20	X环境科学、劳动...	NULL	NULL	NULL	NULL
35	21	Z综合性图书	NULL	NULL	NULL	NULL
36	22	M期刊杂志	NULL	NULL	NULL	NULL
37	23	W电子图书	NULL	NULL	NULL	NULL

图 4-36　完整外部连接

4.2.3　交叉连接

连接运算中还有一种特殊情况，即卡氏积连接，卡氏积是不带连接谓词的连接。两个表的卡氏积即是两表中记录的交叉乘积，即其中一表中的每一记录都要与另一表中的每一记录作拼接，因此结果表往往很大。

【应用 4-33】 对图书信息表和图书类别表进行交叉连接。其完成语句有下面两种：

```
SELECT * FROM BookType
CROSS JOIN BookInfo
```

或

```
SELECT BookType. * ,BookInfo. *
FROM BookType,BookInfo
```

运行结果如图 4-37 所示。

	bt_ID	bt_Name	bt_Description	b_ID	b_Name	bt_...	b_A
335	13	O数理科学和化学术	NULL	TP39/720	数据库及其应用系统开...	17	张
336	14	P天文学、地球	NULL	TP39/720	数据库及其应用系统开...	17	张
337	15	R医药、卫生	NULL	TP39/720	数据库及其应用系统开...	17	张
338	16	S农业技术（科学）	NULL	TP39/720	数据库及其应用系统开...	17	张
339	17	T工业技术	NULL	TP39/720	数据库及其应用系统开...	17	张
340	18	U交通、运输	NULL	TP39/720	数据库及其应用系统开...	17	张
341	19	V航空、航天	NULL	TP39/720	数据库及其应用系统开...	17	张
342	20	X环境科学、劳动...	NULL	TP39/720	数据库及其应用系统开...	17	张
343	21	Z综合性图书	NULL	TP39/720	数据库及其应用系统开...	17	张
344	22	M期刊杂志	NULL	TP39/720	数据库及其应用系统开...	17	张
345	23	W电子图书	NULL	TP39/720	数据库及其应用系统开...	17	张

图 4-37　交叉连接

图书管理系统 Library 数据库的基本表 BookInfo 中有 15 条记录，基本表 BookType 中有 23 条记录，卡氏积连接后的记录总数为 15 乘以 23，即 345 条记录。

4.3　子查询

在 SQL 语言中，一个 SELECT-FROM-WHERE 语句称为一个查询块。将一个查询块嵌套在另一个查询块的 WHERE 子句或 HAVING 短语中的查询称为嵌套查询或子查询。

4.3.1　子查询类型

1. 使用 IN 或 NOT IN 的子查询

带有 IN 谓词的子查询是指父查询与子查询之间用 IN 进行连接，判断某个属性列值是否在子查询的结果中。由于在嵌套查询中，子查询的结果往往是一个集合，所以谓词 IN 是嵌套查询中最经常使用

的谓词。

【应用 4-34】 查询和《UML 用户指南》为同一出版社的图书的图书编号、图书名称和出版社编号。

1）确定《UML 用户指南》所属类别名。

```
SELECT p_ID
FROM BookInfo
WHERE b_Name ='UML 用户指南'
```

运行结果如图 4-38 所示。

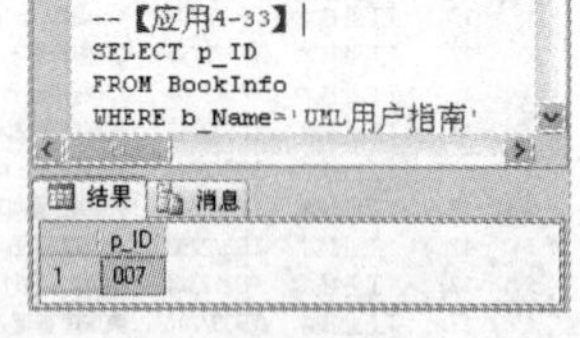

图 4-38 父查询

2）查找出版社编号为‘007’的图书信息。

```
SELECT b_ID,b_Name,p_ID
FROM BookInfo
WHERE p_ID ='007'
```

运行结果如图 4-39 所示。

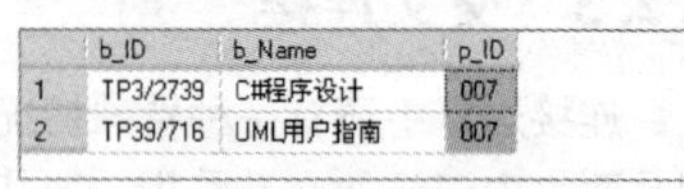

	b_ID	b_Name	p_ID
1	TP3/2739	C#程序设计	007
2	TP39/716	UML用户指南	007

图 4-39 子查询

该方式采用分步书写查询，使用起来比较麻烦，上述查询实际上可以用子查询来实现，即将第一步查询嵌入到第二步查询中，作为构造第二步查询的条件。

或者使用如下完成语句：

```
SELECT b_ID,b_Name,p_ID
FROM BookInfo
WHERE p_ID =(SELECT p_ID FROM BookInfo WHERE b_Name ='UML 用户指南')
```

该应用也可以用前面介绍的自身连接查询来完成。

```
SELECT G1.b_ID,G1.b_Name,G1.p_ID
FROM BookInfo G1,BookInfo G2
WHERE G1.p_ID =G2.p_ID AND G2.b_Name ='UML 用户指南'
```

【提示】

• 实现同一个查询可以采用多种方法，当然不同的方法其执行效率可能会有差别，甚至会差别很大，数据库用户可以根据自己的需要进行合理的选择。

• 在查询语句中的常量必须准确，否则会出现查找不到的情况。

【应用 4-35】 查询借阅了《SQL Server 2005 实例教程》的借阅号、借阅日期和操作员。

```
SELECT s_ID,br_OutDate,br_Operator
FROM BorrowReturn
WHERE s_ID IN
(SELECT s_ID FROM BookStore WHERE b_ID IN
(SELECT b_ID FROM BookInfo WHERE b_Name ='SQL Server 2005 实例教程'))
```

运行结果如图 4-40 所示。

	s_ID	br_OutDate	br_Operator
1	121497	2007-09-15 00:00:00.000	张颖

图 4-40 应用 4-35 运行结果

借助连接查询实现，完成语句如下：

```
SELECT BorrowReturn.s_ID,br_OutDate,br_Operator
FROM BorrowReturn,BookStore,BookInfo
WHERE BorrowReturn.s_ID = BookStore.s_ID AND BookStore.b_ID = BookInfo.b_ID
AND BookInfo.b_Name = 'SQL Server 2005 实例教程'
```

【提示】

- 连接总是可以表示为子查询，子查询经常（但不总是）可以表示为连接。
- 在一些必须检查存在性的情况中，使用连接会产生更好的性能。

上面两个应用中每个子查询都只执行一次，其结果用于父查询，子查询的查询条件不依赖于父查询，这类子查询称为不相关子查询。不相关子查询是最简单的一类子查询。

2. 使用比较运算符的子查询

带有比较运算符的子查询是指父查询与子查询之间用比较运算符进行连接。当用户能确切知道内层查询返回的是单值时，可以用 >、<、=、>=、<=、!= 或 <> 等比较运算符。单值情况下使用 =，多值情况下使用 IN 或 NOT IN 谓词。

【应用 4-36】 使用"="完成"应用 4-35"。

```
SELECT s_ID,br_OutDate,br_Operator
FROM BorrowReturn
WHERE s_ID IN
(SELECT s_ID FROM BookStore WHERE b_ID =
(SELECT b_ID FROM BookInfo WHERE b_Name = 'SQL Server 2005 实例教程'))
```

运行结果如图 4-40 所示。

3. 使用 ANY 或 ALL 的子查询

子查询返回单值时可以用比较运算符，而使用 ANY 或 ALL 谓词时则必须同时使用比较运算符，其含义见表 4-3。

表 4-3　带有 ANY 或 ALL 谓词的相关连词

连　词	含　义	连　词	含　义
>ANY	大于子查询结果中的某个值（大于最小）	>ALL	大于子查询结果中的所有值（大于最大）
<ANY	小于子查询结果中的某个值（小于最大）	<ALL	小于子查询结果中的所有值（小于最小）
>=ANY	大于等于子查询结果中的某个值	>=ALL	大于等于子查询结果中的所有值
<=ANY	小于等于子查询结果中的某个值	<=ALL	小于等于子查询结果中的所有值
=ANY	等于子查询结果中的某个值	=ALL	等于子查询结果中的所有值（通常没有实际意义）
!=ANY 或 <>ANY	不等于子查询结果中的某个值	!=ALL 或 <>ALL	不等于子查询结果中的任何一个值

【应用 4-37】 查询比出版社编号为"007"任一图书入库日期晚的图书信息，查询结果按降序排列。

【分析】 比任一图书的入库日期晚，即入库日期比最晚的还要晚，使用">ALL"谓词实现。反过来，使用"<ALL"谓词可以实现比最早的还要早。

首先，通过简单的查询语句获得出版社编号为"007"的所有图书的入库日期。

```
SELECT b_Date   FROM BookInfo WHERE   p_ID = '007'
```

运行结果如图 4-41 所示。

	b_Date
1	2005-08-01 00:00:00.000
2	2003-08-01 00:00:00.000

图 4-41　查询入库日期

要比最晚的还要晚，使用 >ALL 谓词。

```
SELECT b _ ID,b _ Name,b _ Date,b _ Price
FROM BookInfo
WHERE b _ Date > ALL
(SELECT b _ Date   FROM BookInfo WHERE   p _ ID ='007')
ORDER BY b _ Date DESC
```

运行结果如图 4-42 所示。

	b_ID	b_Name	b_Date	b_Price
1	TP3/2741	JSP程序设计案例教程	2007-09-01 00:00:00.000	27.00
2	TP39/719	SQL Server 2005实例教程	2006-10-01 00:00:00.000	34.00
3	TP3/2752	Java程序设计案例教程	2006-09-01 00:00:00.000	26.00
4	TP39/720	数据库及其应用系统开发	2006-07-01 00:00:00.000	26.00
5	TP3/2747	VC.NET面向对象程序设计教程	2006-05-01 00:00:00.000	20.00

图 4-42　带 ALL 的子查询

用聚合函数实现，完成语句如下：

```
SELECT b _ ID,b _ Name,b _ Date,b _ Price
FROM BookInfo
WHERE b _ Date >
(SELECT MAX(b _ Date)   FROM BookInfo WHERE   p _ ID ='007')
ORDER BY b _ Date DESC
```

运行结果如图 4-42 所示。

【提示】

- 请读者自行分析日期型数据的比较方法。
- 事实上，用聚合函数实现子查询通常比直接用 ANY 或 ALL 查询效率要高。
- 请读者自行验证“ >ANY”和“ <ANY”等谓词的用法。

4. 使用 EXISTS 的子查询

EXISTS 代表存在量词“∃”。带有 EXISTS 谓词的子查询不返回任何实际数据，它只产生逻辑真值“true”或逻辑假值“false”。

【应用 4-38】 针对 ReadInfo 表中的每一位读者，在 BorrowReturn 表中查找借阅过图书并且图书状态为“已还”的所有借阅信息。

```
SELECT *
FROM BorrowReturn
WHERE br _ Status ='已还'
AND EXISTS(SELECT r _ ID FROM ReaderInfo AS Reader WHERE Reader. r _ ID = BorrowReturn. r _
ID)
```

运行结果如图 4-43 所示。

【提示】

	br_ID	s_ID	r_ID	br_OutDate	br_InDate	br_LostDate	br_Tim
1	000001	128349	0016584	2007-06-15 00:00:00.000	2007-09-01 00:00:00.000	NULL	0
2	000003	128376	0016584	2007-09-15 00:00:00.000	2007-09-30 00:00:00.000	NULL	1
3	000006	128354	0016590	2007-09-15 00:00:00.000	2007-09-30 00:00:00.000	NULL	0
4	000009	128376	0016586	2007-06-24 00:00:00.000	2007-09-24 00:00:00.000	NULL	0

图 4-43　EXISTS 查询

- 使用存在量词 EXISTS 后，若内层查询结果非空，则外层的 WHERE 子句返回真值，否则返回假值。
- 由 EXISTS 引出的子查询，其目标列表达式通常都用“ * ”，因为带 EXISTS 的子查询只返回真值或假值，给出列名也没有实际意义。
- 这类查询与前面的不相关子查询有一个明显区别，即子查询的查询条件依赖于外层父查询的某个属性值，通常称这类查询为相关子查询。

本应用中的查询也可以用连接运算来实现，读者可以参照有关的例子，自己写出相应的 SQL 语句。与 EXISTS 谓词相对应的是 NOT EXISTS 谓词。使用存在量词 NOT EXISTS 后，若内层查询结果为空，则外层的 WHERE 子句返回真值，否则返回假值。

4.3.2　记录操作语句中的子查询

1. 抽取数据到另一个表中

【应用 4-39】 需要将 BookInfo 表中的信息进行处理，但为了防止破坏 BookInfo 表，可以建立一个临时表 Temp，将 BookInfo 表中的数据全部复制到 Temp 表中，然后查询 Temp 中所有记录。

```
SELECT *
INTO Temp
FROM BookInfo
GO
SELECT * FROM Temp
```

运行结果如图 4-44 所示。

	b_ID	b_Name	bt_...	b_Author	b_Translator	b_ISBN
1	TP3/2737	Visual Basic.NET实用教程	17	佟伟光	无	7-5053-8956-4
2	TP3/2739	C#程序设计	17	李德奇	无	7-03-015754-0
3	TP3/2741	JSP程序设计案例教程	17	刘志成	无	7-115-15380-9
4	TP3/2742	数据恢复技术	17	戴士剑、陈永红	无	7-5053-9036-8
5	TP3/2744	Visual Basic.NET进销存程序设计	17	阿惟	无	7-302-06731-7
6	TP3/2747	VC.NET面向对象程序设计教程	17	赵卫伟、刘瑞光	无	7-111-18764-4
7	TP3/2752	Java程序设计案例教程	17	刘志成	无	7-111-18561-7
8	TP312/...	C++程序设计与软件技术基础	17	梁普选	无	7-121-00071-7
9	TP39/707	数据库基础	17	沈祥玖	无	7-04-012644-3
10	TP39/711	管理信息系统基础与开发	17	陈承欢、彭勇	无	7-115-13103-1
11	TP39/713	关系数据库与SQL语言	17	黄旭明	无	7-04-01375-4
12	TP39/716	UML用户指南	17	Grady Booch等	邵維忠等	7-03-012096
13	TP39/717	UML数据库设计应用	17	[美]Eric J.Naibu...	陈立军、...	7-5053-6432-4
14	TP39/719	SQL Server 2005实例教程	17	刘志成、陈承欢	无	978-7-302-1...
15	TP39/720	数据库及其应用系统开发	17	张迎新	无	7-302-12828-6

图 4-44　抽取数据到 Temp 表

【提示】

- 该语句不需要先建立表，会自动生成一个新表。
- 自动创建的新表必须有具体的列名，即不能包括聚合函数。

2. INSERT 语句中的子查询

插入子查询结果的 INSERT 语句基本格式如下：

```
INSERT
INTO <表名>[(<属性列 1>[,<属性列 2>…])]
子查询
```

其功能是一次将子查询的结果全部插入到指定的表中。

【应用 4-40】 求每一类别图书的平均价格，并将结果保存到数据库中。

1）在数据库中建立一个有两个属性列的新表，其中一列存放类别名称，另一列存放相应类别的图书平均价格。

```
CREATE TABLE AvgBookInfo(p_ID CHAR(4),a_Avg FLOAT)
```

其中 p_ID 代表图书类别号，a_Avg 代表平均价格。

2）对数据库的图书表按图书编号分组求平均价格，再把图书编号和平均价格存入新表中。

```
INSERT
INTO AvgBookInfo(p_ID,a_Avg)
SELECT p_ID,AVG(b_Price)
FROM BookInfo GROUP BY p_ID
```

3）再查看表 AvgBookInfo 表中的记录。

```
SELECT * FROM AvgBookInfo
```

运行结果如图 4-45 所示。

	p_ID	a_Avg
1	001	29.8
2	002	16.75
3	003	30
4	004	25
5	005	20
6	007	30.5

图 4-45　批量插入

【提示】

• 目标子句中的列必须与被插入表中所指定的被插入列一一对应，名称可以不同，但类型必须一致。

• 必须首先建立好目标表。

3. UPDATE 语句中的子查询

子查询也可以嵌套在 UPDATE 语句中，用以构造执行修改操作的条件。

【应用 4-41】　将图书管理系统中的图书出版社名称为“机械工业出版社”的图书的数量加 1。

```
UPDATE BookInfo
SET b_Quantity = b_Quantity + 1
WHERE '机械工业出版社' =
(SELECT p_Name   FROM Publisher WHERE BookInfo.p_ID = Publisher.p_ID)
```

通常使用 UPDATE 语句一次只能操作一个表。而如果同样的信息需要在两个或多个中表进行修改，必须通过多条 UPDATE 语句来完成。

【提示】

• 为避免诸如计算机突然出现故障等意外导致无法继续执行后续的 UPDATE 语句而造成数据库中的数据将永远处于不一致状态，可借助于“事务”进行处理。事务的详细介绍请参阅第 10 章。

• 为了保证数据的参照完整性，借助于主键和外键建立表间的关系来完成。

• 为了保证上述对多个表的操作能够自动完成，借助于“触发器”来完成。触发器的详细介绍请参阅第 7 章。

4. 删除语句中的子查询

子查询同样也可以嵌套在 DELETE 语句中，用以构造执行删除操作的条件。

【应用 4-42】　删除出版社名称为“机械工业出版社”的所有图书信息。

```
DELETE
FROM BookInfo
WHERE '机械工业出版社' =
(SELECT p_Name   FROM Publisher WHERE BookInfo.p_ID = Publisher.p_ID)
```

4.3.3　子查询规则

子查询也是使用 SELECT 语句组成，所以在使用 SELECT 语句应注意的问题，也同样适用于子查询，同时，子查询还受下面的条件的限制：

1）通过比较运算符引入的子查询的选择列表只能包括一个表达式或列名称。

2）如果外部查询的 WHERE 子句包括某个列名，则该子句必须与子查询选择列表中的该列兼容。

3）子查询的选择列表中不允许出现 ntext、text 和 image 数据类型。

4）无修改的比较运算符引入的子查询不能包括 GROUP BY 和 HAVING 子句。

5）包括 GROUP BY 的子查询不能使用 DISTINCT 关键字。

6）不能指定 COMPUTE 和 INTO 子句。

7）只有同时指定了 TOP，才可以指定 ORDER BY。

8）由子查询创建的视图不能更新。

9）通过 EXISTS 引入的子查询的选择列表由星号(＊)组成，而不使用单个列名。

10）当 =、!=、<、<=、>或>=用在主查询中，ORDER BY 子句和 GROUP BY 子句不能用在内层查询中，因为内层查询返回的一个以上的值不可被外层查询处理。

4.4 联合查询

每一个 SELECT 语句都能获得一个或一组记录。若要把多个 SELECT 语句的结果合并为一个结果，可用集合操作来完成。集合操作主要包括并操作 UNION、交操作 INTERSECT 和差操作 MINUS。

使用 UNION 将多个查询结果合并起来，形成一个完整的查询结果时，系统会自动去掉重复的记录。在默认情况下的，使用 UNION 运算符的结果集从所联合的查询中删除重复行，而如果使用了 ALL 子句，重复行也会显示出来。

【提示】

- 参加 UNION 操作的各数据项(字段名、算术表达式、聚合函数)数目必须相同。
- 对应项的数据类型必须相同，或者可以进行显式或隐式转换。
- 各语句中对应的结果集列出现的顺序必须相同。

【应用 4-43】 查询包含名称“JSP”的图书以及价格高于 30 元的图书信息。完成语句如下：

```
SELECT b_ID 图书编号,b_Name 图书名称,b_Price 价格
FROM BookInfo
WHERE b_Name LIKE 'JSP%'
UNION
SELECT b_ID 图书编号,b_Name 图书名称,b_Price 价格
FROM BookInfo
WHERE b_Price > 30
ORDER BY b_Price
```

运行结果如图 4-46 所示。

	图书编号	图书名称	价格
1	TP3/2741	JSP程序设计案例教程	27.00
2	TP39/719	SQL Server 2005实例教程	34.00
3	TP39/716	UML用户指南	35.00
4	TP3/2744	Visual Basic.NET进销存程序设计	38.00
5	TP3/2742	数据恢复技术	39.00

图 4-46 联合查询

标准 SQL 中没有直接提供集合交操作和集合差操作，但可以用其他方法来实现，具体实现方法依查询不同而不同。

4.5 分布式查询

分布式查询从多个异类数据源中访问数据，这些数据源可以存储于一台或多台计算机。通过使用 OLE DB，Microsoft SQL Server 2005 可支持分布式查询。SQL Server 用户可以使用分布式查询访问以下内容：

1）存储在多个 SQL Server 实例中的分布式数据。

2）存储在各种可以使用 OLE DB 访问接口访问的关系和非关系数据源中的异类数据。

OLE DB 访问接口将在称为行集的表格格式对象中公开数据。SQL Server 允许在 Transact-SQL 语句中像引用 SQL Server 表一样引用 OLE DB 访问接口中的行集。

外部数据源中的表和视图可以在 SELECT、INSERT、UPDATE 和 DELETE Transact-SQL 语句中直接引用。因为分布式查询使用 OLE DB 作为基本接口，所以它们不仅可以访问带有 SQL 查询处理器的传统 DBMS 系统，也可以访问复杂的、具有不同功能的数据源所管理的数据。只要拥有数据的软件通过 OLE DB 访问接口在表格格式行集中公开其数据，就可在分布式查询中使用此数据。

SQL Server 实例的客户机与 OLE DB 访问接口之间的连接如图 4-47 所示。

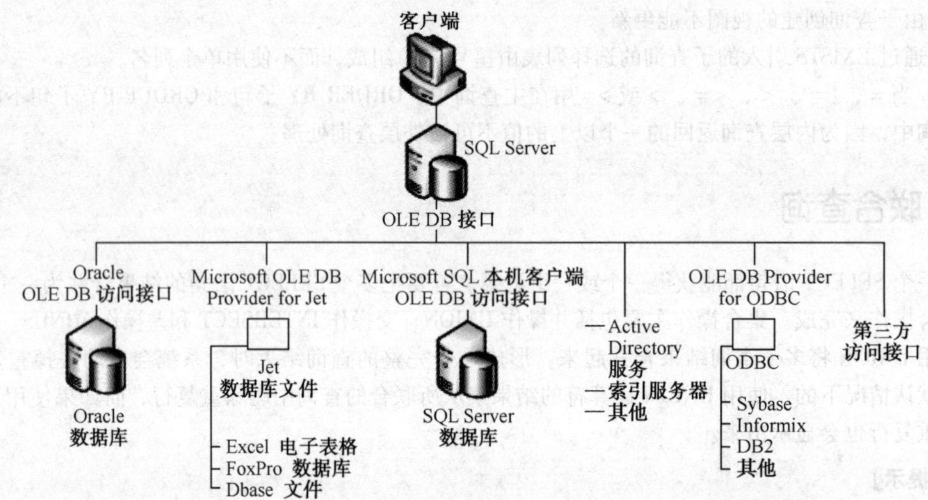

图 4-47 SQL Server 实例的客户机与 OLE DB 访问接口之间的连接

本章小结

本章学习了如下内容：

■ 简单查询。包括选择列、选择行、查询结果排序、查询结果分组、COMPUTE BY 子句汇总、WITH CUBE 汇总数据、分页和排名。

■ 连接查询。包括内连接、外连接、交叉连接。

■ 子查询。包括子查询类型、记录操作语句中的子查询、子查询规则。

■ 联合查询。

■ 分布式查询。

习 题 4

一、选择题

1. SELECT s _ no = 学号，s _ name = 姓名 FROM information WHERE 班级名 = '软件 021'表示________。

(A) 查询 INFORMATION 表中“软件 021”班学生的学号、姓名

(B) 查询 INFORMATION 表中“软件 021”班学生的所有信息

(C) 查询 INFORMATION 表中学生的学号、姓名

(D) 查询 INFORMATION 表中计算机系学生的记录

2. 要查询 information 表中学生姓中含有“张”的学生情况，可用________命令。

(A) SELECT * FROM information WHERE s _ name LIKE '张%'

(B) SELECT * FROM information WHERE s _ name LIKE '张_'

(C) SELECT * FROM information WHERE s _ name LIKE '%张%'

(D) SELECT * FROM information WHERE s _ name = '张'

3. 要查询 INFORMATION 表中姓“王”且单名的学生情况，可用________命令。

（A）SELECT * FROM INFORMATION WHERE 姓名 LIKE '王%'

（B）SELECT * FROM INFORMATION WHERE 姓名 LIKE '王_'

（C）SELECT * FROM INFORMATION WHERE 姓名 ='王%'

（D）SELECT * FROM INFORMATION WHERE 姓名 ='王__'

4. 在________子查询中，内层查询只处理一次，得到一个结果集，再依次处理外层查询。

（A）IN 子查询　（B）EXIST 子查询　（C）NOT EXIST 子查询　（D）JOIN 子查询

5. 连接有内连接、外连接和交叉连接，其中外连接只能对________表进行。

（A）2个　（B）3个　（C）4个　（D）任意个

6. 命令 SELECT s_no，AVG(grade) AS '平均成绩' FROM score GROUP BY s_no HAVING AVG(grade) >=85，表示________。

（A）查找 score 表中平均成绩在85分以上的学生的学号和平均成绩

（B）查找平均成绩在85分以上的学生

（C）查找 score 表中各科成绩在85分以上的学生

（D）查找 score 表中各科成绩在85分以上的学生的学号和平均成绩

7. 使用关键字________可以把查询结果中的重复行屏蔽。

（A）DISTINCT　（B）UNION　（C）ALL　（D）TOP

8. 将多个查询结果返回一个结果集合的运算符是________。

（A）JOIN　（B）UNION　（C）INTO　（D）LIKE

二、简答题

1. 举例说明连接查询和子查询的区别和联系。

2. 举例说明使用 Where 选择记录和使用 Having 选择记录的区别。

实训 4-1　SQL Server 2005 基本查询

一、实训目的

1. 掌握 SELECT 语句的基本方法。
2. 掌握从表中查询特定行的方法。
3. 掌握从表中查询前 N 行的方法。
4. 掌握从查询结果中去掉重复行的方法。
5. 掌握使用列的别名的方法。
6. 掌握从表中查询特定列的方法。
7. 掌握查询结果排序的方法。
8. 掌握排序结果进行计算的方法。
9. 掌握排序结果分组的方法。
10. 掌握排序结果分组后再选择的方法。
11. 掌握查询表中计算列的方法。
12. 掌握查询语句中的通配符的使用。

二、实训要求

1. 应用 SELECT 语句对数据库 WebShop 中数据进行指定条件的简单查询。
2. 保存实训结果到网络文件夹。

三、实训步骤

1. 查询所有商品的商品号、商品名称和商品单价。

2. 在 Goods 表中查询所有商品的商品号、商品名称和商品总额。

3. 查询所有商品的商品号、商品名称和总价值，但希望以汉字标题商品号、商品名称和总价值表示 g_ID、g_Name 和 g_Price * g_Number。

4. 查询所有商品中的“热点”商品的所有信息。

5. 查询商品类别为“01”，商品单价在 2500 元以上的商品信息，要求以汉字标题显示商品号、商品名称、商品类别号和价格。

6. 查询“湖南”省的所有男性的会员或者是年龄在 30 岁以下的会员的会员号、会员名称、性别、籍贯和年龄。

7. 查询所有年龄在 20 ~ 25 岁之间的会员的名称、籍贯和年龄(用 N1 表示,不是基本表中的字段,是计算出来的列)。

8. 查询所有年龄不在 20 ~ 25 岁之间的会员的名称、籍贯和年龄(用 N1 表示,不是基本表中的字段,是计算出来的列)。

9. 查询来自“湖南株洲”和“湖南长沙”两地会员的详细信息。

10. 查询家庭地址不是“湖南株洲”和“湖南长沙”的商品的详细信息。

11. 查询所有商品中“三星”的商品的详细信息。

12. 查询姓“黄”且名字中只有两个汉字的会员的会员名、真实姓名、电话和电子邮箱。

13. 查询暂时没有商品图片的商品信息。

14. 查询在 WebShop 网站进行了购物并下了订单的会员编号，如果一个会员下了多个订单，只需要显示一次会员编号。

15. 查询前 8 种商品的详情信息。

16. 查询商品类别号为“01”的商品的商品号、商品名称和商品单价，并要求根据商品的价格进行降序(价格由高到低)排列。

17. 查询价格在 2500 元以上的商品的商品号、商品名称、商品类别号和商品单价信息，并要求按类别号升序排列；如果是同一类别的商品，则按价格降序排列。

18. 查询每一类别的商品总数。

19. 查询每一个订单的总金额，并根据订单总额进行升序排列。

20. 查询订单总额大于 5000 的订单信息，并按升序排列。

21. 在订单表中按订单总额(o_Sum)进行排序，需要显示其中指定的第 3 ~ 5 条记录，通过这种方法实现分页。

22. 将实训过程中相关的 SQL 语句保存至 chap04-1. sql。

四、实训提示

1. 注意查询要求的详细描述，先确定要查询的表然后确定要输出的列和行。

2. T-SQL 中日期函数的使用。

3. 如果没有指定输出列，默认为输出所有列。

4. 聚合函数的作用范围(在未使用 GROUP BY 子句时,其作用范围为要输出的所有记录,使用了 GROUP BY 子句,则其作用范围为分组后的记录)。

5. 分组后输出列的选择。输出列要么在 GROUP BY 子句中，要么在聚合函数中。

6. WHERE 和 HAVING 的区别。

7. 本次实训不涉及连接查询。

实训4-2　SQL Server 2005 连接查询和子查询

一、实训目的

1. 熟悉等值连接查询的方法。
2. 熟悉非等值连接查询的方法。
3. 熟悉自身连接查询的方法。
4. 熟悉外连接查询的方法。
5. 熟悉复合条件连接的方法。
6. 熟悉集合查询的方法。
7. 熟悉子查询的方法。
8. 子查询和连接查询的区别及联系。
9. 子查询和连接查询的相互转换。

二、实训要求

1. 应用 SELECT 语句对数据库 WebShop 中数据进行指定条件的连接查询。
2. 保存实训结果到网络文件夹。

三、实训步骤

1. 查询每个商品的商品号、商品名称和商品类别名称。
2. 查询所有订单中订购的商品信息(商品名称、购买价格和购买数量)和订单日期。
3. 查询不低于“三星 SGH-C178”价格的商品号、商品名称和商品单价，查询后的结果要求按商品单价升序排列。
4. 查询所有商品类别及其对应商品信息，如果该商品类别没有对应商品也需要显示其类别信息。
5. 查询所有订单所订购的商品信息和订单日期。
6. 查询所有商品的信息(即使是不存在对应的商品类别信息,实际上这种情况是不存在的)。
7. 查询所有商品的基本信息和类别信息。
8. 查询和“摩托罗拉 W380”为同类商品的商品号、商品名称和类别号。(子查询)
9. 查询购买了“红双喜牌兵乓球拍”的订单号、订单时间和订单总金额。(子查询)
10. 查询购买了商品号为“060001”的会员 e_ID(会员号)、e_Name(会员名称)和 e_Address(籍贯)。(子查询)
11. 查询比籍贯为“湖南长沙”任一会员年龄小的会员信息，查询结果按降序排列。(子查询)
12. 针对 Employees 表中的每一名员工，在 Orders 表中查找处理过订单并且送货模式为“邮寄”的所有订单信息。(子查询)
13. 求每一类商品的平均价格，并将结果保存到数据库中。(子查询)
14. 将商品中类别名称为“家用电器”的商品折扣修改为 0.8。(子查询)
15. 将实训过程中相关的 SQL 语句保存至 chap04-2. sql。

四、实训提示

1. 连接的类型(内连接、左外连接、右外连接、完整外部连接)。
2. 子查询的应用。
3. 连接查询和子查询的相互转换。
4. 使用 JOIN 与使用 WHERE 子句的区别。

第5章　索引和视图操作

【学习目标】

本章将要学习利用SSMS和T-SQL语句进行索引和视图的相关操作，包括索引的建立、索引的查看、索引的修改、索引的删除以及视图的建立、视图的查看、视图定义的修改、视图的删除和视图中数据的查询与修改等。

【学习要点】

- SQL Server 2005中索引的概念和类型。
- 使用SSMS创建、查看和删除索引。
- 使用T-SQL创建、查看和删除索引。
- 创建和使用全文索引。
- SQL Server 2005中视图的概念。
- 使用SSMS创建、修改、删除和查看视图。
- 使用T-SQL创建、修改、删除和查看视图。

5.1　索引概述

5.1.1　索引简介

我们在学习汉语的时候，都有过查字典的经历。在查找一个生字时，首先会根据拼音或部首按照规定的查找方法到目录中找到对应汉字的所在页码，再翻阅到指定的页码找到要查找的生字。与书中的目录一样，数据库中的索引使用户可以快速找到表或索引视图中的特定信息。索引包含从表或视图中一个或多个列生成的键，以及映射到指定数据的存储位置的指针。通过创建设计良好的索引，可以显著提高数据库查询和应用程序的性能。索引可以减少为返回查询结果集而必须读取的数据量。索引还可以强制表中的行具有唯一性，从而确保表数据的数据完整性。

索引是对数据库表中一个或多个列的值进行排序的结构。不同的索引对应不同的排序方法，就像查字典时如果使用拼音法，则按汉字的拼音进行排序；如果使用部首法，则按汉字的部首进行排序。

通常情况下，只有当经常查询索引列中的数据时，才需要在表上创建索引。索引将占用磁盘空间，并且降低添加、删除和更新行的速度。不过在多数情况下，索引所带来的数据检索速度的优势大大超过它的不足之处。然而，如果应用程序非常频繁地更新数据，或者磁盘空间有限，那么最好限制索引的数量。

索引是一个单独的、物理的数据结构，这个数据结构中包括表中的一列或若干列的值以及相应的指向表中物理标识这些值的数据页的逻辑指针的集合。索引提供了数据库中编排表中数据的内部方法。索引依赖于数据库的表，作为表的一个组成部分，一旦创建后，由数据库系统自身进行维护。一个表的存储是由两部分组成的，一部分用来存放表的数据页面，另一部分存放索引页面，索引就存放在索引页面上。通常，索引页面相对于数据页面来说小得多。当进行数据检索时，系统先搜索索引页面，从中找到所需数据的指针，再直接通过指针从数据页面中读取数据。从某种程度上可以把数据库看作一本书，把索引看作书的目录，通过目录查找书中的信息，显然比没有目录更方便、快捷。

5.1.2　索引类型

在 SQL Server 的数据库中，按存储结构的不同将索引分为两大类：聚集索引和非聚集索引。而根据数据库的功能，可在数据库设计时创建 3 种类型的索引：聚集索引、唯一索引和主键索引。

1. 聚集索引

聚集索引对表的物理数据页中的数据按列进行排序，然后再重新存储到磁盘上，即聚集索引与数据是混为一体的。由于聚集索引对表中的数据一一进行了排序，因此用聚集索引查找数据速度非常快。但由于聚集索引将表的所有数据完全重新排列了，它所需要的空间也就特别大，大概相当于表中数据所占空间的 120%。表的数据行只能以一种排序方式存储在磁盘上，所以一个表只能有一个聚集索引。单个分区中的聚集索引结构如图 5-1 所示。

聚集索引按 B 树索引结构实现，B 树索引结构支持基于聚集索引键值对行进行快速检索。表的数据页与以字母表顺序存储在档案橱柜中的文件夹相似，而数据行与存储在文件夹中文档相似。

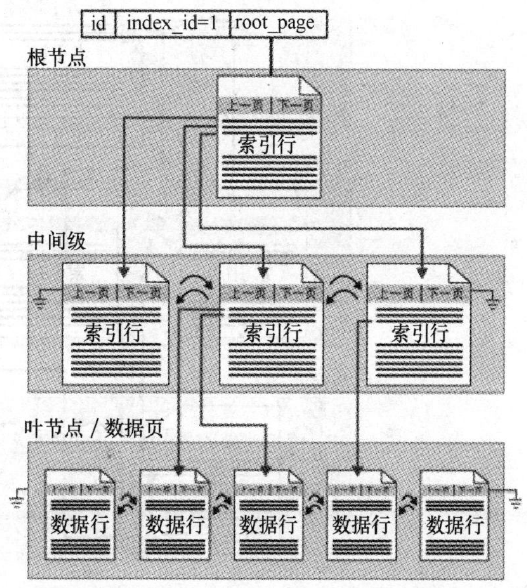

图 5-1　单个分区中的聚集索引结构

【提示】

- 聚集索引中索引的叶级节点是表的实际数据行。因此，检索表数据时不需要指针跳动。
- 聚集索引的叶级（即表的所有行）在物理上按照组成聚集索引的列顺序排列在磁盘上。

2. 非聚集索引

非聚集索引具有与表的数据完全分离的结构，使用非聚集索引不用将物理数据页中的数据按列排序，而是存储索引行，每个索引行均包含非聚集索引键值和一个或多个指向包含该值的数据行的行定位器。如果表有聚集索引，行定位器就是该行的聚集索引键值；如果表没有聚集索引，行定位器就是行的磁盘地址。SQL Server 在搜索数据时，先对非聚集索引进行搜索，然后通过相应的行定位器从表中找到对应的数据。单个分区中的非聚集索引结构如图 5-2 所示。

由于非聚集索引使用索引页存储，因此它比聚集索引需要更多的存储空间，且检索效率较低。但一个表只能建一个聚集索引，当用户需要建立多个索引时，就需要使用非聚集索引了。SQL Server 默认情况下创建非聚集索引，从理论上讲，一个表最多可以建 249 个非聚集索引。

【提示】

- 一般情况下，先创建聚集索引，后创建非聚集索引，因为创建聚集索引会改变表中行的顺序，从而会影响到非聚集索引。
- 创建多少个非聚集索引，取决于用户执行的查询要求。
- 在非聚集索引中，叶级节点仅包含参与索引的数据以及快速找到相关数据页上其他行数据的指针。因此，从非聚集索引中获得的每一行都要求一个额外的不连续磁盘 I/O 才能检索行数据。

3. 唯一索引

唯一索引不允许两行具有相同的索引值。如果现有数据中存在重复的键值，则大多数数据库都不允许将新创建的唯一索引与表一起保存。当新数据将使表中的键值重复时，数据库也拒绝接收此数据。

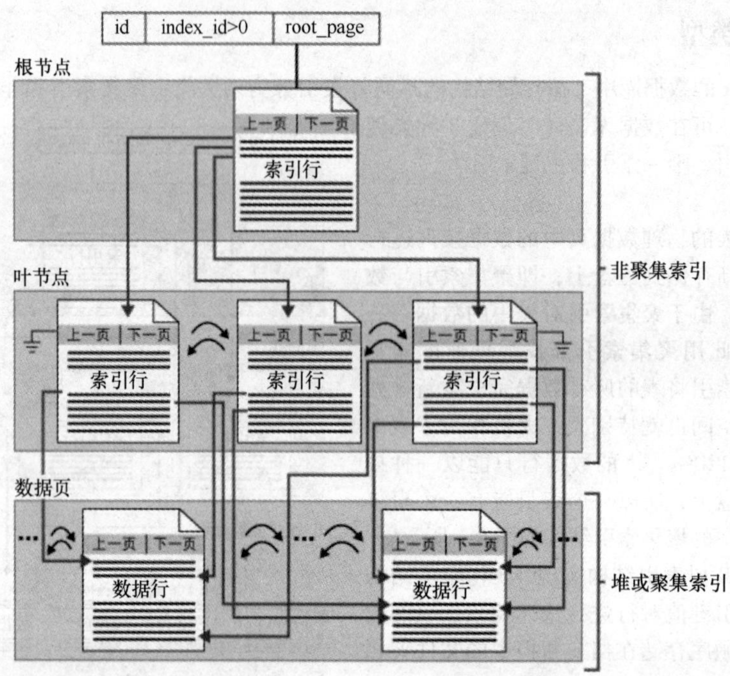

图 5-2 单个分区中的非聚集索引结构

例如，如果在 BookInfo 表中的图书名称(b _ Name)列上创建了唯一索引，则所有图书名称不能相同。唯一索引既可以是聚集索引，也可以是非聚集索引。

4. 主键索引

数据库表通常有一列或列组合，其值用来唯一标识表中的每一行，该列称为表的主键。在数据库关系图中，为表定义一个主键将自动创建主键索引，主键索引为聚集索引，是唯一索引的特殊类型。主键索引要求主键中的每个值是唯一的。当在查询中使用主键索引时，它还允许快速访问数据。

【提示】 在确定某一索引适合某一查询之后，可以选择最适合具体情况的索引类型。索引包含以下特性：

- 聚集还是非聚集。
- 唯一还是非唯一。
- 单列还是多列。
- 索引中的列是升序排序还是降序排序。

5.2 使用 SSMS 管理索引

1. 创建索引

【应用 5-1】 使用 SQL Server Management Studio 在 BookInfo 表创建基于 b _ Name 的索引。

1）启动 SQL Server Management Studio，在“对象资源管理器”中依次展开“数据库”节点、“Library”数据库节点和“BookInfo”表节点。

2）右键单击“索引”，在弹出的快捷菜单中选择“新建索引”命令，如图 5-3 所示。

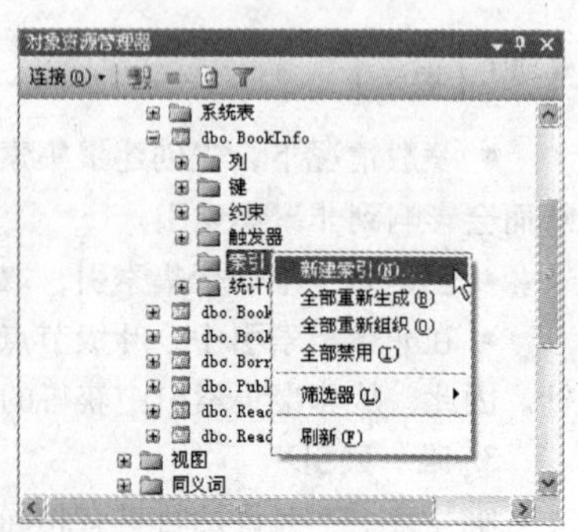

图 5-3 选择“新建索引”命令

3）打开“新建索引”对话框，输入索引的名字(本例为 idx _ BookName)，指定索引类型等信息，如图 5-4 所示。

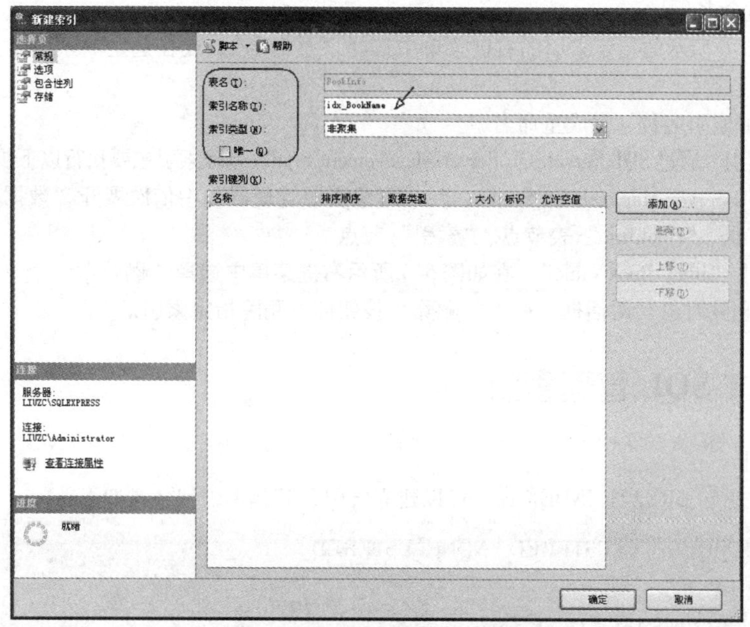

图 5-4　“新建索引”对话框

4）单击“添加”按钮，打开“选择列”对话框选择需要创建索引的列，如图 5-5 所示。

5）设置好索引的属性后，单击“确定”按钮，完成索引的创建。

2. 查看和删除索引

(1) 查看索引

【应用 5-2】 使用 SQL Server Management Studio 查看所创建的索引 idx _ BookName。

1）启动 SQL Server Management Studio，在“对象资源管理器”中依次展开“数据库”节点、“Library”数据库节点、“BookInfo”表节点和“索引”节点。

2）右键单击“idx _ BookName”，在弹出的快捷菜单中选择“属性”命令，如图 5-6 所示。

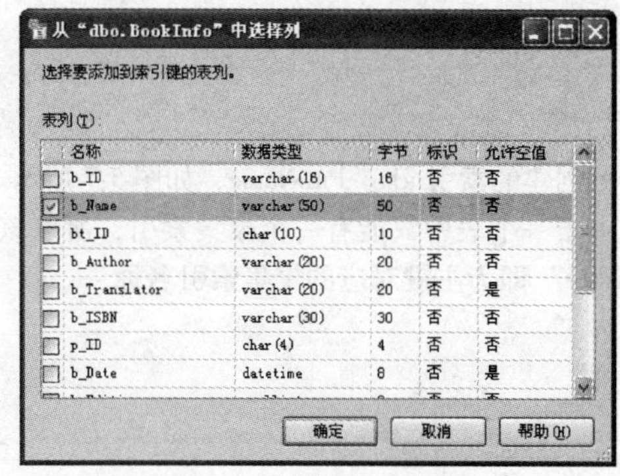

图 5-5　“选择列”对话框

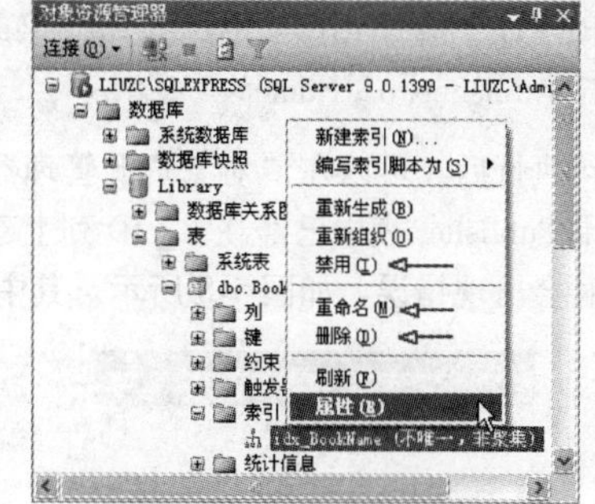

图 5-6　查看索引属性

3）在属性查看窗口，可以查看到指定索引的属性，同时也可以进行相关的修改。

【提示】

- 这里创建的索引为非唯一、非聚集索引。

- 索引一旦创建后，执行查询时由数据库管理系统自动启用。
- 选择“禁用”可以禁用指定的索引，如图 5-6 所示。

(2) 索引重命名

1) 在如图 5-6 所示的指定索引的右键菜单中选择“重命名”，或在选定的索引名上单击，进入编辑状态。

2) 输入新的索引名称，完成重命名。

(3) 删除索引 通过 SQL ServerSQL Server Management Studio 删除索引主要执行以下步骤：

1) 启动 SQL Server Management Studio，在“对象资源管理器”中依次展开“数据库”节点、“Library”数据库节点、“BookInfo”表节点、“索引”节点。

2) 右键单击“idx _ BookName”，在如图 5-6 所示右键菜单中选择“删除”。

3) 打开“删除对象”对话框，单击“删除”按钮即可删除指定索引。

5.3 使用 T-SQL 管理索引

1. 创建索引

使用 T-SQL 语句 CREATE INDEX 命令可以建立索引，其基本语句格式如下：

```
CREATE[UNIQUE][CLUSTERED|NONCLUSTERED]
INDEX 索引名
ON{表|视图}(列[ASC|DESC][,…n])
```

【提示】

- 索引名必须符合标识符规则。
- UNIQUE：表示创建一个唯一索引。
- CLUSTERED：指明创建的索引为聚集索引。
- NONCLUSTERED：指明创建的索引为非聚集索引。
- ASC|DESC：指定特定的索引列的排序方式，默认值是升序(ASC)。
- 可以使用 CREATE TABLE 或 ALTER TABLE 在创建或修改表时创建索引。

【应用 5-3】 在 Publisher 表的 p _ Name 列上创建聚集索引。

```
CREATE CLUSTERED INDEX idx _ PubName
ON Publisher(p _ Name)
```

语句执行后，可以在“对象资源管理器”中查看到所创建的索引 idx _ PubName，如图 5-7 所示。

如果 Publisher 表中已经在 u _ ID 列上建立了主键，由于一个表中只能有一个聚集索引，所以该语句执行时会出现错误，如图 5-8 所示。其中“PK _ Publisher”即为主键对应的聚集索引名称。

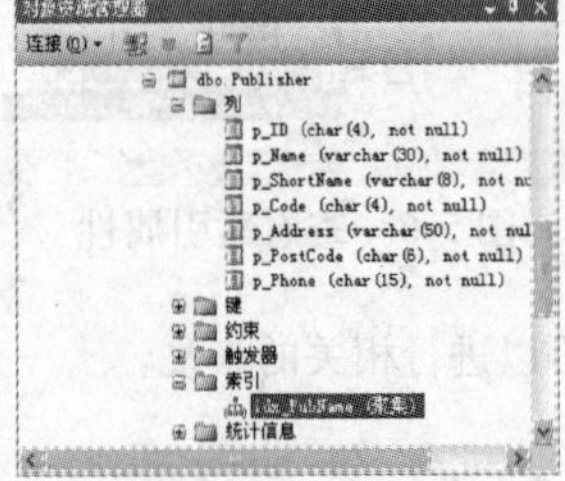

图 5-7 创建好的 idx _ PubName 索引

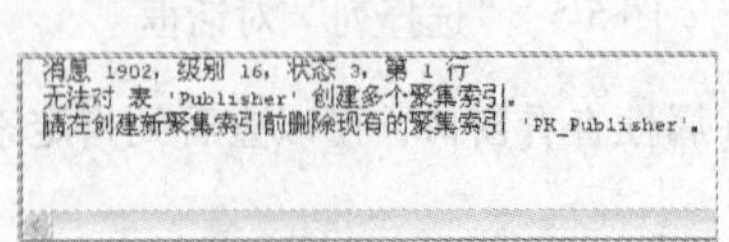

图 5-8 创建聚集索引错误

因此，只能在基于 p _ Name 列创建非聚集索引，语句如下：

```
CREATE CLUSTERED INDEX idx _ PubName
ON Publisher(p _ Name)
```

【应用 5-4】 在 BookType 表的 bt _ Name 列上创建唯一的非聚集索引。

语句如下：

```
CREATE UNIQUE NONCLUSTERED INDEX idx _ TypeName
ON BookType(bt _ Name)
```

【应用 5-5】 在 BorrowReturn 表的 s _ ID 列和 r _ ID 列上创建复合非聚集索引。

语句如下：

```
CREATE NONCLUSTERED INDEX idx _ SID _ RID
ON BorrowReturn(s _ ID,r _ ID)
```

【提示】

- 主关键字约束相当于聚集索引和唯一索引的结合，因此当一个表中预先存在主关键字约束时，不能建立聚集索引，也没必要再建立聚集索引。
- 索引也可以跨越多列。

2. 查看和删除索引

（1）查看索引 利用系统存储过程 sp _ helpindex 可以返回表的所有索引的信息，基本语句格式如下：

```
sp _ helpindex[@objname = ]'name'
```

其中，[@objname =]'name'子句用来指定当前数据库中的表的名称。

【应用 5-6】 查看 Publisher 表的索引。

```
sp _ helpindex Publisher
```

运行结果如图 5-9 所示。

	index_name	index_description	index_keys
1	idx_PubName	nonclustered located on PRIMARY	p_Name
2	PK_Publisher	clustered, unique, primary key located on PRIMARY	p_ID

图 5-9　Publisher 表索引信息

（2）重命名索引

【应用 5-7】 将 Publisher 表中的索引“idx _ PubName”改名为“idx _ PublisherName”。

```
sp _ rename'Publisher. idx _ PubName','idx _ PublisherName'
```

【提示】

- 必须在索引前面加上表名前缀。
- 会提示“警告：更改对象名的任一部分都可能会破坏脚本和存储过程。”
- 索引名称中不能包含不必要的空格。

（3）删除索引 使用 T-SQL 语句 DROPINDEX 命令可以删除一个或多个当前数据库中的索引，基本语句格式如下：

```
DROP INDEX 索引名 ON 表名[,…n];
```

【应用 5-8】 删除 Publisher 表中所建的索引 idx _ PublisherName。

```
DROP INDEX idx _ PublisherName ON Publisher
```

【提示】 DROP INDEX 命令不能删除由 CREATE TABLE 或 ALTER TABLE 命令创建的 PRIMARY KEY 或 UNIQUE 约束索引。

3. 索引的维护

(1) DBCC SHOWCONTIG 语句 当在表中频繁进行插入、更新和删除操作时，表中会产生碎片，页的顺序也会被打乱，从而引起整个查询性能下降，使用 DBCC SHOWCONTIG 命令可以扫描指定的表的碎片并用于确定该表或索引页是否严重连续，显示指定的表的数据和索引的碎片信息。

DBCC SHOWCONTIG 的基本语句格式如下：

```
DBCC SHOWCONTIG
[(
   {'table _ name' | table _ id | 'view _ name' | view _ id}
   [,'index _ name' | index _ id]
)]
   [WITH
    {
     [,[ALL _ INDEXES]]
     [,[TABLERESULTS]]
     [,[FAST]]
     [,[ALL _ LEVELS]]
     [NO _ INFOMSGS]
    }
   ]
```

【应用 5-9】 查看 BorrowReturn 表中 idx _ SID _ RID 索引的信息。

```
DBCC SHOWCONTIG(BorrowReturn,idx _ SID _ RID)
```

运行结果如图 5-10 所示。

【提示】

• 在 SQL Server 2005 中，DBCC SHOWCONTIG 不显示数据类型为 ntext、text 和 image 的数据。这是因为 SQL Server 2005 中不再有存储文本和图像数据的文本索引。

• DBCC SHOWCONTIG 的详细用法请参阅“联机丛书”。

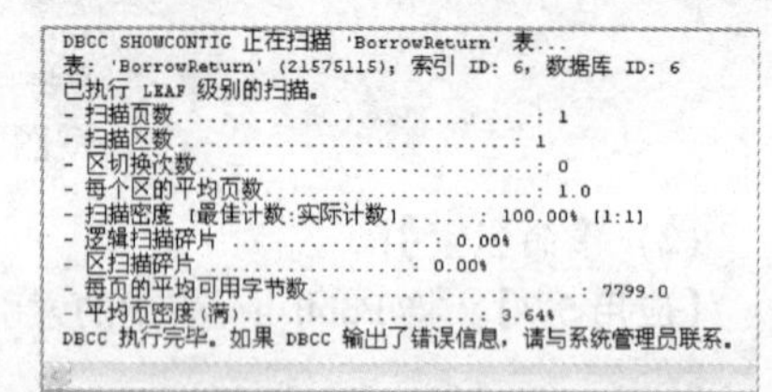

图 5-10 idx _ SID _ RID 索引的碎片信息

(2) DBCC DBREINDEX 语句 当数据库中的索引被损坏时，使用 DBCC DBREINDEX 语句可以重建表的一个或多个索引。

重建索引的基本语句格式如下：

```
DBCC DBREINDEX
(
   'table _ name'
  [,'index _ name'[,fillfactor]
)
  [WITH NO _ INFOMSGS]
```

【应用 5-10】 重建索引。

重建 BorrowReturn 表中 idx _ SID _ RID 索引，其完成语句如下：

```
DBCC DBREINDEX(BorrowReturn,idx _ SID _ RID,80)
```

也可以重建 BorrowReturn 表中的所有索引，其完成语句如下：

```
DBCC DBREINDEX(BorrowReturn,'',80)
```

【提示】

- DBCC DBREINDEX 重新生成表的一个索引或为表定义的所有索引。
- 通过允许动态重新生成索引，可以重新生成强制 PRIMARY KEY 或 UNIQUE 约束的索引，而不必删除并重新创建这些约束。
- DBCC DBREINDEX 可以在一条语句中重新生成表的所有索引。这要比对多条 DROP INDEX 和 CREATE INDEX 语句进行编码更容易。

（3）UPDATE STATISTICS 语句　当为表创建索引时，SQL Server 将生成有关该索引的可用性的概要信息，并将这些信息放在分布页上。这些信息将帮助 SQL Server 快速决定在执行指定查询时是否使用该索引。当表中的数据发生变化时，SQL Server 系统会周期性地修改统计信息，但表中的数据发生变化时，系统不一定马上更新统计信息。通过执行 UPDATE STATISTICS 命令，可以更新索引的分布统计页，使得索引的统计信息是最新的。

为确保 SQL Server 具有良好的查询性能，SQL Server 的索引需要进行日常维护。影响性能的一个很重要的维护工作是更新统计数字，这个命令将在很大程度上影响 SQL Server 在执行查询时选择使用哪一个索引。

UPDATE STATISTICS 的基本语句格式如下：

```
UPDATE STATISTICS <table _ name> [. <index _ name> ]
```

【应用 5-11】 生成 BorrowReturn 表中索引的概要信息。

```
UPDATE STATISTICS BorrowReturn
```

5.4　全文索引

5.4.1　全文索引概述

SQL Server 2005 全文索引为在字符串数据中进行复杂的词搜索提供有效支持。全文索引存储关于重要词和这些词在特定列中的位置的信息。全文查询利用这些信息，可以快速搜索包含具体某个词或一组词的行。

全文索引包含在全文目录中。每个数据库可以包含一个或多个全文目录。一个目录不能属于多个数据库，而每个目录可以包含一个或多个表的全文索引。一个表只能有一个全文索引，因此每个有全文索引的表只属于一个全文目录。全文目录和索引不存储在它们所属的数据库中。目录和索引由 Microsoft 搜索服务分开管理。

全文索引必须在基表上定义，而不能在视图、系统表或临时表上定义。全文索引的定义包括以下两点：

1）能唯一标识表中各行的列（主键或候选键），而且不允许空值。

2）索引所覆盖的一个或多个字符串列。

全文索引由键值填充。每个键的项提供与该键相关联的重要词、它们所在的列及其在列中的位置

等有关信息。

全文索引与普通的 SQL 索引的比较见表 5-1。

表 5-1　普通 SQL 索引与全文索引的比较

普通 SQL 索引	全 文 索 引
存储时受定义它们所在的数据库的控制	存储在文件系统中，但通过数据库管理
每个表允许有若干个普通索引	每个表只允许有一个全文索引
当对作为其基础的数据进行插入、更新或删除操作时，它们自动更新	将数据添加到全文索引称为填充，全文索引可通过调度或特定请求来请求，也可以在添加新数据时自动发生
不分组	在同一个数据库内分组为一个或多个全文目录
使用 SQL Server Management Studio、向导或 T-SQL 语句创建和除去	使用 SQL Server Management Studio、向导或存储过程创建、管理和除去

5.4.2　使用“全文索引向导”

【应用 5-12】　在“SQL Server Management Studio”中利用“全文索引向导”在表 BookInfo 上建立基于 b _ Name 列的全文索引。

1）启动 SQL Server Management Studio，在“对象资源管理器”中依次展开“数据库”节点和“Library”数据库节点。

2）右键单击“BookInfo”表，在弹出的快捷菜单中选择“全文索引”命令→“定义全文索引”，如图 5-11 所示。

3）打开“全文索引向导欢迎”对话框，单击“下一步”按钮。

4）打开“选择索引”对话框，选择有效的唯一或主键索引后，单击“下一步”按钮，如图 5-12 所示。

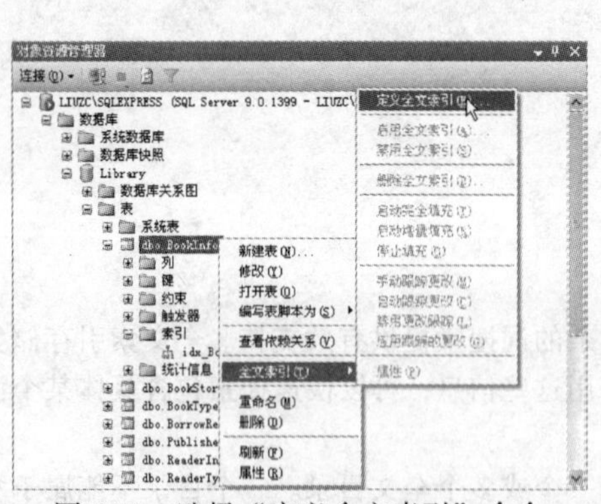

图 5-11　选择“定义全文索引”命令

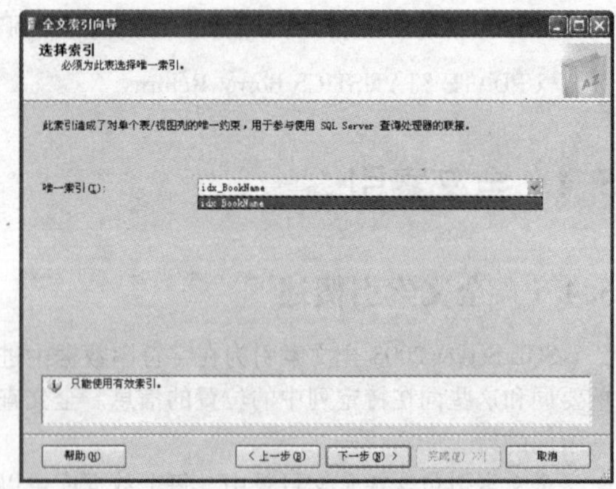

图 5-12　“选择索引”对话框

如果在 b _ Name 列没有创建唯一索引，则需要在 b _ Name 列上创建唯一索引。语句如下：

```
CREATE UNIQUE NONCLUSTERED INDEX idx _ BookName
ON BookInfo(b _ Name)
```

5）打开“选择表列”对话框，选择创建全文索引的列(b _ Name，b _ Detail)后，单击“下一步”按钮，如图 5-13 所示。

6）打开“选择更改跟踪”对话框，选择跟踪的方式后，单击“下一步”按钮，如图 5-14 所示。

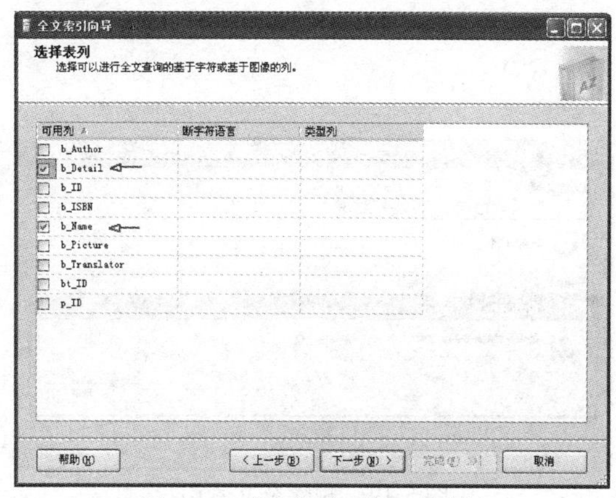

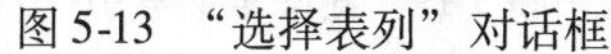
图 5-13　“选择表列”对话框

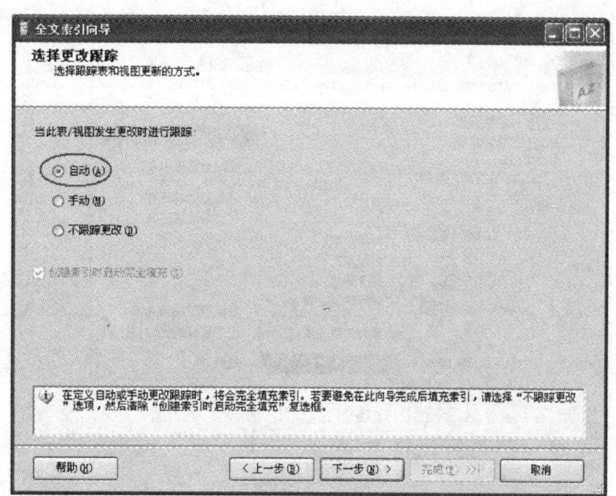

图 5-14　“选择更改跟踪”对话框

7）打开“选择目录”对话框中，在“名称”文本框中输入全文索引目录(这里为 ft _ Book)，指定目录位置，单击“下一步”按钮，如图 5-15 所示。

8）打开“定义填充计划”对话框，进行填充计划设置后，单击“下一步”按钮，如图 5-16 所示。

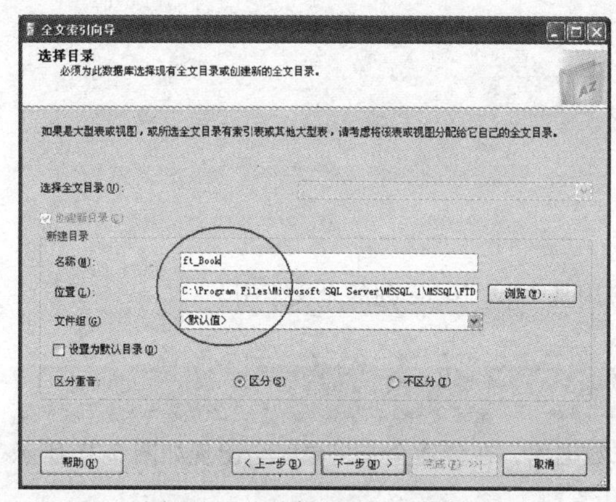

图 5-15　“选择目录”对话框

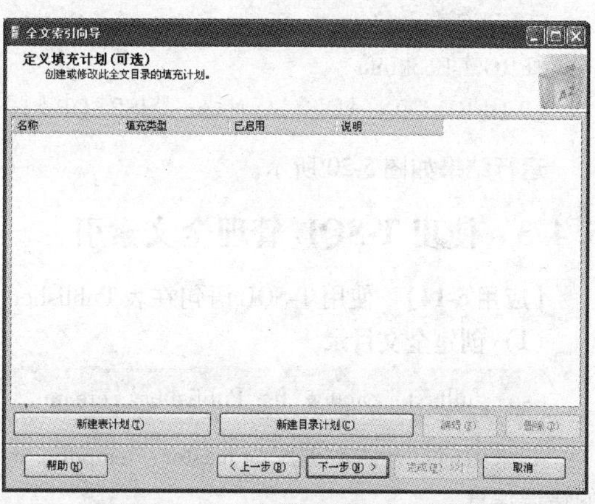

图 5-16　“定义填充计划”对话框

9）打开“全文索引向导”对话框，查看全文索引设置信息后，单击“完成”按钮，完成全文索引的配置。

10）打开“全文索引向导”对话框，开始创建全文索引，可以查看全文索引的创建进程，单击“关闭”按钮，完成全文索引的创建，如图 5-17 所示。

【提示】

- 全文索引只能在唯一约束且非空的表中。
- 全文索引创建以后，可以进行“禁用全文索引”的管理操作，也可以进行“启用全文索引”的操作，如图 5-18 所示。
- 全文索引创建以后，可以进行“删除全文索引”的管理操作，如图 5-19 所示。

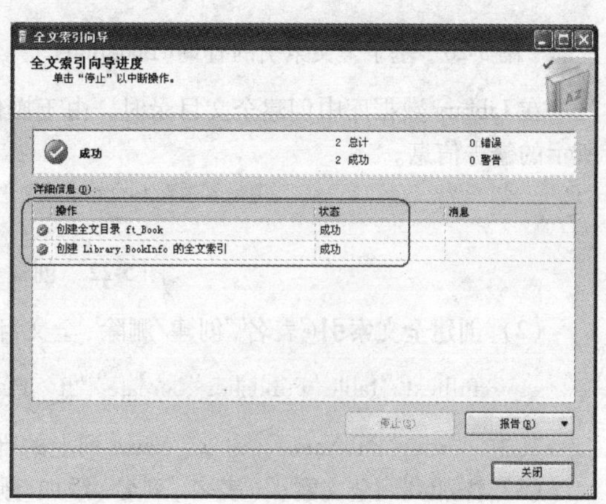

图 5-17　“全文索引向导”对话框

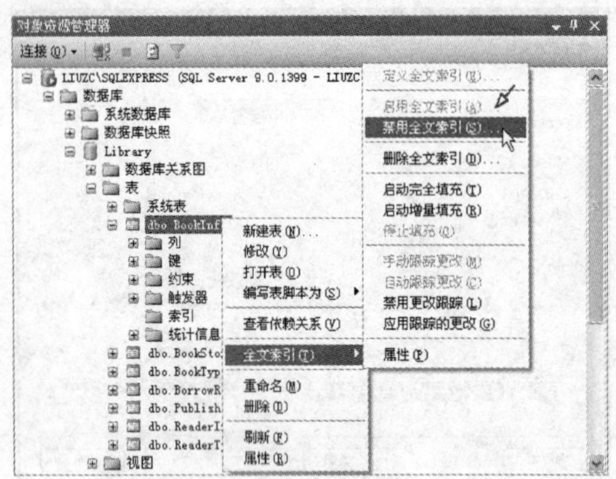

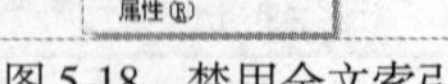

图 5-18　禁用全文索引

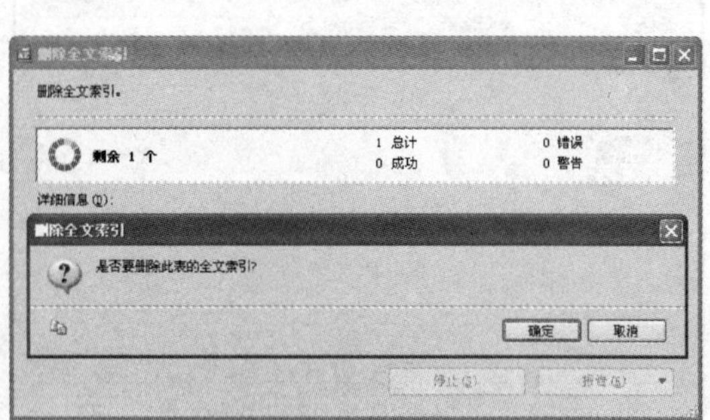

图 5-19　删除全文索引

【提示】　删除全文索引时并没有删除全文索引目录。

全文索引建立并启用后，可以使用 SELECT 语句进行基于全文索引的查询操作。

【应用 5-13】　基于全文索引查找图书名称包含“Java”和“JSP”的图书信息。

```
SELECT *
FROM BookInfo
WHERE CONTAINS(b_Name,'"JSP" OR "Java"')
```

运行结果如图 5-20 所示。

5.4.3　使用 T-SQL 管理全文索引

【应用 5-14】　使用 T-SQL 语句在表 Publisher 上应用基于 p_Name 列的全文索引。

(1) 创建全文目录

```
sp_fulltext_catalog 'ft_Publisher','create'
```

如果当前打开的数据库为 master、tempdb、model 数据库，在创建全文目录时会出现如图 5-21 所示的错误信息。

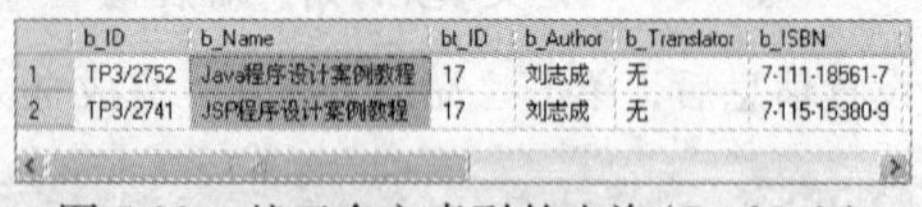

	b_ID	b_Name	bt_ID	b_Author	b_Translator	b_ISBN
1	TP3/2752	Java程序设计案例教程	17	刘志成	无	7-111-18561-7
2	TP3/2741	JSP程序设计案例教程	17	刘志成	无	7-115-15380-9

图 5-20　基于全文索引的查询(BookInfo)

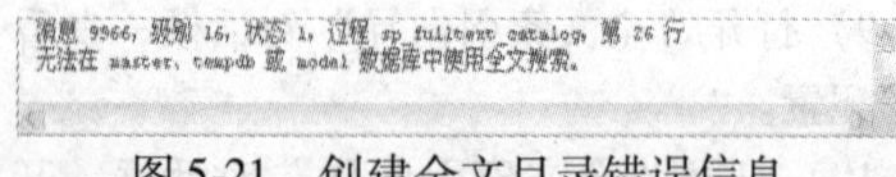

图 5-21　创建全文目录错误信息

在 Library 数据库中创建全文目录时，由于操作系统中使用的 FAT 文件系统，所以会出现如图 5-22 所示的警告信息。

警告: 全文目录 'ft_Publisher' 使用 FAT 卷。该目录不支持安全设置和差异备份。

图 5-22　创建全文目录警告信息

(2) 创建全文索引('表名','创建/删除','全文目录名','约束名')

```
sp_fulltext_table 'Publisher','create','ft_Publisher','idx_PubName'
```

其中，“idx_PubName”为 p_Name 列上的唯一索引。

(3) 添加列到全文索引('表名','列名','添加/删除')

```
sp _ fulltext _ column 'Publisher',p _ Name,'add'
GO
sp _ fulltext _ column 'Publisher',p _ ShortName,'add'
```

(4) 使用全文索引

```
SELECT p _ ID,p _ Name,p _ ShortName,p _ Address
FROM Publisher
WHERE CONTAINS(p _ Name,'"中国"')
```

运行结果如图 5-23 所示。

	p_ID	p_Name	p_ShortName	p_Address
1	008	中国劳动社会保障出版社	劳动	北京市惠新东街1号
2	009	中国铁道出版社	铁道	北京市宣城区右安门西街8号
3	012	中国青年出版社	中青	北京市东四十二条21号
4	013	中国电力出版社	电力	北京市三里河路6号

图 5-23　基于全文索引的查询结果(Publisher)

【提示】

- 删除全文目录使用 sp _ fulltext _ catalog ft _ Publisher','drop'。
- 删除全文索引使用 sp _ fulltext _ table 'Publisher','drop'。
- 删除全文索引中的列使用 sp _ fulltext _ column 'Publisher',p _ Name,'drop'。
- 必须在编制了全文索引的列(如 p _ Name)上才能够进行全文索引查询。

5.5　视图概述

视图和表一样，也包括几个被定义的数据列和多个数据行，但就本质而言，这些数据列和数据行来源于视图所引用的表，所以视图不是真实存在的物理表，而是一张虚表。视图(索引视图除外)所对应的数据并不实际地以视图结构存储在数据库中，而是存储在视图所引用的表中。

视图一经定义便存储在数据库中，与其相对应的数据并没有在数据库中另外存储一份，通过视图看到的数据只是存放在基本表中的数据。对视图的操作与对表的操作一样，可以对其进行查询、修改(有一定的限制)和删除。当对视图中的数据进行修改时，相应的基本表的数据也要发生变化，同时，如果基本表的数据发生变化，则这种变化也可以自动地反映到视图中。

1. 视图的优点

视图有很多优点，主要表现在以下几个方面：

(1) 视点集中，减少对象量　视图让用户能够着重于他们所需要的特定数据或所负责的特定业务，如用户可以选择特定行或特定列，不需要的数据可以不出现在视图中，增强了数据的安全性；而且视图并不实际包含数据，SQL Server 2005 只在数据库中存储视图的定义。

(2) 从异构源组织数据　可以在连接两个或多个表的复杂查询的基础上创建视图，这样可以以单个表的形式显示给用户，即分区视图。分区视图可基于来自异构源的数据，如远程服务器，或来自不同数据库中的表。

(3) 隐藏数据的复杂性，简化操作　视图向用户隐藏了数据库设计的复杂性，如果开发者改变数据库设计，不会影响到用户与数据库交互。另外，用户可将经常使用的连接查询、嵌套查询或合并查询定义为视图，这样，用户每次对特定的数据执行进一步操作时，不需指定所有条件和限定，因为用户只需查询视图，而不需再提交复杂的基础查询。

2. 视图类型

(1) 水平视图 视图的常见用法是限制用户只能够存取表中的某些数据行，用这种方法产生的视图称为水平视图，即为表中行的子集。

(2) 投影视图 如果限制用户只能存取表中的部分列的数据，用这种方法创建的视图就称为投影视图，即表中列的子集。

(3) 联合视图 用户可以把从多个表中的数据生成联合视图，把查询结果表示为一个单独的“表”。用这种方法创建的视图称为联合视图，即多个表中数据的集合。

5.6 使用SSMS管理视图

1. 创建视图

【应用5-15】 在电子商城数据库Library中创建以价格升序排列的“促销”图书的视图vw_Book17。

1）启动SQL Server Management Studio，在“对象资源管理器”中依次展开“数据库”节点和“Library”数据库节点。

2）右键单击“视图”节点，在弹出的快捷菜单中选择“新建视图”命令，如图5-24所示。

3）打开“添加表”对话框，单击要添加到新视图中的表或视图，单击“添加”按钮，完成表的添加，然后单击“关闭”按钮，如图5-25所示。

图5-24 选择“新建视图”命令

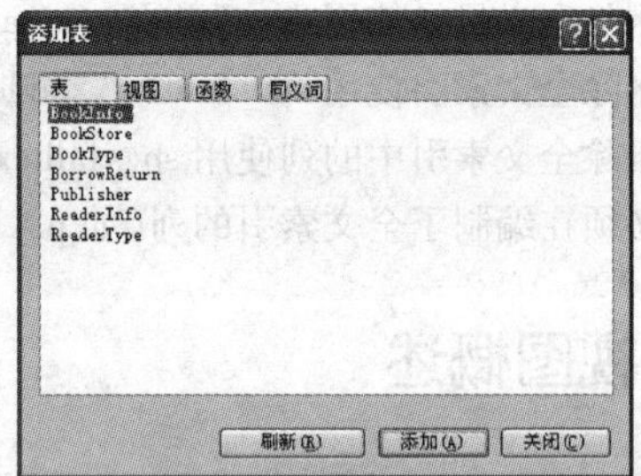

图5-25 “添加表”对话框

4）选择添加到视图的列、列的别名、指定筛选条件(这里为类别编号为“17”图书)和排序方式(这里首先按入库日期升序,然后按价格降序排列)，如图5-26所示。

5）右键单击创建视图区域，在弹出的快捷菜单中选择“执行SQL”命令，可以查看到视图对应的结果集，如图5-27所示。

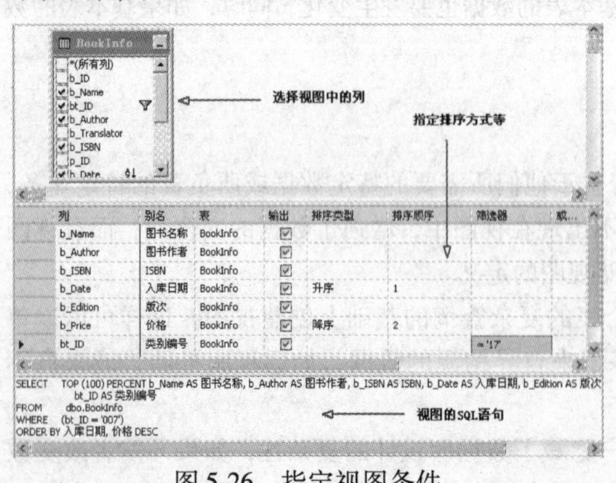

图5-26 指定视图条件

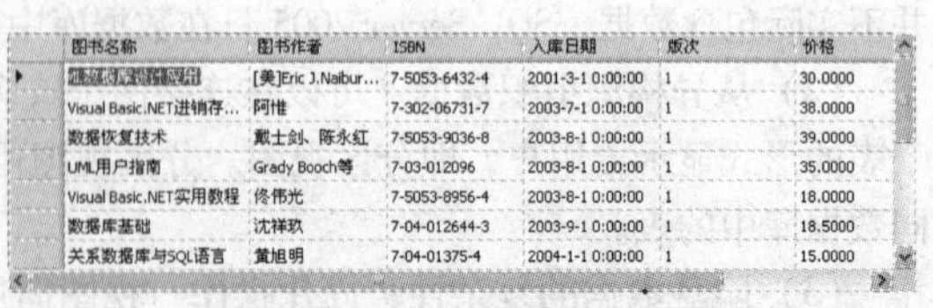

图书名称	图书作者	ISBN	入库日期	版次	价格
[illegible]	[美]Eric J.Naibur...	7-5053-6432-4	2001-3-1 0:00:00	1	30.0000
Visual Basic.NET进销存...	阿惟	7-302-06731-7	2003-7-1 0:00:00	1	38.0000
数据恢复技术	戴士剑、陈永红	7-5053-9036-8	2003-8-1 0:00:00	1	39.0000
UML用户指南	Grady Booch等	7-03-012096	2003-8-1 0:00:00	1	35.0000
Visual Basic.NET实用教程	佟伟光	7-5053-8956-4	2003-8-1 0:00:00	1	18.0000
数据库基础	沈祥玖	7-04-012644-3	2003-9-1 0:00:00	1	18.5000
关系数据库与SQL语言	黄旭明	7-04-01375-4	2004-1-1 0:00:00	1	15.0000

图5-27 视图内容

6）右键单击“视图”选项卡，在弹出的快捷菜单中选择“保存视图”命令，如图5-28所示。

7）打开“选择名称”对话框，输入新视图的名称，单击“确定”按钮保存视图定义，如图5-29所示。这样就完成了视图的定义。

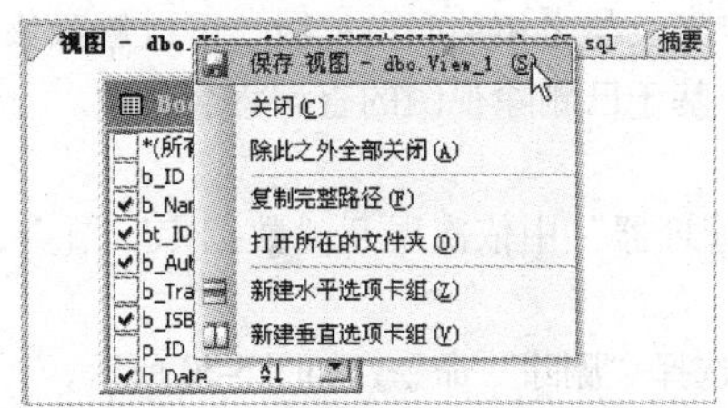

图 5-28　选择“保存视图”命令

图 5-29　输入视图名称

【提示】

- 保存视图时，实际上保存的就是视图对应的 SELECT 查询。
- 保存的是视图的定义，而不是 SELECT 查询的结果。

2. 修改视图

（1）修改视图定义

【应用 5-16】　将所创建的视图 vw _ Book17 中的图书类别编号 (bt _ ID) 对应的列去掉。

1）启动 SQL Server Management Studio，在“对象资源管理器”中依次展开“数据库”节点、“Library”数据库节点和“视图”节点。

2）右键单击“vw _ Book17”节点，在弹出的快捷菜单中选择“修改”命令，如图 5-30 所示。

3）在如图 5-26 所示的视图定义界面中，取消选择“bt _ ID”列，完成视图的修改。

4）修改完成后，保存修改后的视图定义。

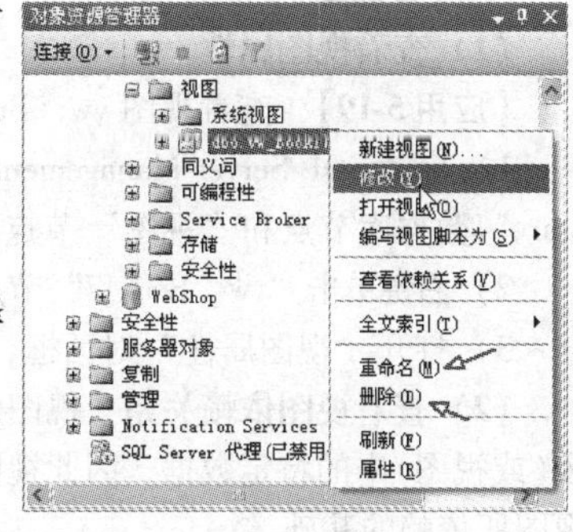

图 5-30　选择“修改”视图命令

【提示】

- 修改视图实际上就是修改对应的 SELECT 语句。
- 视图名称前面带有锁标记，表示该视图被加密，不能被修改。

（2）重命名视图

【应用 5-17】　将所创建的视图 vw _ Book17 的名称修改为 vw _ Book _ 17。

1）启动 SQL Server Management Studio，在“对象资源管理器”中依次展开“数据库”节点、“Library”数据库节点和“视图”节点。

2）右键单击“vw _ Book17”节点，在弹出的快捷菜单中选择“重命名”命令，如图 5-30 所示。或者在选定的视图名称上单击，进入视图名称编辑状态。

3）进入编辑状态后，在原视图名的位置上输入新的视图名，完成视图名称的修改。

【提示】

- 要重命名的视图必须位于当前数据库中。
- 新名称必须遵守标识符规则。
- 只能对具有更改权限的视图进行重命名。
- 数据库所有者可以更改任何用户视图的名称。
- 重命名视图并不更改它在视图定义文本中的名称。
- 视图可以作为另一视图的数据来源，重命名视图有可能会影响到其他的对象。

3. 删除视图

在创建视图后，如果不再需要该视图，或想清除视图定义及与之相关联的权限，可以删除该视图。删除视图后，基础表和基础视图并不受到影响，但任何使用基于已删除视图的查询将会失败。

【应用 5-18】 删除所创建的视图 vw _ Book17。

1）启动 SQL Server Management Studio，在“对象资源管理器”中依次展开“数据库”节点、“Library”数据库节点和“视图”节点。

2）右键单击“vw _ Book17”节点，在弹出的快捷菜单中选择“删除”命令，如图 5-30 所示。

3）打开“删除对象”对话框，单击“确定”按钮即可完成删除操作。

【提示】

• 如果删除的视图是另一个视图的基视图，则当删除该视图时，系统会给出错误提示。因此，通常基于数据表定义视图，而不是基于其他视图来定义视图。

• 在删除之前可以通过单击“显示依赖关系”按钮了解该视图与其他对象的关系。既可以了解依赖该视图的对象，也可以了解该视图所依赖的对象。

4. 查看视图

（1）查看视图属性

【应用 5-19】 查看视图 vw _ Book17 的基本信息。

1）启动 SQL Server Management Studio，在“对象资源管理器”中依次展开“数据库”节点、“Library”数据库节点和“视图”节点。

2）右键单击“vw _ Book17”节点，在弹出的快捷菜单中选择“属性”命令，如图 5-31 所示。

3）打开“视图属性”对话框，可以查看视图的常规、权限和扩展属性。

（2）查看视图依赖关系 视图中的数据可以是一个表(或视图)中的特定数据，也可以是来自多个表(或视图)中的特定数据，因此视图是依赖于表(或视图)而存在的。同时，一个视图也可以成为其他视图所依赖的基础。

【应用 5-20】 查看视图 vw _ Book17 的依赖关系。

1）启动 SQL Server Management Studio，在“对象资源管理器”中依次展开“数据库”节点、“Library”数据库节点和“视图”节点。

2）右键单击“vw _ Book17”节点，在弹出的快捷菜单中选择“查看依赖关系”命令，如图 5-31 所示。

3）打开“对象依赖关系”对话框，在该对话框中显示视图所依赖的表或视图，也显示了依赖于该视图的其他视图，如图 5-32 所示。

图 5-31 选择视图“属性”

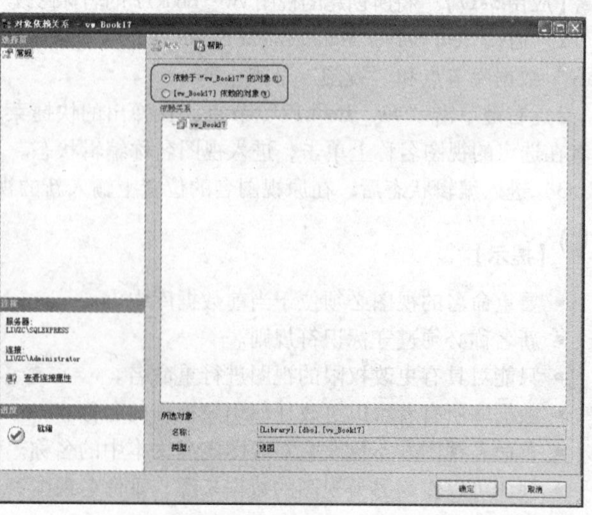

图 5-32 视图依赖关系

【提示】　了解视图的依赖关系有助于视图的维护和管理。

5.7　使用 T-SQL 管理视图

1. 创建视图

使用 T-SQL 命令 CREATE VIEW 可以创建视图，基本语句格式如下：

```
CREATE VIEW 视图名[(列名[,…n])]
[WITH <视图属性>]
AS
查询语句
[WITH CHECK OPTION]
```

【提示】

- 视图名必须符合标识符规则。
- 视图属性包括 ENCRYPTION(文本加密)、SCHEMABINDING(视图绑定到基础表的架构)和 VIEW _ METADATA(指定引用视图的元数据)。
- 查询语句可以是任意复杂的 SELECT 语句。如果 CREATE VIEW 语句仅指定了视图名，省略了组成视图的各个列名，则隐含该视图由子查询中 SELECT 子句目标列中的诸字段组成。但在下列 3 种情况下必须明确指明组成视图的所有列名：

1）某个目标列不是单纯的列名，而是列表达式或聚合函数。

2）多表连接中几个同名的列作为视图的列。

3）需要在视图中为某个列使用新的名字。

- WITH CHECK OPTION 表示对视图进行 UPDATE、INSERT 和 DELETE 操作时要保证更新、插入或删除的行满足视图定义中的谓词条件(即子查询中的条件表达式)。

(1) 创建简单视图

【应用 5-21】　如果经常需要查询出版社编号为“001”图书的图书编号(b _ ID)、图书名称(b _ Name)、类别号(bt _ ID)、图书价格(b _ Price)、图书作者(b _ Author)和图书数量(b _ Quantity)信息，可以创建一个名称为 vw _ Book _ p001 的视图。

```
CREATE VIEW vw_Book_p001
AS
SELECT b_ID AS 图书编号,b_Name AS 图书名称,b_Author
AS 作者,bt_ID AS 类别号,b_Price AS 价格,b_Quantity AS 数量
FROM BookInfo
WHERE p_ID ='001'
```

【提示】

- 视图创建后可以通过打开视图查看视图对应的结果(同查看表)。
- 也可以使用“SELECT * FROM 视图名”语句查看视图对应的结果。

(2) 使用 WITH ENCRYPTION

【应用 5-22】　查询借还表中所有“未还”图书的借阅 ID、借阅人(读者)、图书名称、详细存放位置和借出日期(分析请参阅第 4 章)。

```
CREATE VIEW vw_NoReturn
WITH ENCRYPTION
AS
SELECT br_ID,ReaderInfo.r_Name,BookInfo.b_Name,BookStore.s_Position,br_OutDate
FROM BorrowReturn
JOIN ReaderInfo
ON BorrowReturn.r_ID = ReaderInfo.r_ID
JOIN BookStore
ON BorrowReturn.s_ID = BookStore.s_ID
JOIN BookInfo
ON BookStore.b_ID = BookInfo.b_ID
WHERE br_Status ='未还'
```

该语句创建的视图 vw_NoReturn 的文本将被加密，这样可以可防止在 SQL Server 复制过程中发布视图。

(3) 使用 WITH CHECK OPTION

【应用 5-23】 如果经常需要查询图书的图书编号(b_ID)、图书名称(b_Name)、类别名称(bt_Name)和图书价格(b_Price)信息，可以创建一个关于这类图书的视图。

```
CREATE VIEW vw_TypeName
AS
SELECT BookInfo.b_ID 图书编号,bt_Name 类别名称,b_Name 图书名称,b_Price 图书价格
FROM BookInfo
JOIN BookType
ON BookInfo.bt_ID = BookType.bt_ID
WITH CHECK OPTION
```

该语句强制对视图执行的所有数据修改语句都必须符合在“SELECT 查询”中设置的条件。

【提示】

- WITH CHECK OPTION 可确保提交修改后，仍可通过视图看到数据。
- 如果在“SELECT 查询”中的任何位置使用 TOP，则不能指定 CHECK OPTION。
- 视图定义中的 SELECT 查询中也可以使用聚合函数。

2. 修改视图

(1) 使用 T-SQL 修改视图 使用 T-SQL 命令 ALTER VIEW 可以修改视图，基本语句格式如下：

```
ALTER VIEW 视图名[(列名[,…n])]
[WITH <视图属性>]
AS
查询语句
[WITH CHECK OPTION]
```

ALTER VIEW 语句格式与 CREATE VIEW 格式基本相同，修改视图的内部过程就是先删除原有视图，然后根据 SELECT 查询语句再创建一个同名的视图过程。但是它又不完全等同于删除一个视图，然后又重新创建该视图，因为这样的话，需要重新指定视图的权限，而修改视图不会改变原有的权限。

【应用 5-24】 对于“应用 5-23”中创建的视图，需要增加作者(b_Author)列。

```
ALTER VIEW vw _ TypeName
AS
SELECT BookInfo. b _ ID 图书编号,bt _ Name 类别名称, b _ Name 图书名称,b _ Author 作者,b _
Price 图书价格
FROM BookInfo
JOIN BookType
ON BookInfo. bt _ ID = BookType. bt _ ID
WITH CHECK OPTION
```

【提示】 如果在创建视图时使用了 WITH CHECK OPTION 选项，那么在 ALTER VIEW 命令中也必须使用该选项，否则该选项不再起作用。

(2) 使用 sp _ rename 重命名视图　使用系统存储过程 sp _ rename 可以重命名视图，但不会删除视图，也不会删除在该视图上的权限。系统存储过程 sp _ rename 的基本语句格式如下：

```
sp _ rename <旧的视图名>, <新的视图名>
```

【应用 5-25】 修改视图 vw _ TypeName 的名字为 vw _ NameByID。

```
sp _ rename vw _ TypeName,vw _ NameByID
```

【提示】

- 重命名视图时，必须保证视图在当前数据库中。
- 新的视图名必须遵循标识符命名规则。
- 只有视图的所有者或数据库的所有者才能重命名视图。

3. 查看视图

(1) 查看视图定义　使用系统存储过程 sp _ help 可以查看视图的定义，基本语句格式如下：

```
sp _ help <视图名>
```

【应用 5-26】 查看视图 vw _ NoReturn 的定义。

```
sp _ help vw _ NoReturn
```

运行结果如图 5-33 所示。

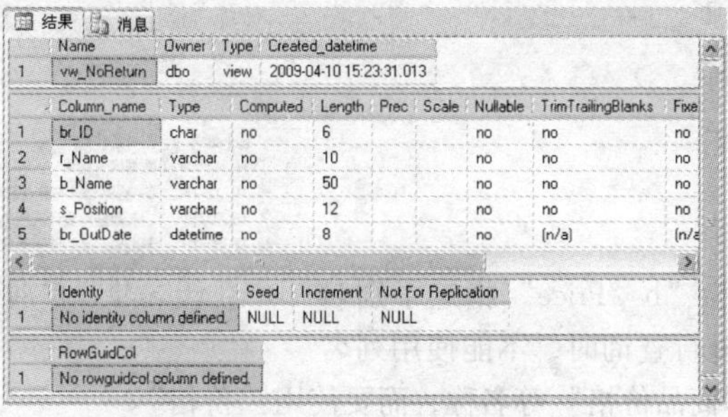

结果　消息

	Name	Owner	Type	Created_datetime
1	vw_NoReturn	dbo	view	2009-04-10 15:23:31.013

	Column_name	Type	Computed	Length	Prec	Scale	Nullable	TrimTrailingBlanks	Fixe
1	br_ID	char	no	6			no	no	no
2	r_Name	varchar	no	10			no	no	no
3	b_Name	varchar	no	50			no	no	no
4	s_Position	varchar	no	12			no	no	no
5	br_OutDate	datetime	no	8			no	(n/a)	(n/a

	Identity	Seed	Increment	Not For Replication
1	No identity column defined.	NULL	NULL	NULL

	RowGuidCol
1	No rowguidcol column defined.

图 5-33　视图 vw _ NoReturn 的定义

(2) 查看视图的文本　使用系统存储过程 sp _ helptext 可以查看视图的文本，基本语句格式如下：

```
sp _ helptext <视图名>
```

【应用 5-27】 查看视图 vw _ Book _ p001 的定义文本。

```
sp _ helptext vw _ Book _ p001
```

运行结果如图 5-34 所示。

如果要查看的视图在创建时使用了“WITH ENCRYPTION”，则该视图的文本不能被查看。例如，语句“sp _ helptext vw _ NoReturn”的运行结果为：“对象'vw _ NoReturn'的文本已加密。”

	Text
1	CREATE VIEW vw_Book_p001
2	AS
3	SELECT b_ID AS 图书编号, b_Name AS 图书名称, b_Author
4	AS 作者,bt_ID AS 类别号, b_Price AS 价格, b_Quantity AS ...
5	FROM BookInfo
6	WHERE p_ID = '001'

图 5-34　视图 vw _ Book _ p001 的定义文本

4. 删除视图

删除视图使用 DROP VIEW 命令，可以使用单个 DROPVIEW 命令删除多个视图。在 DROP VIEW 语句中，需要被删除的视图名之间以逗号隔开。DROP VIEW 的基本语句格式如下：

```
DROP   VIEW <视图名>
```

【应用 5-28】　出于数据对象管理的需要，要删除视图 vw _ Orders0802。

```
DROP VIEW vw _ NameByID
```

【提示】

- 删除视图时，将从系统目录中删除视图的定义和有关视图的其他信息，还将删除视图的所有权限。
- 使用 DROP TABLE 删除的表上的任何视图都必须使用 DROP VIEW 显式删除。
- 对索引视图执行 DROP VIEW 操作时，将自动删除视图上的所有索引。

5.8　使用视图

5.8.1　查询视图数据

视图与表具有相似的结构，当定义视图以后，用户就可以像对基本表一样对视图进行查询操作。

【应用 5-29】　查询电子工业出版社的图书价格在 25 元以上的图书信息。为了简化查询操作，可以在视图 vw _ Book _ p001 中进行查询。

```
SELECT *
FROM vw _ Book _ p001
WHERE 价格 >= 25
```

运行结果如图 5-35 所示。

	图书编号	图书名称	作者	类别...	价格	数量
1	TP3/2742	数据恢复技术	戴士剑、陈永红	17	39.00	4
2	TP312/146	C++程序设计与软件技术基础	梁普选	17	28.00	7
3	TP39/717	UML数据库设计应用	[美]Eric J.Naiburg等	17	30.00	9
4	TP39/719	SQL Server 2005实例教程	刘志成、陈承欢	17	34.00	3

图 5-35　查询视图 vw _ Book _ p001

【提示】

- 由于在创建视图时为“b _ Price”指定了别名“价格”，所以在利用视图进行查询时，不能使用列名“b _ Price”，也不能使用“商品价格”等名称，而要使用“价格”。
- 视图中的列名取决于创建视图时指定的名称，而不是源表中的列名。

【应用 5-30】　查询姓名为“王周应”的读者已借出但还未归还的图书名称和借书时间。为了简化查询操作，可以在视图 vw _ NoReturn 中进行查询。

```
SELECT *
FROM vw _ NoReturn
WHERE r _ Name ='王周应'
```

运行结果如图 5-36 所示。

	br_ID	r_Name	b_Name	s_Position	br_OutDate
1	000007	王周应	JSP程序设计案例教程	03-03-01	2007-09-15 00:00:00.000
2	999999	王周应	管理信息系统基础与开发	03-03-01	2007-06-15 00:00:00.000
3	000002	王周应	SQL Server 2005实例教程	03-03-07	2007-09-15 00:00:00.000

图 5-36　查询视图 vw _ NoReturn

【提示】

- 虽然在创建视图时没有为“r _ Name”等指定别名，但是可以在利用视图进行查询时指定的别名。这一点与查询基本表是完全一致的。
- 请思考在没有视图的情况下应该怎样完成。

5.8.2　修改视图数据

当向视图中插入或更新数据时，实际上是对视图所基于的表执行数据的插入和更新。但是通过视图插入、更新数据有一些限制：

1）在一个语句中，一次不能修改一个以上的视图基表。例如，对于前面建立的视图 vw _ NoReturn，它基于 BookStore、BorrowReturn 和 BookInfo 3 个表，所以不能用一个 INSERT 语句或 UPDATE 语句插入或修改视图 vw _ NoReturn 中的所有列，但可以在多个语句中分别插入或修改该视图所参照的基表的对应列。

2）对视图中所有列的修改必须遵守视图基表中所定义的各种数据约束条件(如不能为空等)。

3）不允许对视图中的计算列进行修改，也不允许对视图定义中包含有聚合函数或 GROUP BY 子句的视图进行插入或修改操作。

【应用 5-31】　创建一个基于 BookType 表，使用汉字列名的图书类别视图 vw _ BookType，然后通过该视图实现向表 BookType 中增加一种图书类别。

1）首先建立一个视图 vw _ BookType。

```
CREATE VIEW vw _ BookType
AS
SELECT bt _ ID 类别编号,bt _ Name 类别名称,bt _ Description 描述信息
FROM BookType
```

该视图只是很简单地将英文的列名换成汉字的列名。

2）通过视图 vw _ BookType 实现记录的添加。

```
INSERT INTO vw _ BookType(类别编号,类别名称,描述信息)
VALUES('99','视图测试','这是通过测试添加的信息')
```

该语句成功执行后，在 BookType 表中新增了一个名为“视图测试”的图书类别信息，如图 5-37 所示。

3）查询原表和视图信息，如图 5-38 所示。

	bt_ID	bt_Name	bt_Description
22	22	M期刊杂志	NULL
23	23	W电子图书	NULL
24	99	视图测试	这是通过测试添加的信息

图 5-37　BookType 表信息

	类别编号	类别名称	描述信息
22	22	M期刊杂志	NULL
23	23	W电子图书	NULL
24	99	视图测试	这是通过测试添加的信息

图 5-38　视图 vw _ BookType 信息

```
SELECT * FROM BookType
GO
SELECT * FROM vw _ BookType
```

【应用 5-32】 通过视图 vw _ BookType 将类别编号为“99”的类别名称修改为“视图”。

```
UPDATE vw _ BookType
SET 类别名称 ='视图'
WHERE 类别编号 ='99'
```

【提示】

• 如上所述，通过视图进行修改时，也必须使用视图中的列名。例如，使用“类别名称”，而不是“bt _ Name”；使用“类别编号”，而不是“bt _ ID”。

• 当要通过视图修改多个视图基表时，必须给出多个单独的修改基表的语句来一起完成。

• 为了保证多个单独的修改语句都能被执行，可以通过显式事务的方式来实现。事务的详细内容请参阅第 10 章。

5.8.3 删除视图数据

也可以通过视图删除基本表中的数据。同样的，通过视图删除数据也有一些限制。

【应用 5-33】 通过视图 vw _ BookType 将类别编号为“99”的图书类别删除。

```
DELETE FROM vw _ BookType
WHERE 类别编号 ='99'
```

该语句执行后，视图 vw _ BookType 和基本表 BookType 中的新增加的类别编号为“99”的记录被删除。

本 章 小 结

本章学习了如下内容：

■ 索引概述。包括索引简介、索引类型。

■ 使用 SSMS 管理索引。包括创建索引、删除索引和查看索引。

■ 使用 T-SQL 管理索引。包括使用 CREATE INDEX 创建索引、使用 DROP INDEX 删除索引和使用 DBCC 管理索引。

■ 全文索引。包括全文索引概述、使用“全文索引向导”和使用 T-SQL 管理全文索引。

■ 视图概述。

■ 使用 SSMS 管理视图。包括创建视图、修改视图、删除视图和查看视图。

■ 使用 T-SQL 管理视图。包括使用 CREATE VIEW 创建视图、使用 ALTER VIEW 修改视图、使用 DROP VIEW 删除视图、使用 sp _ rename 更改视图名称、使用 sp _ help 查看视图和使用 sp _ helptext 查看视图定义文本。

■ 使用视图。包括查询视图数据、修改视图数据和删除视图数据。

习 题 5

一、选择题

1. 下面关于唯一索引表述不正确的是________。

(A) 某列创建了唯一索引则这一列为主键

(B) 不允许插入重复的列值

(C) 某列创建为主键，则该列会自动创建唯一索引

(D) 一个表中可以有多个唯一索引

2. 某数据表已经将列 F 定义为主关键字，则以下表述中错误的是________。

（A）列 F 的数据是有序排列的

（B）列 F 的数据在整个数据表中是唯一存在的

（C）不能再给此数据表建立聚集索引

（D）当为其他列建立非聚集索引时，将导致此数据表的记录重新排列

3. 以下关于视图的表述中，错误的是________。

（A）视图不是真实存在的基础表，而是一张虚表

（B）当对通过视图看到的数据进行修改时，相应的基本表的数据也要发生变化

（C）在创建视图时，若其中某个目标列是聚合函数时，必须指明视图的全部列名

（D）在一个语句中，一次可以修改一个以上的视图对应的基表

4. 使用 T-SQL 创建视图时，不能使用的关键字是________。

（A）ORDER BY　　（B）WHERE

（C）COMPUTE　　（D）WITH CHECK OPTION

二、判断题

1. 索引是一个系统自动创建和维护的系统文件。
2. 数据库中如果不建立相应的索引文件，在查询时会经常出错。
3. 表中只能有一个聚集索引，但可以有多个非聚集索引。
4. 数据库系统中建立过多的索引会使系统效率降低。
5. 视图中存储的是物理的数据。
6. 视图一旦创建后，其中的内容不能被修改。

三、名词解释

1. 聚集索引
2. 视图

四、简答题

1. 聚集索引和非聚集索引有什么区别？
2. 举例说明视图有哪些特点。
3. 举例说明全文索引的应用场合和优点。

实训 5-1　SQL Server 2005 的索引操作

一、实训目的

1. 了解索引的概念和作用。
2. 掌握应用 SSMS 管理索引的方法。
3. 掌握应用 T-SQL 管理索引的方法。
4. 掌握全文索引的创建的方法。
5. 掌握基于全文索引的查询方法。

二、实训要求

1. 已创建好的 WebShop 数据库。
2. 已创建并已添加示例数据库的表。
3. 根据实际需要，创建 WebShop 库中的相关索引。

4. 保存实训结果到网络文件夹。

三、实训步骤

1. 在 Goods 表创建基于 g _ Name 的索引 idx _ GName。(SSMS)
2. 在 WebShop 数据库中，查看所创建的索引 idx _ Gname。(T-SQL)
3. 在 Users 表的 u _ Name 列上创建唯一的非聚集索引 idx _ UsersName。(T-SQL)
4. 在 OrderDetails 表的 o _ ID 列和 g _ ID 列上创建复合非聚集索引 idx _ OID _ GID。
5. 查看 Goods 表的索引。(T-SQL)
6. 将索引“idx _ Gname”改名为“idx _ GoodsName”。(T-SQL)
7. 删除 Goods 表中所建的索引 idx _ GName。(T-SQL)
8. 查看 OrderDetails 表中 idx _ OID _ GID 索引的信息。(DBCC)
9. 在“SQL Server Management Studio”中利用“全文索引向导”在表 Customers 上建立基于 c _ Name 列的全文索引。(SSMS)
10. 基于所创建的全文索引查找姓“刘”和姓“王”的会员信息。(T-SQL)
11. 在表 Customers 上创建基于 c _ Name 列的全文索引。(T-SQL)
12. 基于 Customers 的的全文索引进行查询。(T-SQL)
13. 将实训过程中相关的 SQL 语句保存至 chap05-1. sql。

四、实训提示

1. 索引创建之后，由系统自行管理。
2. 使用时的时间和空间的问题。
3. 全文索引的优点。

实训 5-2　SQL Server 2005 的视图操作

一、实训目的

1. 了解视图的功能。
2. 掌握应用 SSMS 创建和查看视图的方法。
3. 掌握应用 SSMS 视图修改和删除视图的方法。
4. 掌握应用 T-SQL 创建和查看视图的方法。
5. 掌握应用 T-SQL 修改和删除视图的方法。

二、实训要求

1. 已创建好的 WebShop 数据库。
2. 已创建并已添加示例数据库的表。
3. 创建 WebShop 数据库中的相关视图。
4. 保存实训结果到网络文件夹。

三、实训步骤

1. 在电子商城数据库 WebShop 中创建以价格升序排列的“促销”商品的视图 13。vw _ SaleGoods。(SSMS)
2. 将所创建的视图 vw _ SaleGoods 中的商品类别(t _ ID)对应的列去掉。(SSMS)

3. 将所创建的视图 vw _ SaleGoods 的名称修改为 vw _ HotSaleGoods。(SSMS)

4. 查看视图 vw _ SaleGoods 的基本信息。(SSMS)

5. 查看视图 vw _ SaleGoods 的依赖关系。(SSMS)

6. 经常需要了解“热点”商品的商品号(g _ ID)、商品名称(g _ Name)、类别号(t _ ID)、商品价格(g _ Price)、商品折扣(g _ Discount)和商品数量(g _ Number)信息，基于这种需要创建一个“热点”商品的视图 vw _ HotGoods。(T-SQL)

7. 创建包含所有订单所订购的商品信息(商品名称、购买价格和购买数量)和订单日期的视图 vw _ AllOrders，同时将创建的视图文本加密。(T-SQL)

8. 对于已创建的视图 vw _ HotGoods，现在需要删除其中的折扣(g _ Discount)信息，使之仅包含商品的商品号(g _ ID)、商品名称(g _ Name)、类别号(t _ ID)、价格(g _ Price)和数量(g _ Number)信息。(T-SQL)

9. 查看视图 vw _ HotGoods 的定义。(T-SQL)

10. 查看视图 vw _ HotGoods 定义文本。(T-SQL)

11. 需要了解价格在 2000 元以上的促销商品信息。为了简化查询操作，可以在视图 vw _ SaleGoods 中进行查询。(T-SQL)

12. 出于数据管理的需要，要删除视图 vw _ AllOrders。(T-SQL)

13. 基于 Users 表创建一个视图 vw _ Users，通过视图 vw _ Users 向表 Users 中增加一个用户。(T-SQL)

14. 通过视图 vw _ Users 将用户“amy”的所属用户组修改为“查询”。(T-SQL)

15. 将实训过程中相关的 SQL 语句保存至 chap05-2. sql。

四、实训提示

1. 创建视图时 SELECT 语句的使用。

2. 视图定义的修改和通过视图修改表中数据区别。

3. 视图定义删除和通过视图删除表中的数据区别。

4. 视图(虚表)和基表的操作的区别。

第6章　T-SQL基础和存储过程

【学习目标】

本章将要学习T-SQL语言的组成元素，包括标识符、注释、批处理、运算符、变量、显示和输出语句、流程控制语句、CASE表达式、系统内置函数和存储过程的创建、修改、删除和执行以及游标的概念及使用。

【学习要点】

- T-SQL语言的基本元素。
- 应用T-SQL编程的基本方法。
- SSMS中管理存储过程的方法。
- T-SQL语句管理存储过程的方法。
- 存储过程的执行。
- 游标的基本概念及其使用。

6.1　T-SQL语言基础

Transact-SQL(简写为T-SQL)是SQL Server对标准SQL功能的增强与扩充。利用T-SQL可以完成数据库上的各种管理操作，而且可以编制复杂的程序。

1. 标识符

标识符是指用户在SQL Server中定义的服务器、数据库、数据库对象、变量和列等对象名称。SQL Server标识符分为常规标识符和分隔标识符两类。

(1) 常规标识符　查询语句SELECT * FROM BookInfo，其中的“BookInfo”即为常规标识符。常规标识符应遵守以下命名规则：

1）标识符长度可以为1~128个字符。对于本地临时表，标识符最多可以有116个字符。

2）标识符的首字符必须为Unicode 3.2标准所定义的字母或_、@、#符号。

3）标识符第一个字符后面的字符可以为Unicode 3.2标准所定义的字符、数字或@、#、$、_符号。

4）标识符内不能嵌入空格或其他特殊字符。

5）标识符不能与SQL Server中的保留关键字同名。

【提示】　在SQL Server中，某些位于标识符开头位置的符号具有特殊意义。为了避免混淆，不应使用以这些特殊意义开头的名称。

- 以at符号(@)开头的标识符表示局部变量或参数。
- 以一个数字符号(#)开头的标识符表示临时表或过程。
- 以两个数字符号(##)开头的标识符表示全局临时对象。
- 以两个at符号(@@)开头的标识符为某些T-SQL函数的名称。

(2) 分隔标识符　分隔标识符允许在标识符中使用SQL Server保留关键字或常规标识符中不允许使用的一些特殊字符，这是由双引号或方括号分隔符进行分隔的标识符。

语句 CREATE DATABASE[My DB]中由于数据库名称“My DB”中包含空格，所以用方括号来分隔。

【应用 6-1】　创建一个新表，新表使用“table”作为表名。

```
CREATE TABLE[table]
(
    column1 CHAR(10)   PRIMARY KEY,
    column2 INT,
    column3 VARCHAR(12)
)
```

【提示】

- 由于所创建的表名 table 与 T-SQL 保留字相同，因此也要用方括号来分隔。
- 符合标识符格式规则的标识符可以分隔，也可以不分隔。

```
SELECT[b_ID],[b_Name]
FROM[BookInfo]
```

该语句等价于：

```
SELECT b_ID,b_Name
FROM BookInfo
```

2. 批处理

多条语句放在一起依次执行，称为批处理执行。批处理语句之间用 GO 分隔。这里的 GO 是向 SQL Server 实用工具(如 sqlcmd)发出一批 T-SQL 语句结束的信号。但并不是所有的 T-SQL 语句都可以组合成批处理，在使用批处理时有如下限制：

1）规则和默认不能在同一个批处理中既绑定到列又被使用。

2）CHECK 约束不能在同一个批处理中既定义又使用。

3）在同一个批处理中不能删除对象后又重新创建该对象。

4）用 SET 语句改变的选项在批处理结束时生效。

5）在同一个批处理中不能改变一个表再立即引用该表的新列。

【应用 6-2】　打开 Library 数据库，创建出版社编号为“001”的图书信息的视图 vw_Book_p001 后，查询该视图中的信息。

```
USE Library
GO
CREATE VIEW vw_Book_p001
AS
SELECT b_ID AS 图书编号,b_Name AS 图书名称,b_Author
AS 作者,bt_ID AS 类别号,b_Price AS 价格,b_Quantity AS 数量
FROM BookInfo
WHERE p_ID ='001'
GO
SELECT * FROM vw_Book_p001
```

【提示】

- GO 不是 T-SQL 语句，它是 SQLCMD 和 OSQL 实用工具以及 SSMS 代码编辑器识别的命令。

● SQL Server 实用工具将 GO 解释为应该向 SQL Server 实例发送当前批 T-SQL 语句的信号。当前批处理由上一 GO 命令后的所有语句组成。

● GO 命令和 T-SQL 语句不能在同一行中，但在 GO 命令行中可包含注释。

3. 注释

注释是程序代码中不执行的文本字符串。在 SQL Server 中，可以使用两种类型的注释字符：

1）“--”用于单行注释。

2）“/＊　＊/”用于多行注释。

【应用 6-3】 对完成“应用 6-2”的批处理语句进行说明，以方便各类用户理解批处理语句的含义。

```
/＊以下语句完成 vw _ Book _ p001 视图的创建和查询操作　＊/
--打开数据库
USE Library
GO
--创建视图
CREATE VIEW vw _ Book _ p001
AS
SELECT b _ ID AS 图书编号,b _ Name AS 图书名称,b _ Author
AS 作者,bt _ ID AS 类别号,b _ Price AS 价格,b _ Quantity AS 数量
FROM BookInfo
WHERE p _ ID ='001'
GO
--查询视图
SELECT＊FROM vw _ Book _ p001
```

4. 输出语句

（1）PRINT 语句　PRINT 语句把用户定义的消息返回客户端，其基本语句格式如下：

```
PRINT <字符串表达式>
```

（2）RAISERROR 语句　返回用户定义的错误信息，其基本语句格式如下：

```
RAISERROR({msg _ id | msg _ str}{,severity,state})
```

参数含义如下：

● msg _ id：存储于 sysmessages 表中的用户定义的错误信息。用户定义错误信息的错误号应大于 50000。

● msg _ str：是一条特殊消息字符串。

● severity：用户定义的与消息关联的严重级别。用户可以使用 0 ~ 18 之间的严重级别。

● state：1 ~ 127 之间的任意整数，表示有关错误调用状态的信息。

【应用 6-4】 输出“Hello World”字符串和返回用户定义的错误信息。

```
PRINT 'Hello World'
RAISERROR('发生错误',16,1)
```

运行结果如图 6-1 所示。

```
Hello World
消息 50000，级别 16，状态 1，第 2 行
发生错误
```

图 6-1　应用 6-4 运行结果

**【提示】** RAISERROR 与 PRINT 相比具有以下优点：

● RAISERROR 支持使用 C 语言标准库 printf 函数上的建模机制将参数代入错误消息字符串。

- 除了文本消息，RAISERROR 还可以指定唯一错误编号、严重性和状态代码。
- RAISERROR 可用于返回使用 sp _ addmessage 系统存储过程创建的用户定义的消息。

6.2　变量和运算符

6.2.1　变量

变量是 SQL Server 用来在语句之间传递数据的方式之一，由系统或用户定义并赋值。SQL Server 中的变量分局部变量和全局变量两种，其中全局变量是指由系统定义和维护，名称以@ @ 字符开始的变量；局部变量是指名称以一个@ 字符开始，由用户自己定义和赋值的变量。

1. 局部变量

（1）变量声明　T-SQL 中使用 DECLARE 语句声明变量，并在声明后将变量的值初始化为 NULL。在一个 DECLARE 语句中可以同时声明多个局部变量，它们相互之间用逗号分隔。DECLARE 语句的基本语句格式如下：

```
DECLARE   @ variable _ name date _ type
[ ,@ variable _ name data  type… ]
```

（2）变量赋值　变量声明后，DECLARE 语句将变量初始化为 NULL，这时可以使用 SET 语句或 SELECT 语句为变量赋值。SET 语句的基本语句格式如下：

```
SET   @ variable _ name = expression
```

SELECT 语句为变量赋值的基本语句格式如下：

```
SELECT @ variable _ name = expression [ FROM < 表名 > WHERE < 条件 > ]
```

其中 expression 为有效的 SQL Server 表达式，它可以是一个常量、变量、函数、列名和子查询等。

【应用 6-5】　使用@ birthday 存储出生日期，使用@ avg 存储价格，使用@ name 存储图书名称。同时为所声明的@ birthday 变量赋值为“1999-4-14”（使用 SET 语句）；然后将 BookInfo 表中的所有图书的平均价格赋值给变量@ age(使用 SELECT 语句)。

```
DECLARE   @ birthday   datetime
DECLARE   @ avg   FLOAT,@ name   CHAR(8)
SET @ birthday = '1999-4-14 '
USE Library
--GO(该处不能使用)
SELECT @ avg = AVG( b _ Price)  FROM BookInfo   --给@ avg 变量赋值
PRINT '-------变量的输出结果-----------'
PRINT '@ birthday 的值:'
PRINT @ birthday               --输出@ birthday 的值
PRINT '平均价格:'
PRINT @ avg                    --输出@ avg 的值
PRINT @ name                   --输出@ name 的值
```

运行结果如图 6-2 所示。

图 6-2　应用 6-5 运行结果

【提示】

- 局部(用户定义)变量的作用域限制在一个批处理中，不可在 GO

命令后引用，否则会出现“变量需要声明”的错误提示。

- 变量常用在批处理或过程中，用来保存临时信息。
- 局部变量的作用域是其被声明时所在的批处理。
- 声明一个变量后，该变量将被初始化为 NULL。

2. 全局变量

全局变量不能由用户定义，不可以赋值，并且在相应的上下文中时随时可用。使用全局变量时应该注意以下几点：

1）全局变量不是由用户的程序定义的，它们是在服务器级定义的。

2）用户只能使用预先定义的全局变量。

3）引用全局变量时，必须以标记符“@@”开头。

局部变量的名称不能与全局变量的名称相同，否则会在应用程序中出现不可预测的结果。常用的全局变量有以下 3 种：

1）@@ERROR。返回最后执行的 T-SQL 语句的错误代码，返回类型为 integer。

2）@@ROWCOUNT。返回受上一语句影响的行数，除了 DECLARE 语句外，其他任何语句都可以改变其值。

3）@@IDENTITY。返回最后插入的标识值，返回类型为 numeric。

【应用 6-6】 检查 UPDATE 语句中的错误(错误号为 547)，可以使用全局变量@@ERROR；同时要了解执行 UPDATE 语句是否影响了表中的行，可以使用 @@ROWCOUNT 来检测是否有发生更改的行。

```
UPDATE BookInfo SET b_Price = -100
WHERE b_ID = 'TP39/720'
IF @@ERROR = 547
PRINT  '错误:违反 Check 约束!'
IF @@ROWCOUNT = 0
PRINT '警告:数据没有被更新!'
```

运行结果如图 6-3 所示。

消息 547，级别 16，状态 0，第 1 行
UPDATE 语句与 CHECK 约束"CK_BookInfo_Price"冲突。该冲突发生于数据库"Library"，表"dbo.BookInfo", column 'b_Price'。
语句已终止。
错误：违反Check约束！
警告：数据没有被更新！

图 6-3 应用 6-6 运行结果

6.2.2 运算符

运算符用来执行列、常量或变量间的数学运算和比较操作。SQL Server 支持的运算符有算术运算符、位运算符、比较运算符、逻辑运算符、赋值运算符、字符串连接运算符和单目运算符。

1. 常用运算符

SQL Server 2005 支持的常用运算符见表 6-1。

表 6-1 SQL Server 2005 支持的常用运算符

类型	运算符	功能	备注
算术运算符	加(+)	加	数字类别中任何一种数据类型(bit 数据库类型除外)
	减(-)	减	可以从日期中减去以天为单位的数字
	乘(*)	乘	除 datetime 和 smalldatetime 之外的数值数据类型
	除(/)	除	用一个整数的 divisor 去除另一个整数，其结果是一个整数，小数部分被截断
	取余(%)	返回一个除法运算的整数余数	12%5 = 2，这是因为 12 除 5，余数为 2

（续）

类　型	运 算 符	功　能	备　注
赋值运算符	等号(=)	它将表达式的值赋给一个变量	可以使用赋值运算符在列标题和定义列值的表达式之间建立关系
位运算符	与(&)	位与(两个操作数)	当且仅当输入表达式中两个位的值都为 1 时，结果中的位才被设置为 1；否则，结果中的位被设置为 0
	或(|)	位或(两个操作数)	如果在输入表达式中有一个位为 1 或两个位均为 1，结果中的位将被设置为 1；如果输入表达式中的两个位都不为 1，则结果中的位将被设置为 0
	异或(^)	位异或(两个操作数)	如果在输入表达式的正在被解析的对应位中，任意一位的值为 1，则结果中该位的值被设置为 1；如果相对应的两个位的值都为 0 或者都为 1，那么结果中该位的值被清除为 0
比较运算符	等于(=)		具有 Boolean 数据类型的比较运算符的结果；它有 3 个值：True、False 和 Unknown；返回 Boolean 数据类型的表达式称为布尔表达式；与其他 SQL Server 数据类型不同，Boolean 数据类型不能被指定为表列或变量的数据类型，也不能在结果集中返回
	大于(>)		
	小于(<)		
	大于等于(>=)		
	小于等于(<=)		
	不等于(<>)		
	不等于(!=)		
	不小于(!<)		
	不大于(!>)		
逻辑运算符	ALL	所有	如果一组的比较都为 True，那么就为 True
	AND	并列	如果两个布尔表达式都为 True，那么就为 True
	ANY	任何	如果一组的比较中任何一个为 True，那么就为 True
	BETWEEN	间于	如果操作数在某个范围之内，那么就为 True
	EXISTS	存在	如果子查询包含一些行，那么就为 True
	IN	范围操作	如果操作数等于表达式列表中的一个，那么就为 True
	LIKE	模式匹配	如果操作数与一种模式相匹配，那么就为 True
	NOT	否定	对任何其他布尔运算符的值取反
	OR	或者	如果两个布尔表达式中的一个为 True，那么就为 True
	SOME	一些	如果在一组比较中，有些为 True，那么就为 True
字符串连接运算符	连接符(+)	实现字符串之间的连接操作	SELECT 'abc' + '123' 结果为 abc123
单目运算符	正(+)		可以用于 numeric 数据类型类别中任一数据类型
	负(-)		
	位反(~)	用于整数数据类型类别中任一数据类型	DECLARE @intNum SET @intNum = 10 INT SELECT ~ - @intNum 结果为 -10

2. 运算符优先级

当一个复杂的表达式中包含多个运算符时，运算执行的先后次序取决于运算符的优先级。具有相同优先级的运算符，根据它们在表达式中的位置对其从左到右进行求值。在 SQL Server 中，运算符的优先级是在较低级别的运算符之前先对较高级别的运算符进行求值。运算符的优先级见表 6-2。

表 6-2 运算符优先级

级 别	运 算 符
1	~(位反)
2	*(乘)、/(除)、%(取余)
3	+(正)、-(负)、+(加)、+(连接)、-(减)、&(位与)
4	=，>、<、>=、<=、<>、!=、!>、!<(比较运算符)
5	^(位异或)、|(位或)
6	NOT
7	AND
8	ALL、ANY、BETWEEN、IN、LIKE、OR、SOME
9	=(赋值)

【应用 6-7】 计算 12 * (40 + (51 - 31))的值。

```
DECLARE @ iNumber int
SET @ iNumber = 12 * (40 + (51 - 31))
SELECT @ iNumber
```

该语句中包含嵌套的括号，其中表达式“51 - 31”在嵌套最深的那对括号中。该表达式产生一个值 20，然后加运算符“+”将此结果与 40 相加，这将生成一个值 60，最后将 60 与 12 相乘，生成表达式的结果 720。

【提示】

- 当一个表达式中的两个运算符有相同的运算符优先级别时，将按照它们在表达式中的位置对其从左到右进行求值。
- 在表达式中使用括号替代所定义的运算符的优先级。首先对括号中的内容进行求值，从而产生一个值，然后括号外的运算符才可以使用这个值。
- 如果表达式有嵌套的括号，那么首先对嵌套最深的表达式求值。

6.3 流程控制语句

1. 顺序控制语句

BEGIN…END 语句用于将多条 T-SQL 语句封装起来，构成一个语句块，它用在 IF…ELSE、WHILE 等语句中，使语句块内的所有语句作为一个整体被依次执行。BEGIN…END 语句可以嵌套使用。BEGIN…END 的基本语句格式如下：

```
BEGIN
    {SQL 语句|语句块}
END
```

2. 分支控制语句

IF…ELSE 语句是条件判断语句，其中 ELSE 子句是可选的，最简单的 IF 语句没有 ELSE 子句部分。IF…ELSE 的基本语句格式如下：

```
IF <布尔表达式>
    {SQL 语句|语句块}
[ELSE
    {SQL 语句|语句块}]
```

IF…ELSE 语句的执行方式是：如果布尔表达式的值为 True，则执行 IF 后面的语句块；否则执行 ELSE 后面的语句块。

【应用 6-8】 查找图书名称为“数据库基础”的图书的作者，如果查找到该作者，显示该书的价格和出版社编号，否则显示“没有该图书”。

```
DECLARE @price INT,@no VARCHAR(15)
IF EXISTS(SELECT * FROM BookInfo   WHERE b_Name ='数据库基础')
BEGIN
  USE Library
SELECT @price = b_Price, @no = p_ID FROM BookInfo WHERE b_Name ='数据库基础'
PRINT '---数据库基础的联系信息---'
PRINT ''
PRINT  '价格：' + str(@price)
PRINT  '出版社编号：' + @no
END
ELSE
  PRINT  '没有该图书!'
```

运行结果如图 6-4 所示。

```
---数据库基础的联系信息---

价格： 19
出版社编号： 002
```

图 6-4　应用 6-8 运行结果

3. 循环控制语句

WHILE…CONTINUE…BREAK 语句用于设置重复执行 SQL 语句或语句块的条件，只要指定的条件为真，就重复执行语句。其中，CONTINUE 语句可以使程序跳过 CONTINUE 语句后面的语句，回到 WHILE 循环的第一行命令；BREAK 语句则使程序完全跳出循环，结束 WHILE 语句的执行。WHILE 的基本语句格式如下：

```
WHILE <布尔表达式>
    {SQL 语句|语句块}
    [BREAK]
    {SQL 语句|语句块}
    [CONTINUE]
    [SQL 语句|语句块]
```

【应用 6-9】 求 1 ~ 100 之间能被 7 整除的整数之和。

```
DECLARE @number SMALLINT,@sum SMALLINT
SET @number = 1
SET @sum = 0
WHILE @number <= 100
```

```
BEGIN
IF @ number % 7 =0
    BEGIN
        SET @ sum = @ sum + @ number
        PRINT @ number
    END
SET @ number = @ number + 1
END
PRINT '1 到 100 之间能被 7 整除的整数和为:' + STR( @ sum)
```

运行结果如图 6-5 所示。

图 6-5　应用 6-9 运行结果

4. 错误处理语句

T-SQL 语句组可以包含在 TRY 块中。如果 TRY 块内部发生错误，则会将控制传递给 CATCH 块中包含的另一个语句组。

```
BEGIN TRY
 <SQL 语句块>
END TRY
BEGIN CATCH
   <SQL 语句块>
END CATCH
```

【应用 6-10】 使用 TRY-CATCH 捕捉 SQL 语句执行过程中的异常。

```
--使用 TRY-CATCH 捕捉异常
BEGIN TRY
  SELECT 1/0
END TRY
BEGIN CATCH
    SELECT
        ERROR _ NUMBER( ) AS 错误号,
        ERROR _ SEVERITY( ) AS 错误等级,
        ERROR _ STATE( ) AS 错误状态,
        ERROR _ PROCEDURE( ) AS 错误过程,
        ERROR _ LINE( ) AS 错误行,
        ERROR _ MESSAGE( ) AS 错误信息
END CATCH
GO
```

运行结果如图 6-6 所示。

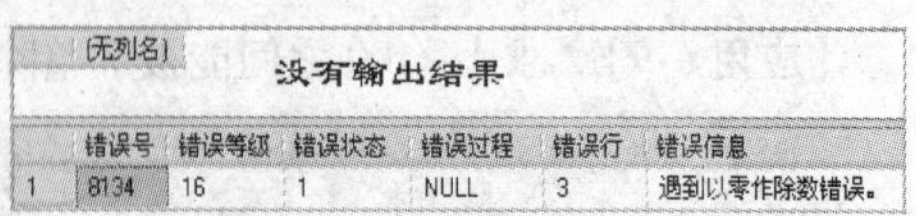

(无列名)
没有输出结果

	错误号	错误等级	错误状态	错误过程	错误行	错误信息
1	8134	16	1	NULL	3	遇到以零作除数错误。

图 6-6　应用 6-10 运行结果

5. 其他流程控制语句

(1) RETURN 语句　RETURN 语句用于无条件地终止一个查询、存储过程或者批处理，此时位于 RETURN 语句之后的程序将不会被执行。RETURN 语句的基本语句格式如下：

```
RETURN[integer_expression]
```

其中，参数 integer_expression 为返回的整型值。

(2) GOTO 语句 GOTO 语句将执行流更改到标签处，跳过 GOTO 后面的 T-SQL 语句，并从标签位置继续处理。GOTO 语句和标签可在过程、批处理或语句块中的任何位置使用。GOTO 语句可嵌套使用。

(3) WAIT FOR 语句 在达到指定时间或时间间隔之前，或者指定语句至少修改或返回一行之前，阻止执行批处理、存储过程或事务。

```
WAITFOR
{
    DELAY 'time_to_pass'
  | TIME 'time_to_execute'
  | (receive_statement) [,TIMEOUT timeout]
}
```

【应用 6-11】 在 2min 之后对 BorrowReturn 表进行查询，在 23: 00 时对 BookInfo 表进行查询。

```
USE Library
GO
BEGIN
    WAITFOR DELAY '00: 02'
    SELECT * FROM BorrowReturn
    WAITFOR TIME '23: 00'
    SELECT * FROM BookInfo
END
```

【提示】

- 在指定的时间或时间间隔之后执行指定操作。
- 执行 WAITFOR 语句时，事务正在运行，其他请求不能在同一事务下运行。
- 不能对 WAITFOR 语句打开游标，也不能对 WAITFOR 语句定义视图。
- 利用该功能可以让数据库管理系统自动完成一些管理操作，如数据库备份和删除临时表等。

6. CASE 函数

CASE 函数可以计算多个条件表达式，并将其中一个符合条件的结果表达式返回。CASE 函数按照使用形式的不同，可以分为简单 CASE 函数和 CASE 搜索函数。

(1) 简单 CASE 函数 简单 CASE 函数将某个表达式与一组简单表达式进行比较以确定结果，其基本语句格式如下：

```
CASE 输入表达式
WHEN 简单表达式 THEN 结果表达式
[…n]
[ELSE 结果表达式]
END
```

对于简单的 CASE 语句，系统进行如下处理：

1）计算输入表达式，然后按指定顺序对每个 WHEN 子句的（“输入表达式”=“简单表达式”）进行计算。

2）返回第一个取值为 True 的（“输入表达式” =“简单表达式”）的结果表达式。

3）如果没有取值为 True 的(“输入表达式” =“简单表达式”)结果表达式，则当指定 ELSE 子句时 SQL Server 将返回 ELSE 结果表达式；若没有指定 ELSE 子句，则返回 NULL 值。

【应用 6-12】 在 Library 数据库的 BookInfo 表中查询出版社编号，并将所查询到的出版社编号为“001”的用“电子工业出版社”表示，类别号为“002”的用“高等教育出版社”表示，类别号“003”的用“清华大学出版社”表示，其余的类别号用“其他出版社”表示(不重复显示)。

```
USE Library
GO
SELECT DISTINCT p_ID 出版社编号,出版社名称 = case p_ID
WHEN '001' THEN '电子工业出版社'
WHEN '002' THEN '高等教育出版社'
WHEN '003' THEN '清华大学出版社'
ELSE '其他出版社'
END
FROM BookInfo
```

运行结果如图 6-7 所示。

(2) CASE 搜索函数 CASE 搜索函数计算一组布尔表达式以确定结果，其基本语句格式如下：

```
CASE
WHEN 布尔表达式 THEN  结果表达式
[…n]
[ELSE 结果表达式]
END
```

	出版社编号	出版社名称
1	001	电子工业出版社
2	002	高等教育出版社
3	003	清华大学出版社
4	004	其他出版社
5	007	其他出版社

图 6-7 应用 6-12 运行结果

【应用 6-13】 在 Library 数据库中根据 BookInfo 表中的图书价格设置对应的等级，图书价格在 20 元以下(含 20 元)设置为“低价图书”，20 ~ 30 元之间(含 30 元)设置为“中价图书”，30 元以上设置为“高价图书”。

```
USE Library
GO
SELECT TOP 6 b_ID 图书编号,b_Name 图书名称,b_Price 价格,等级 = case
WHEN b_Price > 30 THEN  '高价图书'
WHEN b_Price >= 20 AND b_Price < 30 THEN  '中价图书'
ELSE  '低价图书'
END
FROM BookInfo
```

运行结果如图 6-8 所示。

	图书编号	图书名称	价格	等级
1	TP3/2737	Visual Basic.NET实用教程	18.00	低价图书
2	TP3/2739	C#程序设计	26.00	中价图书
3	TP3/2741	JSP程序设计案例教程	27.00	中价图书
4	TP3/2742	数据恢复技术	39.00	高价图书
5	TP3/2744	Visual Basic.NET进销存程序设计	38.00	高价图书
6	TP3/2752	Java程序设计案例教程	26.00	中价图书

图 6-8 应用 6-13 运行结果

6.4 常用函数

如同其他编程语言一样，T-SQL 语言也提供了丰富的数据操作函数，常用的有配置函数、数据转换函数、字符串函数、日期和时间函数、系统函数和数学函数。

1. 配置函数

标量函数返回当前配置选项设置的信息。常用配置函数见表 6-3。

表 6-3 配置函数

函 数	功 能
@@SERVERNAME	返回运行 SQL Server 的本地服务器的名称
@@SPID	返回当前用户进程的会话 ID
@@VERSION	返回当前的 SQL Server 安装的版本、处理器体系结构、生成日期和操作系统
@@OPTIONS	返回有关当前 SET 选项的信息
@@LOCK_TIMEOUT	返回当前会话的当前锁定超时设置(ms)
@@MAX_CONNECTIONS	返回 SQL Server 实例允许同时进行的最大用户连接数；返回的数值不一定是当前配置的数值

2. 数据转换函数

常用数据转换函数见表 6-4。

表 6-4 数据转换函数

函 数	功 能
CAST	将某种数据类型的表达式显式转换为另一种数据类型
CONVERT	将某种数据类型的表达式显式转换为另一种数据类型，可以指定长度；Style 为日期格式样式

【应用 6-14】 将图书价格以字符显示(使用 CAST 函数)，将图书的入库日期转换为字符型(使用 CONVERT 函数)。

```
USE Library
GO
SELECT b_Name AS 图书名称,'$' + CAST(b_Price AS VARCHAR(30))AS 价格, Convert
(CHAR(20),b_Date)AS 进货日期
FROM BookInfo
WHERE b_Price > 30
```

运行结果如图 6-9 所示。

	AS图书名称	AS价格	进货日期
1	数据恢复技术	$39.00	08 1 2003 12:00AM
2	Visual Basic.NET进销存程序设计	$38.00	07 1 2003 12:00AM
3	UML用户指南	$35.00	08 1 2003 12:00AM
4	SQL Server 2005实例教程	$34.00	10 1 2006 12:00AM

图 6-9 应用 6-14 运行结果

3. 字符串函数

常用字符串函数见表 6-5。

表 6-5 字符串函数

函数	功能
ASCII	返回字符表达式最左端字符的 ASCII 代码值
CHAR	将 int ASCII 代码转换为字符的字符串函数(0~255 之间)
CHARINDEX	返回字符串中指定表达式的起始位置
LEFT	返回从字符串左边开始指定个数的字符
LEN	返回给定字符串表达式的字符(而不是字节)个数，其中不包含尾随空格
LOWER	将大写字符数据转换为小写字符数据后返回字符表达式
LTRIM	删除起始空格后返回字符表达式
PATINDEX	返回指定表达式中某模式第一次出现的起始位置；如果在全部有效的文本和字符数据类型中没有找到该模式，则返回零
REPLACE	字符串替换
REPLICATE	以指定的次数重复字符表达式
REVERSE	返回字符表达式的反转
RIGHT	返回字符串中从右边开始指定个数的字符
RTRIM	截断所有尾随空格后返回一个字符串
SPACE	返回由重复的空格组成的字符串
STR	由数字数据转换来的字符数据
STUFF	删除指定长度的字符并在指定的起始点插入另一组字符
SUBSTRING	返回字符、binary、text 或 image 表达式的一部分
UPPER	返回将小写字符数据转换为大写的字符表达式

【应用 6-15】 有一个字符串“湖南 Hunan Railway Professional College”，要对其进行如下操作：去掉其左边和右边空格；将该字符串全部转换为大写；了解整个字符串的长度；提取左边 6 个字符；提取第 2 个字符开始的 5 个字符，获取 way 第一次出现的位置。

```
DECLARE @temp VARCHAR(50)
SET @temp ='湖南 Hunan Railway Professional College '
PRINT '去掉空格后:'+RTRIM(LTRIM(@temp))
PRINT '转换为大写:'+UPPER(@temp)
PRINT '字符串长度:'+CAST(LEN(@temp) AS CHAR(4))
PRINT '取左个字符:'+LEFT(@temp,6)
PRINT '截取子串后:'+SUBSTRING(@temp,2,5)
PRINT ' way 第一次出现位置:'+CONVERT(CHAR(4),PATINDEX('%way%',@temp))
```

运行结果如图 6-10 所示。

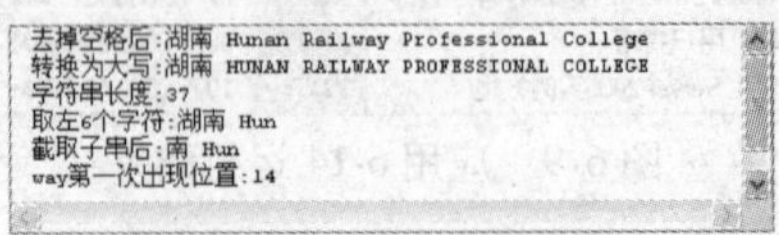

图 6-10 应用 6-15 运行结果

4. 日期和时间函数

常用日期和时间函数见表 6-6。

表 6-6　日期和时间函数

函　数	功　能	函　数	功　能
DATEADD	在向指定日期加上一段时间的基础上，返回新的 datetime 值	DAY	返回日期的天的日期部分
		GETDATE	返回当前系统日期和时间
DATEDIFF	返回两个日期/时间之间指定部分的差	MONTH	返回代表指定日期月份
DATENAME	返回日期的指定日期部分的字符串	YEAR	返回表示指定日期中的年份
DATEPART	返回日期的指定部分的整数		

Microsoft SQL Server 2005 可识别的日期部分及其缩写见表 6-7。

表 6-7　Microsoft SQL Server 2005 可识别的日期部分及其缩写

日 期 部 分	缩　写	日 期 部 分	缩　写
year(年)	yy，yyyy	weekday(星期)	dw，w
quarter(刻)	qq，q	hour(小时)	hh
month(月)	mm，m	minute(分钟)	mi，n
Day of year(一年中的天数)	dy，y	second(秒)	ss，s
day(日期)	dd，d	millisecond(毫秒)	ms
week(周)	wk，ww		

【提示】

- 使用“dw”或“w”可以获得指定日期的星期数，在此基础上减 1 为实际的星期数。
- 注意日期的各种不同格式。

5. 系统函数

常用系统函数见表 6-8。

6. 数学函数

常用数学函数见表 6-9。

表 6-8　系统函数

函　数	功　能
COALESCE	返回其参数中第一个非空表达式
DATALENGTH	返回任何表达式所占用的字节数
HOST _ NAME	返回工作站名称
ISNULL	使用指定的替换值替换 NULL
NEWID	创建 uniqueidentifier 类型的唯一值
NULLIF	如果两个指定的表达式相等，则返回空值
USER _ NAME	返回给定标识号的用户数据库用户名
@ @ IDENTITY	返回最后插入的标识值的系统函数

表 6-9　数学函数

函数	功　能
ABS	返回给定数字表达式的绝对值
CEILING	返回大于或等于所给数字表达式的最小整数
FLOOR	返回小于或等于所给数字表达式的最大整数
POWER	返回给定表达式乘指定次方的值
RAND	返回 0 ~ 1 之间的随机 float 值
ROUND	返回数字表达式并四舍五入为指定的长度或精度
SIGN	返回给定表达式的正(+1)、负(-1)号或零(0)
SQUARE	返回给定表达式的平方
SQRT	返回给定表达式的平方根

【应用 6-16】 有两个数值 123.45 和 -123.45，请使用各种数学函数求值。

```
DECLARE @num1 FLOAT,@num2 FLOAT
SET @num1 = 123.45
SET @num2 = -123.45
SELECT 'ABS', ABS(@num1) ,ABS(@num2)
SELECT 'SIGN',SIGN(@num1),SIGN(@num2)
SELECT 'CEILING',CEILING(@num1),CEILING(@num2)
SELECT 'FLOOR',FLOOR(@num1),FLOOR(@num2)
SELECT 'ROUND',ROUND(@num1,0),ROUND(@num2,1)
```

	(无列名)	(无列名)	(无列名)
1	ABS	123.45	123.45

	(无列名)	(无列名)	(无列名)
1	SIGN	1	-1

	(无列名)	(无列名)	(无列名)
1	CEILING	124	-123

	(无列名)	(无列名)	(无列名)
1	FLOOR	123	-124

	(无列名)	(无列名)	(无列名)
1	ROUND	123	-123.5

图 6-11　应用 6-16 运行结果

运行结果如图 6-11 所示。

6.5　存储过程基础

1. 存储过程简介

(1) 使用存储过程的优点　SQL Server 2005 提供了一种方法，它可以将一些固定的操作集中起来由 SQL Server 2005 数据库服务器来完成，以完成某个特定的应用，这种方法就是存储过程。Microsoft SQL Server 中的存储过程与其他编程语言中的过程类似，存储过程具备了以下功能：

1）包含用于在数据库中执行操作(包括调用其他过程)的编程语句。

2）接受输入参数，并以输出参数的格式向调用过程或批处理返回多个值。

3）向调用过程或批处理返回状态值，以指明成功或失败(以及失败的原因)。

可以使用 EXECUTE 语句来运行存储过程。存储过程与函数不同，因为存储过程不返回取代其名称的值，也不能直接在表达式中使用。存储过程是 SQL 语句和可选控制流语句的预编译集合，以一个名称存储并作为一个单元处理。存储过程存储在数据库内，可由应用程序通过一个调用执行，而且允许用户声明变量、有条件执行以及其他强大的编程功能。在 SQL Server 中使用存储过程而不使用存储在客户端计算机本地的 T-SQL 程序的好处体现在以下几个方面：

1）加快系统运行速度。存储过程只在创建时进行编译，以后每次执行存储过程都不需再重新编译，而一般 SQL 语句每执行一次就编译一次，所以使用存储过程可提高数据库执行速度。

2）封装复杂操作。当对数据库进行复杂操作时(如对多个表进行 Update、Insert、Delete 时)，可用存储过程将此复杂操作封装起来与数据库提供的事务处理结合一起使用。

3）实现代码重用。可以实现模块化程序设计，存储过程一旦创建，以后即可在程序中调用任意多次。这可以改进应用程序的可维护性，并允许应用程序统一访问数据库。

4）增强安全性。可设定特定用户具有对指定存储过程的执行权限而不具备直接对存储过程中引用的对象具有权限；可以强制应用程序的安全性；参数化存储过程有助于保护应用程序不受 SQL 注入式攻击。

5）减少网络流量。因为存储过程存储在服务器上，并在服务器上运行，一个需要数百行 T-SQL 代码的操作可以通过一条执行过程代码的语句来执行，而不需要在网络中发送数百行代码，这样就可以减少网络流量。

(2) 存储过程的分类　存储过程分为 5 类：系统存储过程、用户定义的存储过程、扩展存储过程、临时存储过程和远程存储过程。

1）系统存储过程。在安装 SQL Server 2005 时，系统创建了很多系统存储过程。系统存储过程存储在 master 和 msdb 数据库中，主要用于从系统表中获取信息，系统存储过程的名字都以“sp _”为前缀。

2）用户定义的存储过程。是由用户为完成某一特定功能而编写的存储过程。用户定义的存储过程存储在当前的数据库中，建议以“up _”(User Procedure 的缩写)为前缀。用户存储过程又分为 T-SQL

存储过程和 CLR 存储过程。

T-SQL 存储过程是指保存的 T-SQL 语句集合，可以接受和返回用户提供的参数。例如，存储过程中可能包含根据客户端应用程序提供的信息在一个或多个表中插入新行所需的语句，存储过程也可能从数据库向客户端应用程序返回数据，如 Web 应用程序可能使用存储过程根据联机用户指定的搜索条件返回有关特定产品的信息。

CLR 存储过程是指对 Microsoft .NET 框架公共语言运行时(CLR)方法的引用，可以接受和返回用户提供的参数。它们在.NET 框架程序集中是作为类的公共静态方法实现的。

3）扩展存储过程。是对动态链接库(DLL)函数的调用，在 SQL Server 2005 环境外执行，一般以"xp _"为前缀。

4）临时存储过程。是以"#"和"##"为前缀的过程。"#"表示本地临时存储过程，"##"表示全局临时存储过程，它们存储在 tempdb 数据库中。

5）远程存储过程。是在远程服务器的数据库中创建和存储的过程。这些存储过程可以被各种服务器访问，向具有相应许可权限的用户提供服务。

2. 设计存储过程

几乎所有可以写成批处理的 T-SQL 代码都可以用来创建存储过程。CREATE PROCEDURE 定义自身可以包括任意数量和类型的 SQL 语句。不能在存储过程中使用的语句见表 6-10。

表 6-10　不能在存储过程中使用的语句

CREATE AGGREGATE	CREATE RULE	SET PARSEONLY	SET SHOWPLAN _ ALL
CREATE DEFAULT	CREATE SCHEMA	SET SHOWPLAN _ TEXT	SET SHOWPLAN _ XML
CREATE 或 ALTER FUNCTION	CREATE 或 ALTER TRIGGER	USE database _ name	
CREATE 或 ALTER PROCEDURE	CREATE 或 ALTER VIEW		

【提示】　设计存储过程时应注意的事项有：

- 除存储过程外的其他数据库对象均可在存储过程中创建。可以引用在同一存储过程中创建的对象，只要引用时已经创建了该对象即可。
- 可以在存储过程内引用临时表。如果在存储过程内创建本地临时表，则临时表仅为该存储过程而存在；退出该存储过程后，临时表将消失。
- 如果执行的存储过程将调用另一个存储过程，则被调用的存储过程可以访问由第一个存储过程创建的所有对象，包括临时表在内。
- 如果执行对远程 Microsoft SQL Server 2005 实例进行更改的远程存储过程，则不能回滚这些更改。远程存储过程不参与事务处理。
- 存储过程中参数的最大数目为 2100。
- 存储过程中局部变量的最大数目仅受可用内存的限制。
- 根据可用内存的不同，存储过程最大可达 128MB。
- 如果要创建存储过程，并且希望确保其他用户无法查看该过程的定义，则可以使用 WITH ENCRYPTION 子句。这样，存储过程定义将以不可读的形式存储。

6.6　使用 SSMS 管理存储过程

6.6.1　创建和执行存储过程

【应用 6-17】　在 Library 数据库中创建查询指定图书信息的存储过程 up _ JavaBookInfo。

1）启动 SQL Server Management Studio，在“对象资源管理器”中依次展开“数据库”节点、“Library”数据库节点和“可编程性”节点。

2）右键单击“存储过程”，在弹出的快捷菜单中选择“新建存储过程”命令，如图6-12 所示。

3）右边窗格中显示了存储过程的模板，用户可以根据模板输入存储过程的所包含的文本。

4）存储过程语句编写完成后，如果创建存储过程的语句正确执行，在“对象资源管理器”中便可显示新创建的存储过程，如图 6-13 所示。

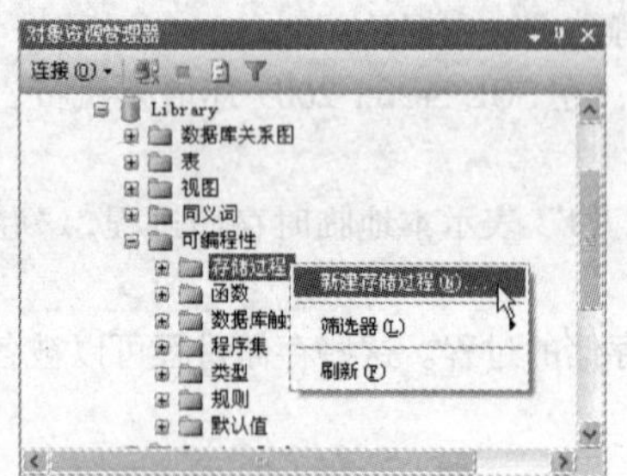

图 6-12　选择“新建存储过程”命令

图 6-13　up _ JavaBookInfo 存储过程创建成功

【应用 6-18】 执行存储过程 up _ JavaBookInfo。

1）启动 SQL Server Management Studio，在“对象资源管理器”中依次展开“数据库”节点、“Library”数据库节点和“可编程性”节点。

2）右键单击“dbo. up _ JavaBookInfo”存储过程，选择在弹出的快捷菜单中“执行存储过程”命令，如图 6-14 所示。

3）打开“存储过程”对话框，可以指定执行存储过程的相关属性，单击【确定】按钮即可执行选定的存储过程。up _ JavaBookInfo 存储过程执行后的结果如图 6-15 所示。

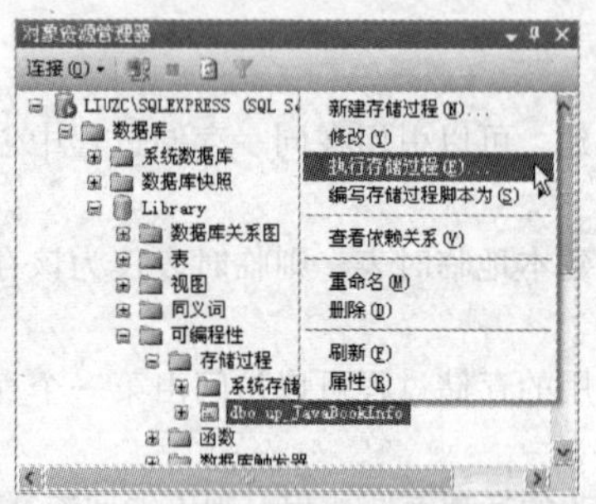

图 6-14　选择“执行存储过程”命令

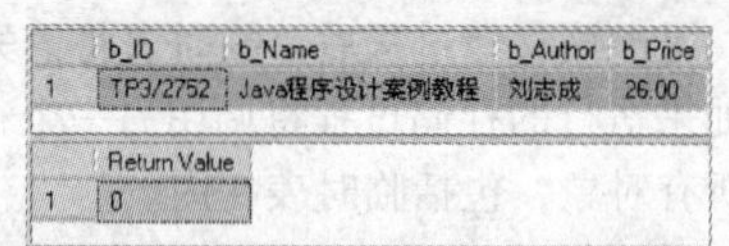

	b_ID	b_Name	b_Author	b_Price
1	TP3/2752	Java程序设计案例教程	刘志成	26.00

	Return Value
1	0

图 6-15　up _ JavaBookInfo 执行结果

6.6.2　查看、修改和删除存储过程

【应用 6-19】 在 Library 数据库中查看存储过程 up _ JavaBookInfo 的属性。

1）启动 SQL Server Management Studio，在“对象资源管理器”中依次展开“数据库”、“Library”数据库节点和“可编程性”节点。

2）右键单击“dbo. up _ JavaBookInfo”存储过程，在弹出的快捷菜单中选择“属性”命令，如图 6-16 所示。

3）打开“存储过程属性”对话框，查看指定存储过程的详细内容，如图 6-17 所示。从中可以查看以下内容：

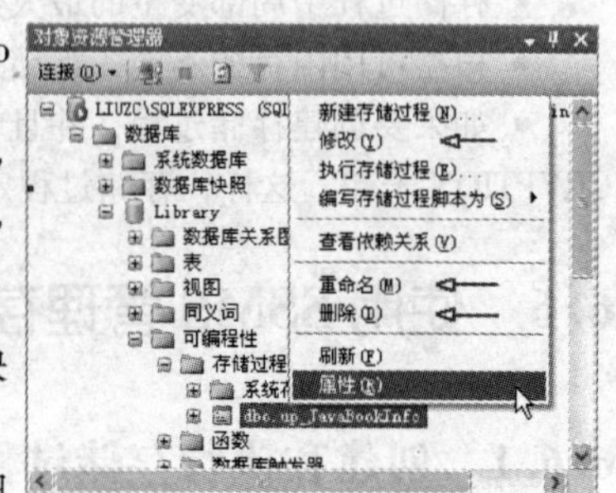

图 6-16　选择查看“属性”

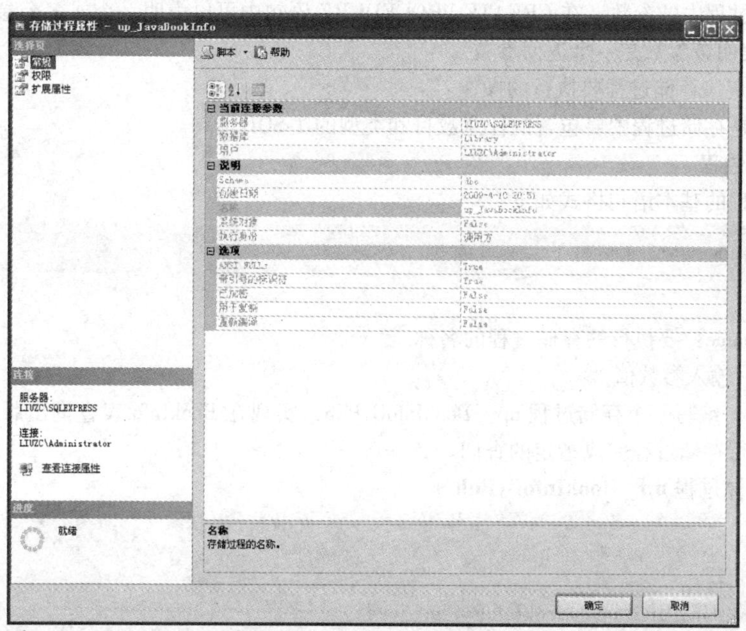

图 6-17　查看存储过程属性

① 选择“常规”选项卡，可以查看到该存储过程属于哪个数据库、创建日期和属于哪个数据库用户等信息。

② 选择“权限”选项卡，可以为存储过程添加用户并授予其权限。

③ 选择“扩展属性”选项卡，可以了解排序规则等扩展属性。

4）在如图 6-16 所示的右键菜单中也可以完成以下操作：

① 选择“删除”命令可以删除指定的存储过程。

② 选择“修改”命令可进入存储过程文本修改状态，保存后完成存储过程的修改。

③ 选择“重命名”命令可进入存储过程名称编辑状态，实现存储过程名称的更改。

6.7　使用 T-SQL 管理存储过程

6.7.1　创建和执行存储过程

1. 创建存储过程

使用 T-SQL 语句 CREATE PROC 可以创建存储过程，其基本语句格式如下：

```
CREATE   PROC[EDURE]   存储过程名
[{@参数1   数据类型}[=默认值][OUTPUT],
    …,
    {@参数n   数据类型}[=默认值][OUTPUT]
    ]
    AS
    SQL 语句
    …
```

参数含义：

存储过程名：要符合标识符规则，少于 128 个字符。

@参数：是过程中的参数。在 CREATE PROCEDURE 语句中可以声明一个或多个参数。

OUTPUT：表明该参数是一个返回参数。

AS：用于指定该存储过程要执行的操作。

SQL 语句：是存储过程中要包含的任意数目和类型的 T-SQL 语句。

2. 执行存储过程

执行存储过程的基本语句格式如下：

```
[EXEC]  procedure_name[Value_List]
```

参数含义：

procedure_name：要执行的存储过程的名称。

Value_List：输入参数值。

【应用 6-20】 编写一个存储过程 up_BookInfoByPub，实现在 BookInfo 表查询出版社“001”的图书信息，然后执行存储过程完成指定的查询。

（1）编写存储过程 up_BookInfoByPub

```
USE Library
GO
CREATE PROCEDURE up_BookInfoByPub
@type char(3)
AS
SELECT b_ID 图书编号, b_Name 图书名称, p_ID 出版社编号 FROM  BookInfo
WHERE p_ID = @type
GO
```

（2）执行存储过程 up_BookInfoByPub

```
up_BookInfoByPub '001'
```

运行结果如图 6-18 所示。

	图书编号	图书名称	出版社编号
1	TP3/2737	Visual Basic.NET实用教程	001
2	TP3/2742	数据恢复技术	001
3	TP312/146	C++程序设计与软件技术基础	001
4	TP39/717	UML数据库设计应用	001
5	TP39/719	SQL Server 2005实例教程	001

图 6-18 应用 6-20 运行结果

【提示】 执行存储过程有以下几种方法：

- EXECUTE up_BookInfoByPub '001'。
- EXEC up_BookInfoByPub @type='001'。
- EXECUTE up_BookInfoByPub @type='001'。
- 存储过程中指定的输入参数的类型和长度应与表中的列一致。
- 变量如果在 AS 之后使用 DECLARE 声明的为局部变量，而如果在“CREATE PROC”语句的括号中则为存储过程的参数。

3. 使用输出参数

输出参数用于在存储过程中返回值。使用 OUTPUT 声明输出参数。

【应用 6-21】 编写一个存储过程，将指定图书号(TP3/2752)的价格通过输出参数返回，然后通过执行存储过程验证其功能。

（1）编写存储过程 up_PriceByID

```
USE Library
GO
ALTER PROC up_PriceByID
(
```

```
@ no VARCHAR(20),
@ price float OUTPUT
)
AS
SELECT @ price = b _ Price
FROM BookInfo
WHERE b _ ID = @ no
```

该方案中@ no 为输入参数，用于传入图书号；@ price 为输出参数，用于返回图书的价格。请注意其后面的 output 表明此参数为输出参数，即将值由存储过程传出。

（2）执行存储过程 up _PriceByID　执行该存储过程，以查询图书号为“TP3/2752”的图书的价格情况。

```
USE Library
GO
DECLARE @ tempPrice AS float
EXEC up _ PriceByID 'TP3/2752',@ tempPrice OUTPUT
PRINT @ tempPrice
```

运行结果为 26。

【提示】

- 由于该存储过程需要将值传出，因此需要另外声明一个变量接受存储过程传出去的价格信息。
- 注意存储过程中各个变量的类型和宽度的定义。

4. 存储过程的返回值

存储过程可以用 return 语句返回值。

【应用 6-22】　编写一个存储过程，将存储过程是否执行成功的结果返回，然后通过执行存储过程验证其返回值。

（1）编写存储过程 up _ReturnPrice

```
USE Library
GO
CREATE PROC up _ ReturnPrice
(
@ no VARCHAR(20)
)
AS
DECLARE @ price float
SELECT @ price = b _ Price
FROM BookInfo
WHERE b _ ID = @ no
RETURN @ price
```

（2）执行存储过程 up _ReturnPrice（指定图书号为“010005”）

```
USE Library
GO
```

```
DECLARE @ retVal INT
EXEC @ retVal = up _ ReturnPrice 'TP3/2752'
PRINT '返回的价格为:' + convert(CHAR(5),@ retVal)
```

运行结果为：返回的价格为：26

6.7.2 查看、修改和删除存储过程

1. 修改存储过程

使用 ALTER PROCEDURE 语句可以更改先前使用 CREATE PROCEDURE 语句创建的过程。ALTER PROCEDURE 基本语句格式如下：

```
ALTER PROC[EDURE]  存储过程名
        [{@参数1  数据类型}[ =默认值][OUTPUT],
          …,
         {@参数n  数据类型}[ =默认值][OUTPUT]
        ]
        AS
        SQL 语句
        …
```

各参数含义与 CREATE PROCEDURE 语句相同。

2. 查看存储过程

【应用 6-23】 查看存储过程 up _ ReturnPrice 的信息。

```
sp _ help up _ ReturnPrice
```

运行结果如图 6-19 所示。

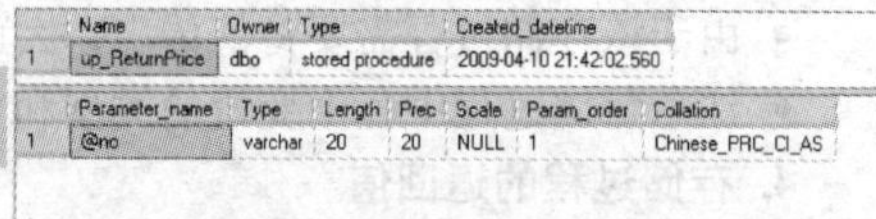

	Name	Owner	Type	Created_datetime
1	up_ReturnPrice	dbo	stored procedure	2009-04-10 21:42:02.560

	Parameter_name	Type	Length	Prec	Scale	Param_order	Collation
1	@no	varchar	20	20	NULL	1	Chinese_PRC_CI_AS

图 6-19 应用 6-23 运行结果

【应用 6-24】 查看存储过程 up _ ReturnPrice 的文本内容。

```
sp _ helptext up _ ReturnPrice
```

运行结果如图 6-20 所示。

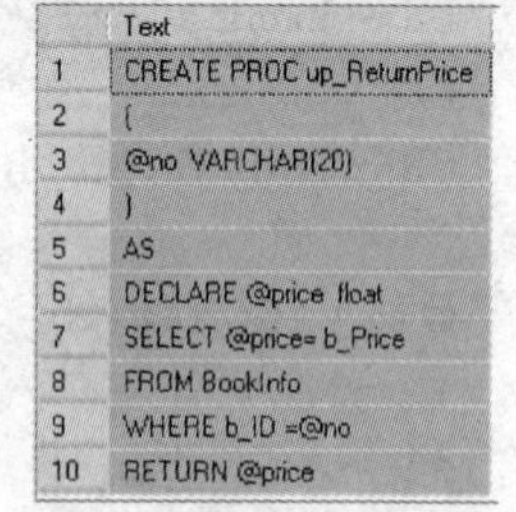

	Text
1	CREATE PROC up_ReturnPrice
2	(
3	@no VARCHAR(20)
4	)
5	AS
6	DECLARE @price float
7	SELECT @price= b_Price
8	FROM BookInfo
9	WHERE b_ID =@no
10	RETURN @price

图 6-20 应用 6-24 运行结果

3. 删除存储过程

使用 DROP PROCEDURE 可以删除存储过程，其基本语句格式如下：

```
DROP  PROCEDURE  存储过程名
```

【应用 6-25】 删除存储过程 up _ BookInfoByPub。

```
DROP PROC up _ BookInfoByPub
```

6.8 游标

6.8.1 游标概述

关系数据库中的操作会对整个行集产生影响。由 SELECT 语句返回的行集包括所有满足 WHERE 子句中条件的行，所返回的这一完整的行集被称为结果集。应用程序，特别是交互式联机应用程序，并不总能将整个结果集作为一个单元来有效地处理。这些应用程序有时需要一种机制，以便每次处理一行或一部分行，游标就提供了这种机制。

游标通过以下方式扩展结果处理：

1）允许定位在结果集的特定行。

2）从结果集的当前位置检索一行或多行。

3）支持对结果集中当前位置的行进行数据修改。

T-SQL 游标一般使用步骤：

1）声明游标。

2）打开游标。

3）提取游标。

4）根据需要，对游标中当前位置的行执行修改操作(更新或删除)。

5）关闭游标。

6）释放游标。

游标主要用于存储过程、触发器和 T-SQL 脚本中，使用游标时通常要用到以下基本语句。

1. DECLARE CURSOR

声明游标，其基本语句格式如下：

```
DECLARE cursor_name CURSOR
FOR SELECT_statement
```

参数含义为：

cursor_name：是所定义的 T-SQL 服务器游标名称。

SELECT_statement：是定义游标结果集的标准 SELECT 语句。

2. OPEN

打开游标，其基本语句格式如下：

```
OPEN cursor_name
```

3. FETCH

提取游标，从 T-SQL 服务器游标中检索特定的一行。其基本语句格式如下：

```
FETCH
        [[NEXT | PRIOR | FIRST | LAST

              | ABSOLUTE  n
              | RELATIVE  n |
              ]
             FROM
                   ]
cursor_name
[INTO @variable_name[,…n]]
```

参数含义为：

NEXT：返回紧跟当前行之后的结果行。如果 FETCH NEXT 为对游标的第一次提取操作，则返回结果集中的第一行

PRIOR：返回紧临当前行前面的结果行。如果 FETCH PRIOR 为对游标的第一次提取操作，则没有行返回并且游标置于第一行之前。

FIRST：返回游标中的第一行并将其作为当前行。

LAST：返回游标中的最后一行并将其作为当前行。

ABSOLUTE n：如果 n 为正数，返回从游标头开始的第 n 行并将返回的行变成新的当前行。如果 n

为负数，返回游标尾之前的第 n 行并将返回的行变成新的当前行。如果 n 为 0，则没有行返回。

RELATIVE n：返回当前行之前或之后的第 n 行并将返回的行变成新的当前行。

cursor _ name：要从中进行提取的开放游标的名称。

INTO @ variable _ name[,…n]：允许将提取操作的列数据放到局部变量中。列表中的各个变量从左到右与游标结果集中的相应列相关联。各变量的数据类型必须与相应的结果列的数据类型匹配。变量的数目必须与游标选择列表中的列的数目一致。

4. CLOSE

关闭游标，释放当前结果集并且解除定位游标的行上的游标锁定。其基本语句格式如下：

```
CLOSE cursor _ name
```

5. DEALLOCATE

删除游标引用。其基本语句格式如下：

```
DEALLOCATE cursor _ name
```

6.8.2 游标实例

【应用 6-26】 利用游标，显示所有出版社编号为“001”的图书编号、图书名称和图书价格。

```
USE Library
GO
DECLARE @ no char(6) , @ name varchar(50) ,@ price varchar(50)
DECLARE cur _ Book CURSOR FOR
SELECT b _ ID,b _ Name,b _ Price FROM BookInfo
WHERE p _ ID ='001 '
--打开游标
OPEN cur _ Book
--第一次提取
FETCH NEXT FROM cur _ Book
INTO @ no, @ name,@ price
--检查@ @ FETCH _ STATUS,确定游标中是否有尚未提取的数据
PRINT SPACE(6) +'----------------图书信息表---------------'
PRINT ''
WHILE @ @ FETCH _ STATUS =0
BEGIN
PRINT '图书编号:' + @ no +'   图书名称:' + @ name +'   图书价格:' + @ price
   FETCH NEXT FROM cur _ Book
INTO @ no, @ name, @ price
END
--关闭游标
CLOSE cur _ Book
--删除游标
DEALLOCATE cur _ Book
GO
```

执行结果如图 6-21 所示。

```
---------------图书信息表---------------

图书编号：TP3/27   图书名称：Visual Basic.NET实用教程   图书价格：18.00
图书编号：TP3/27   图书名称：数据恢复技术   图书价格：39.00
图书编号：TP312/   图书名称：C++程序设计与软件技术基础   图书价格：28.00
图书编号：TP39/7   图书名称：UML数据库设计应用   图书价格：30.00
图书编号：TP39/7   图书名称：SQL Server 2005实例教程   图书价格：34.00
```

图 6-21　应用 6-26 运行结果

【提示】

- 使用@ price varchar(50)而不使用@ price float，便于接受数据并显示。
- DECLARE CURSOR 定义 T-SQL 服务器游标的属性，如游标的滚动行为和用于生成游标所操作的结果集的查询。
- OPEN 语句填充结果集。
- FETCH 从结果集返回行。
- CLOSE 语句释放与游标关联的当前结果集。
- DEALLOCATE 语句释放游标所使用的资源。

本章小结

本章学习了如下内容：

- T-SQL 语言基础。
- 变量和运算符。包括变量和运算符。
- 流程控制语句。包括 IF 语句、CASE 语句等。
- 常用函数。包括数值函数、字符串函数、系统函数、日期函数等。
- 存储过程基础。包括存储过程的定义和特点。
- 使用 SSMS 管理存储过程。包括创建和执行存储过程、查看/修改和删除存储过程。
- 使用 T-SQL 管理存储过程。包括使用 CREATE PROCEDURE 创建存储过程、使用 ALTER PROCEDURE 修改存储过程、执行存储过程、使用 sp _ help 和 sp _ helptext 查看存储过程定义和文本。
- 游标。包括游标概述和游标典型应用。

习　题　6

一、选择题

1. 下面关于存储过程的描述不正确的是________。

(A) 存储过程实际上是一组 T-SQL 语句　(B) 存储过程预先被编译存放在服务器的系统表中
(C) 存储过程独立于数据库而存在　(D) 存储过程可以完成某一特定的业务逻辑

2. 系统存储过程在系统安装时就已创建，这些存储过程存放在________系统数据库中。

(A) master　(B) tempdb　(C) model　(D) msdb

3. 带有前缀名为 sp 的存储过程属于________。

(A) 用户自定义存储过程　(B) 系统存储过程　(C) 扩展存储过程　(D) 以上都不是

4. T-SQL 中的全局变量以________作前缀。

(A) @@　(B) @　(C) #　(D) ##

5. 下面不能进行数据类型转换的函数是________。

(A) CONVERT　(B) STR　(C) CAST　(D) LTRIM

6. 下面不可能在游标使用过程中使用的关键字是________。

(A) OPEN　(B) CLOSE　(C) DEALLOCATE　(D) DROP

二、简答题

1. 什么是存储过程？其作用是什么？
2. 比较存储过程与批处理的异同。

实训6　SQL Server 2005 的存储过程

一、实验目的

1. 掌握在 SSMS 中管理存储过程的方法。
2. 掌握使用 T-SQL 编程的方法。
3. 掌握使用 T-SQL 语句创建不带参数的存储过程。
4. 掌握创建和执行带参数的存储过程。
5. 掌握存储过程的执行方法。
6. 熟练使用系统存储过程、系统函数。
7. 掌握在 SSMS 中管理存储过程的方法。

二、实训要求

1. 创建不带参数的存储过程。
2. 创建带参数的存储过程。
3. 保存并上交实训结果。

三、实训步骤

1. 编写批处理，实现查找姓名为“刘津津”的会员的会员号；如果查找到该会员，显示其籍贯和联系电话，否则显示“查无此人”。

2. 编写批处理，实现在 5min 之后对 Orders 表进行查询，在 23: 00 时对 Goods 表进行查询。

3. 编写批处理，在 WebShop 数据库的 Goods 表中查询商品类别号，并将所查询到的类别号为“01”的用“通信产品”表示，类别号为“02”的用“电脑产品”表示，类别号“03”的用“家用电器”表示，其余的类别号用“其他”表示(不重复显示)。

4. 在 WebShop 数据库中创建查询指定商品信息的存储过程 up _ AllGoods。(SSMS)

5. 执行所创建的存储过程 up _ AllGoods。(SSMS)

6. 在 WebShop 数据库中查看存储过程 up _ AllGoods 的属性。(SSMS)

7. 用户在网站购买商品，确认生成订单后，将用户的订单信息写入到 Orders 表中，然后通过执行存储过程完成订单信息的添加。编写完成此功能的存储过程 up _ GoodsByType，并执行该存储过程进行测试。(T-SQL)

8. 编写一个存储过程 up _ PriceByGno，将指定商品号(010004)的价格通过输出参数返回，然后通过执行存储过程验证其功能。(T-SQL)

9. 编写一个存储过程 up _ returnPrice，将存储过程是否执行成功的结果返回，然后通过执行存储过程验证其返回值。(T-SQL)

10. 查看存储过程 up _ returnPrice 的文本内容。(T-SQL)

11. 使用游标实现报表形式显示“促销”商品的 g _ ID(商品号)、g _ Name(姓名)和 g _ Price(价格)。

12. 将实训过程中相关的 SQL 语句保存至 chap06. sql。

四、实训提示

1. 存储过程输入参数的使用。
2. 存储过程输出参数的使用。
3. 带输入/输出参数的存储过程的执行。

第 7 章　数据库完整性

【学习目标】

本章将要学习 SQL Server 2005 数据库完整性的相关知识，包括数据库完整性的类型、DEFAULT 约束、CHECK 约束、PRIMARY KEY 约束、UNIQUE 约束、FOREIGN KEY 约束、NOT NULL 约束以及触发器的创建、触发器的修改和触发器的删除等操作。

【学习要点】

- 数据完整性的基本内容。
- 允许空值约束的使用。
- DEFAULT 定义的使用。
- PRIMARY KEY 约束的使用。
- UNIQUE 约束的使用。
- FOREIGN KEY 约束的使用。
- SQL Server 2005 中触发器的创建和修改。
- SQL Server 2005 中触发器的使用。

7.1　数据库完整性概述

数据完整性是指数据的准确性和一致性。它是为防止数据库中存在不符合语义规定的数据和防止因错误信息的输入输出造成无效操作而提出的。数据完整性主要分为 4 类：实体完整性、域完整性、引用完整性和用户定义完整性。在 SQL Server 2005 中可以通过空值约束、默认值定义、CHECK 约束、PRIMARY KEY 约束、FOREIGN KEY 约束、UNIQUE 约束等来实施数据完整性。

1. 实体完整性

实体完整性规定表的每一行在表中是唯一的。实体表中定义的索引、UNIQUE 约束、PRIMARY KEY 约束和 IDENTITY 属性就是实体完整性的体现。

2. 域完整性

域完整性是指数据库表中的列必须满足某种特定的数据类型或约束，其中约束又包括取值范围和精度等规定。表中的 CHECK 约束、FOREIGN KEY 约束、DEFAULT 定义、NOT NULL 和规则都属于域完整性的范畴。

3. 引用完整性

引用完整性是指两个表的主关键字和外关键字的数据应对应一致。它确保了主关键字的表中对应其他表的外关键字的行存在，即保证了表之间的数据的一致性，防止了数据丢失或无意义的数据在数据库中扩散。引用完整性是创建在外关键字和主关键字之间或外关键字和唯一性关键字之间的关系上的。实施引用完整性时，SQL Server 将阻止用户执行下列操作：

1）在主表中没有关联的记录时，将记录添加或更改到相关表中。

2）更改主表中的值，这会导致相关表中生成孤立记录。

3）从主表中删除记录，但仍存在与该记录匹配的相关记录。

FOREIGN KEY 和 CHECK 约束都属于引用完整性。

4. 用户定义完整性

用户定义完整性指的是由用户指定的一组规则，它不属于实体完整性、域完整性或引用完整性。CREATE TABLE 中的所有列级和表级约束、存储过程和触发器都属于用户定义完整性。

5. 列约束和表约束

对数据库来说，约束分为列约束和表约束。其中列约束作为列定义的一部分只作用于特定的一例，表约束作为表定义的一部分，可以作用于多个列。

【提示】

- 添加约束可以使用 CREATE TABLE 在创建表时创建，也可以使用 ALTER TABLE 修改表时添加。
- 使用 ALTER TABLE 添加约束时，使用“WITH NOCHECK”选项可以实现对表中已有的数据不强制应用约束(CHECK 和 FOREIGH KEY)。
- 使用 ALTER TABLE 添加约束时，使用“NOCHECK”选项可以实现禁止在修改和添加数据时应用约束(CHECK 和 FOREIGH KEY)。
- 删除约束只能使用 ALTER TABLE 语句完成。

7.2 SQL Server 2005 数据库完整性的实现

7.2.1 允许空值约束

列的为空性决定表中的行是否可让该列包含空值。空值(NULL)不同于零(0)、空白或长度为零的字符串(如“”)。NULL 的意思是没有输入，出现 NULL 通常表示值未知或未定义。例如，Library 数据库 BookInfo 表的 b _ Picture 列中的 NULL 表示该图书的图片信息未知或尚未设置。

NOT NULL 约束说明列值不允许为 NULL。当插入或修改数据时，设置了 NOT NULL 约束的列的值不允许为空，必须存在具体的值。

【应用 7-1】 使用 SQL Server Management Studio 管理 BookInfo 表中的列的 NOT NULL 约束。

1）打开 SQL Server Management Studio，进入 BookInfo 表的新建或修改状态，如图 7-1 所示。

2）在表设计器的“允许空”选项中，将需要创建 NOT NULL 约束的列的“√”去掉。也可以在“列属性”指定区域中更改“允许空”的值(是或者否)，如图 7-2 所示。设置完成后，单击 × 按钮完成“允许空值约束”的设置。

列名	数据类型	允许空
b_ID	varchar(16)	☐
b_Name	varchar(50)	☐
bt_ID	char(10)	☐
b_Author	varchar(20)	☐
b_Translator	varchar(20)	☑
b_ISBN	varchar(30)	☐
p_ID	char(4)	☐
b_Date	datetime	☑
b_Edition	smallint	☐
b_Price	money	☐
b_Quantity	smallint	☐
b_Detail	varchar(100)	☑
b_Picture	image	☑

图 7-1　创建 NOT NULL 约束(1)

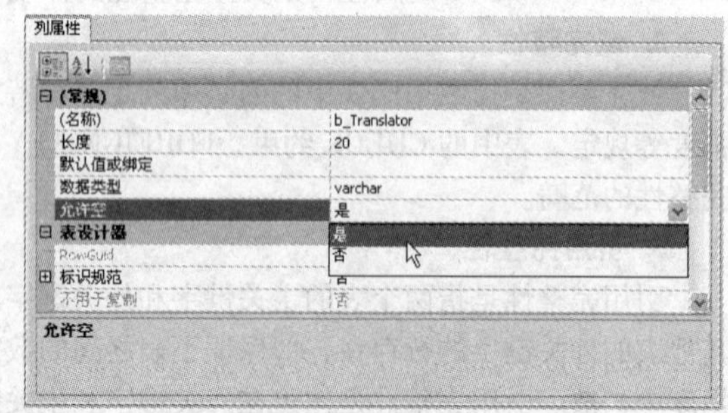

图 7-2　创建 NOT NULL 约束(2)

可使用 T-SQL 管理 NOT NULL 约束。在使用 CREATE TABLE 创建表和使用 ALTER TABLE 修改表时，都可以创建 NOT NULL 约束。对于图书信息表 BookInfo 中的 b _ Name(图书名称)、b _ Price(图书价格)和 b _ Quantity(图书数量)等列不能为空，否则该记录没有意义。可以在创建 BookInfo 表时为这些

列设置 NOT NULL 约束，也可以使用 ALTER TABLE 语句修改表时设置指定列的 NOT NULL 约束。

【应用 7-2】　使用 T-SQL 语句为b _ Name 指定 NOT NULL 约束。

其完成语句如下：

```
ALTER TABLE BookInfo ALTER COLUMN b _ Name varchar(50) NOT NULL
```

7.2.2　DEFAULT 定义

DEFAULT 定义是指表中添加新行时给表中某一列指定的默认的数据。使用 DEFAULT 定义，一是可以避免 NOT NULL 值的数据为空性错误；二是可以加快用户的输入速度。DEFAULT 定义可以通过 SQL Server Management Studio 或 T-SQL 语句创建。

当绑定到列或用户定义数据类型时，如果插入时没有明确提供值，默认值便指定一个值，并将其插入到对象所绑定的列中(或者,在用户定义数据类型的情况下,插入到所有列中)。因为默认值定义和表存储在一起，当除去表时，将自动除去默认值定义。

【应用 7-3】　使用 SQL Server Management Studio 管理 DEFAULT 定义。

1）打开 SQL Server Management Studio，进入新建表或修改表状态，如图 7-1 所示。

2）选择要设置默认值的列，在“列属性”的“默认值或绑定”选项中输入默认值。例如，为列 b _ Edition(图书版次)设置默认值“1”，以后往该表插入数据时，如果不指定 b _ Edition 的值，默认表示第 1 版，如图 7-3 所示。设置完成后，单击 × 按钮完成“DEFAULT 定义”的设置。

如果要删除默认值，在图 7-3 所示的表的设计界面中将指定列的默认值(如 b _ Edition 中的“1”)删除即可。

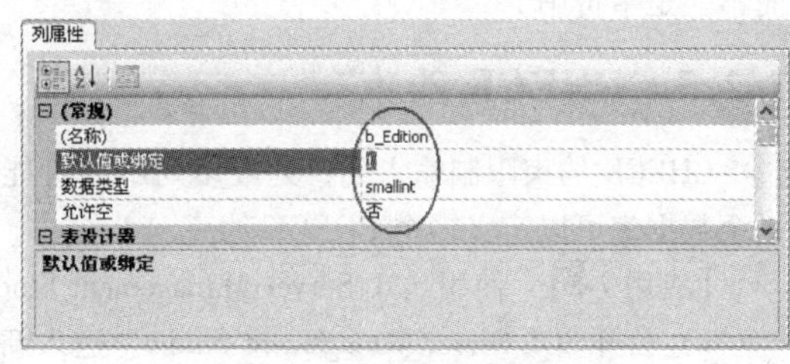

图 7-3　创建默认值

【应用 7-4】　使用 T-SQL 语句管理 DEFAULT 定义。需要在 BookInfo 表中输入数据时为 b _ Detail 指定值为“暂无描述”，为 b _ Edition 指定值为“1”，并指定相关列的 NOT NULL 约束。

使用 T-SQL 创建 DEFAULT 定义的基本语句格式如下：

```
CONSTRAINT　约束名 DEFAULT 默认值
```

完成语句如下：

```
CREATE TABLE BookInfo
(
    b _ ID varchar(16) NOT NULL,
    b _ Name varchar(50) NOT NULL,
    bt _ ID char(10) NOT NULL,
    b _ Author varchar(20) NOT NULL,
    b _ Translator varchar(20) NULL,
    b _ ISBN varchar(30) NOT NULL,
    p _ ID char(4) NOT NULL,
    b _ Date datetime NOT NULL,
    b _ Edition smallint NOT NULL DEFAULT 1,
    b _ Price money NOT NULL,
    b _ Quantity smallint NOT NULL,
    b _ Detail varchar(100) NULL DEFAULT '暂无描述',
```

```
    b_Picture image NULL
)
```

该语句在创建 BookInfo 表时，为 b_Edition 列指定默认值为 1，为 b_Detail 列指定默认值为“暂无描述”。读者可以使用以下语句进行验证：

```
INSERT INTO BookInfo(b_ID,b_Name,bt_ID,b_Author,b_Translator,b_ISBN,p_ID,b_Date,
b_Price,b_Quantity)
VALUES('TP3/2999','测试默认值','17','默认值','无','7-03-015754-0','007','2009-4-1',29.00,14)

SELECT * FROM BookInfo WHERE b_Name ='测试默认值'
```

运行结果如图 7-4 所示，其中的 b_Edition 和 b_Detail 在 Insert 语句中没有指定值，使用默认的“1”和“暂无描述”。

	b_Date	b_Edition	b_Price	b_Quantity	b_Detail	b_Picture
1	2009-04-01 00:00:00.000	1	29.00	14	暂无描述	NULL

图 7-4　Insert 命令后的默认值

• 若要修改 DEFAULT 定义，必须首先删除现有的 DEFAULT 定义，然后重新创建。

• 默认值必须与要应用 DEFAULT 定义的列的数据类型相配。例如，int 列的默认值必须是整数，而不能是字符串。

7.2.3　CHECK 约束

CHECK 约束限制输入到一列或多列中的可能值，从而保证 SQL Server 数据库中数据的域完整性。一个数据表可以定义多个 CHECK 约束。

【应用 7-5】　使用 SQL Server Management Studio 管理 CHECK 约束。

1）打开 SQL Server Management Studio，进入新建表或修改表状态。

2）右键单击要设置 CHECK 约束的列（如 b_Price），在弹出的快捷菜单中选择“CHECK 约束”命令，如图 7-5 所示。

3）打开“CHECK 约束”对话框，如图 7-6 所示。如果表中有约束，则会在该对话框中显示。

图 7-5　选择“CHECK 约束”命令

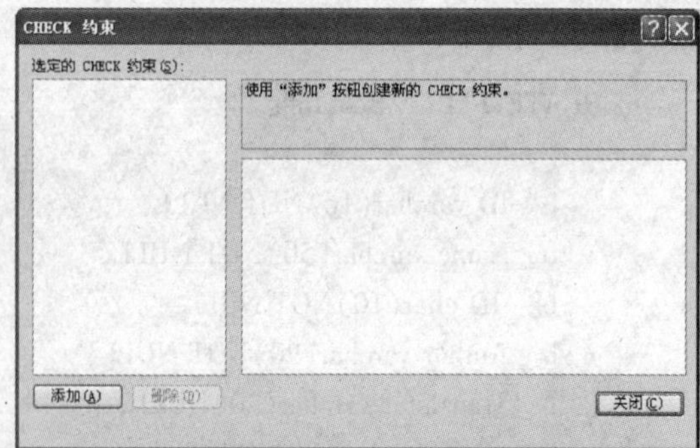

图 7-6　“CHECK 约束”对话框

4）单击“添加”按钮，进入约束编辑状态，如图 7-7 所示。在“表达式”文本框中输入要设置的 CHECK 约束文本，如 b_Price >=0 AND b_Price <=1000。也可以单击表达式输入框右边的[...]按钮，进入 CHECK 约束表达式输入对话框，输入约束表达式。

5）单击“关闭”按钮完成约束的创建。

6）CHECK 约束创建成功后，在“对象资源管理器”特定表中的“约束”节点会显示所创建的约

束的情况，如图 7-8 所示。

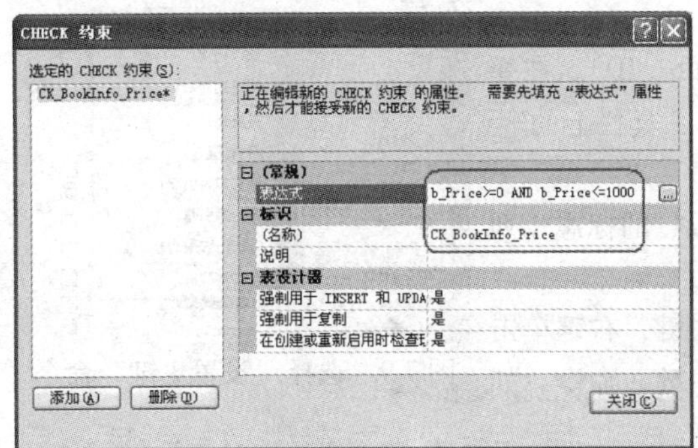

图 7-7　添加约束

图 7-8　创建好的约束

如果要删除 CHECK 约束，在图 7-7 所示“CHECK 约束”对话框中选择指定的约束后，单击“删除”按钮即可。对于主键、外键和索引的删除也可以通过这种方式实现，后面章节中不再进行详细说明。

【提示】

- 可以将多个 CHECK 约束应用于单个列。
- 可以通过在表级创建 CHECK 约束，实现将一个 CHECK 约束应用于多个列。
- CHECK 约束不接受计算结果为 False 的值。
- 在执行添加和修改记录语句时验证 CHECK 约束，执行删除记录语句时不验证 CHECK 约束。
- 请读者自行设置语句验证 CHECK 约束。

【**应用 7-6**】　使用 T-SQL 管理 CHECK 约束。

使用 T-SQL 语句中 CREATE TABEL 语句只能为每列定义一个 CHECK 约束。定义 CHECK 约束的基本语句格式如下：

```
CONSTRAINT　约束名 CHECK(表达式)
```

根据图书管理系统的规定，某一类别的图书数量不能小于 1 也不能超过 100。在创建 BookInfo 表以后，通过修改表的定义的方式，为 b _ Quantity 设置 CHECK 约束，使 b _ Quantity 列的值在 0 ~ 100 之间。完成语句如下：

```
ALTER TABLE BookInfo WITH NOCHECK
ADD CONSTRAINT ck _ Quantity
CHECK(b _ Quantity > =1 AND b _ Quantity < =100)
```

【提示】

- 也可以使用 CREATE TABLE 语句在创建表时指定约束。
- 可以使用“ALTER TABLE BookInfo DROP CONSTRAINT ck _ Quantity”删除 CHECK 约束。

7.2.4　PRIMARY KEY 约束

表通常具有包含唯一标识表中每一行的一列或多列，这样的一列或多列称为表的主键(PK)，用于强制表的实体完整性。PRIMARY KEY 约束通过创建唯一索引保证指定列的实体完整性，使用 PRIMARY KEY 约束时，列的空值属性必须定义为 NOT NULL。PRIMARY KEY 约束可以应用于表中一列或多列。

【**应用 7-7**】　使用 SQL Server Management Studio 管理 PRIMARY KEY 约束。

1）打开 SQL Server Management Studio，进入新建表或修改表状态。

2）右键单击要设置 PRIMARY KEY 约束的列(如 b _ ID)，在弹出的快捷菜单中选择“设置主键”命令(也可以选择工具栏上的按钮)，创建主键约束，如图 7-9 所示。

3）创建主键约束后，在对应的列名前有形如“🔑”的标志，列的为空性为“非空”，如图 7-10 所示。

4）单击 × 按钮完成主键的创建。如果要删除主键，右键单击已创建主键的列，在弹出的快捷菜单中选择“移除主键”命令，如图 7-11 所示。

图 7-9　选择“设置主键”命令

列名	数据类型	允许空
🔑 b_ID	varchar(16)	☐
b_Name	varchar(50)	☐
bt_ID	char(10)	☐
b_Author	varchar(20)	☐
b_Translator	varchar(20)	☑
b_ISBN	varchar(30)	☐
p_ID	char(4)	☐
b_Date	datetime	☑
b_Edition	smallint	☐
b_Price	money	☐
b_Quantity	smallint	☐
b_Detail	varchar(100)	☑
b_Picture	image	☑

图 7-10　创建 PRIMARY KEY 约束

图 7-11　选择“移除主键”命令

【**应用 7-8**】　使用 T-SQL 创建 PRIMARY KEY 约束。

定义 PRIMARY KEY 约束的基本语句格式如下：

```
CONSTRAINT　约束名 PRIMARY　KEY(列或列的组合)
```

图书信息表 BookInfo 中需要以“图书编号”作为图书的唯一标识，在创建 BookInfo 数据表时，为 b _ ID 设置 PRIMARY KEY 约束。完成语句如下：

```
CREATE TABLE BookInfo
(
    b_ID varchar(16)PRIMARY KEY,
    b_Name varchar(50)NOT NULL,
    bt_ID char(10)NOT NULL,
    b_Author varchar(20)NOT NULL,
    b_Translator varchar(20)NULL,
    b_ISBN varchar(30)NOT NULL,
    p_ID char(4)NOT NULL,
    b_Date datetime NOT NULL,
    b_Edition smallint NOT NULL DEFAULT 1,
    b_Price money NOT NULL,
    b_Quantity smallint NOT NULL,
    b_Detail varchar(100)NULL DEFAULT '暂无描述',
    b_Picture image NULL
)
```

如果在 BorrowReturn 表中不设置借还编号，该表可以“s _ ID(条形码) + r _ ID(读者编号)”作为借还表的唯一标识(即主键)，在创建数据表 BorrowReturn 时，为 s _ ID 和 r _ ID 的组合设置 PRIMARY

KEY 约束。完成语句如下：

```
CREATE TABLE BorrowReturn
(
    --br _ ID char(6)    NOT NULL,              --借阅编号
    s _ ID char(8)NOT NULL,                     --条型码
    r _ ID char(8)NOT NULL,                     --借书证编号
    br _ OutDate datetime NOT NULL,             --借书日期
    br _ InDate   datetime NULL,                --还书日期
    br _ LostDate datetime NULL,                --挂失日期
    br _ Times tinyint NULL,                    --续借次数
    br _ Operator varchar(10)NOT NULL,          --操作员
    br _ Status varchar(4)NOT NULL              --图书状态
    CONSTRAINT pk _ BorrowReturn PRIMARY KEY(s _ ID,r _ ID)
```

该语句执行后的结果如图 7-12 所示。

列名	数据类型	允许空
s_ID	char(8)	☐
r_ID	char(8)	☐
br_OutDate	datetime	☐
br_InDate	datetime	☑
br_LostDate	datetime	☑
br_Times	tinyint	☑
br_Operator	varchar(10)	☐
br_Status	varchar(4)	☐

图 7-12　复合主键

【提示】

● 在本书的应用案例中设置了 br _ ID 作为 BorrowReturn 表的主键。

● 作为表级约束必须指明主键的名称，如 pk _ BorrowReturn。

● 一个表只能有一个 PRIMARY KEY 约束，并且 PRIMARY KEY 约束中的列不能接受空值。

● 如果为表指定了 PRIMARY KEY 约束，则 SQL Server 2005 数据库引擎将通过为主键列创建唯一索引来强制数据的唯一性。当在查询中使用主键时，此索引还可用来对数据进行快速访问。

● 如果对多列定义了 PRIMARY KEY 约束，则一列中的值可能会重复，但来自 PRIMARY KEY 约束定义中所有列的任何值组合必须唯一。

● 主键创建成功后，在“对象资源管理器”特定表中的“键”节点会显示所创建的主键的情况。

7.2.5　FOREIGN KEY 约束

FOREIGN KEY 约束为表中一列或多列数据提供引用完整性，它限制插入到表中被约束列的值必须在被引用表中已经存在。例如，数据表 BorrowReturn 中 s _ ID 列和 r _ ID 列分别引用数据表 BookStore 中的 s _ ID(表明了图书的存放位置和 ISBN 编号)和数据表 ReaderInfo 中的 r _ ID 列(表明了谁借阅了指定的图书)。在往数据表 BorrowReturn 中插入新行或修改其数据时，这两列的值必须在数据表 BookStore 和数据表 ReaderInfo 中已经存在，否则将不能执行插入或修改操作。实施 FOREIGN KEY 约束时，要求在被引用表中定义了 PRIMARY KEY 约束或 UNIQUE 约束。图 7-13 说明了主键和外键的关系。

【应用 7-9】　使用 SQL Server Management Studio 管理 FOREIGN KEY 约束。

1）打开 SQL Server Management Studio，进入新建表或修改表状态。

2）右键单击表(BorrowReturn)的编辑区域，在弹出的快捷菜单中选择“关系”命令，如图 7-14 所示。

3）打开“外键关系”对话框，选择“添加”按钮后，进入外键编辑状态，如图 7-15 所示。

4）单击“表和列规范”右边的[...]按钮，进入“表和列”设置对话框，分别选择主键表和外键以及列，如图 7-16 所示。

5）设置完成后，单击“确定”按钮，再单击“关闭”按钮，完成“关系”的添加。一旦建立了表间的关系，也就建立了外键。

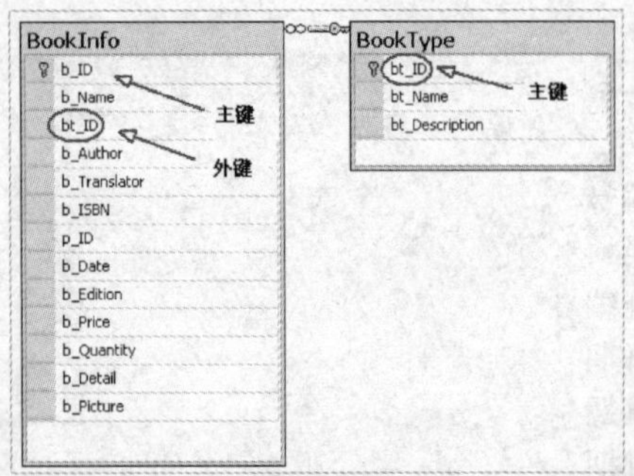

图 7-13　主键和外键的关系

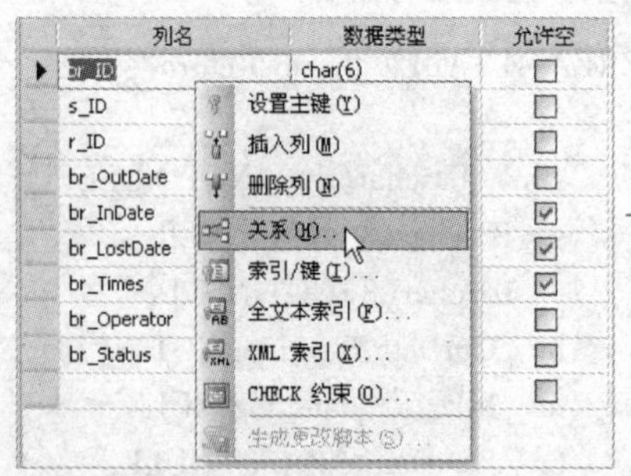

图 7-14　选择“关系”命令

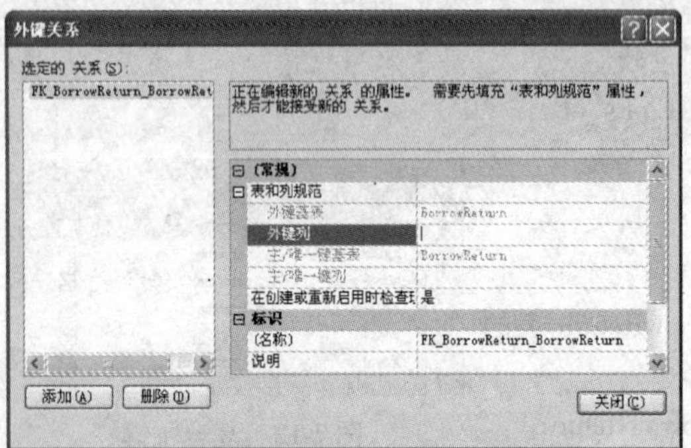

图 7-15　创建 FOREIGN KEY 约束

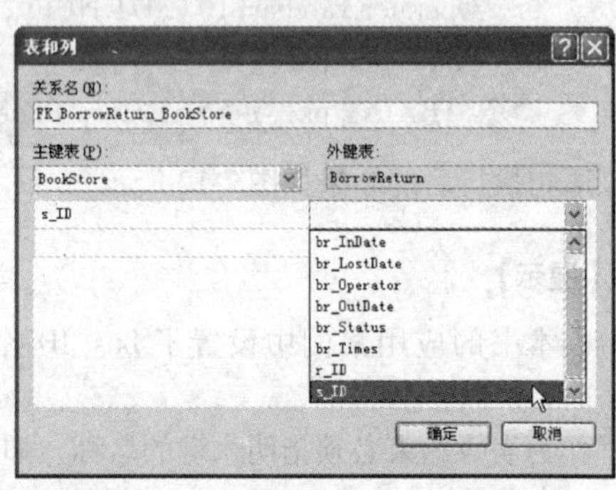

图 7-16　关系“表和列”设置对话框

【提示】

- FOREIGN KEY 约束并不仅仅可以与另一表的 PRIMARY KEY 约束相链接，它还可以定义为引用另一表的 UNIQUE 约束。
- FOREIGN KEY 约束也可以引用同一数据库表中的列或同一表中的列。
- 表中包含的 FOREIGN KEY 约束不要超过 253 个，并且引用该表的 FOREIGN KEY 约束也不要超过 253 个。

【应用 7-10】　使用 T-SQL 创建 FOREIGN KEY 约束。

FOREIGN KEY 约束的定义格式如下：

```
CONSTRAINT　约束名 FOREIGN　KEY(列)REFERENCES　被引用表(列)
```

图书信息表 BookInfo 中的 bt _ ID(类别编号)引用类别表 BookType，需要在创建数据表 BookInfo 时，建立 BookType 表和 BookInfo 表之间的关系。其中 bt _ ID 为关联列，BookType 表为主键表，BookInfo 表为外键表。完成语句如下：

```
CREATE TABLE BookInfo
(
    b_ID varchar(16)PRIMARY KEY,
    b_Name varchar(50)NOT NULL,
    bt_ID char(10)REFERENCES BookType(bt_ID),
    b_Author varchar(20)NOT NULL,
    b_Translator varchar(20)NULL,
    b_ISBN varchar(30)NOT NULL,
```

```
    p_ID char(4) NOT NULL,
    b_Date datetime NOT NULL,
    b_Edition smallint NOT NULL DEFAULT 1,
    b_Price money NOT NULL,
    b_Quantity smallint NOT NULL,
    b_Detail varchar(100) NULL DEFAULT '暂无描述',
    b_Picture image NULL
)
```

【提示】

- 必须先创建好 BookType 表。
- 必须创建好 BookType 表中基于 bt_ID 列的主键或唯一约束。

7.2.6　UNIQUE 约束

UNIQUE 约束通过确保在列中不输入重复值保证一列或多列的实体完整性，每个UNIQUE 约束要创建一个唯一索引。对于实施 UNIQUE 约束的列，不允许有任意两行具有相同的索引值。与 PRIMARY KEY 约束不同的是，SQL Server 允许为一个表创建多个 UNIQUE 约束。

定义 UNIQUE 约束的基本格式如下：

```
CONSTRAINT  约束名 UNIQUE(列或列的组合)
```

【应用 7-11】 为了保证图书信息表 BookInfo 中的图书名称不重复，在创建数据表 BookInfo 时，为 b_Name 设置 UNIQUE 约束。

完成语句如下：

```
CREATE TABLE BookInfo
(
    b_ID varchar(16) PRIMARY KEY,
    b_Name varchar(50) UNIQUE,
    bt_ID char(10) REFERENCES BookType(bt_ID),
    b_Author varchar(20) NOT NULL,
    b_Translator varchar(20) NULL,
    b_ISBN varchar(30) NOT NULL,
    p_ID char(4) NOT NULL,
    b_Date datetime NOT NULL,
    b_Edition smallint NOT NULL DEFAULT 1,
    b_Price money NOT NULL,
    b_Quantity smallint NOT NULL,
    b_Detail varchar(100) NULL DEFAULT '暂无描述',
    b_Picture image NULL
)
```

【提示】

- 使用 UNIQUE 约束和 PRIMARY KEY 约束都强制唯一性。PRIMARY KEY 约束自动使用 UNIQUE 约束，但只能使用在主键列。而使用 UNIQUE 约束可以在非主键列或允许空值的列上实现唯一性约束。
- 一个表可以定义多个 UNIQUE 约束，而只能定义一个 PRIMARY KEY 约束。

- 允许空值的列上可以定义 UNIQUE 约束，而不能定义 PRIMARY KEY 约束。
- FOREIGN KEY 约束也可引用 UNIQUE 约束。

用 ALTER TABLE 语句添加列约束，使用 ADD 关键字。完成语句如下：

```
ALTER TABLE BookInfo ADD UNIQUE(b _ Name)
```

用 ALTER TABLE 语句删除 UNIQUE 约束，使用 DROP 关键字。完成语句如下：

```
ALTER TABLE BookInfo DROP UNIQUE(b _ Name)
```

7.3 触发器概述

7.3.1 触发器基本知识

1. 触发器简介

触发器是一种特殊类型的存储过程，它在指定的表中的数据发生变化时自动生效。触发器被调用时自动执行 INSERT、UPDATE、DELETE 语句和 SELECT 语句，实现表间的数据完整性和复杂的业务规则。

与前面介绍过的存储过程不同，触发器主要是通过事件进行触发而自动执行的，而存储过程可以通过存储过程名字被显式调用。当对某一表进行诸如 INSERT、UPDATE 或 DELETE 操作时，如果在这些操作上定义了触发器，SQL Server 就会自动执行触发器(执行触发器中所定义的 SQL 语句)，从而确保对数据的处理必须符合由这些 SQL 语句所定义的规则。触发器的主要作用就是其能够实现由主键和外键所不能保证的复杂的参照完整性和数据的一致性，除此之外，触发器还有其他许多不同的功能：

(1) 强化约束 触发器能够实现比 CHECK 语句更为复杂的约束。

(2) 跟踪变化 触发器可以侦测数据库内的操作，从而不允许数据库中未经许可的指定更新和变化。

(3) 级联运行 触发器可以侦测数据库内的操作，并自动地级联影响整个数据库的相关内容。例如，某个表上的触发器中包含有对另外一个表的数据操作(如插入、更新、删除)，而该操作又导致该表上触发器被触发。

(4) 存储过程的调用 为了响应数据库更新，触发器可以调用一个或多个存储过程，甚至可以通过外部过程的调用而在 DBMS(数据库管理系统)本身之外进行操作。

由此可见，触发器可以解决高级形式的业务规则或复杂行为限制以及实现定制记录等一些方面的问题。例如，触发器能够找出某一表在数据修改前后状态发生的差异，并根据这种差异执行一定的处理。此外，一个表的同一类型(INSERT、UPDATE、DELETE)的多个触发器能够对同一种数据操作采取多种不同的处理。

总而言之，触发器性能通常比较低。当运行触发器时，系统处理的大部分时间花费在参照其他表的这一处理上，因为这些表不在内存中，而删除表和插入表总是位于内存中。由此可见，触发器所参照的其他表的位置决定了操作要花费的时间长短。

2. 触发器类型

根据服务器或数据库中调用触发器的操作不同，SQL Server 2005 的触发器分为 DML 触发器和 DDL 触发器。当数据库中发生数据操作语言(DML)事件时将调用 DML 触发器，当服务器或数据库中发生数据定义语言(DDL)事件时将调用 DDL 触发器。

(1) DML 触发器 DML 触发器是当数据库服务器中发生数据操作语言(DML)事件时要执行的操作。DML 事件包括对表或视图发出的 UPDATE、INSERT 或 DELETE 语句。DML 触发器用于在数据

被修改时强制执行业务规则，以及扩展 Microsoft SQL Server 2005 约束、默认值和规则的完整性检查逻辑。

DML 触发器可以查询其他表，还可以包含复杂的 T-SQL 语句。将触发器和触发它的语句作为可在触发器内回滚的单个事务对待。如果检测到错误(例如,磁盘空间不足)，则整个事务即自动回滚。DML 触发器的特点包括以下几点：

1）DML 触发器可通过数据库中的相关表实现级联更改。

2）DML 触发器可以防止恶意或错误的 INSERT、UPDATE 以及 DELETE 操作，并强制执行比 CHECK 约束定义的限制更为复杂的其他限制。与 CHECK 约束不同，DML 触发器可以引用其他表中的列。例如，触发器可以使用另一个表中的 SELECT 比较插入或更新的数据，以及执行其他操作，如修改数据或显示用户定义错误信息。

3）DML 触发器可以评估数据修改前后表的状态，并根据该差异采取措施。

4）一个表中的多个同类 DML 触发器(INSERT、UPDATE 或 DELETE)允许采取多个不同的操作来响应同一个修改语句。

DML 触发器根据其引发的时机不同又可以分为 AFTER 触发器、INSTEAD OF 触发器和 CLR 触发器。

1）AFTER 触发器。在执行了 INSERT、UPDATE 或 DELETE 语句操作之后执行 AFTER 触发器。AFTER 触发器只能在表上指定。

2）INSTEAD OF 触发器。执行 INSTEAD OF 触发器代替通常的触发动作。还可为带有一个或多个基表的视图定义 INSTEAD OF 触发器，而这些触发器能够扩展视图可支持的更新类型。

3）CLR 触发器。CLR 触发器可以是 AFTER 触发器或 INSTEAD OF 触发器，还可以是 DDL 触发器。CLR 触发器将执行在托管代码(在 . NET Framework 中创建并在 SQL Server 中加载的程序集的成员)中编写的方法，而不用执行 T-SQL 存储过程。

（2）DDL 触发器　DDL 触发器是 SQL Server 2005 的新增功能。DDL 触发器是一种特殊的触发器，它在响应数据定义语言(DDL)语句时触发。它们可以用于数据库中执行管理任务，如审核以及规范数据库操作。

像常规触发器一样，DDL 触发器将激发存储过程以响应事件，但与 DML 触发器不同的是，它们不会由表或视图的 UPDATE、INSERT 或 DELETE 语句激发。相反，它们会由数据定义语言(DDL)语句激发，这些语句主要是以 CREATE、ALTER 和 DROP 开头的语句。DDL 触发器可用于管理任务，如审核和控制数据库操作。如果要执行以下操作，可使用 DDL 触发器：

1）要防止对数据库架构进行某些更改。

2）希望数据库中发生某种情况以响应数据库架构中的更改。

3）要记录数据库架构中的更改或事件。

一般情况下，在运行触发 DDL 触发器的 DDL 语句后，DDL 触发器才会激发。DDL 触发器不能作为 INSTEAD OF 触发器使用。

7.3.2　Inserted 表和 Deleted 表

每个触发器有两个特殊的表：Inserted 表和 Deleted 表。这两个表都是逻辑表，并且这两个表是由系统管理的。Inserted 表和 Deleted 表存储在内存中，而不是存储在数据库中，因此不允许用户直接对其修改。Inserted 表和 Deleted 表在结构上与该触发器作用的表相同。这两个表是动态驻留在内存中的，当触发器工作完成，这两个表也被删除。这两个表主要保存因用户操作而被影响到的原数据值或新数据值。另外，这两个表是只读的，即用户不能向这两个表写入内容，但可以在触发器执行过程中引用这两个表中的数据。

Deleted 表用于存储 DELETE 和 UPDATE 语句所影响的行的副本。在执行 DELETE 或 UPDATE 语句时，行从触发器表中删除，并存放到 Deleted 表中。Deleted 表和触发器表通常没有相同的行。

Inserted 表用于存储 INSERT 和 UPDATE 语句所影响的行的副本。在一个插入或更新事务处理中，新建行被同时添加到 Inserted 表和触发器表中。Inserted 表中的行是触发器表中新行的副本。

通过上面的分析，可以发现：进行 INSERT 操作时，只影响 Inserted 表；进行 DELETE 操作时，只影响 Deleted 表；而进行 UPDATE 操作时，既影响 Inserted 表也影响 Deleted 表。

1. INSERT 触发器

对一个定义了 INSERT 类型触发器的表来说，一旦对该表执行了 INSERT 操作，那么对向该表插入的所有行来说，都有一个相应的副本存放到 Inserted 表中。Inserted 表就是用来存储向原表插入的内容。

【应用 7-12】 了解在 Library 数据库中的 ReaderInfo 表时添加一条读者编号为“8888888”记录时，ReaderInfo 表、Inserted 表和 Deleted 表的变化情况。

```
INSERT INTO ReaderInfo VALUES('8888888','触发器','2009-1-17','02',30,'有效')
```

在执行上述 INSERT 语句后，ReaderInfo 表、Inserted 表和 Deleted 表的记录情况如图 7-17 所示。

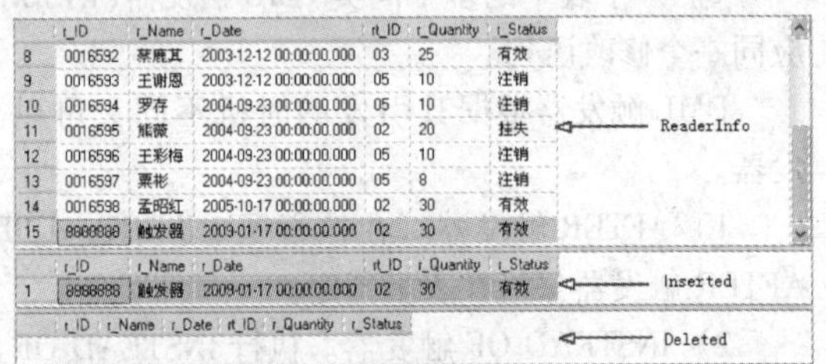

ReaderInfo

	r_ID	r_Name	r_Date	rt_ID	r_Quantity	r_Status
8	0016592	蔡鹿其	2003-12-12 00:00:00.000	03	25	有效
9	0016593	王谢恩	2003-12-12 00:00:00.000	05	10	注销
10	0016594	罗存	2004-09-23 00:00:00.000	05	10	注销
11	0016595	熊薇	2004-09-23 00:00:00.000	02	20	挂失
12	0016596	王彩梅	2004-09-23 00:00:00.000	05	10	注销
13	0016597	栗彬	2004-09-23 00:00:00.000	05	8	注销
14	0016598	孟昭红	2005-10-17 00:00:00.000	02	30	有效
15	8888888	触发器	2009-01-17 00:00:00.000	02	30	有效

Inserted

	r_ID	r_Name	r_Date	rt_ID	r_Quantity	r_Status
1	8888888	触发器	2009-01-17 00:00:00.000	02	30	有效

Deleted

r_ID	r_Name	r_Date	rt_ID	r_Quantity	r_Status

图 7-17　INSERT 操作中的 Inserted 表和 Deleted 表

【提示】

- Inserted 表和 Deleted 表不能直接被读取，因为这两个表是存在于内存中，也就是说是在执行插入、删除和修改操作过程中，这两个表才存在。
- 只能在触发器中才能捕获这一动态过程(事务)，所以 Inserted 表和 Deleted 表的读取也只能在触发器中实现。
- 上述结果是在触发器中对 Inserted 表和 Deleted 表查询(如 SELECT * FROM inserted)的结果。

2. DELETE 触发器

对一个定义了 DELETE 类型触发器的表来说，一旦对该表执行了 DELETE 操作，则将所有的删除行存放至删除表中。这样作的目的是：一旦触发器遇到了强迫它中止的语句被执行时，删除的那些行可以从 Deleted 表中得以恢复。

【应用 7-13】 了解在 Library 数据库中的 ReaderInfo 表中删除一条图书号为“0016585”的记录时，ReaderInfo 表、Inserted 表和 Deleted 表的变化情况。

```
DELETE FROM ReaderInfo
WHERE r _ ID ='0016585'
```

在执行上述 DELETE 语句时，ReaderInfo 表、Inserted 表和 Deleted 表的记录情况如图7-18 所示。

3. UPDATE 触发器

UPDATE 操作包括两个部分，即先将更新的内容去掉，然后将新值插入。因此对一个定义了 UPDATE 类型触发器的表来说，当执行 UPDATE 操作时，在 Deleted 表中存放了原有值，然后在 Inserted 表中存放新值。

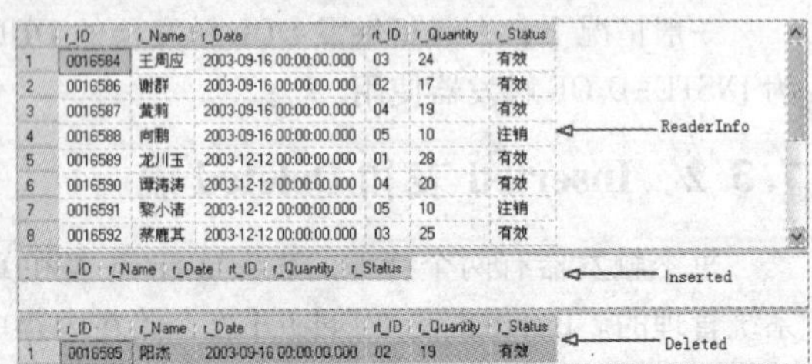

ReaderInfo

	r_ID	r_Name	r_Date	rt_ID	r_Quantity	r_Status
1	0016584	王周应	2003-09-16 00:00:00.000	03	24	有效
2	0016586	谢群	2003-09-16 00:00:00.000	02	17	有效
3	0016587	黄莉	2003-09-16 00:00:00.000	04	19	有效
4	0016588	向鹏	2003-09-16 00:00:00.000	05	10	注销
5	0016589	龙川玉	2003-12-12 00:00:00.000	01	28	有效
6	0016590	谭涛涛	2003-12-12 00:00:00.000	04	20	有效
7	0016591	黎小清	2003-12-12 00:00:00.000	05	10	注销
8	0016592	蔡鹿其	2003-12-12 00:00:00.000	03	25	有效

Inserted

r_ID	r_Name	r_Date	rt_ID	r_Quantity	r_Status

Deleted

	r_ID	r_Name	r_Date	rt_ID	r_Quantity	r_Status
1	0016585	阳杰	2003-09-16 00:00:00.000	02	19	有效

图 7-18　DELETE 操作中的 Inserted 表和 Deleted 表

【应用 7-14】 了解在 Library 数据库中的 ReaderInfo 表中将图书号为“8888888”图书号修改成“9999999”时，ReaderInfo 表、Inserted 表和 Deleted 表的变化情况。

```
UPDATE BookInfo
SET b _ ID ='9999999'
WHERE b _ ID ='8888888'
```

在执行上述 UPDATE 语句时，ReaderInfo 表、Inserted 表和 Deleted 表的记录情况如图 7-19 所示。

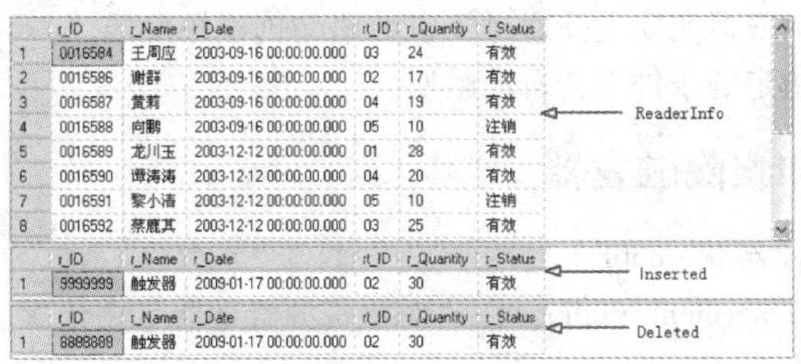

	r_ID	r_Name	r_Date	rt_ID	r_Quantity	r_Status
1	0016584	王周应	2003-09-16 00:00:00.000	03	24	有效
2	0016586	谢群	2003-09-16 00:00:00.000	02	17	有效
3	0016587	黄莉	2003-09-16 00:00:00.000	04	19	有效
4	0016588	向鹏	2003-09-16 00:00:00.000	05	10	注销
5	0016589	龙川玉	2003-12-12 00:00:00.000	01	28	有效
6	0016590	谭涛涛	2003-12-12 00:00:00.000	04	20	有效
7	0016591	黎小洁	2003-12-12 00:00:00.000	05	10	注销
8	0016592	蔡鹿其	2003-12-12 00:00:00.000	03	25	有效

ReaderInfo

	r_ID	r_Name	r_Date	rt_ID	r_Quantity	r_Status
1	9999999	触发器	2009-01-17 00:00:00.000	02	30	有效

Inserted

	r_ID	r_Name	r_Date	rt_ID	r_Quantity	r_Status
1	8888888	触发器	2009-01-17 00:00:00.000	02	30	有效

Deleted

图 7-19　UPDATE 操作中的 Inserted 表和 Deleted 表

7.4　使用 SSMS 管理触发器

7.4.1　创建触发器

【应用 7-15】　为 Library 数据库的 ReaderType 表创建一个在添加记录后显示提示信息的触发器 tr _ notify，并添加一条用户记录('99 ','超级读者',40,12,5,1.0)验证触发器的执行。

1）启动 SQL Server Management Studio，在“对象资源管理器”中依次展开“数据库”节点、“Library”数据库节点和“表”节点。

2）展开“ReaderType”表，右键单击“触发器”，在弹出的快捷菜单中选择“新建触发器”命令，如图 7-20 所示。

图 7-20　选择“新建触发器”命令

3）在右边弹出的查询窗口显示“触发器”的模板，输入触发器的文本后执行创建触发器语句。语句成功执行后，则创建好触发器。在“对象资源管理器”中展开“触发器”，即可查看到创建好的触发器。

tr _ notify 脚本：

```
USE Library
IF OBJECT _ ID ('tr _ notify', 'TR')IS NOT NULL
    DROP TRIGGER tr _ notify
GO
CREATE TRIGGER tr _ notify
ON ReaderType
AFTER INSERT
AS
PRINT('友情提示:表中增加新记录!')
GO
```

4）使用 INSERT 语句向 ReaderType 表中添加一条记录，验证触发器的功能。

```
INSERT ReaderType VALUES('trigger','trigger','普通','trigger')
```

该语句执行后，消息框中的显示结果如图 7-21 所示。

图 7-21　验证触发器

【提示】

- 在查询窗口中创建触发器实质上是通过 T-SQL 语句创建触发器。
- 触发器创建后，在指定的条件下会自动触发。

7.4.2　禁用、修改和删除触发器

【应用 7-16】　禁用触发器 tr_notify。

1）启动 SQL Server Management Studio，在“对象资源管理器”中依次展开“数据库”节点、“Library”数据库节点和“表”节点。

2）右键单击“tr_notify”，在弹出的快捷菜单中选择“禁用”命令，如图 7-22 所示。

【提示】

- 在图 7-22 中选择“修改”命令可以完成触发器的修改操作。
- 在图 7-22 中选择“删除”命令可以删除指定的触发器。

3）打开“禁用触发器”对话框中，单击“关闭”按钮，即可禁用选定的触发器，如图 7-23 所示。被禁用的触发器的图标会变成，请注意分辨。

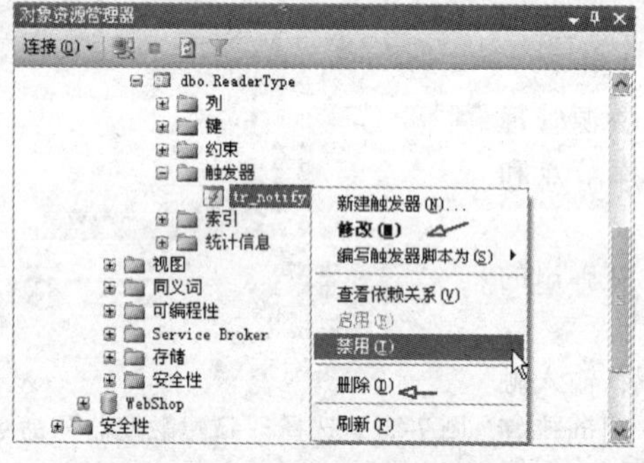

图 7-22　选择“禁用”命令

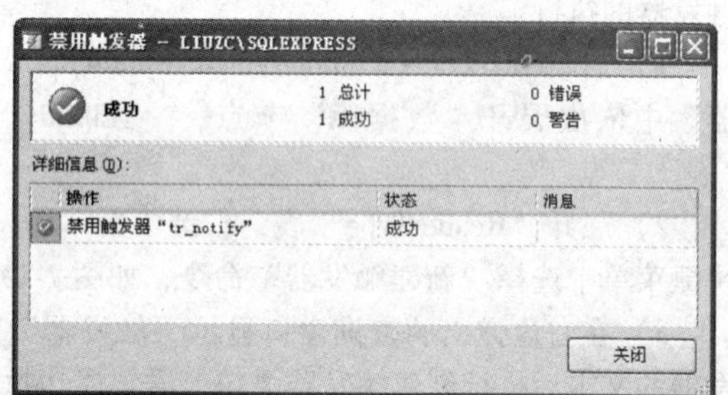

图 7-23　“禁用触发器”对话框

7.5　使用 T-SQL 管理触发器

7.5.1　创建触发器

T-SQL 语言用 CREATE TRIGGER 命令创建触发器。创建 DML 触发器的基本语句格式如下：

```
CREATE　TRIGGER　触发器名
ON　表|视图
FOR|AFTER|INSTEAD OF
INSERT|UPDATE|DELETE
AS
DML 语句
```

创建 DDL 触发器的基本语句格式如下：

```
CREATE　TRIGGER　触发器名
ON　服务器 | 数据库
FOR | AFTER
AS
DDL 语句
```

【应用 7-17】　在 Library 数据库中创建一个触发器，实现在用户信息表(ReaderType)中删除用户信息时，显示“×××读者类别已被删除!”。

(1) 创建 ReaderType 表的删除触发器 tr_delete

```
CREATE TRIGGER tr_delete
ON ReaderType
FOR DELETE
AS
BEGIN
  DECLARE @user VARCHAR(30)
  SELECT @user = rt_Name FROM DELETED
  PRINT @user + ':读者类别已被删除! '
END
```

(2) 验证触发器

```
DELETE FROM ReaderType WHERE rt_ID = '99'
```

该语句执行后，触发器被触发后返回信息如图 7-24 所示。

图 7-24　tr_delete 触发结果

【提示】

- CREATE TRIGGER 语句必须是批处理中的第一个语句，该语句后面的所有其他语句被解释为 CREATE TRIGGER 语句定义的一部分。
- 创建 DML 触发器的权限默认分配给表的所有者，且不能将该权限转给其他用户。
- DML 触发器为数据库对象，其名称必须遵循标识符的命名规则。
- 虽然 DML 触发器可以引用当前数据库以外的对象，但只能在当前数据库中创建 DML 触发器。
- 虽然 DML 触发器可以引用临时表，但不能对临时表或系统表创建 DML 触发器。同时不应引用系统表，而应使用信息架构视图。
- 对于含有用 DELETE 或 UPDATE 操作定义的外键的表，不能定义 INSTEAD OF DELETE 和 INSTEAD OF UPDATE 触发器。
- TRUNCATE TABLE 语句不会触发 DELETE 触发器，因为 TRUNCATE TABLE 语句没有执行记录。

【应用 7-18】　在 Library 数据库中创建一个触发器，实现在修改表时弹出提示信息“数据表已被修改!”。

(1) 创建作用于数据库的修改表事件的触发器 tr_altertable

```
CREATE TRIGGER tr_altertable
ON DATABASE
FOR ALTER_TABLE
AS
BEGIN
```

```
PRINT '数据表已被修改！'
END
```

(2) 验证触发器

```
ALTER TABLE ReaderType ADD test CHAR(8)
```

该语句运行结果如图7-25所示。

【提示】

- 在编写DDL触发器时要了解用于激发DDL触发器的DDL事件，请参阅联机丛书。
- DDL触发器作用于数据库或服务器，不同于DML触发器作用于表。DDL触发器和DML触发器的位置如图7-26所示。

图7-25　tr _ altertable触发结果

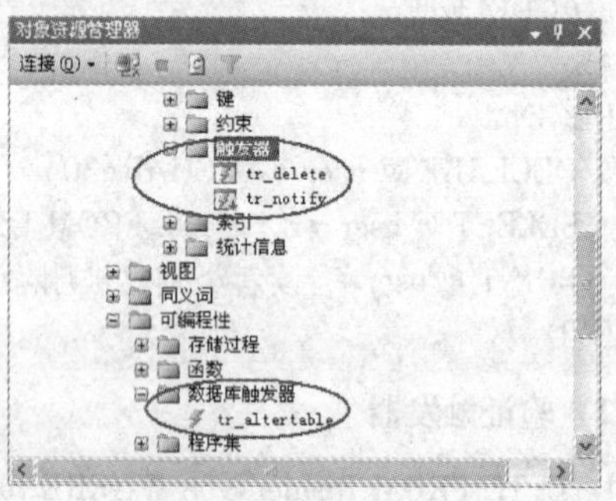

图7-26　DML触发器和DDL触发器

7.5.2　修改和查看触发器

1. 修改触发器

T-SQL语言用ALTER TRIGGER命令修改DML触发器，其基本语句格式如下：

```
ALTER  TRIGGER  触发器名
ON  表|视图
FOR|AFTER|INSTEAD OF  INSERT|UPDATE|DELETE
AS
SQL语句
```

修改DDL触发器的基本语句格式如下：

```
ALTER  TRIGGER  触发器名
ON  服务器|数据库
FOR|AFTER
AS
DDL语句
```

修改触发器与创建触发器的语法基本相同，只是将创建触发器的CREATE关键字换成了ALTER关键字而已。

【应用7-19】　修改"应用7-17"中创建的触发器，在输出的文字前加上"注意:"字样。

```
ALTER TRIGGER tr _ delete
ON ReaderType
```

```
FOR DELETE
AS
BEGIN
  DECLARE @user VARCHAR(30)
  SELECT @user = rt_Name FROM DELETED
  PRINT '注意:' + @user + ':读者类别已被删除!'
END
```

2. 查看触发器

使用系统存储过程 sp_helptrigger 和 sp_helptext 可以查看触发器，但作用有所差异：使用 sp_helptrigger 返回的是触发器的类型，而使用 sp_helptext 则显示触发器的文本。

（1）系统存储过程 sp_helptrigger　使用系统存储过程 sp_helptrigger 返回指定表中定义的触发器类型，其基本语句格式如下：

```
sp_helptrigger  [@tabname = ]表名[,[@triggertype = ]触发器类型]
```

其中，触发器类型的数据类型为 CHAR(6)，默认值为 NULL，并且可以是表 7-1 所列的 3 个值之一。

表 7-1　触发器类型的数据类型

值	描　述	值	描　述
DELETE	返回 DELETE 触发器信息	UPDATE	返回 UPDATE 触发器信息
INSERT	返回 INSERT 触发器信息		

（2）系统存储过程 sp_helptext　使用系统存储过程 sp_helptext 可以显示规则、默认值、未加密的存储过程、用户定义函数、触发器或视图的文本，其基本语句格式如下：

```
sp_helptext   [@objname = ] 对象名
```

其中，对象名可以是规则、默认值、未加密的存储过程、用户自定义函数、触发器或视图。

【应用 7-20】　了解 ReaderType 表中所有触发器的相关信息，并显示触发器 tr_notify 的文本信息。

```
sp_helptrigger ReaderType
GO
sp_helptext tr_notify
GO
```

执行结果如图 7-27 所示。

【提示】

- sp_helptrigger 不能用于 DDL 触发器。
- isdelete 表示是否删除触发器，isupdate 表示是否修改触发器，isinsert 表示是否插入触发器，isafter 表示是否 after 触发器，isinsteadof 表示是否 insteadof 触发器。

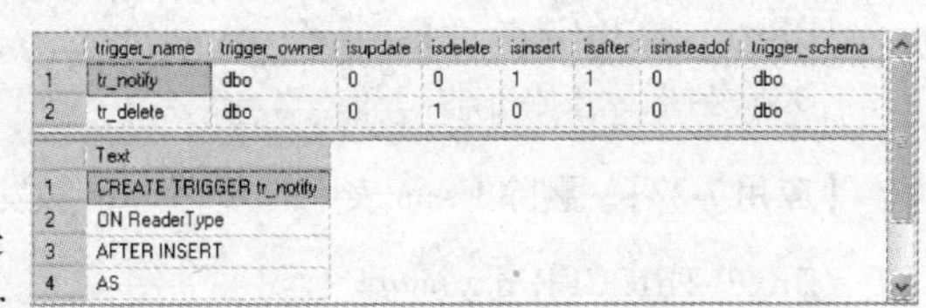

	trigger_name	trigger_owner	isupdate	isdelete	isinsert	isafter	isinsteadof	trigger_schema
1	tr_notify	dbo	0	0	1	1	0	dbo
2	tr_delete	dbo	0	1	0	1	0	dbo

	Text
1	CREATE TRIGGER tr_notify
2	ON ReaderType
3	AFTER INSERT
4	AS

图 7-27　应用 7-20 执行结果

7.5.3 禁用/启用和删除触发器

1. 禁用触发器

T-SQL 语言用 DISABLE TRIGGER 命令禁用 DML 触发器和 DDL 触发器，其基本语句格式如下：

```
DISABLE TRIGGER 触发器名[,…n] | ALL
ON  对象名|数据库|服务器
```

【应用 7-21】 禁用触发器 tr_delete，并通过删除名称为“教师”的读者类型验证触发器的工作。

(1) 禁用触发器

```
DISABLE TRIGGER tr_delete
ON ReaderType
```

(2) 验证触发器

```
DELETE ReaderType
WHERE rt_Name ='教师'
```

该语句执行时不会出现“注意：×××用户已被删除”的提示信息，说明 tr_delete 触发器没有被引发。

【提示】

- 在默认情况下，创建触发器后会启用触发器。
- 禁用触发器不会删除该触发器，该触发器仍然作为对象存在于当前数据库中。
- 禁用触发器后，执行相应的 T-SQL 语句时，不会引发触发器。
- 使用 ENABLE TRIGGER 可以重新启用 DML 和 DDL 触发器。
- 也可以使用 ALTER TABLE 语句来禁用或启用为表所定义的 DML 触发器。

2. 启用触发器

T-SQL 语言用 ENABLE TRIGGER 命令启用 DML 触发器和 DDL 触发器，其基本语句格式如下：

```
ENABLE TRIGGER  触发器名[,…n] | ALL
ON  对象名|数据库|服务器
```

ENABLE TRIGGER 的基本使用同 DISABLE TRIGGER，只是作用刚好相反。

3. 删除触发器

T-SQL 语言用 DROP TRIGGER 命令删除 DML 触发器，其基本语句格式如下：

```
DROP  TRIGGER  触发器名[,…n]
```

删除 DDL 触发器的语句格式如下所示。

```
DROP  TRIGGER  触发器名[,…n]
ON  数据库 | 服务器
```

【应用 7-22】 删除 Users 表中的 tr_notify 触发器和 Library 数据库中的触发器 tr_altertable。

```
DROP TRIGGER tr_notify
GO
DROP TRIGGER tr_altertable
ON DATABASE
GO
```

【提示】

- 可以通过删除 DML 触发器或删除触发器表来删除 DML 触发器。
- 仅当所有触发器均使用相同的 ON 子句创建时，才能使用一个 DROP TRIGGER 语句删除多个 DDL 触发器。

7.6　触发器的典型应用

7.6.1　实施参照完整性

使用触发器也可以维护两个表间的参照完整性。不同于外键的是，外键是在数据改变之前起作用，而触发器是在数据改变时引发，再根据数据改变的情况决定是否执行改变。

【应用 7-23】　在 Library 数据库中创建一个触发器，实现在添加图书信息时，即往 BookInfo 表中插入图书记录时进行如下检查：检查插入的图书记录中的类别编号 bt _ ID 是否存在，检查插入的图书记录中的出版社编号 p _ ID 是否存在。为保证数据的完整性，如果有一个条件不符合，必须取消图书添加操作，并返回一条错误消息。

（1）创建触发器 tr _addbook

```
CREATE TRIGGER tr _ addbook
ON BookInfo
FOR INSERT, UPDATE
AS
BEGIN
  DECLARE @p _ no CHAR(4)  --出版社编号
  DECLARE @bt _ no CHAR(10)--图书类别编号
  --获取新插入图书的出版社编号
  SELECT @p _ no = Publisher. p _ ID
  FROM Publisher,inserted
  WHERE Publisher. p _ ID = inserted. p _ ID
  --获取新插入图书的图书类别编号
  SELECT @bt _ no = BookType. bt _ ID
  FROM BookType,inserted
  WHERE BookType. bt _ ID = inserted. bt _ ID
  --如果新插入图书的出版社编号或图书类别编号在被参照表中不存在,则撤销插入,并给出错误信息
  IF @p _ no is NULL OR  @bt _ no is NULL
    BEGIN
      --事务回滚:撤销插入操作
      ROLLBACK TRANSACTION
      --返回一个错误信息
      RAISERROR('不存在这样的出版社或图书类别！',16,10)
    END
END
```

（2）验证触发器

```
UPDATE BookInfo
SET p_ID ='999'
WHERE b_ID ='TP3/2737'
```

执行该语句时由于会员号“C8888”在被参照的表 Customers 中并不存在，所以触发器被引发后返回信息如图 7-28 所示。

```
消息 50000，级别 16，状态 10，过程 tr_addbook，第 22 行
不存在这样的出版社或图书类别！
消息 3609，级别 16，状态 1，第 1 行
事务在触发器中结束。批处理已中止。
```

图 7-28　应用 7-23 执行结果

【提示】

- 如果创建了外键约束，则在触发器执行前外键会起作用，为了验证该触发器的功能，可以先删除 BookInfo 表的约束。
- tr_addbook 触发器的引发操作是 INSERT 和 UPDATE，请读者自行使用 INSERT 操作验证该触发器。
- 在创建触发器的语句中使用了“ROLLBACK TRANSACTION”，表示取消所执行的操作(这里为 UPDATE)。
- 触发器中对于参照表中 p_ID 和 bt_ID 的判断，也可以使用存在性检查语句实现，请参考以下语句。

使用连接查询和 EXISTS 检查出版社编号和图书类别编号的语句如下：

```
ALTER TRIGGER tr_addbook
ON BookInfo
FOR INSERT，UPDATE
AS
BEGIN
  IF(NOT EXISTS
  (SELECT Publisher.p_ID
  FROM Publisher,inserted
  WHERE Publisher.p_ID = inserted.p_ID))
  OR
  (NOT EXISTS
  (SELECT BookType.bt_ID
  FROM BookType,inserted
  WHERE BookType.bt_ID = inserted.bt_ID))
    BEGIN
      --事务回滚:撤销插入操作
      ROLLBACK TRANSACTION
      --返回一个错误信息
      RAISERROR('不存在这样的出版社或图书类别！',16,10)
    END
END
```

使用子查询检查出版社编号和图书类别编号的语句如下：

```
ALTER TRIGGER tr_addbook
ON BookInfo
FOR INSERT，UPDATE
AS
BEGIN
```

```
    IF(NOT EXISTS
    (SELECT p_ID FROM Publisher WHERE p_ID IN
    (SELECT p_ID FROM inserted)))
    OR
    (NOT EXISTS
    (SELECT bt_ID FROM BookType WHERE bt_ID IN
    (SELECT bt_ID FROM inserted)))
    BEGIN
      ROLLBACK TRANSACTION
      RAISERROR('不存在这样的出版社或图书类别！',16,10)
    END
END
```

7.6.2 实施特殊业务规则

应用触发器除了可以实现数据完整性以外，还可以实施一些特殊业务规则。

【应用 7-24】 读者在借阅图书时借出一本书之后，存储在该位置的图书的状态应该修改为“借出”状态。在 Library 数据库中创建一个触发器，实现借出某一本图书时（BorrowReturn 中添加一条记录），自动将 BookStore 表中的图书状态由“在藏”改变为“借出”。

1）创建触发器 tr_change。

```
CREATE TRIGGER tr_change
ON BorrowReturn
FOR INSERT
AS
BEGIN
  UPDATE BookStore
  SET s_Status ='借出' WHERE s_ID = (SELECT s_ID FROM inserted)
END
```

2）在 BorrowReturn 表中插入记录之前的 s_ID 为“128354”的记录情况，如图 7-29 所示。

3）在 BorrowReturn 表中插入记录，验证触发器的执行。

```
INSERT INTO BorrowReturn
VALUES('999999','128354','0016584','2007-6-15','2008-9-1',NULL,0,'张三','未还')
```

该语句执行时在 BorrowReturn 表中成功添加一条记录，同时引发触发器 tr_change，完成对 BookStore 表中图书状态的更改，其结果如图 7-30 所示。

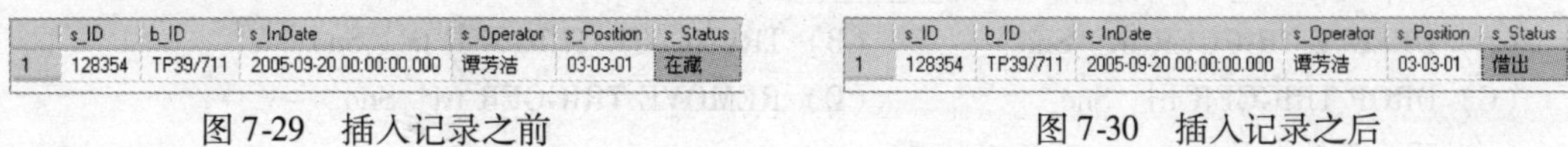

	s_ID	b_ID	s_InDate	s_Operator	s_Position	s_Status
1	128354	TP39/711	2005-09-20 00:00:00.000	谭芳洁	03-03-01	在藏

图 7-29　插入记录之前

	s_ID	b_ID	s_InDate	s_Operator	s_Position	s_Status
1	128354	TP39/711	2005-09-20 00:00:00.000	谭芳洁	03-03-01	借出

图 7-30　插入记录之后

【提示】

- 这些特殊的业务规则也可以由应用程序员编写程序来完成。

本章小结

本章学习了如下内容:

■ 数据库完整性概述。包括完整性的类型、列约束和表约束。

■ SQL SERVER 2005 数据库完整性的实现。包括允许空值约束、DEFAULT 定义、CHECK 约束、PRIMARY KEY 约束、FOREIGN KEY 约束和 UNIQUE 约束。

■ 触发器概述。包括触发器基本知识、Inserted 表和 Deleted 表。

■ 使用 SSMS 管理触发器。包括创建触发器、禁用触发器、修改和删除触发器。

■ 使用 T-SQL 管理触发器。包括使用 CREATE TRIGGER 命令创建触发器、使用 ALTER TRIGGER 命令修改触发器、使用 sp _ helptrigger 和 sp _ helptext 存储过程可以查看触发器、使用 DISABLE TRIGGER 命令禁用触发器、使用 ENABLE TRIGGER 命令启用触发器、使用 DROP TRIGGER 命令删除触发器。

■ 触发器的典型应用。包括实施参照完整性和实施特殊业务规则。

习 题 7

一、选择题

1. 以下关于数据库完整性的表述,不正确的是________。

(A) 数据应随时可以被更新

(B) 表中的主键的值不能为空

(C) 数据的取值应在有效范围内

(D) 一个表的值若引用其他表的值,应使用外键进行关联

2. 以下关于默认值的表述,正确的是________。

(A) 在表中添加新列时,如果没有指明值,可以使用默认值

(B) 可以绑定到表列,也可以绑定到数据类型

(C) 可以响应特定事件的操作

(D) 以上表述都正确

3. 在数据库中,可以有________个主键。

(A) 1 个　　(B) 2 个　　(C) 3 个　　(D) 任意多个

4. 以下关于 FOREIGN KEY 约束的表述,不正确的是________。

(A) 体现数据库中表之间的关系

(B) 实现参照完整性

(C) 以其他表 PRIMARY KEY 约束和 UNIQUE 约束为前提

(D) 每个表中都必须定义

5. 删除触发器 tri _ Sno 的正确命令是________。

(A) DELETE TRIGGER tri _ Sno　　(B) TRUNCATE TRIGGER tri _ Sno

(C) DROP TRIGGER tri _ Sno　　(D) REMOVE TRIGGER tri _ Sno

6. 以下关于触发器的表述,不正确的是________。

(A) 它是一种特殊的存储过程

(B) 可以实现复杂的商业逻辑

(C) 对于某类操作,可以创建不同类型的触发器

(D) 触发器可以用来实现数据完整性

二、名词解释

1. 实体完整性
2. 域完整性
3. 参照完整性
4. 触发器

三、简答题

1. 讨论 SQL Server 是如何保证数据的完整性和一致的。
2. 比较约束和触发器的异同。
3. 比较触发器和存储过程的异同。

实训 7　SQL Server 2005 数据完整性

一、实训目的

1. 了解约束的应用对数据完整性控制的作用。
2. 掌握应用 SSMS 设置、修改和删除常见约束的方法。
3. 掌握应用 T-SQL 设置、修改和删除常见约束的方法。
4. 了解触发器的触发过程和类型。
5. 通过执行 SQL 脚本，掌握创建触发器并测试触发器。
6. 掌握通过使用触发器维护数据完整性的方法。
7. 掌握通过使用触发器实现特殊业务规则的方法。

二、实训要求

1. 在样例数据库中管理相关约束。
2. 按指定要求创建触发器。
3. 保存并上交实训结果。

三、实训步骤

1. 创建或修改 Goods 表时，为该表中的 g_Name(商品名)、g_Price(价格)和 g_Number(数量)设置 NOT NULL 约束。(SSMS)

2. 修改 Goods 表的定义，在 Goods 表中输入数据时，为 g_ProduceDate 提供一个默认值为“2007-07-01”，以保证非空性和简化用户输入。(T-SQL)

3. 根据 WebShop 电子商城网站规定，商品折扣不能小于 0.5 也不能超过 1。需要在创建 Goods 表时，为 g_Discount 设置 CHECK 约束，使 g_Discount 列的值在 0.5 ~ 1 之间。(T-SQL)

4. 修改 Goods 表的定义，为 g_ID 列添加主键约束。(SSMS)

5. 商品信息表 Goods 中的 t_ID(类别号)引用类别表 Types，需要在创建数据表 Goods 时，建立 Types 表和 Goods 表之间的关系，其中 t_ID 为关联列，Types 表为主键表，Goods 表为外键表。(SSMS)

6. 为 WebShop 数据库的 Users 表创建一个在添加记录后显示提示信息的触发器 tr_notify，并添加一条用户记录('trigger','trigger','普通','trigger')验证触发器的执行。(SSMS)

7. 在 WebShop 数据库中创建一个触发器，实现在用户信息表(Users)中删除用户信息时，显示“×××用户已被删除!”。(T-SQL)

8. 了解 Users 表中所有触发器的相关信息，并显示触发器 tr_notify 的文本信息。(T-SQL)

9. 禁用触发器 tr_delete，并通过删除名为“amy”的用户验证触发器的工作。(T-SQL)

10. 在 WebShop 数据库中创建一个触发器 tr_placeorder，实现在生成订单时，即往 Orders 表中插入订单记录时进行如下检查：如果插入的订单中的商品的商品号 g_ID 不存在或者下达订单的会员号 c_ID 不存在，必须取消订单插入操作，并返回一条错误消息。

11. 会员在购买商品时所购买商品的详细信息存放在 OrderDetails 表中，而订单的总金额存放在 Orders 表中。在 WebShop 数据库中创建一个触发器 tr_sum，实现订单详情表中的商品信息发生变化时，自动更新订单表中的订单总金额。

12. 将实训过程中相关的 SQL 语句保存至 chap07. sql。

四、实训提示

1. 列约束与表约束的区别。
2. 在使用外键约束时，注意创建表的顺序。
3. 触发器的类型。
4. 触发器和约束的异同。
5. 通过测试数据测试约束和触发器的作用。

第 8 章　数据库安全性

【学习目标】

本章将要学习 SQL Server 2005 数据库安全性的相关知识，包括验证模式的设置、登录名的管理、数据库用户管理、数据库角色管理、服务器角色管理和数据库对象权限管理等操作。

【学习要点】

- 数据库安全性的基本概念。
- SQL Server 2005 中的验证模式。
- 登录名管理。
- 数据库用户管理。
- 固定服务器角色和固定数据库角色管理。
- 自定义数据库角色管理。
- 角色和用户的权限管理。

8.1　数据库安全概述

随着数据库技术的不断普及和发展，数据库管理系统已成为各行各业信息管理的主要形式。数据的安全性对每个组织来说都是至关重要的，每个组织的数据库中都存放了大量的生产经营信息以及各种机密文件资料，如果有人未经授权非法侵入了数据库，并查看和修改了数据，那么将会对组织造成极大的危害。因此，对数据库对象实施各种权限范围内的操作，拒绝非授权用户的非法操作以防止数据库信息资源遭到破坏是十分必要的。

数据库的安全性是指保护数据库，以防止不合法的使用所造成的数据泄露、更改或破坏。数据库的安全性和计算机系统的安全性以及操作系统、网络系统的安全性是紧密联系、相互支持的。对于数据库管理者来说，保护数据不受内部和外部侵害是一项重要的工作，作为 SQL Server 数据库系统的管理员和开发者，需要深入地理解 SQL Server 的安全性控制策略，以实现信息系统安全的目标。

图 8-1 给出了数据库引擎权限层次结构之间的关系。由图可见，SQL Server 的安全控制策略是一个层次结构系统的集合，只有满足上一层系统的安全性要求之后，才可以进入下一层，各层次从不同角度对系统实施安全保护，从而构成一个相对完善、安全的系统。

Windows 级安全性是指对在 Windows 操作系层次的提供的安全控制，在此不作详细介绍，读者可以参阅 Windows 操作系统的相关说明。

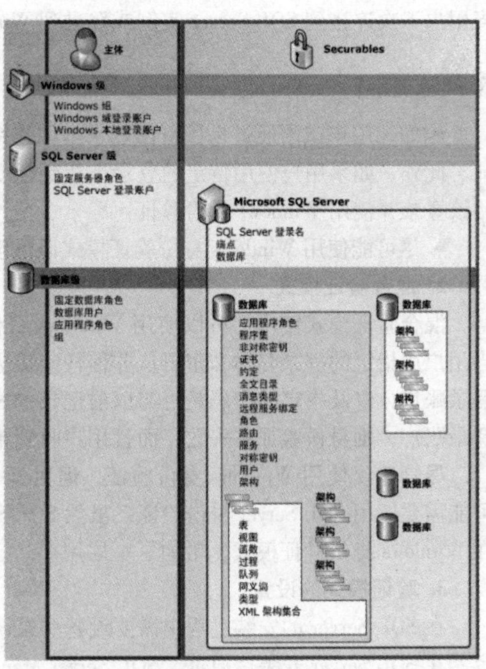

图 8-1　SQL Server 安全层次示意图

SQL Server 级安全性是在 SQL Server 服务器层次提供的安全控制，该层次通过验证来实现。验证过程在用户登录 SQL Server 的时候出现，所创建的安全账户称为登录账户。用户必须通过输入一个登录账户名和密码才能登录到 SQL Server 服务器，只有登录了 SQL Server 服务器，用户才能使用、管理 SQL Server 服务器。

数据库级安全性是指在数据库层次提供的安全控制，该层次通过授权来实现。授权过程在用户试图访问数据或执行命令的时候出现，所创建的安全账户称为数据库用户。用户通过登录用户名及密码登录到 SQL Server 后，如果需要访问服务器上的对象(基本表、数据库、视图、存储过程等)，则必须为登录账户指定相关的数据库用户，这样就可以使得不同的登录用户对不同的数据库对象可以有不同的权限。

在 SQL Server 2005 中通过登录管理、用户管理、角色管理和权限管理实现完善的安全控制。

8.2 登录管理

8.2.1 验证模式

1. Windows 验证模式

Windows 身份验证模式使用户可以通过 Windows 2000/XP/2003 操作系统用户账户连接到 SQL Server 实例。当用户通过 Windows 2000/XP/2003 用户账户进行连接时，SQL Server 通过回叫 Windows 2000/XP/2003 获得信息，重新验证账户名和密码。

SQL Server 通过使用网络用户的安全特性控制登录访问，这样就可以实现与 Windows 2000/XP/2003 的登录安全集成。用户的网络安全特性在网络登录时建立，并通过 Windows 域控制器进行验证。当网络用户尝试连接时，SQL Server 使用基于 Windows 的功能确定经过验证的网络用户名，登录安全集成在 SQL Server 中任何受支持的网络协议上运行。

由于 Windows 2000/XP/2003 用户和组织由 Windows 2000/XP/2003 维护，因此当用户进行连接时，SQL Server 将读取有关该用户在组中的成员资格信息。如果对已连接用户的可访问权限进行更改，则当用户下次连接到 SQL Server 实例或登录到 Windows 2000/XP/2003 时，这些更改会生效。

【提示】

- 如果用户试图通过提供空白登录名称连接到 SQL Server 实例，SQL Server 将使用 Windows 身份验证。此外，如果用户使用特定的登录连接到配置为 Windows 身份验证模式的 SQL Server 实例，则将忽略该登录并使用 Windows 身份验证。
- 尽可能使用 Windows 身份验证模式以增强 SQL Server 安全。

2. 混合验证模式

混合验证模式使用户可以使用 Windows 身份验证或 SQL Server 身份验证与 SQL Server 实例连接。当用户用指定的登录名称和密码从非信任连接进行连接时，SQL Server 通过检查是否已设置 SQL Server 登录账户，以及指定的密码是否与以前记录的密码匹配，自行进行身份验证。如果 SQL Server 未设置登录账户，则身份验证将失败，而且用户收到错误信息。

尽管建议使用 Windows 身份验证，但对于 Windows 2000/XP/2003 客户端以外的其他客户端连接，可能需要使用 SQL Server 身份验证。虽然 SQL Server 提供了两种认证模式，但实际上混合认证不过是在 Windows 身份验证模式上增加了一层用户认证。具体验证流程如图 8-2 所示。

3. 验证模式的设置

在 SQL Server 的安装过程中需要设置登录认证模式，请参阅第 2 章 SQL Server 2005 安装部分的内容。在 SQL Server 安装后通过“SQL Server Management Studio”可以更改登录认证模式。

【应用 8-1】 将当前 SQL Server 实例的验证模式设置为“SQL Server 和 Windows 验证模式”。

1）启动 SQL Server Management Studio，在“对象资源管理器”中右键单击 SQL Server 实例“LIUZC \ SQLEXPRESS”，在弹出的快捷菜单中选择“属性”命令，如图 8-3 所示。

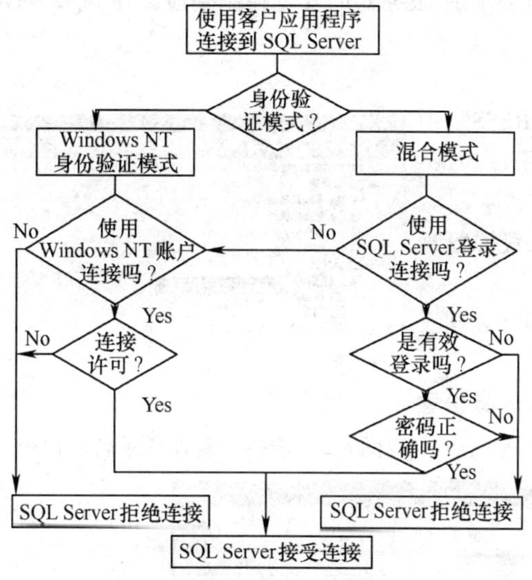

图 8-2　SQL Server 验证流程

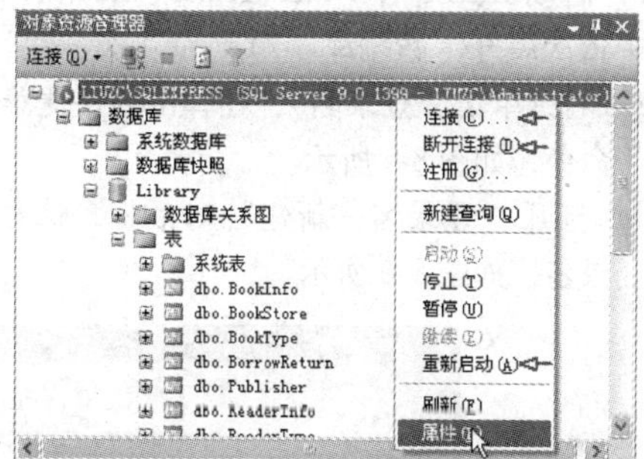

图 8-3　选择“属性”命令

【提示】

- 在如图 8-3 的右键菜单中，选择“断开连接”命令可以断开当前的 SQL Server 连接。
- 在如图 8-3 的右键菜单中，选择“重新启动”命令可以重新启动数据库引擎。

2）打开“服务器属性”对话框，选择“安全性”选项卡，更改“服务器身份验证”为“SQL Server 和 Windows 验证模式”，也可以进行“登录审核”的设置。设置完成后，单击“确定”按钮，完成验证模式的设置，如图 8-4 所示。

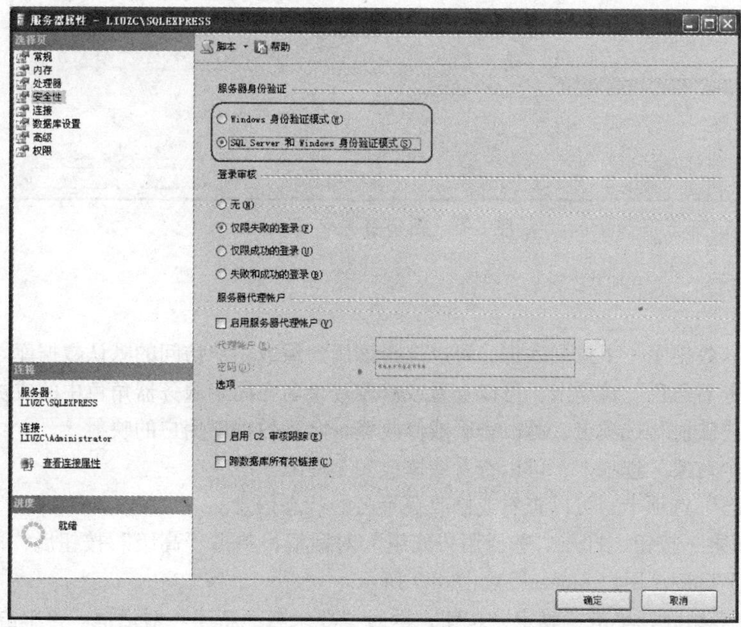

图 8-4　服务器属性设置

8.2.2 使用SSMS管理登录名

登录名即登录数据库服务器的账户，是SQL Server数据库服务器的安全控制手段。在SQL Server 2005中可以通过SSMS和T-SQL进行登录名的管理。

1. 新建登录名

【应用8-2】 在当前数据库引擎“LIUZC\SQLEXPRESS”中创建“Windows身份验证”登录名(对应的Windows用户为winuser)。

1）启动SQL Server Management Studio，在“对象资源管理器”中依次展开“数据库”节点和“安全性”节点。

2）右键单击“登录名”，在弹出的快捷菜单中选择“新建登录名”命令，如图8-5所示。

3）打开“登录名—新建”对话框，选择“Windows身份验证”登录名，如图8-6所示。

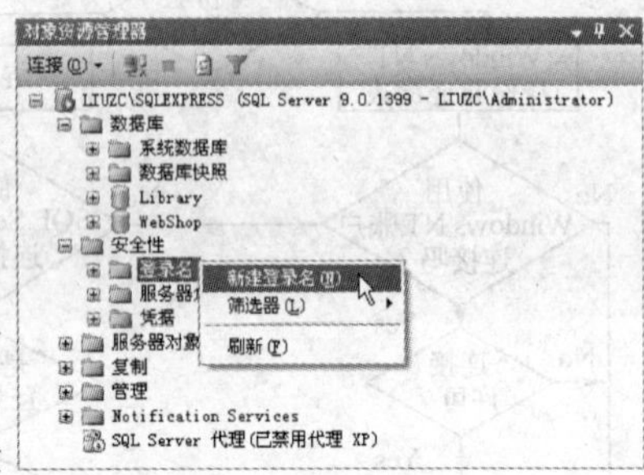

图8-5 选择“新建登录名”命令

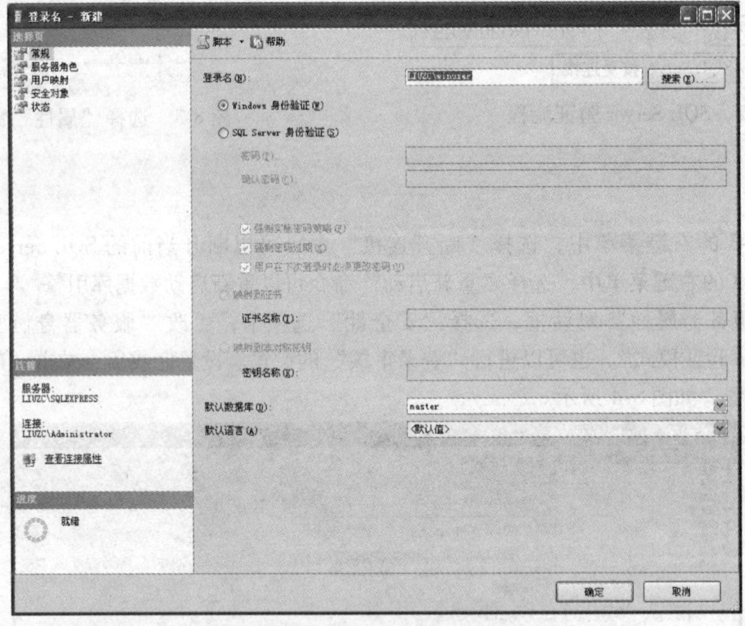

图8-6 新建登录名winuser

【提示】

- 单击“默认数据库”下拉列表框，可以选择该用户组或用户访问的默认数据库。
- 单击“服务器角色”选项卡，可以查看或修改登录名在固定服务器角色中的成员身份。
- 单击“用户映射”选项卡，可以查看或修改登录名到数据库用户的映射。
- 单击“安全对象”选项卡，可以查看或修改安全对象。
- 单击“状态”选项卡，可以查看或修改登录名的状态信息。

4）单击“搜索”按钮，打开“选择用户或组”对话框，单击“高级”按钮后，再单击“立即查找”按钮，选择Windows用户winuser，如图8-7所示。

5）选择用户或组后，单击“确定”按钮，返回“登录名—新建”对话框。再单击“确定”按钮，就可以创建与Windows用户winuser对应的登录名winuser。

【应用 8-3】　在当前数据库引擎“LIUZC\SQLEXPRESS”中创建“SQL Server 身份验证”登录名“sqluser”。

基本步骤同应用 8-2，只需要在图 8-8 所示的界面中选择“SQL Server 身份验证”，在“登录名”文本框中输入指定的登录名(这里为 sqluser)、密码和确认密码，并根据操作系统情况选中或取消选中“用户在下次登录时必须更改密码”复选框。

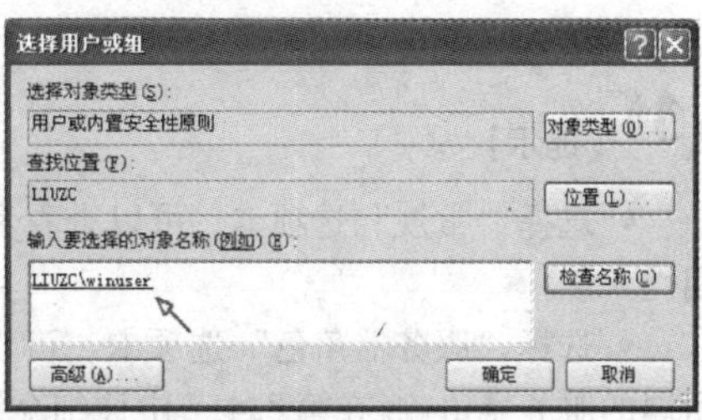

图 8-7　添加 Windows 用户账户为登录名

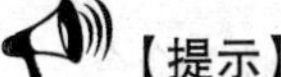【提示】

- 创建“Windows 身份验证”登录名时，必须先创建对应的 Windows 用户。

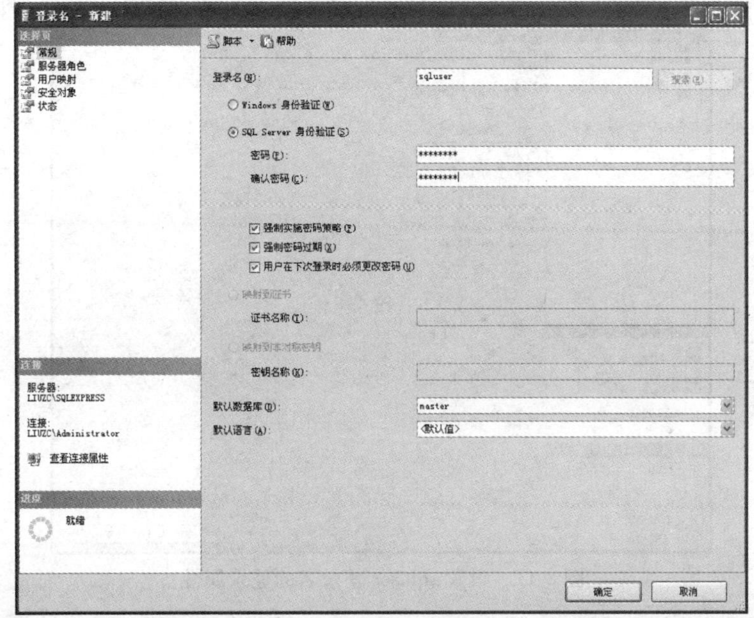

图 8-8　添加“SQL Server 身份验证”登录名

- 创建“SQL Server 身份验证”登录名时，如果操作系统版本不支持“用户在下次登录时必须更改密码”功能，请取消该选项。
- 在一些应用程序(如 ASP. NET)中，会自动创建指定的用户(如 ASPNET)。

winuser 和 sqluser 登录名创建后，在“对象资源管理器”中可以查看到这两个登录名的情况，如图 8-9 所示。

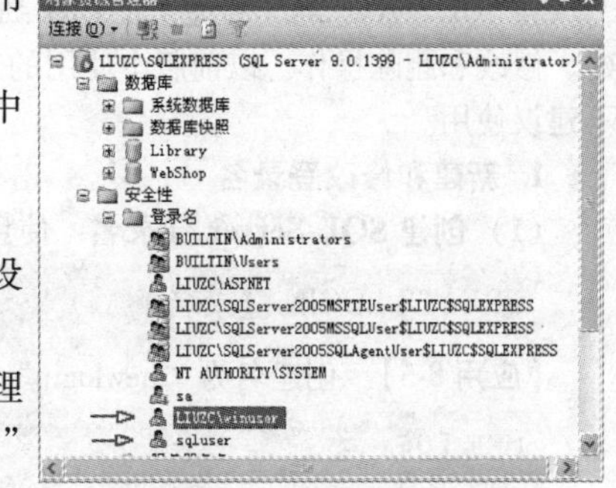

图 8-9　成功创建登录名

2. 查看登录属性

【应用 8-4】　查看 sqluser 登录名的属性，并将其登录状态设置为“禁用”。

1）启动 SQL Server Management Studio，在“对象资源管理器”中依次展开“数据库”节点、“安全性”节点和“登录名”节点。

2）右键单击“sqluser”登录名，在弹出的快捷菜单中选择“属性”命令，如图 8-10 所示。

3）打开“登录属性”对话框，选择“状态”选项卡，选择“登录”中的“禁用”命令，如图

8-11 所示。

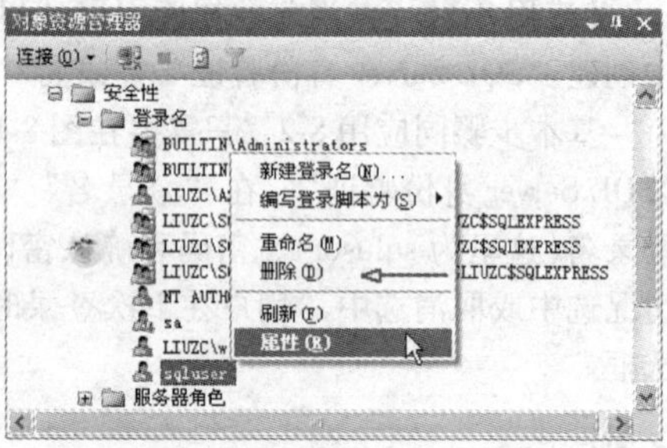

【提示】

• 选择“常规”选项卡，可以查看和设置登录名的基本属性。

• 选择“服务器角色”选项卡，可以查看和设置登录名所属的服务器角色(在第 8.4 节中详细介绍)。

• 选择“用户映射”选项卡，可以查看和设置映射到此登录名的用户和数据库角色。

图 8-10　选择登录名“属性”命令

3. 删除登录名

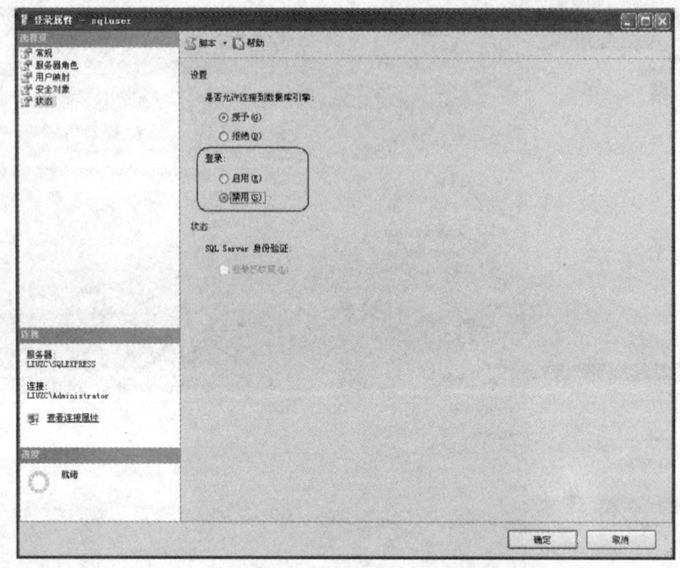

图 8-11　设置 sqluser 登录名的登录属性

在图 8-10 所示的菜单中选择“删除”命令，打开“删除对象”对话框，单击“删除”按钮，即可完成对指定登录名的删除。

8.2.3　使用 T-SQL 管理登录名

在 SQL Server 2005 中提供了 CREATE LOGIN、ALTER LOGIN 和 DROP LOGIN 语句进行登录名的创建、修改和删除操作。以前版本使用的管理登录名的系统存储过程，在 SQL Server 2005 仍然支持，但不建议使用。

1. 新建和修改登录名

(1) 创建 SQL Server 登录名　使用 CREATE LOGIN 语句可以创建登录名，其基本语句格式如下:

```
CREATE LOGIN 登录名
```

【应用 8-5】　创建名为“newlogin”的登录，初始密码为“123456”，并指定默认数据库为 Library。

```
USE Library
GO
CREATE LOGIN newlogin
WITH PASSWORD ='123456'
GO
```

（2）创建 Windows 登录名

【应用 8-6】 创建 Windows 用户的登录名 winlogin（对应的 Windows 用户为 winlogin）。

```
CREATE LOGIN[LIUZC\winlogin]FROM WINDOWS
GO
```

【提示】

- winlogin 必须是创建好的 Windows 用户。
- 通过 FROM WINDOWS 指定创建 Windows 用户登录名。

（3）修改登录名 使用 ALTER LOGIN 语句可以改变登录名的密码和用户名称，其基本语句格式如下：

```
ALTER LOGIN 登录名
WITH   <修改项>[,…n]
```

【应用 8-7】 将登录名为“newlogin”的登录密码由“123456”修改为“super”。

```
ALTER LOGIN newlogin
WITH PASSWORD = 'super'
GO
```

2. 删除登录名

使用 DROP LOGIN 语句可以删除登录名，其基本语句格式如下：

```
DROP LOGIN 登录名
```

【应用 8-8】 删除登录名“newlogin”和登录名“liuzc\winlogin”。

```
DROP LOGIN newlogin
GO
DROP LOGIN[liuzc\winlogin]
GO
```

【提示】

- 不能删除正在使用的登录名。
- 可以删除数据库用户映射的登录名。
- 需要对服务器具有 ALTER ANY LOGIN 权限。
- 删除 Windows 登录名时，对应的操作系统的用户仍然存在。

3. 查询登录名信息

使用存储过程 sp _ helplogins 可以查询登录账户的信息。

【应用 8-9】 查询当前服务器上的所有登录名的信息。

```
EXEC sp _ helplogins
GO
```

该语句执行结果如图 8-12 所示。

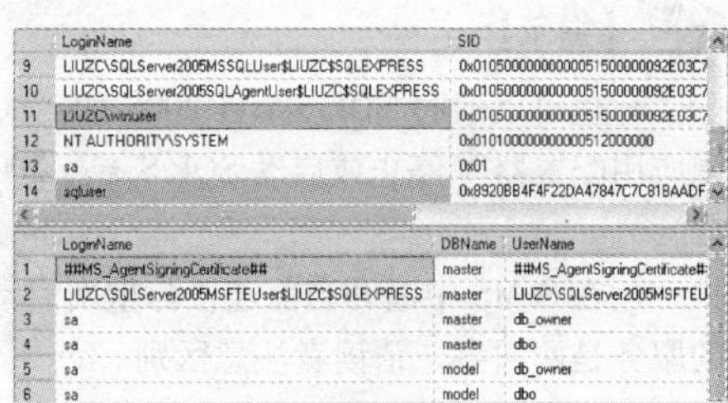

	LoginName	SID
9	LIUZC\SQLServer2005MSSQLUser$LIUZC$SQLEXPRESS	0x010500000000000515000000092E03C7
10	LIUZC\SQLServer2005SQLAgentUser$LIUZC$SQLEXPRESS	0x010500000000000515000000092E03C7
11	LIUZC\winuser	0x010500000000000515000000092E03C7
12	NT AUTHORITY\SYSTEM	0x0101000000000005120000000
13	sa	0x01
14	sqluser	0x8920BB4F4F22DA47847C7C81BAADF

	LoginName	DBName	UserName
1	##MS_AgentSigningCertificate##	master	##MS_AgentSigningCertificate##
2	LIUZC\SQLServer2005MSFTEUser$LIUZC$SQLEXPRESS	master	LIUZC\SQLServer2005MSFTEU
3	sa	master	db_owner
4	sa	master	dbo
5	sa	model	db_owner
6	sa	model	dbo

图 8-12　查看登录名信息

8.2.4　在 SQL Server 2005 中开启 sa 账号

【应用 8-10】 sa 登录是在 SQL Server 2005 系统安装过程中自动创建的一个系统账号。在基于 SQL

Server 的数据库应用程序开发过程中，通常要使用 sa 账号进行数据库的相关操作。

下面详细介绍开启 sa 账号的步骤：

(1) 配置 SQL Server 服务器的验证模式 将其配置为"SQL Server 和 Windows 验证模式"（参阅"应用 8-1"）。

(2) 配置 sa 账号

1）启动 SQL Server Management Studio，在"对象资源管理器"中依次展开"数据库"节点、"安全性"节点和"登录名"节点。

2）右键单击"sa"登录名，在弹出的快捷菜单中选择"属性"命令，如图 8-13 所示。

3）打开"登录属性"对话框，选择"状态"选项卡，选择"登录"中的"启用"命令，如图 8-14所示。

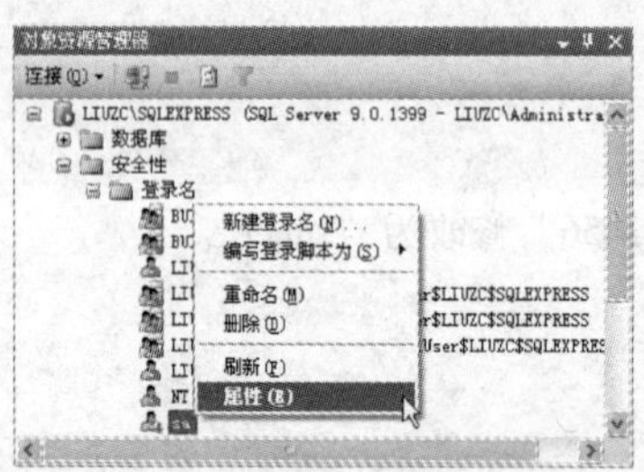

图 8-13 选择 sa"属性"命令

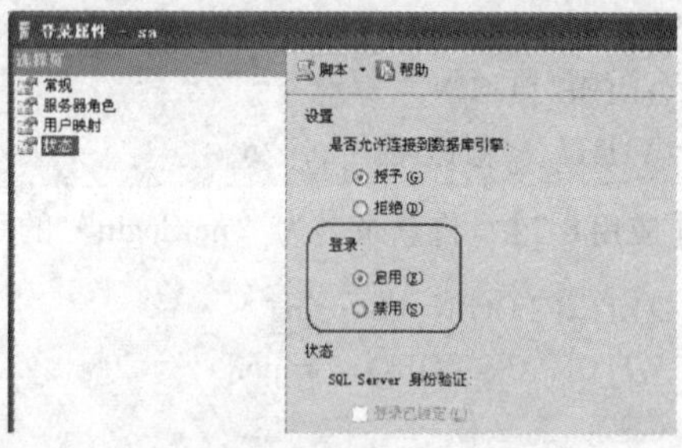

图 8-14 启用 sa 账号

4）在"登录属性"对话框中选择"常规"选项卡，输入"密码"和"确认密码"（如 super 001），如图 8-15 所示。

(3) 重新启动 SQL Server 2005 数据库引擎服务 在"对象资源管理器"中右键单击"LIUZC\SQLEXPRESS"节点，在弹出的快捷菜单中选择"重新启动"命令，如图 8-16 所示。

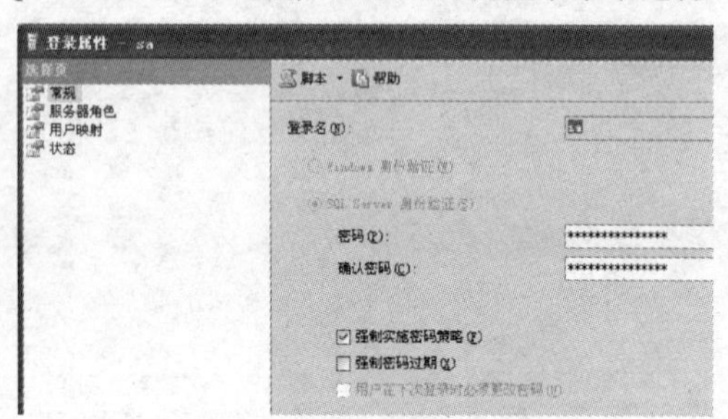

图 8-15 设置 sa 账号密码

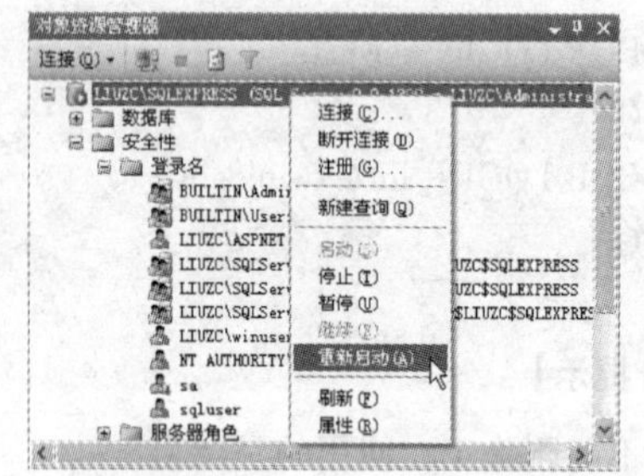

图 8-16 重新启动 SQL Server 2005 服务

(4) 以 sa 账号登录 断开当前连接，以 sa 账号重新登录，如图 8-17 所示。

【提示】

- 也可以通过 SQL Server 2005 的"SQL Server 2005 外围应用配置器"停止或启动 SQL Server 2005 服务(参阅第 1 章)。
- 在 SSMS 中断开当前连接与重新启动 SQL Server 2005 的服务是两回事，请读者注意区别。
- 在基于 SQL Server 2005 的数据库应用程序开发中，如果要使用 sa 账号进行数据库操作，首先必须在 SQL Server 服务器上开启该账号。

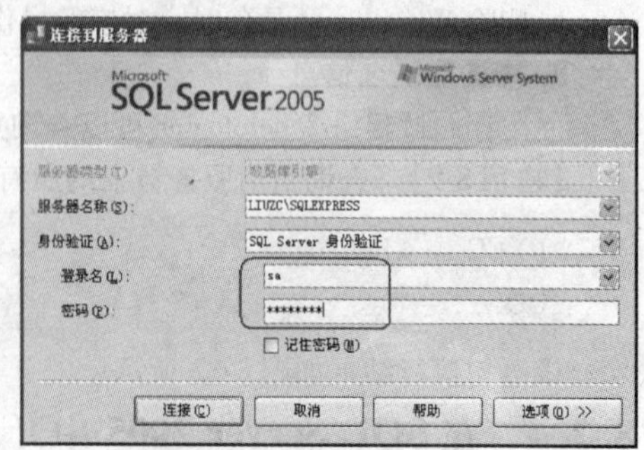

图 8-17 以 sa 账号登录

8.3　用户管理

用户使用登录名登录后，如果需要访问数据库对象，需要对该数据库对象有相应的权限。登录名本身并不提供访问数据库对象的用户权限，一个登录名必须与每个数据库中的一个数据库用户 ID 相关联后，用这个数据库用户 ID 连接的用户才能访问数据库中的对象。如果登录名没有与数据库中的任何数据库用户 ID 显式关联，将自动与 Guest 用户 ID 相关联。如果数据库没有 Guest 用户账户，则该登录名将不能访问该数据库。

在 SQL Server 2005 中，登录名和数据库用户是 SQL Server 进行权限管理的两种不同的对象。一个登录名可以与服务器上的所有数据库进行关联，而数据库用户是一个登录名在某个数据库用户中的映射。也就是说，一个登录名可以映射到不同的数据库，产生多个数据库用户，而一个数据库用户只能映射到一个登录名。

【提示】

- 数据库用户 ID 在定义时必须与一个登录名相关联。
- 数据库用户是定义在数据库层次的安全控制手段。

8.3.1　使用 SSMS 管理数据库用户

在 SQL Server 2005 中可以通过 SSMS 和 T-SQL 对数据库用户进行管理。

1. 新建数据库用户

【应用 8-11】 创建与“newlogin”登录名对应的数据库用户 newuser。

1）启动 SQL Server Management Studio，在“对象资源管理器”中依次展开“数据库”节点、“Library”节点和“安全性”节点。

2）右键单击“用户”，在弹出的快捷菜单中选择“新建用户”命令，如图 8-18 所示。

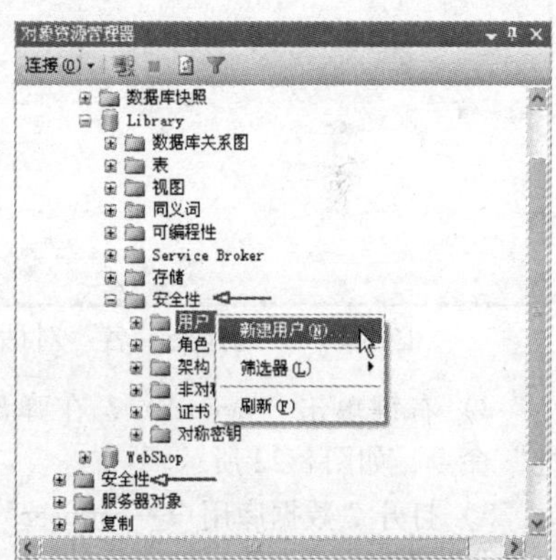

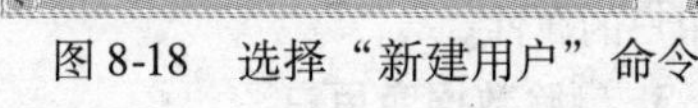
图 8-18　选择“新建用户”命令

3）打开“数据库用户—新建”对话框，进行如下设置(见图 8-19)：

① 输入数据库用户名“newuser”。

② 指定对应的登录名“newlogin”：选择[...]按钮，打开“选择登录名”对话框，如图 8-20 所示。选择“浏览”按钮，打开“查找对象”对话框，选择对应的登录名 newlogin，如图 8-21 所示。

③ 设置用户拥有的架构。

④ 设置数据库角色成员身份。

4）设置完成后，单击“确定”按钮，完成数据库用户的创建。

【提示】

- 数据库用户和登录名位于不同的安全层次，如图 8-18 所示。
- 数据库用户必须和一个登录名相关联。

2. 查看数据库用户属性

【应用 8-12】 查看所建数据库用户 newuser 的属性。

1）启动 SQL Server Management Studio，在“对象资源管理器”中依次展开“数据库”节点、“Li-

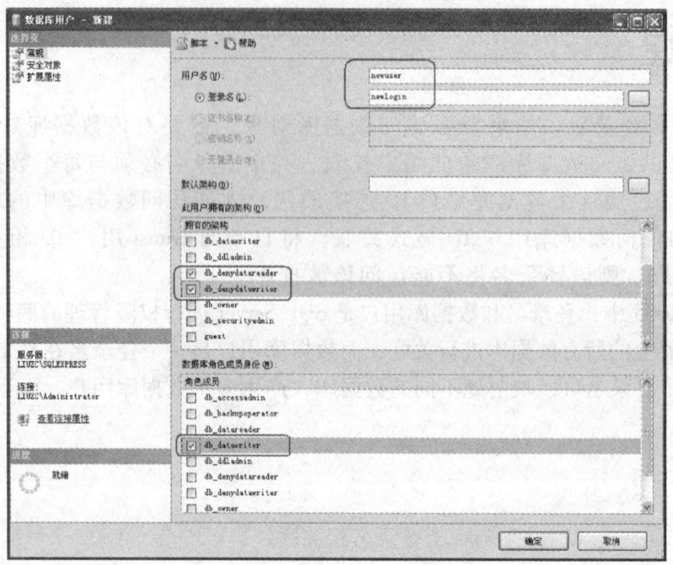

图 8-19 “数据库用户-新建”对话框

brary”节点、“安全性”节点和“用户”节点。

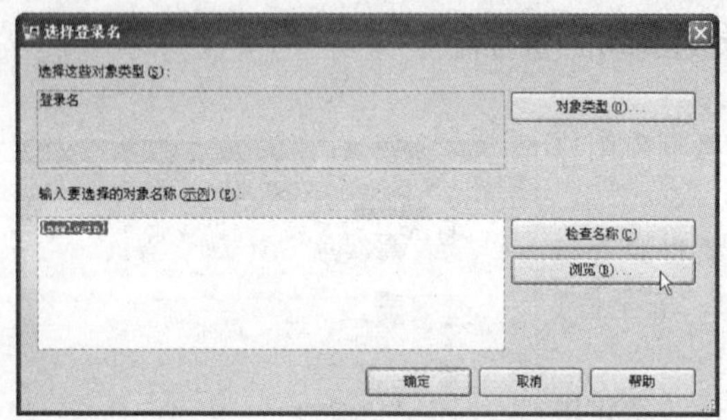

图 8-20 “选择登录名”对话框

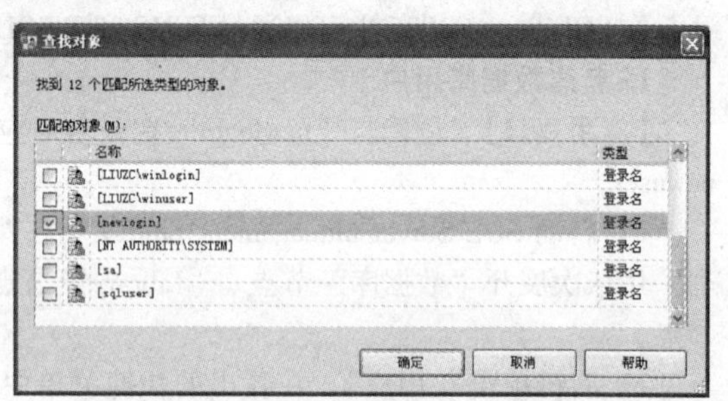

图 8-21 “查找对象”对话框

2）右键单击“newuser”，在弹出的快捷菜单中选择“属性”命令，如图 8-22 所示。

3）打开“数据库用户—newuser”对话框，查看和设置数据库用户的属性。

3. 删除数据库用户

在如图 8-22 所示的菜单中选择“删除”命令，即可删除指定的数据库用户。

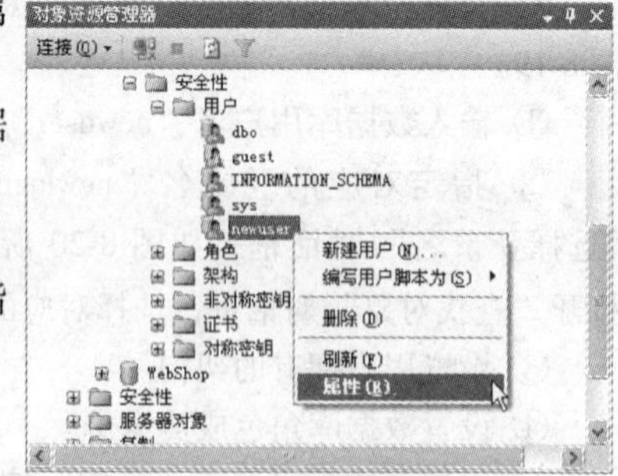

图 8-22 选择查看 newuser “属性”命令

8.3.2 使用 T-SQL 管理数据库用户

在 SQL Server 2005 中提供了 CREATE USER、ALTER USER 和 DROP USER 语句进行数据库用户的创建、修改和删除操作。以前版本使用的管理数据库用户的系统存储过程，在 SQL Server 2005 仍然支持，但不建议使用。

1. 新建和修改数据库用户

(1) 创建数据库用户 使用 CREATE USER 可以添加数据库用户，其基本语句格式如下：

```
CREATE USER 数据库用户名  [{FOR|FROM}
    {
      LOGIN 登录名
    }
    |WITHOUT LOGIN
  ]
```

【应用 8-13】　创建与登录名“newlogin”关联的数据库用户。

创建名称为“newuser”的数据库用户，完成语句如下：

```
USE Library
GO
CREATE USER newuser
FOR LOGIN newlogin
GO
```

创建与登录名同名的数据库用户，完成语句如下：

```
USE Library
GO
CREATE USER newlogin
GO
```

该语句创建与登录名“newlogin”同名的数据库用户。

(2) 修改数据库用户　使用 ALTER USER 语句可以改变数据库用户名和密码，其基本语句格式如下：

```
ALTER USER  数据库用户名
  WITH <修改项> [,…n]
```

【应用 8-14】　将数据库用户“newuser”的名称修改为“new”。

```
USE Library
GO
ALTER USER newuser WITH NAME = new
```

2. 查看数据库用户属性

使用存储过程 sp _ helpuser 可以查看当前数据库用户信息。

```
sp _ helpuser
```

【应用 8-15】　查看当前数据库中数据库用户信息。

```
EXEC sp _ helpuser
GO
```

该语句执行结果如图 8-23 所示。

	UserName	GroupName	LoginName	DefDBName	DefSchemaName	UserID	SID
1	dbo	db_owner	NULL	NULL	dbo	1	0x010500000
2	guest	public	NULL	NULL	guest	2	0x00
3	INFORMATION_SCHEMA	public	NULL	NULL	NULL	3	NULL
4	new	db_datawriter	newlogin	master	dbo	5	0x06FD86C5
5	sys	public	NULL	NULL	NULL	4	NULL

图 8-23　Library 数据库用户信息

3. 删除数据库用户

使用DROP USER语句可以删除数据库用户，其基本语句格式如下：

```
DROP USER 数据库用户名
```

【应用8-16】 从Library数据库中删除所建数据库用户“new”。

```
USE Library
GO
DROP USER new
```

【提示】

- 不能从数据库中删除拥有安全对象的用户。
- 不能删除guest用户。
- 删除时如果出现“消息15138，级别16，状态1，第1行，数据库主体在该数据库中拥有架构，无法删除”，可使用ALTER AUTHORIZATION语句将该数据库用户对应的架构改变给其他用户，再执行删除操作。

8.4 角色管理

8.4.1 服务器角色

当一组登录账户对登录服务器具有相同的访问权限时，对每个账户作单独设置是很繁杂的一项工作，在SQL Server 2005中提供了“角色”这个概念，实现对一组用户进行管理。登录账户和服务器角色类似于Windows 2000/XP/2003的用户和组的概念。在SQL Server 2005中设置角色的目的就是将具有相同访问权限的登录账户集中管理，对于登录账户有服务器角色与之对应。可以通过SSMS和T-SQL管理固定服务器角色。

1. 固定服务器角色

SQL Server 2005系统提供了8个固定的服务器角色，见表8-1。用户不能再创建新的服务器角色，只能为角色添加登录成员。

表8-1 固定服务器角色

固定服务器角色	说　明	功能描述
bulkadmin	BULK INSERT操作员	可以执行BULK INSERT(大容量插入)语句
dbcreator	数据库创建者	可以创建、更改、删除和还原任何数据库
diskadmin	磁盘管理员	可以管理磁盘文件
processadmin	进程管理员	可以管理在SQL Server中运行的进程
securityadmin	安全管理员	管理登录名及其属性；可以有GRANT、DENY和REVOKE服务器级权限和数据库级权限，也可以重置SQL Server登录名的密码
serveradmin	服务器管理员	可以设置服务器范围的配置选项和关闭服务器
setupadmin	安装程序管理员	可以添加和删除连接服务器，并且也可以执行某些系统存储过程
sysadmin	系统管理员	可以在服务器中执行任何活动；默认情况下，Windows BUILTIN\Administrators组(本地管理员组)的所有成员都是sysadmin固定服务器角色的成员

2. 设置服务器角色

【应用 8-17】 使用 SQL Server Management Studio，将登录名“newlogin”添加到“sysadmin”固定服务器角色。

1）启动 SQL Server Management Studio，在“对象资源管理器”中展开“安全性”节点。

2）右键单击“sysadmin”，在弹出的快捷菜单中选择“属性”命令，如图 8-24 所示。

3）打开“服务器角色属性—sysadmin”对话框，如图 8-25 所示。

① 单击“添加”按钮，打开“选择登录名”对话框，从中选择要添加到 sysadmin 服务器角色的的登录名。

② 选择指定的登录名后，单击“删除”按钮，可以将选定的登录名从该服务器角色中删除。

图 8-24　选择查看 sysadmin “属性”命令

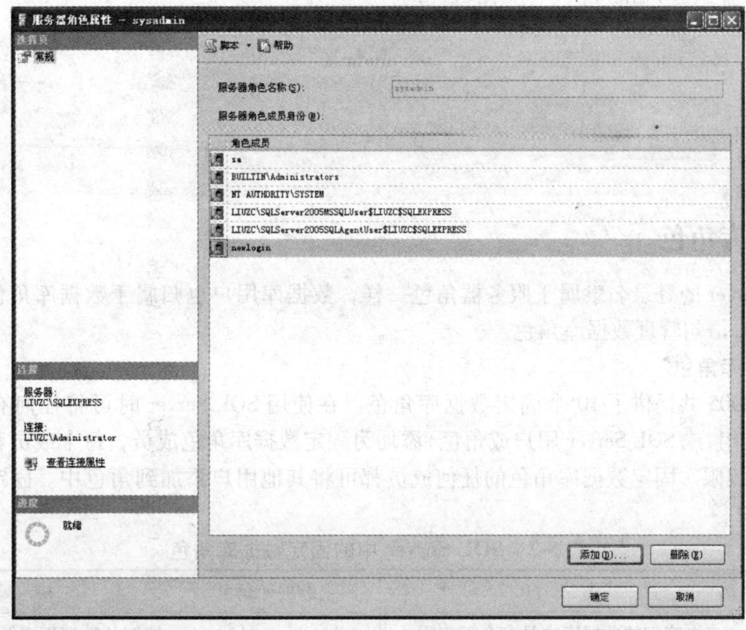

图 8-25　查看 sysadmin 属性

【提示】

- 不能添加和删除服务器角色。
- 角色类似于 Windows 操作系统中的组的概念。
- 在将登录名添加到固定服务器角色时，该登录名将得到与此角色相关的权限。

3. 查看登录的所属服务器角色

查看登录的所属服务器角色，请参阅“查看登录属性”。在应用 8-17 完成后，登录名“newlogin”所属服务器角色情况如图 8-26 所示。

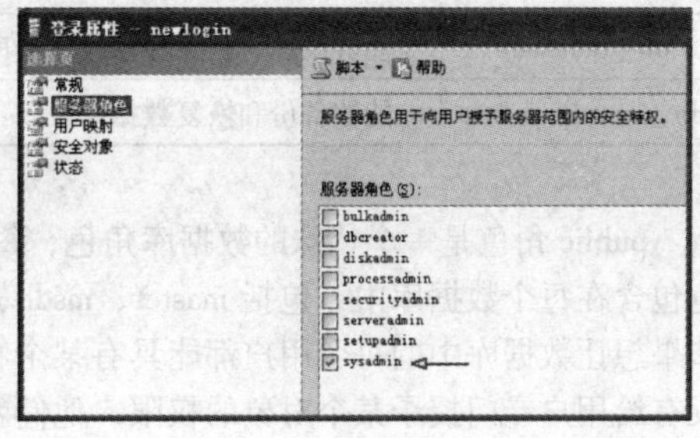

图 8-26　newlogin 登录名“服务器角色”

【提示】

- 在固定服务器角色属性中可以查看选定服务器角色所包含的登录名。
- 在登录名的属性中可以查看该登录名隶属于哪些服务器角色。

使用存储过程 sp _ addsrvrolemember 可以添加登录账户为固定服务器角色的成员，其基本语句格式如下：

```
sp _ addsrvrolemember 登录名,服务器角色名
```

使用存储过程 sp _ dropsrvrolemember 可以从固定服务器角色中删除登录账户，其基本语句格式如下：

```
sp _ dropsrvrolemember 登录名,服务器角色名
```

【应用 8-18】 使用 T-SQL 语句将“newlogin”登录名添加到“serveradmin”服务器角色中，并从“sysadmin”服务器角色中删除“newlogin”登录名。

```
EXEC sp _ addsrvrolemember 'newlogin', 'serveradmin'
GO
EXEC sp _ dropsrvrolemember 'newlogin', 'sysadmin'
GO
```

8.4.2 数据库角色

如同 SQL Server 的登录名隶属于服务器角色一样，数据库用户也归属于数据库角色。用户可以通过 SSMS 和 T-SQL 语句管理数据库角色。

1. 固定数据库角色

SQL Server 2005 共提供了 10 个固定数据库角色。在使用 SQL Server 时可将任何有效的用户账户(Windows 用户或组,或 SQL Server 用户或角色)添加为固定数据库角色成员，每个成员都获得所属的固定数据库角色的权限。固定数据库角色的任何成员都可将其他用户添加到角色中。固定数据库角色的具体描述见表 8-2。

表 8-2 SQL Server 中的固定数据库角色

固定数据库角色	描　述	固定数据库角色	描　述
db _ owner	在特定的数据库中具有全部权限	db _ datareader	能够从数据库内任何表中读取数据
db _ accessadmin	可以添加或删除数据库用户和角色	db _ datawriter	能够对数据库内任何表插入、修改和删除数据
db _ securityadmin	可以管理全部权限、对象所有权、角色和角色成员资格	db _ denydatareader	不能够从表中读取数据
db _ ddladmin	能够添加、删除和修改数据库对象	db _ denydatawriter	不能够改变表中的数据
db _ backupoperator	能够备份和恢复数据库	public	维护默认的许可

public 角色是一个特殊的数据库角色，每个数据库用户都属于 public 数据库角色。public 数据库角色包含在每个数据库中，包括 master、msdb、tempdb、model 和所有用户数据库。在进行安全规划时，如果想让数据库中的每个用户都能具有某个特定的权限，则将该权限指派给 public 角色。同时，如果没有给用户专门授予某个对象的权限，他们就只能使用指派给 public 角色的权限。

- public 数据库角色不能被删除。

• 数据库角色在数据库级别上被定义，存在于数据库之内。

【应用 8-19】　查看固定数据库角色 db _ datawriter 的属性，并将数据库用户 newuser 添加到该角色中。

1）启动 SQL Server Management Studio，在“对象资源管理器”中依次展开“数据库”节点、“Library”节点、“安全性”节点、“角色”节点和“数据库角色”节点。

2）右键单击“db _ datawriter”，在弹出的快捷菜单中选择“属性”命令，如图 8-27 所示。

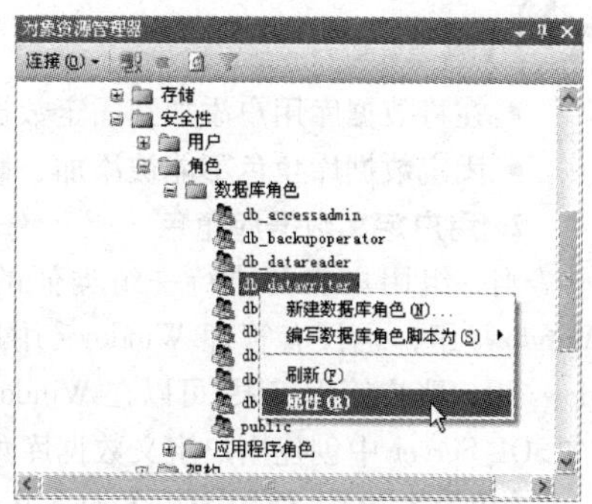

图 8-27　选择查看 db _ datawriter“属性”命令

3）打开“数据库角色属性—db _ datawriter”对话框，进行如下设置(见图 8-28)：

① 单击“添加”按钮，打开“选择数据库用户或角色”对话框，选择“浏览”按钮，选择指定的登录名“newuser”，如图 8-29 所示。

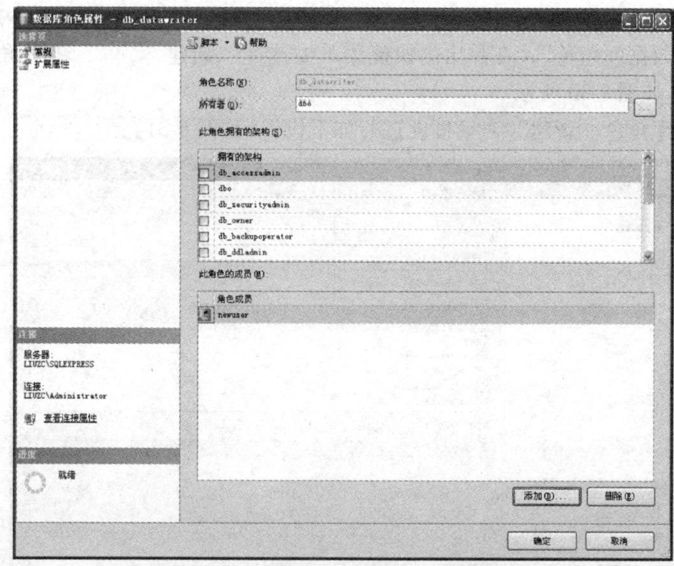

图 8-28　查看 db _ datawriter 属性

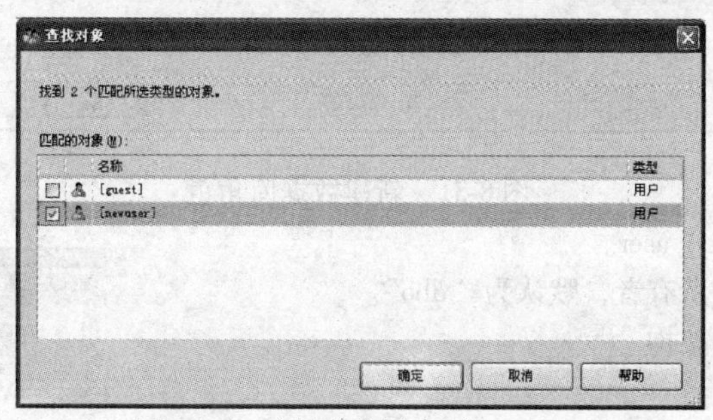

图 8-29　选择数据库用户 newuser

② 单击“删除”按钮，从数据库角色中删除选定的登录名。

4）单击“确定”按钮，将数据库用户“newuser”添加到“db _ datawriter”数据库角色中。

【提示】

- 在将数据库用户添加到固定数据库角色时，该数据库用户将得到与此数据库角色相关的权限。
- 固定数据库角色不能被添加、修改和删除。

2. 用户定义数据库角色

当一组用户需要执行一组类似的活动时，如果既没有适用的Windows组，也没有管理Windows用户账户的权限时(如果有Windows用户账户管理权限,可以在Windows操作系统中创建组)，可以在SQL Server中创建用户定义数据库角色。

【应用8-20】 使用SQL Server Management Studio创建用户定义数据库角色db _ user。

1）启动SQL Server Management Studio，在“对象资源管理器”中依次展开“数据库”节点、“Library”节点、“安全性”节点和“角色”节点。

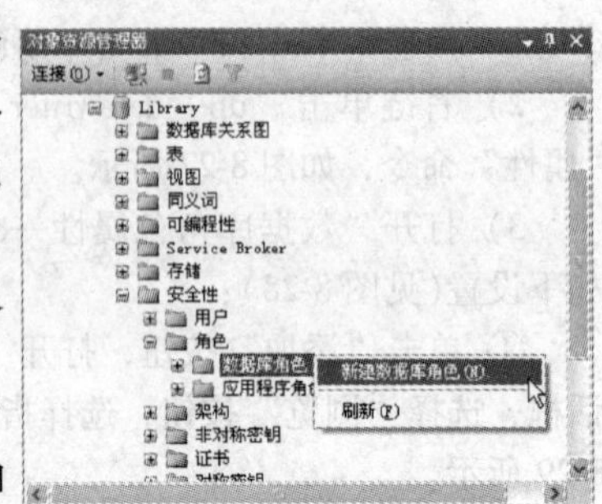

图8-30 选择“新建数据库角色”命令

2）右键单击“数据库角色”，在弹出的快捷菜单中选择“新建数据库角色”命令，如图8-30所示。

3）打开“数据库角色—新建”对话框，进行如下设置(见图8-31)：

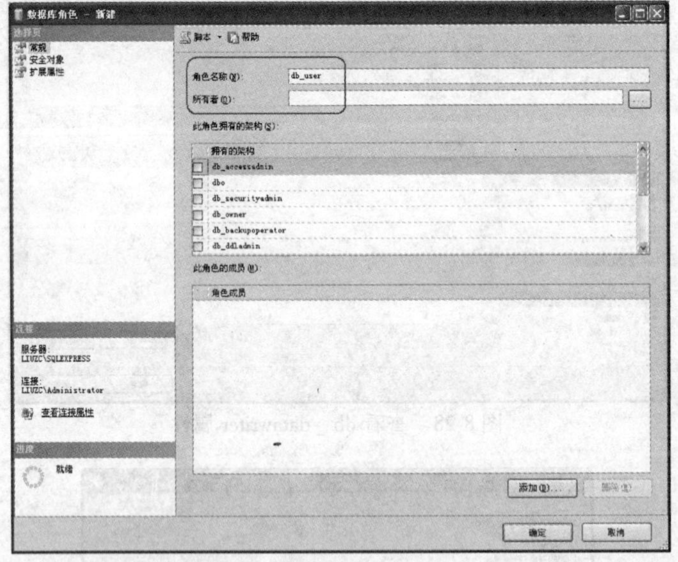

图8-31 新建数据库角色

① 输入角色名称为db _ user。

② 指定数据库角色的所有者，默认为“dbo”。

③ 指定此角色拥有的架构。

④ 添加此角色的成员。

4）单击“确定”按钮，完成数据库角色的创建。

要查看用户定义数据库角色属性或删除用户定义数据库角色，右键单击指定的用户定义数据库角色(如db _ user)，在弹出的快捷菜单中选择“属性”或“删除”命令，如图8-32所示。

图8-32 查看或删除数据库角色

使用CREATE ROLE语句可以在当前数据库创建新的用户定义数据库角色，其基本语句格式如下：

```
CREATE ROLE 角色名[AUTHORIZATION 所有者名]
```

使用存储过程 sp _ addrolemember 可以为当前数据库中的数据库角色添加数据库用户。

```
sp _ addrolemember 角色名,账户名
```

【应用 8-21】 使用 T-SQL 在 Library 数据库中创建用户定义数据库角色“db _ user”，并将所建的数据库用户“newuser”添加到该角色中。

```
USE Library
GO
CREATE ROLE db _ user
GO
EXEC sp _ addrolemember 'db _ user', 'newuser'
GO
```

使用 ALTER ROLE 语句可以修改当前数据库中的数据库角色，其基本语句格式如下：

```
ALTER ROLE 角色名 WITH NAME = 新名称
```

使用 DROP ROLE 语句可以删除当前数据库中的数据库角色，其基本语句格式如下：

```
DROP ROLE 角色名
```

使用存储过程 sp _ helprole 可以查看数据库角色详细信息，其基本语句格式如下：

```
sp _ helprole[角色名]
```

【应用 8-22】 查看当前数据库中数据库角色的情况。

```
sp _ helprole
```

运行结果如图 8-33 所示。

	RoleName	RoleId	IsAppRole
1	public	0	0
2	db_user	6	0
3	db_owner	16384	0
4	db_accessadmin	16385	0
5	db_securityadmin	16386	0
6	db_ddladmin	16387	0
7	db_backupoperator	16389	0
8	db_datareader	16390	0
9	db_datawriter	16391	0
10	db_denydatareader	16392	0
11	db_denydatawriter	16393	0

图 8-33　当前数据库中数据库角色信息

【提示】

- 如果要查看与角色关联的权限，请使用 sp _ helpprotect 存储过程。
- 如果要查看数据库角色的成员，请使用 sp _ helprolemember 存储过程。

8.4.3　应用程序角色

应用程序角色是一个数据库主体，它使应用程序能够用其自身的、类似用户的特权来运行。使用应用程序角色，只允许通过特定应用程序连接的用户访问特定数据。与数据库角色不同的是，应用程序角色默认情况下不包含任何成员，而且是非活动的。应用程序角色使用两种身份验证模式，可以使用 sp _ setapprole 来激活，并且需要密码。因为应用程序角色是数据库级别的主体，所以它们只能通过其他数据库中授予 guest 用户账户的权限来访问这些数据库。因此，任何已禁用 guest 用户账户的数据库对其他数据库中的应用程序角色都是不可以访问的。并且，通过应用程序角色获得的权限在连接期间始终有效。

应用程序角色切换安全上下文的过程包括以下步骤：

1）用户执行客户端应用程序。

2）客户端应用程序作为用户连接到 SQL Server。

3）应用程序用一个只有它才知道的密码执行 sp _ setapprole 存储过程。

4) 如果应用程序角色名称和密码都有效，将激活应用程序角色。

5) 连接将失去用户权限，而获得应用程序角色权限。

【提示】 应用程序角色与标准角色有以下区别：

- 应用程序角色不包含成员。
- 默认情况下，应用程序角色是非活动的，需要用密码激活。
- 应用程序角色不使用标准权限。

应用程序角色允许应用程序(而不是 SQL Server)接管验证用户身份的责任。但是，SQL Server 在应用程序访问数据库时仍需对其进行验证，因此应用程序必须提供密码，因为没有其他方法可以验证应用程序。

【应用 8-23】 用户 Liu 需要通过 Library 应用程序对数据库中的表 BookInfo 和 BorrowReturn 进行查询(SELECT)、修改(UPDATE)和添加(INSERT)操作，但该用户不能使用 SQL Server 提供的工具访问 BookInfo 表或 BorrowReturn 表。

1) 创建一个数据库角色 approle，该角色不具有对 BookInfo 和 BorrowReturn 表的 SELECT、INSERT 和或 UPDATE 权限。

2) 将用户 Liu 添加为该 approle 数据库角色的成员。

3) 在数据库中创建对 BookInfo 表和 BorrowReturn 表具有 SELECT、INSERT 和 UPDATE 权限的应用程序角色。

4) 应用程序运行时，使用存储过程 sp _ setapprole 提供密码激活应用程序，并获得访问 BookInfo 表和 BorrowReturn 表的指定权限。但是如果用户 Liu 尝试使用除该应用程序外的任何其他工具登录到 SQL Server 实例，则将无法访问 BookInfo 和 BorrowReturn 表。

8.5 权限管理

权限用来指定授权用户可以使用的数据库对象及可以对这些数据库对象执行的操作。用户在登录到 SQL Server 服务器之后，其用户账号所归属的 Windows 组或角色所被赋予的权限决定了该用户能够对哪些数据库对象执行哪种(查询、修改、插入和删除)操作。

8.5.1 权限类型

在 SQL Server 中包括 3 种类型的权限：默认权限、对象权限和语句权限。

1. 默认权限

默认权限是指系统安装以后固定服务器角色、固定数据库角色和数据库对象所有者具有的默认的权限。固定角色的所有成员自动继承角色的默认权限。

SQL Server 中包含很多对象，每个对象都有一个属主。一般情况下，对象的属主是创建该对象的用户。如果系统管理员创建了一个数据库，系统管理员就是这个数据库的属主；如果用户 A 创建了一个表，用户 A 就是这个表的属主。默认情况下，系统管理员具有这个数据库的全部操作权限，用户 A 具有这个表的全部操作权限，这就是数据库对象的默认权限。

2. 对象权限

对象权限是指基于数据库层次上的访问和操作权限。这里的对象包括表、视图、列和存储过程等。常用的对象权限包括查询(SELECT)、插入(INSERT)、修改(UPDATE)、删除(DELETE)和执行(EXECUTE)等。其中，前 4 个权限用于表和视图，执行权限用于存储过程。对象权限决定了能对表、视图等数据库对象执行哪些操作。对象权限及其适用对象见表 8-3。

表 8-3　对象权限及其适用对象

序　　号	权　　限	适 用 对 象
1	SELECT(查询)	表、列和视图
2	UPDATE(修改)	表、列和视图
3	REFERENCES(引用)	标量函数和聚合函数、表、列和视图
4	INSERT(插入)	表、列和视图
5	DELETE(删除)	表、列和视图
6	EXECUTE(执行)	过程、标量函数和聚合函数
7	RECEIVE(接受)	Service Broker 队列
8	VIEW DEFINITION(查看定义)	过程、Service Broker 队列、标量函数和聚合函数、表、视图
9	ALTER(修改)	过程、标量函数和聚合函数、Service Broker 队列、表、视图
10	TAKE OWNERSHIP(获取所有权)	过程、标量函数和聚合函数、表、视图
11	CONTROL(控制)	过程、标量函数和聚合函数、Service Broker 队列、表、视图

3. 语句权限

语句权限表示用户能否对数据库和数据库对象进行操作。语句权限应用于语句本身，而不是数据库对象。如果一个用户获得了某个语句的权限，该用户就具有了执行该语句的权力。需要进行权限设置的语句见表 8-4。

表 8-4　需要进行权限设置的语句

序号	语　　句	含　　义	序号	语　　句	含　　义
1	create database	允许用户创建数据库	6	create procedure	允许用户创建存储过程
2	create table	允许用户创建表	7	create function	允许用户创建用户定义函数
3	create view	允许用户创建视图	8	backup database	允许用户备份数据库
4	create rule	允许用户创建规则	9	backup log	允许用户备份事务日志
5	create default	允许用户创建默认			

8.5.2　使用 SSMS 管理权限

【应用 8-24】　使用 SQL Server Management Studio 管理“BookInfo”表的权限。

1）启动 SQL Server Management Studio，在“对象资源管理器”中依次展开“数据库”节点、“Library”节点和“表”节点。

2）右键单击“BookInfo”，在弹出的快捷菜单中选择“属性”命令，打开“表属性”对话框，选择“权限”选项卡。

3）单击“添加”按钮，打开“选择用户或角色”对话框，单击“浏览”按钮，选择匹配的对象(用户、数据库角色、应用程序角色)。

4）选择指定的用户或角色，对特定的权限(ALTER、CONTROL 和 DELETE 等)设置“授予”、“具有授予权限”和“拒绝”，如图 8-34 所示。

【提示】

- 视图、存储过程的权限管理与表的权限管理类似。
- “授予”、“具有授予权限”和“拒绝”权限在同一对话框中进行管理。

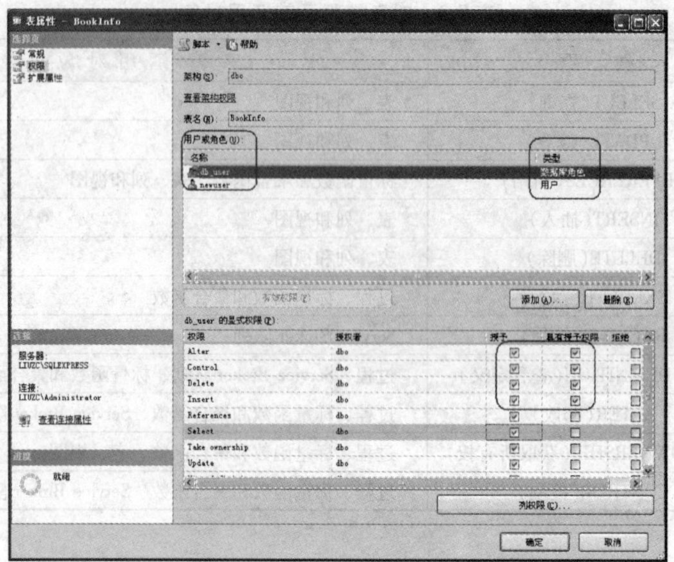

图 8-34　BookInfo 表的“权限”设置

8.5.3　使用 T-SQL 管理权限

使用 T-SQL 语句 GRANT、DENY 和 REVOKE 可以实现对权限的管理。

1. 使用 GRANT 授予权限

授予权限的基本语句格式如下：

```
GRANT < permission > ON < object > TO < user >
```

参数含义：

permission：可以是相应对象的有效权限的组合。可以使用关键字 all(表示所有权限)来替代权限组合。

object：被授权的对象，可以是表、视图、列或存储过程。

user：被授权的一个或多个用户或组。

【应用 8-25】　使用 T-SQL 语句授予用户“newuser”对 Library 数据库中的 BookInfo 表的查询和删除权限。

```
USE Library
GO
GRANT SELECT,DELETE
ON BookInfo
TO newuser
GO
```

该语句执行成功后“BookInfo”表的“权限”属性如图 8-35 所示。

2. 使用 DENY 拒绝权限

禁止权限的基本语句格式如下：

```
DENY < permission > ON < object > TO < user >
```

参数含义同 GRANT 语句。

【应用 8-26】　使用 T-SQL 语句拒绝用户“newuser”对 Library 数据库中的 BookInfo 表的插入和修

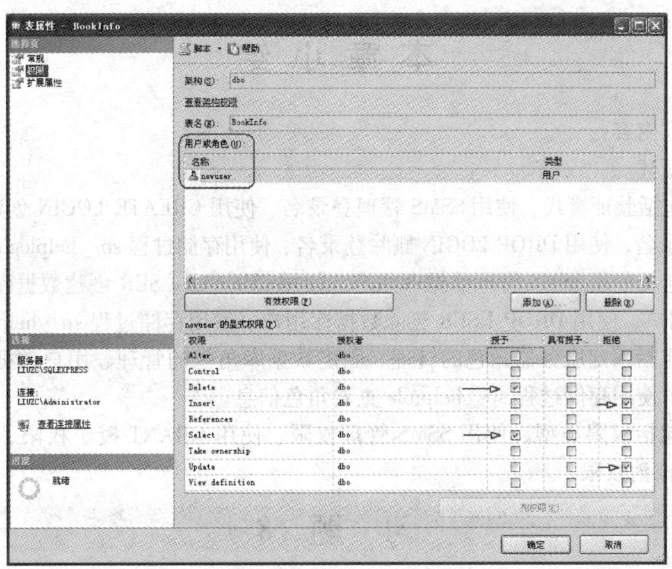

图 8 35 BookInfo 表权限属性

改权限。

```
USE Library
GO
DENY INSERT,UPDATE
ON BookInfo
TO newuser
GO
```

该语句执行成功后“Customers”表的“权限”属性如图 8-35 所示。

3. 使用 REVOKE 取消权限

取消权限的基本语句格式如下：

```
REVOKE <permission> ON <object> FROM <user>
```

参数含义同 GRANT 语句。

【应用 8-27】 使用 T-SQL 语句取消用户“newuser”对 Library 数据库中的 Goods 表的删除权限。

```
USE Library
GO
REVOKE DELETE
ON BookInfo
FROM newuser
GO
```

【提示】

- 必须显式地指定用户对对象的“授予”、“具有授予权限”和“拒绝”权限。
- 用户获得“具有授予权限”表示用户可以将对应的权限授予其他对象。
- 改变对象的权限后，需要刷新对象才能查看其更改后权限属性。
- 权限取消后，可以通过 BookInfo 表的权限属性进行查看。

本章小结

本章学习了如下内容：

■ 数据库安全概述。

■ 登录管理。包括验证模式、使用 SSMS 管理登录名、使用 CREATE LOGIN 创建登录名、使用 ALTER LOGIN 修改登录名、使用 DROP LOGIN 删除登录名、使用存储过程 sp _ helplogins 查看登录名信息。

■ 用户管理。包括使用 SSMS 管理数据库用户、使用 CREATE USER 创建数据库用户、使用 ALTER USER 修改数据库用户、使用 DROP USER 删除数据库用户、使用存储过程 sp _ helpuser 查看用户信息。

■ 角色管理。包括固定服务器角色的管理、固定数据库角色的管理、用户数据库角色的管理、应用程序角色的管理、使用存储过程 sp _ helprole 查看角色信息。

■ 权限管理。包括权限类型、使用 SSMS 管理权限、使用 GRANT 授予权限、使用 DENY 拒绝权限、使用 REVOKE 取消权限。

习　题　8

一、选择题

1. 一个用户试图用查询分析器连接到一个 SQL Server 上。服务器使用 Windows 验证模式，用户需要如何填写登录名和口令框中的内容才能被验证成功，获得访问权：________。

(A) 他的 Windows 2000 账号和口令　　(B) 什么也不用填
(C) 他的 Windows 2000 账号和一个空口令　　(D) 以上的选项都行

2. SQL Server 2005 系统提供了________个固定的服务器角色。

(A) 9　　(B) 6　　(C) 8　　(D) 10

3. 使用________身份验证方式和客户端应用程序连接时，提供登录需要的用户标识和密码。

(A) Windows 身份验证　　(B) SQL Server 身份验证
(C) 以超级用户身份登录时　　(D) 其他方式登录时

4. SQL Server 服务器登录账户默认的数据库角色为________。

(A) PUBLIC　　(B) DB _ OWNER　　(C) DB _ ACCESSADMIN　　(D) DB _ SECURITYADMIN

二、名词解释

1. 混合验证模式
2. 数据库用户
3. 角色

三、简答题

1. SQL Server 2005 中的安全策略体系是怎样的？
2. SQL Server 2005 中的身份验证模式有哪两种？各有什么特点？
3. 试举例说明 SQL Server 2005 的增加登录账号的两种方式。
4. 有哪些固定服务器角色和固定数据库角色？其主要作用是什么？

实训 8　SQL Server 2005 的安全控制

一、实训目的

1. 了解 SQL SERVER 2005 的验证模式。
2. 了解登录和数据库用户之间的关系。

3. 掌握应用 SSMS 操作登录账户的方法。
4. 了解应用 T-SQL 操作登录账户的方法。
5. 掌握应用 SSMS 操作数据库用户的方法。
6. 了解应用 T-SQL 操作数据库用户的方法。
7. 掌握服务器角色和数据库角色的操作方法。

二、实训要求

1. 配置好 SQL Server 的登录模式。
2. 添加登录账户“liuzc”。
3. 添加数据库用户“DBliuzc”。
4. 添加数据库角色“ROLEliuzc”。
5. 验证 liuzc、DBliuzc 和 ROLEliuzc 之间的关系。

三、实训步骤

1. 在当前数据库引擎中创建“Windows 身份验证”登录名(对应的 Windows 用户为 winlogin01)。(SSMS)

2. 在当前数据库引擎“liuzc”中创建“SQL Server 身份验证”登录名“newlogin”，初始密码为“123456”。(SSMS)

3. 创将名为“newlogin”的登录密码由“123456”修改为“super”。(T-SQL)

4. 创建 Windows 用户的登录名 winlogin(对应的 Windows 用户为 winlogin02)。(T-SQL)

5. 删除登录名“winlogin01”。(T-SQL)

6. 创建与“newlogin”登录名对应的数据库用户 newuser，并查看所建数据库用户 newuser 的属性。(SSMS)

7. 创建与“winlogin02”登录名对应的数据库用户 winuser，将数据库用户“winuser”的名称修改为“win”。(T-SQL)

8. 将登录名“newlogin”添加到“sysadmin”固定服务器角色，并查看该登录名所属服务器角色的信息。(SSMS)

9. 将“winlogin02”登录名添加到“serveradmin”服务器角色中，并试着从“sysadmin”服务器角色中删除“winlogin02”登录名。(T-SQL)

10. 查看固定数据库角色 db_datawriter 的属性，并将数据库用户 newuser 添加到该角色中。(SSMS)

11. 创建用户定义数据库角色 db_user。(SSMS)

12. 在 WebShop 数据库中创建用户定义数据库角色“db_alluser”，并将所建的数据库用户“newuser”添加到该角色中，并查看当前服务器中数据库角色的情况。(T-SQL)

13. 授予用户“win”对 WebShop 数据库中的 Goods 表的查询和删除权限。(T-SQL)

14. 拒绝用户“win”对 WebShop 数据库中的 Goods 表的插入和修改权限。(T-SQL)

15. 将实训过程中相关的 SQL 语句保存至 chap08. sql。

四、实训提示

1. Windows 验证模式和混合验证模式。
2. 登录账户和数据库用户的关系。
3. 用户不能创建服务器角色。
4. 用户可以创建数据库角色。
5. 数据库用户属于一个或多个数据库角色，默认属于 PUBLIC 角色。

第9章　数据管理

【学习目标】

本章将要学习 SQL Server 2005 中对数据库进行管理的方法，包括数据库备份、数据库恢复、数据库分离与附加、数据导入与导出等操作。

【学习要点】

- 数据库备份和恢复的基本概念。
- 数据库备份设备的管理。
- 数据库备份的方法。
- 数据库恢复的方法。
- 数据库分离的方法。
- 数据库附加的方法。
- 数据导入/导出的方法。

9.1　数据库备份概述

数据的安全对于数据库管理系统来说是至关重要的，任何数据的丢失和存在的危险都会带来严重的后果。对于 SQL Server 2005 数据库系统中的数据，主要存在下面 3 种危险：

（1）系统故障　由于硬件故障(如停电等)、软件错误(如操作系统不稳定等)使内存中的数据或日志内容突然损坏，事务处理终止，但是物理介质上的数据和日志并没有被破坏。SQL Server 2005 系统本身可以修复这种故障，无需管理人员干预。

（2）事务故障　事务是 SQL Server 2005 执行 SQL 命令的一个完整的逻辑操作。事务故障是事务运行到最后没有得到正常提交而产生故障。SQL Server 2005 系统本身也可以修复这种故障，无需管理人员干预。

（3）介质故障　介质故障又叫硬故障，是由于物理存储介质的故障发生读写错误，或者管理人员操作失误删除了重要数据文件和日志文件。这种故障需要管理人员手工进行恢复，而恢复的基础就是在发生故障以前做的数据库备份和日志记录。管理人员需要掌握的备份与恢复技术主要是针对介质故障。

数据库备份就是对 SQL Server 数据库或事务日志进行复制。数据库备份记录了在进行备份这一操作时数据库中所有数据的状态，以便在数据库遭到破坏时能够及时地将其恢复。

9.2　备份设备的管理

备份设备是指在备份或还原操作中使用的磁带机或磁盘驱动器。备份设备可以被定义成本地的磁盘文件、远程服务器上的磁盘文件或磁带。在创建备份时，必须选择存放备份数据的备份设备。SQL Server 数据库引擎使用物理设备名称或逻辑设备名称标识备份设备。其中物理备份设备是操作系统用来标识备份设备的名称，如 d:\data\bak\backup01。逻辑备份设备是用户定义的别名，用来标识物理备份设备。逻辑设备名称永久性地存储在 SQL Server 内的系统表中。使用逻辑备份设备的优点是引用它比引用物理设备名称简单。例

如，逻辑设备名称可以是 Library _ Backup，而物理设备名称则可能是 E：\Backup\Library\Full. bak。备份或还原数据库时，物理备份设备名称和逻辑备份设备名称可以互换使用。备份数据时可以使用 1 ~ 64 个备份设备。

（1）磁盘备份设备　磁盘备份设备是在硬盘或其他磁盘存储媒体上的文件，与常规操作系统文件一样。引用磁盘备份设备与引用任何其他操作系统文件一样，可以在服务器的本地磁盘上或共享网络资源的远程磁盘上定义磁盘备份设备。磁盘备份设备根据需要可大可小。最大文件大小可以相当于磁盘上可用磁盘空间。

（2）磁带备份设备　磁带备份设备的用法与磁盘备份设备基本相同。但必须将磁带备份设备物理连接到运行 SQL Server 实例的计算机上。SQL Server 不支持备份到远程磁带备份设备上。如果磁带备份设备在备份操作过程中已满，但还需要写入一些数据，SQL Server 将提示更换新磁带并继续备份操作。

9.2.1　使用 SSMS 管理备份设备

在进行备份以前，首先必须指定或创建备份设备。当使用磁盘作为备份设备时，SQL Server 允许将本地主机硬盘和远程主机上的硬盘作为备份设备。备份设备在硬盘中是以文件的方式存储的。

【应用 9-1】　使用“SQL Server Management Studio”创建磁盘备份设备 library。

1）启动 SQL Server Management Studio，在“对象资源管理器”中展开“服务器对象”节点。

2）右键单击“备份设备”，在弹出的快捷菜单中选择“新建备份设备”命令，如图 9-1 所示。

3）打开“备份设备”对话框，在“设备名称”文本框中输入“library”（即逻辑名称为 library），对应的物理文件名为“C：\Program Files\Microsoft SQL Server\MSSQL. 1\MSSQL\Backup\library. bak”，也可以通过“文件”单选按钮旁边的[...]指定备份设备对应的物理文件名，如图 9-2 所示。

图 9-1　选择“新建备份设备”命令

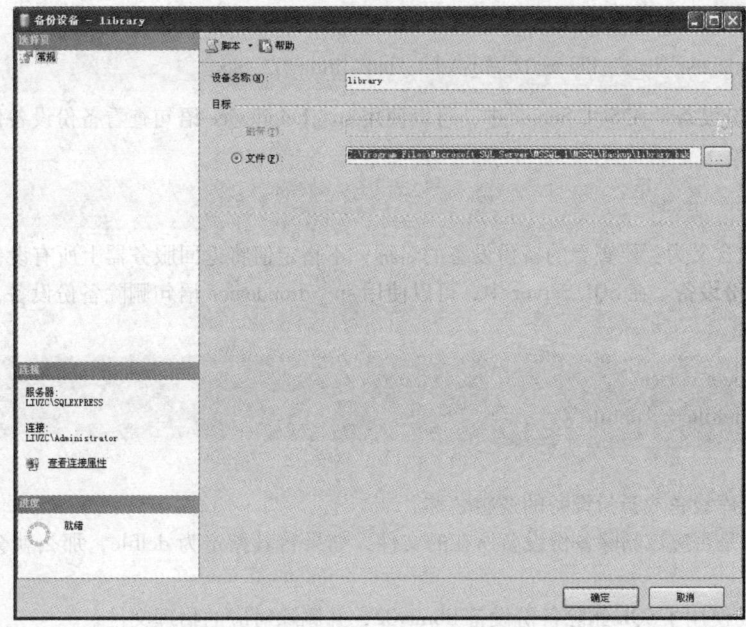

图 9-2　“备份设备”对话框

4）设置完成以后，单击“确定”按钮，完成备份设备的创建，在“备份设备”节点下将出现一个“library”备份设备对象。

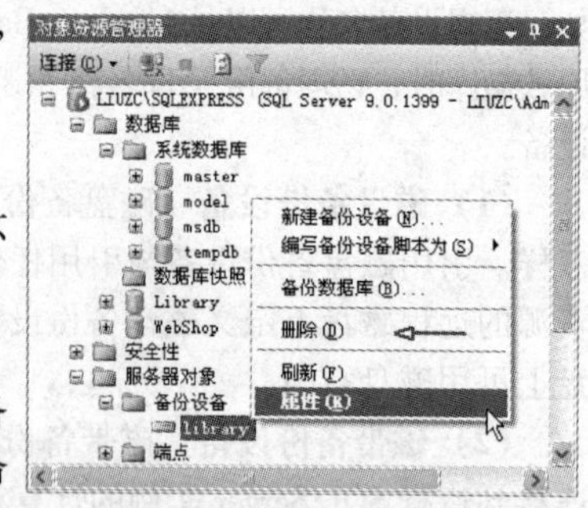

图 9-3　选择“属性”或“删除”命令

【提示】

• 由于本机中没有磁带备份设备，因此“磁带”备份设备不可选。

• 备份设备创建后在进行备份时可被选择使用。

• 要查看备份设备的属性或删除备份设备，右键单击指定的备份设备(这里为 library)，在右键菜单中选择“属性”或“删除”命令，如图 9-3 所示。

9.2.2　使用 T-SQL 管理备份设备

(1) 创建备份设备　在 SQL Server 中，可以使用 sp_addumpdevice 语句将备份设备添加到 Microsoft SQL Server 2005 数据库引擎的实例中，其基本语句格式如下：

```
sp_addumpdevice 'device_type',
'logical_name',
'physical_name'
```

参数含义为：

device_type：所创建的备份设备的类型。disk 表示使用硬盘文件作为备份设备；pipe 表示使用命名管道作为备份设备；tape 表示使用磁带作为备份设备。

logical_name：所创建的备份设备的逻辑名称。

physical_name：备份设备的物理名称。物理名称必须遵照操作系统文件名称的规则或者网络设备的通用命名规则，并且必须包括完整的路径。该文件在执行备份时产生。

【应用 9-2】　使用 T-SQL 在 D:\data\bak 文件夹中创建磁盘备份设备 library02。

```
USE Library
GO
sp_addumpdevice 'disk','library02','d:\data\bak\library02.bak'
```

(2) 查看备份设备　在 SQL Server 中，可以使用 sp_helpdevice 语句查看备份设备信息，其基本语句格式如下：

```
sp_helpdevice 'name'
```

参数 name 的含义为：要查看的备份设备的名称，不指定值将返回服务器上所有设备信息。

(3) 删除备份设备　在 SQL Server 中，可以使用 sp_dropdevice 语句删除备份设备，其基本语句格式如下：

```
sp_dropdevice 'device'
    [,[@delfile =]'delfile']
```

参数含义为：

device：数据库设备或备份设备的逻辑名称。

delfile：指出是否应该删除备份设备所在的文件，如果将其指定为 delfile，那么就会删除设备磁盘文件。

【应用 9-3】　使用 T-SQL 删除备份设备 library02，并删除对应的物理文件。

```
USE Library
GO
sp_dropdevice 'library02','delfile'
```

9.3 执行数据库备份

9.3.1 制定数据库备份策略

(1) 选择备份的内容 备份内容包括如下几个方面：

1）系统数据库。系统数据库 MASTER 中存储着 SQL Server 2005 服务器配置参数、用户登录标识、系统存储过程等重要内容，需要备份。在执行影响系统数据库 MASTER 中内容的 SQL 语句或系统存储过程后，都要再次备份该数据库。

2）用户数据库。用户数据库包含了用户加载的数据信息，是数据库应用程序操作的主体，应定期备份。

3）事务日志。事务日志记录用户对数据库的修改，一个事务就是一个单一的工作单元。SQL Server 2005 自动维护和管理所有数据库更改事务，在修改数据库以前，它把事务写入日志，所以日志要定期备份。

(2) 确定备份频率 影响备份频率的两个因素为：

1）存储介质出现故障可能导致丢失的工作量的大小。

2）数据库事务的数量。

9.3.2 备份方式

(1) 完整备份 该操作将备份包括部分事务日志在内的整个数据库。通过包括在完整备份中的事务日志，可以使用备份恢复到备份完成时的数据库。创建完整备份是单一操作，通常会安排该操作定期发生。

(2) 完整差异备份 在完整备份之后执行的完整差异备份只记录上次数据库备份后更改的数据。完整差异备份比完整备份更小、更快，可以简化频繁的备份操作，减少数据丢失的风险。完整差异备份基于以前的完整备份，因此，这样的完整备份称为“基准备份”。

(3) 部分备份 部分备份类似于完整数据库备份，但只能包含主文件组和所有的读/写文件组。

(4) 部分差异备份 在部分备份之后执行的部分差异备份只包含在主文件组和所有读/写文件组中更改的数据。部分差异备份仅与部分备份一起使用。部分差异备份仅包含在备份时主文件组和读/写文件组中更改的那些区。如果部分备份捕获的数据只有一部分已更改，则使用部分差异备份可以使数据库管理员更快地创建更小的备份。部分差异备份是与单个基准备份一起使用的。

(5) 文件和文件组备份 文件组备份与文件备份的作用相同。文件组备份是文件组中所有文件的单个备份，相当于在创建备份时显式列出文件组中的所有文件。可以还原文件组备份中的个别文件，也可以将所有文件作为一个整体还原。

(6) 文件差异备份 在文件备份或文件组备份之后执行的文件差异备份。文件差异备份只包含在指定文件或文件组中更改的数据。

(7) 事务日志备份 事务日志备份仅用于完整恢复模式或大容量日志恢复模式。日志备份序列提供了连续的事务信息链，可支持从数据库备份、差异备份或文件备份中快速恢复。使用事务日志备份，可以将数据库恢复到故障点或特定的时间点。一般情况下，事务日志备份比完整备份使用的资源少，因此，可以比完整备份更频繁地创建事务日志备份，减少数据丢失的风险。

(8) 仅复制备份 SQL Server 2005 引入了对于创建仅复制备份的支持，仅复制备份不影响正常的备份序列。因此，与其他备份不同，仅复制备份不会影响数据库的全部备份和还原过程。

本书只简单介绍完整备份和事务日志备份，其他各种类型的备份，请读者参阅联机丛书和其他相关资料。

9.3.3 使用 SSMS 执行备份

【应用 9-4】 使用“SQL Server Management Studio”完成对 Library 数据库的完整备份。

1）启动 SQL Server Management Studio，在“对象资源管理器”中展开“数据库”节点。

2）右键单击“Library”，在弹出的快捷菜单中选择“任务”命令后再选择“备份”命令，如图 9-4 所示。

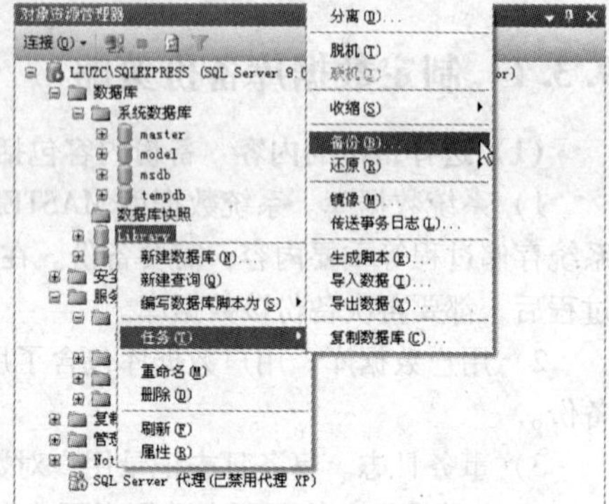

图 9-4 选择“任务”→“备份”命令

3）打开“备份数据库”对话框，进行如下设置（见图 9-5）：

① 数据库：指定要备份的数据库。

② 备份类型：如果选择的是“数据库”，可以选择完整、差异和事务日志 3 种形式；如果选择的是“文件和文件组”，可以通过弹出的对话框选择备份文件或文件组。

③ 名称：指定备份集的名称。

④ 备份过期时间：指定备份过期从而可以被覆盖的时间（通过两种方式指定）。

⑤ 目标：指定将源数据备份到哪里去。默认使用文件名形式，可以单击“添加”按钮，在打开的“选择备份目标”对话框中指定使用文件名还是备份设备的逻辑名称，如图 9-6 所示。

4）在如图 9-5 所示“备份数据库”对话框中选择“选项”选项卡，可以进行数据库备份选项的设置，如图 9-7 所示。

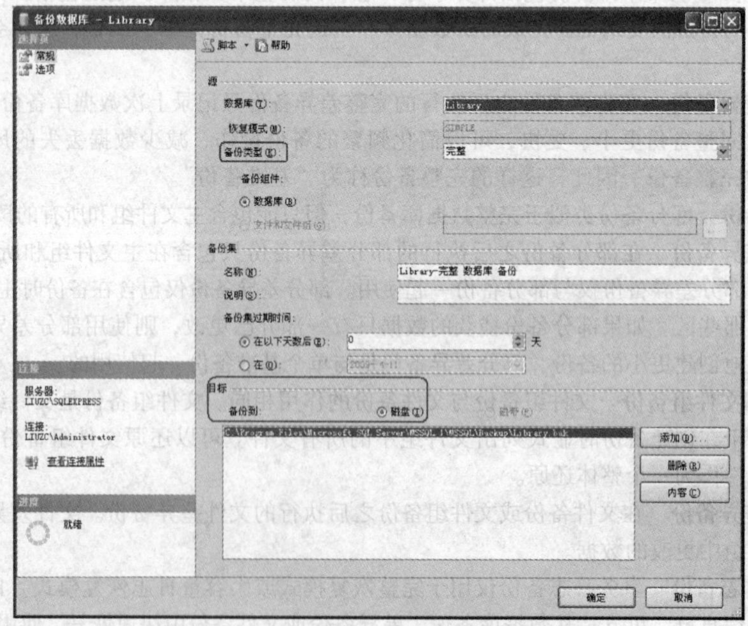

图 9-5 “备份数据库”的“常规”选项卡

5）设置完成后，单击“确定”按钮，完成 Library 数据库的备份，在对应的文件夹中可以查看到对应的备份文件，如图 9-8 所示。

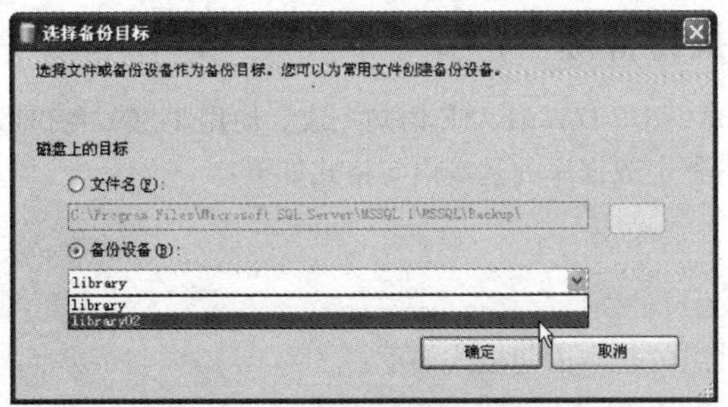

图 9-6 “选择备份目标”对话框

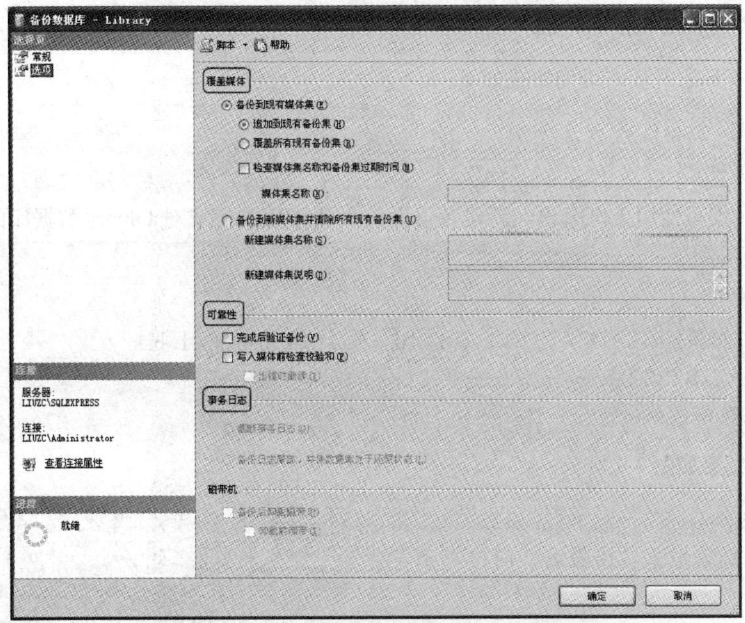

图 9-7 “备份数据库”的“选项”选项卡

图 9-8 生成的备份文件

【提示】

- 备份“文件和文件组”的操作需要选择要备份的文件或文件组。
- 在“备份数据库”选项中，根据实际的需要选择“追加到现有备份集”还是“覆盖所有现有备份集”。

9.3.4 使用 T-SQL 执行备份

备份数据库可以使用 BACKUP DATABASE 语句完成。使用 T-SQL 备份数据库，根据不同的备份类型有不同的语句格式。备份整个数据库的基本语句格式如下：

```
BACKUP DATABASE 数据库名
TO 备份设备[,…n]
```

备份特定的文件或文件组的基本语句格式如下：

```
BACKUP DATABASE 数据库名
FILE[FILEGROUP] = <文件或文件组>[,…n]
TO <备份设备>[,…n]
```

备份一个事务日志的基本语句格式如下：

```
BACKUP LOG 数据库名
TO <备份设备>[,…n]
```

【应用 9-5】 编写使用 T-SQL 语句新建备份设备 backup01 并完成对 Library 数据库的完整备份。

```
USE master
GO
EXEC sp_addumpdevice 'disk','backup01','d:\data\bak\backup01.bak'
BACKUP DATABASE Library
TO backup01
```

该语句执行结果如图 9-9 所示。

【提示】

图 9-9 应用 9-5 运行结果

- 在备份时必须指定备份设备，所以必须首先创建备份设备。
- 必须保证 d:\data\bak 文件夹存在，也可以根据实际情况修改该文件夹。
- 创建差异数据库备份必须以至少一次的完全数据库备份为基础，如果没有进行完全数据库备份，则无法进行差异数据库备份。
- 可以通过编写存储过程的形式实现数据库的备份，以方便编程语言进行调用。

【应用 9-6】 使用 T-SQL 语句新建备份设备 backup02，并完成对 Library 数据库事务日志的备份。

```
USE Library
GO
EXEC sp_addumpdevice 'disk','backup02','d:\data\bak\backup02.bak'
BACKUP LOG Library
TO backup02
```

9.4 恢复数据库

9.4.1 数据库恢复概述

1. 数据库恢复定义

数据库备份后，一旦系统发生崩溃或者执行了错误的数据库操作，就可以从备份文件中恢复数据库。数据库恢复是指将数据库备份加载到系统中的过程。系统在恢复数据库的过程中，自动执行安全性检查，重建数据库结构以及完整的数据库内容，从而保证将遭到破坏或丢失的数据恢复到备份时的状态，使数据库能够正常工作。

2. 数据库恢复模式

在 SQL Server 2005 中有 3 种数据库恢复模式：简单恢复模式、完整恢复模式和大容量日志恢复模式。

（1）简单恢复模式　对数据安全性要求不高，但对性能要求很高的数据库，可以工作在简单恢复模式下。工作在简单恢复模式的 SQL Server 2005 数据库的日志虽然会记录数据库的所有日志操作（包括大型操作），但检查点进程会自动截断日志中不活动部分（已经完成的部分）。每发生一次检查点，日志已经完成的部分就被删除了，所以简单恢复模式的数据库可能会导致无法恢复到历史上某个时刻的情况。当创建 SQL Server 2005 数据库时，用户数据库会继承系统数据库的恢复模式等参数设置。多数情况下，默认工作在简单恢复模式下。

（2）完整恢复模式　对于十分重要的生产数据库，如银行、电信、电力、邮政等系统，在发生故障时可能要求能恢复到历史某一时刻，一旦发生故障时必须保证数据不能丢失。这样的数据库必须工作在完全恢复模式。在完全恢复模式下工作的 SQL Server 2005 数据库将忠实、完整地记录所有日志，因此必须定期地进行数据库备份或事务日志备份，确保日志空间被定期回收使用，否则日志空间将无限期延长。

（3）大容量日志恢复模式　数据库管理人员在某些时候需要对 SQL Server 2005 简单恢复模式数据库进行一些大批量（如几千条）的数据录入、更新、删除操作，如果工作在完全恢复模式下，会产生大量的日志记录，导致数据库性能下降。这时可以将数据库工作在大容量日志恢复模式下，能大大减少日志记录，减少 I/O 读写，提高数据库性能。

一般生产数据库都必须工作在完全恢复模式，只有对数据库进行一些大批量操作时才切换到大容量日志恢复模式，当操作完毕后，立即切换到完全恢复模式。

由于备份和恢复是两个相关联的过程，制定备份策略的同时，也就确定了恢复策略，同样选择恢复策略的同时，也就确定了备份策略，所以把备份和恢复放在一起分析。SQL Server 2005 共有 4 种备份和恢复类型：

（1）完全数据库备份和恢复　将整个数据库进行备份，包括数据文件和日志文件。需要较大的备份空间，需要恢复时进行完全数据库恢复。

（2）差异备份（或称增量备份）**和恢复**　在执行一次完全的数据库备份后，仅仅备份对数据库修改的内容。比完全数据库备份小且备份速度快，因此可以经常备份。

（3）事务日志备份和恢复　事务日志是自上次备份事务日志后对数据库执行的所有事务的一系列记录。可以使用事务日志备份将数据库恢复到特定的即时点或故障点。

（4）数据库文件或文件组备份和恢复　备份特定的数据文件或者数据文件组。

尽管 SQL Server 2005 已经提供了 4 种备份和恢复类型供选择，但实际工作中常用一些上述类型的组合，如完全数据库备份与恢复、完全数据库 + 差异数据库备份与恢复、完全数据库 + 日志数据库备份与恢复。

9.4.2　使用 SSMS 执行恢复

【应用 9-7】　使用“SQL Server Management Studio”恢复 Library 数据库的完整备份 backup。

1）启动 SQL Server Management Studio，在“对象资源管理器”中展开“数据库”节点。

2）右键单击“Library”，在弹出的快捷菜单中选择“任务”→“还原”→“数据库”命令，如图 9-10 所示。

3）打开“还原数据库”对话框，进行数据库还原的相关设置，如图9-11所示。

① 目标数据库：指定要恢复的目标数据库。

② 目标时间点：指定将数据库还原到备份的最近可用时间或特定时间点。选择[...]按钮进行选择，如图9-12所示。

③ 源数据库：指定要恢复的源数据库。

④ 选择用于还原的备份集：指定用于还原的备份。

4）在如图9-11所示“还原数据库”对话框中选择“选项”选项卡，可以进行数据库还原选项的设置，如图9-13所示。

5）设置完成后，单击“确定”按钮，完成Library数据库的恢复。

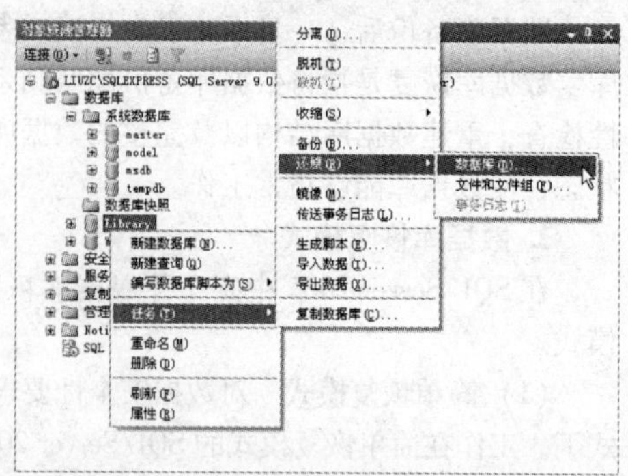

图9-10 选择“任务”→“还原”→“数据库”命令

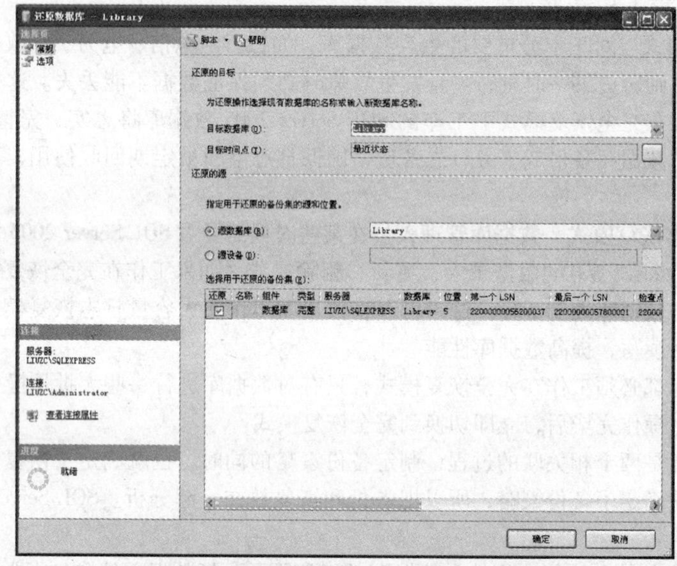

图9-11 “还原数据库”的“常规”选项卡

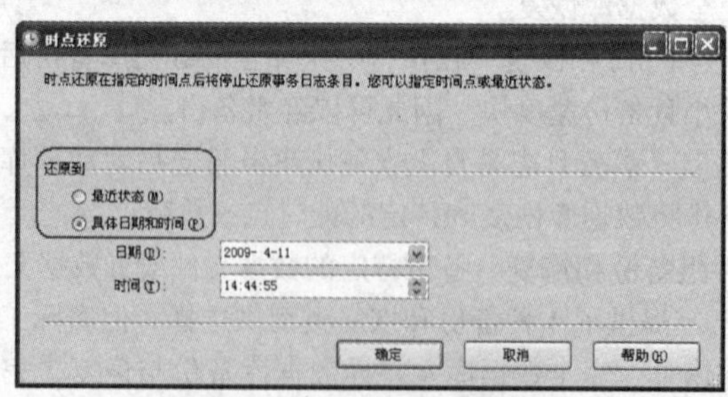

图9-12 选择目标时间点

【提示】

- 在还原数据库时，必须关闭要还原的数据库。
- 如图9-10所示，选择“任务”→“还原”→“文件和文件组”命令，可以执行恢复“文件和文件组”的操作。

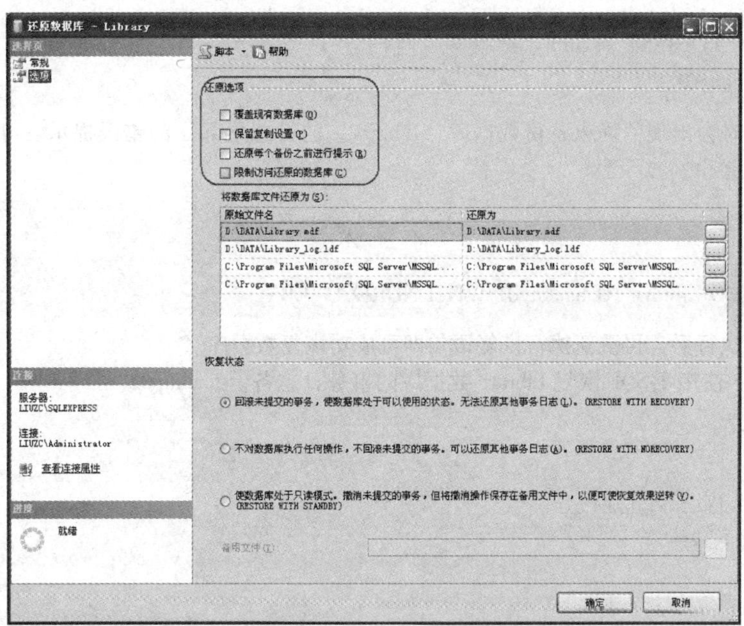

图9-13 “还原数据库”的“选项”选项卡

9.4.3 使用T-SQL执行恢复

还原数据库可以使用RESTORE DATABASE语句完成。还原数据库根据不同的类型，有不同的语句格式。

还原整个数据库的基本语句格式如下：

```
RESTORE DATABASE 数据库名
FROM 备份设备[,…n]
```

还原数据库的部分内容的基本语句格式如下：

```
RESTORE DATABASE 数据库名
    <文件或文件组>[,…n]
FROM 备份设备[,…n]
```

还原特定的文件或文件组的基本语句格式如下：

```
RESTORE DATABASE 数据库名
    <文件或文件组>[,…n]
FROM 备份设备[,…n]
```

还原事务日志的基本语句格式如下：

```
RESTORE LOG 数据库名
FROM 备份设备[,…n]
```

RESTORE语句的详细用法请参阅联机丛书。

【应用9-8】 使用T-SQL恢复Library数据库的完整备份backup01。

```
USE master
GO
```

```
RESTORE DATABASE  Library
FROM  backup01
```

该语句执行时会出现“尚未备份数据库‘Library’的日志尾部”的错误提示。可以使用 BACKUP LOG 进行尾日志备份。

```
USE Library
GO
BACKUP LOG Library TO backup01 WITH NORECOVERY
```

该语句成功执行后，再重新执行恢复语句即可成功恢复数据库。

【应用 9-9】 使用 T-SQL 恢复 Library 数据库的事务日志备份 backup02。

```
USE master
GO
RESTORE  LOG  Library
FROM  backup02
```

【提示】

- 如果恢复当前事务日志备份后还要应用其他事务日志备份，在 RESTORE LOG 语句中指定 NORECOVERY 子句。
- 恢复数据库时，要恢复的数据库不能处于活动状态。

9.5 数据库的分离与附加

9.5.1 分离和附加概述

可以分离某一 SQL Server 实例中的数据库的数据文件和事务日志文件，然后将它们重新附加到同一或其他 SQL Server 实例。如果要将数据库更改到同一计算机的不同 SQL Server 实例或要移动数据库，分离和附加数据库会很有用。其中分离数据库是将数据库从 SQL Server 数据库引擎实例中删除，但保留完整的数据库及其数据文件和事务日志文件。附加数据库是附加复制的或分离的 SQL Server 数据库。附加数据库时，数据库包含的全文文件随数据库一起附加。

在 SQL Server 2005 中，除了 master、model、tempdb 3 个系统数据库外，其余的数据库都可以从服务器中分离出来，脱离当前服务器的管理。被分离的数据库保持了数据文件和日志文件的完整性和一致性。被分离出的数据库还可以通过附加功能附加到其他 SQL Server 2005 服务器上，重新构成完整的数据库，附加得到的数据库和分离时的数据库完全一致。被分离的数据库在执行分离操作时一定不能被其他用户使用。

9.5.2 使用 SSMS 分离数据库

【应用 9-10】 使用“SQL Server Management Studio”实现 Library 数据库的分离，并将数据库对应的文件复制到 E:\data 文件夹中。

1）启动 SQL Server Management Studio，在“对象资源管理器”中展开“数据库”节点。

2）右键单击“Library”，在弹出的快捷菜单中选择“任务”→“分离”命令，如图 9-14 所示。

3）打开“分离数据库”对话框，选择要分离的数据库，并进行相关设置，如图 9-15 所示。

4）分离数据库准备就绪后，单击“确定”按钮，完成数据库的分离操作。数据库分离成功后，在“数据库”节点中“Library”将不复存在。

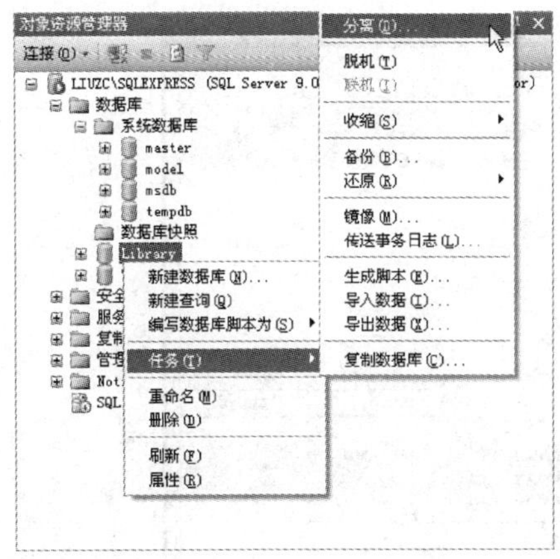

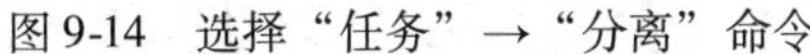
图9-14 选择“任务”→“分离”命令

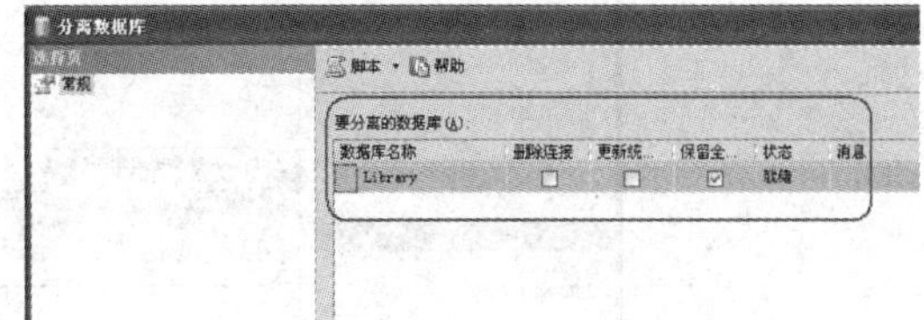

图9-15 “分离数据库”设置

5）将“D:\data”文件夹中Library数据库对应的两个文件复制到“E:\data”文件夹中(如果该文件夹不存在,需要首先创建该文件夹)。

【提示】

- 分离SQL Server 2005数据库之后，是将数据库从SQL Server数据库引擎实例中删除，但数据库对应的文件仍然存在。
- 分离后的数据库，可以被重新附加到SQL Server 2005的相同实例或其他实例上。

9.5.3 使用T-SQL分离数据库

在SQL Server 2005中，使用存储过程sp_detach_db可以实现数据库的分离。但只有sysadmin固定服务器角色的成员才能执行sp_detach_db，其基本语句格式如下：

```
sp_detach_db 数据库名
```

【应用9-11】 使用T-SQL实现Library数据库的分离。

```
EXEC sp_detach_db 'Library'
```

9.5.4 使用SSMS附加数据库

【应用9-12】 使用“SQL Server Management Studio”将E:\data文件夹中的数据库附加到当前的SQL Server实例上。

1）启动SQL Server Management Studio，在“对象资源管理器”中右键单击“数据库”，在弹出的快捷菜单中选择“附加”命令，如图9-16所示。

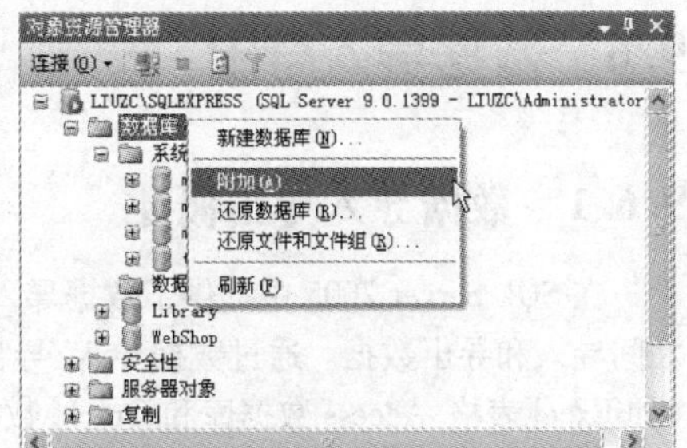

图9-16 选择“附加”命令

2）打开“附加数据库”对话框，进行相关设置。

3）单击“添加”按钮，打开“定位数据库文件”对话框，选择要附加的主要数据库文件(这里为之前复制的E:\data\Library.mdf)，如图9-17所示。

4）附加数据库准备就绪后，单击“确定”按钮，完成数据库的附加操作。数据库附加成功后，在“数据库”节点中将会出现“Library”数据库节点。

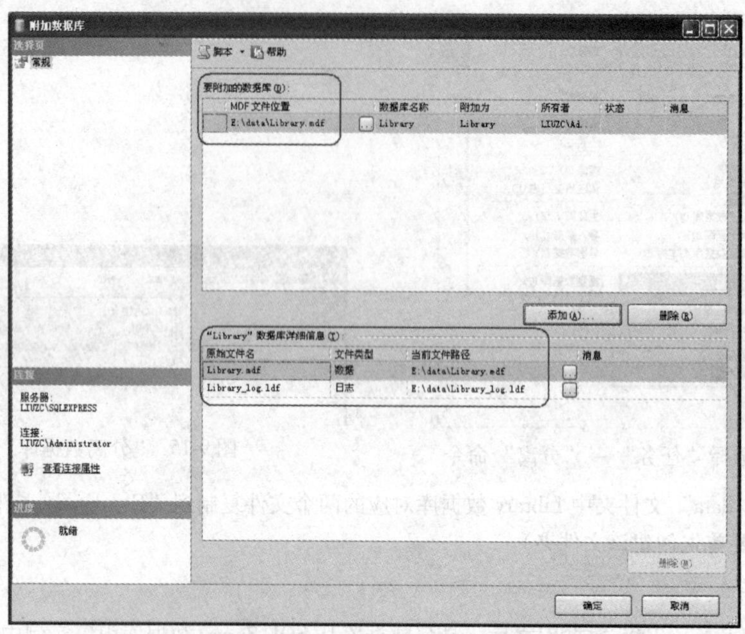

图 9-17 “附加数据库”设置

【提示】

- 附加数据库时不需要指定数据库名，使用分离时的数据库名称即可。
- 通过分离和附加数据库可以实现 SQL Server 2005 数据库的移动。

9.5.5 使用 T-SQL 附加数据库

在 SQL Server 2005 中，使用存储过程 sp _ attach _ db 可以实现数据库的附加。只有 sysadmin 和 dbcreator 固定服务器角色的成员才能执行本过程，其基本语句格式如下：

```
sp _ attach _ db 数据库名
    ,@ filename = 文件名[ ,…16]
```

【应用 9-13】 使用 T-SQL 将 E:\data 文件夹中的数据库附加到当前的 SQL Server 实例上。

```
EXEC sp _ attach _ db Library,'e:\data\Library. mdf','e:\data\Library _ log. ldf'
```

9.6 数据导入导出

9.6.1 数据导入导出概述

在 SQL Server 2005 中提供了数据导入/导出功能，以使用数据转换服务(DTS)在不同类型的数据源之间导入和导出数据。通过数据导入/导出操作可以完成在 SQL Server 2005 数据库和其他类型数据库(如 Excel 表格、Access 数据库和 Oracle 数据库)之间进行数据的转换，从而实现各种不同应用系统之间的数据移植和共享。

9.6.2 数据导出

【应用 9-14】 使用“SQL Server Management Studio”将 Library 数据库的数据导出到 Excel 文件

Library. xls中。

1）启动SQL Server Management Studio，在“对象资源管理器”中展开“数据库”节点。

2）右键单击“Library”，在弹出的快捷菜单中选择“任务”→“导出数据”命令，如图9-18所示。

3）打开“欢迎使用SQL Server导入和导出向导”对话框。

4）单击“下一步”按钮，打开“选择数据源”对话框，在“数据源”中选择“Microsoft OLE DB Provider for SQL Server”，表示将从SQL Server导出数据；也可以根据实际情况设置“身份验证”模式和选择“数据库”项目，如图9-19所示。

图9-18 选择“任务”→“导出数据”命令

图9-19 选择SQL Server作为数据源

5）单击“下一步”按钮，打开“选择目标”对话框，在“目标”中选择“Microsoft Excel”，表示将把数据导出到Excel表中；也可以根据实际情况设置“Excel文件路径”和选择“Excel版本”等项目，如图9-20所示。

6）单击“下一步”按钮，打开“指定表复制或查询”对话框，默认选择“复制一个或多个表或视图的数据”；也可以根据实际情况选择“编写查询以指定要传输的数据”，如图9-21所示。

图9-20 选择Excel作为目标

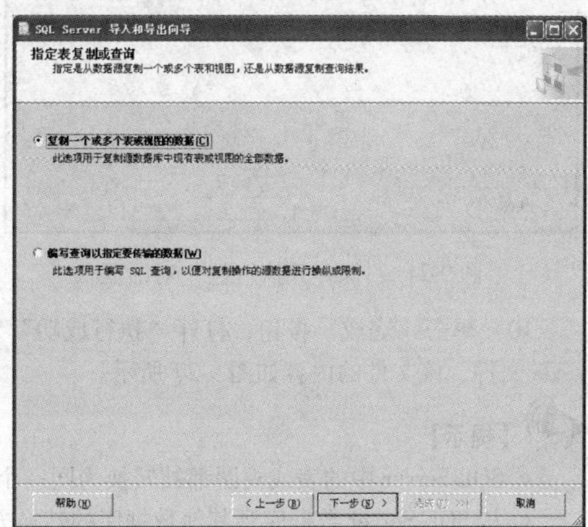

图9-21 “指定表复制或查询”对话框

7）单击“下一步”按钮，打开“选择源表和源视图”对话框，如图9-22所示。选中Library数据库中的所有表和vw _ Book17和vw _ NoReturn，单击“编辑”按钮可以编辑源数据和目标数据之间的列映射关系，如图9-23所示。

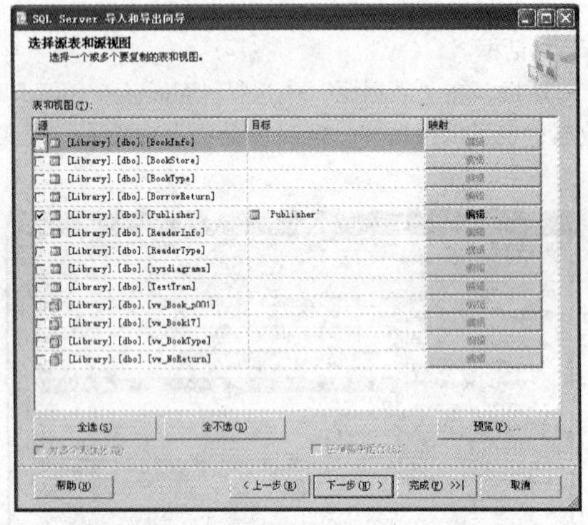

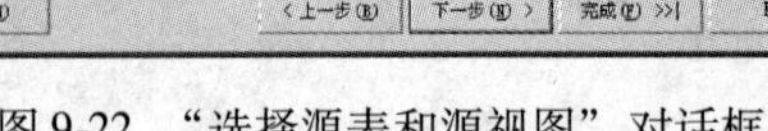

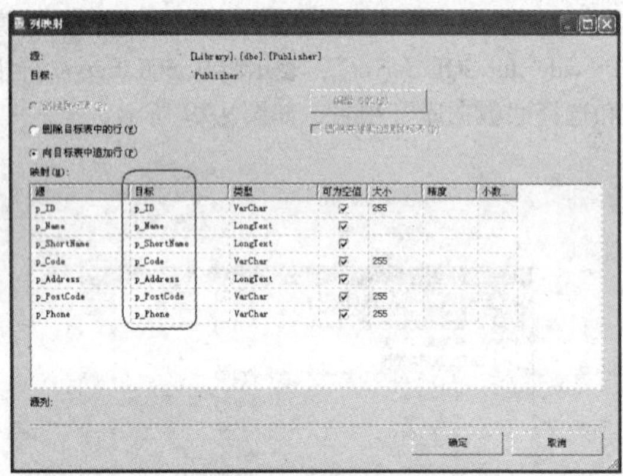

图9-22 “选择源表和源视图”对话框

图9-23 指定源数据和目标数据之间的列映射

8）单击“下一步”按钮，显示“保存并执行包”对话框，如图9-24所示。

9）单击“下一步”按钮，打开“完成该向导”对话框，如图9-25所示。

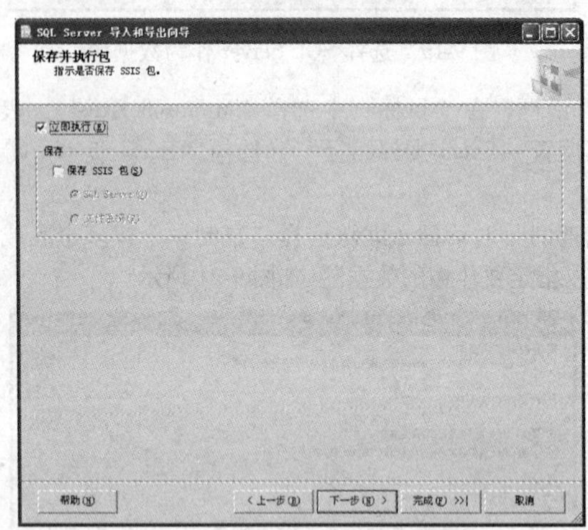

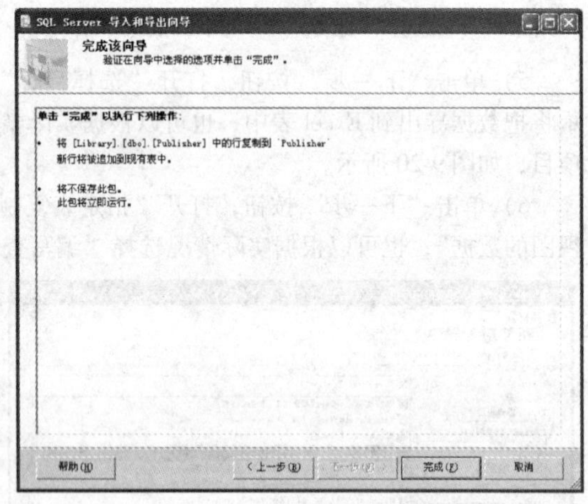

图9-24 “保存并执行包”对话框

图9-25 “完成该向导”对话框

10）单击“完成”按钮，打开“执行成功”对话框，如图9-26所示。在C:\文件夹中生成Library.xls文件，该文件的内容如图9-27所示。

【提示】

- SQL Server中的表或视图都被转换为同一个Excel文件中不同的工作表。
- 从SQL Server数据库到其他数据库的转换方法和步骤同上。

9.6.3 数据导入

【应用9-15】 使用“SQL Server Management Studio”将D:\data文件夹中Access数据库BookDa-

ta. mdb 导入到 SQL Server 中。

1）启动 SQL Server Management Studio，在“对象资源管理器”中展开“数据库”节点。

2）新建名为“BookData”的数据库(也可以在导入向导执行过程中新建)。

3）右键单击“BookData”，在弹出的快捷菜单中选择“任务”→“导入数据”命令，如图 9-28 所示。

图 9-26　“执行成功”对话框

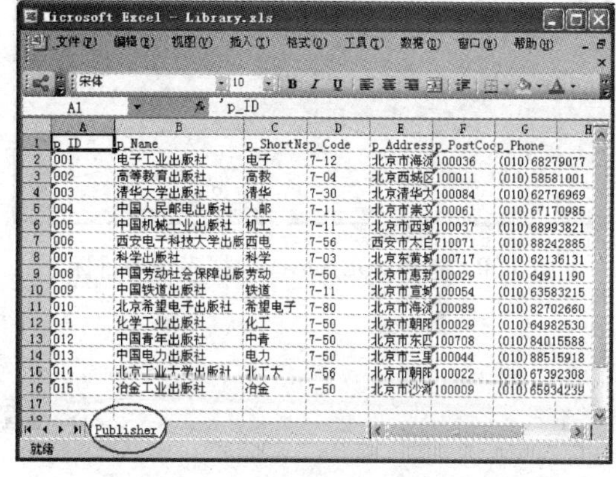

图 9-27　导出得到的 Library. xls 内容

后续步骤基本同“数据导出”，只在以下几个步骤有些不同：

1）在“选择数据源”时，指定数据源为“Microsoft Access”，并指定要导入的 Access 数据库的“文件名”、“用户名”、“密码”等，如图 9-29 所示。

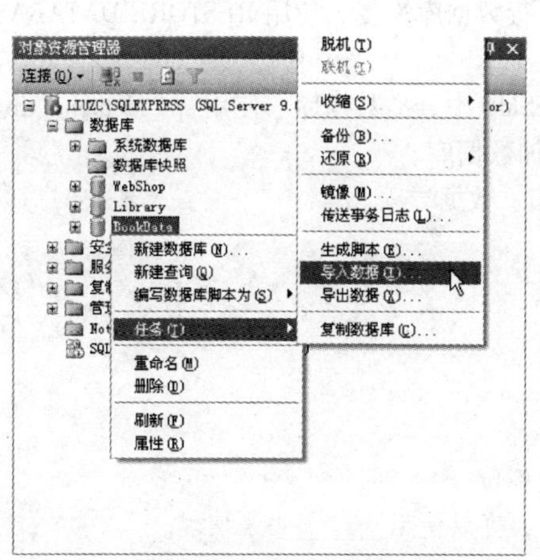

图 9-28　选择“导入数据”命令

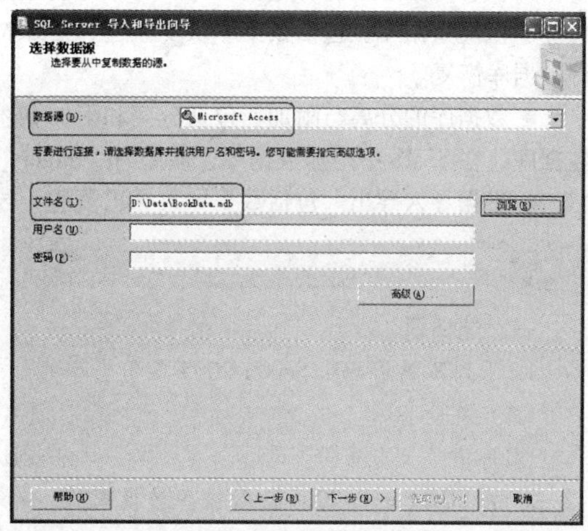

图 9-29　选择 Microsoft Access 作为数据源

2）在“选择目标”时，指定目标为“Microsoft OLE DB Provider for SQL Server”，并指定要 SQL Server 数据库的“目标”、“服务器名称”、“数据库”(可以创建新的数据库)等，如图 9-30 所示。

3）导入成功后，在“BookData”数据库中，可以查看到导入的所有表，如图 9-31 所示。

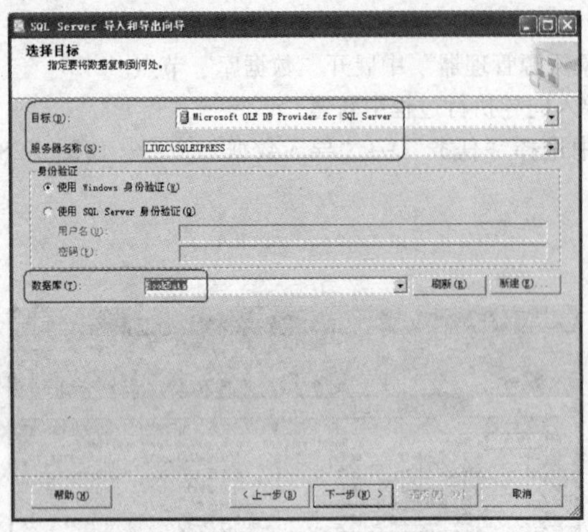

图 9-30　选择 SQL Server 数据库作为目标

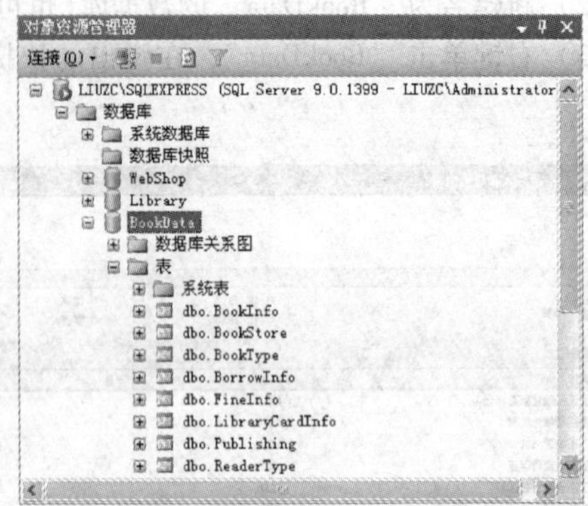

图 9-31　导入得到的 BookData 数据库中表的情况

本 章 小 结

本章学习了如下内容:

■ 数据库备份概述。

■ 备份设备的管理。包括使用 SSMS 管理备份设备、使用 sp _ addumpdevice 添加备份设备、使用 sp _ helpdevice 查看备份设备、使用 sp _ dropdevice 删除备份设备。

■ 执行数据库备份。包括在 SSMS 中执行数据库备份、使用 BACKUP DATABASE 执行数据库备份。

■ 恢复数据库。包括数据库恢复概述、在 SSMS 中执行数据库恢复、使用 RESTORE DATABASE 执行数据库恢复。

■ 数据库的分离与附加。包括分离和附加概述、在 SSMS 中分离数据库、使用 sp _ detach _ db 分离数据库、在 SSMS 中附加数据库、使用 sp _ attach _ db 附加数据库。

■ 数据导入导出。包括数据导入导出概述、数据导出、数据导入。

习　题　9

一、选择题

1. 下列不属于 SQL Server 2005 备份类型的是________。

(A) 完全备份　　(B) 文件备份

(C) 事务日志备份　　(D) 定时备份

2. 将 SQL Server 2005 的数据库转换成 Access 数据库，可以使用________来实现。

(A) 订阅/发布　　(B) 数据备份/恢复

(C) 数据分离/附加　　(D) DTS 导入/导出

3. 附加数据库使用的存储过程名称是________。

(A) BACKUP DATABASE　　(B) SP _ ATTACH _ DB

(C) SP _ DETACH _ DB　　(D) RESTORE DATABASE

4. 下列关于数据库分离表述错误的是________。

(A) model 数据库可以分离

(B) 数据库分离后对应的数据库文件仍然存在

（C）数据库分离实质上是断开了物理文件和数据库服务器的连接
（D）分离后的数据库文件可以附加到另一台物理机器上

二、简答题

1. 什么是备份设备？备份设备有哪几种类型？
2. 完全备份有哪些优点与缺点？
3. 什么是差异备份？差异备份有哪些优点与缺点？
4. 在A计算机上创建了WebShop数据库，并对数据库进行了各种操作，现在由于开发需要转移到另外的计算机继续开发，请问如何实现？

实训9 SQL Server 2005 数据备份/恢复

一、实训目的

1. 了解备份与恢复的重要性。
2. 了解数据库备份的过程和属性设置。
3. 掌握应用SSMS备份和恢复数据库。
4. 掌握应用T-SQL备份和恢复数据库。
5. 掌握备份设备的概念与使用。
6. 了解分离和附加的含义。
7. 了解数据库和数据库对应物理文件的关系。
8. 掌握应用SSMS分离和附加数据库。
9. 掌握应用T-SQL分离和附加数据库。
10. 掌握数据导入/导出的方法。

二、实训要求

1. 创建指定数据库的备份。
2. 恢复数据库中数据到某一正确状态。
3. 分离WebShop数据库。
4. 改变数据库对应物理文件的位置。
5. 附加WebShop数据库。
6. 将WebShop数据库中数据导出外部文件。
7. 保存并上交实训结果。

三、实训步骤

1. 创建磁盘备份设备WebShop。（SSMS）
2. 通过备份设备WebShop，完成对WebShop数据库的完整备份backup。（SSMS）
3. 恢复WebShop数据库的完整备份backup。（SSMS）
4. 在D:\data\bak文件夹中创建磁盘备份设备webshop02。（T-SQL）
5. 新建备份设备backup01，并完成对WebShop数据库的完整备份。（T-SQL）
6. 新建备份设备backup02，并完成对WebShop数据库事务日志的备份。（T-SQL）
7. 恢复WebShop数据库的完整备份backup01。（T-SQL）
8. 实现WebShop数据库的分离，并将数据库对应的文件复制到E:\data文件夹中。（SSMS）
9. 将E:\data文件夹中的数据库附加到当前的SQL Server实例上。（T-SQL）

10. 将 WebShop 数据库的数据导出到 Excel 文件 WebShop. xls 中。(SSMS)

11. 将 D:\data 文件夹中 Access 数据库 Booka. mdb 导入到 SQL Server 中。(SSMS)

12. 编写根据指定的备份名称和路径名称完成数据库备份功能的通用存储过程 up _ Backup。(T-SQL)

13. 编写根据指定的备份名称和路径名称完成数据库恢复功能的通用存储过程 up _ Restore。(T-SQL)

14. 将实训过程中相关的 SQL 语句保存至 chap09. sql。

四、实训提示

1. 备份策略的选择。
2. 数据恢复的时机。
3. 数据库和数据库对应物理文件的关系。
4. 数据分离/附加和数据备份/恢复的区别。
5. 先建立好空数据库，再实现数据导出功能。
6. 数据导入时准备好相关的 Excel 文件。

第 10 章　事 务 和 锁

【学习目标】

本章将要学习 SQL Server 2005 中的事务和锁的相关知识，包括事务概述、事务类型、事务处理、并发控制、锁的类型、锁的使用和死锁等。

【学习要点】

- SQL Server 中的显式事务和隐式事务。
- SQL Server 中事务的操作方法。
- 数据库操作过程中的并发问题。
- SQL Server 中锁的操作方法。

10.1　事务

10.1.1　事务概述

事务是 SQL Server 中的单个逻辑工作单元，也是一个操作序列。它包含了一组数据库操作命令，所有的命令作为一个整体一起向系统提交或撤消，如果某一事务成功，则在该事务中进行的所有数据修改均会提交，成为数据库中的永久组成部分。如果事务遇到错误且必须取消或回滚，则所有数据修改均被清除。因此，事务是一个不可分割的工作逻辑单元，在 SQL Server 中应用事务来保证数据库的一致性和可恢复性。

一个逻辑工作单元必须具备以下 4 种属性，也称做 ACID(每种属性英文名称的首字母缩写)属性。

(1) 原子性　一个事务必须作为 SQL Server 工作的原子单位，要么全部执行，要么全部取消。

(2) 一致性　当事务完成后，所有数据必须处于一致性(但不相同)状态。即事务所修改的数据必须遵循数据库中各种约束要求，保持数据的完整性；在事务完成时，SQL Server 所有内部数据结构(如索引与数据的链接等)必须得到更新。

(3) 隔离性　一个事务所做的修改必须能够与其他事务所做的修改隔离开来。即在并发处理过程中，一个事务所看到的数据状态必须为另一个事务处理前或处理后的数据，而不能为正被其他事务所修改的数据。事务的隔离性通过锁来实现，在本章后面的内容中还将对隔离进行详细说明。

(4) 持久性　事务完成后，它对数据库所做的修改被永久保持。事务日志能够保证事务的永久性，SQL Server 在每次启动时，它会自动修复数据库，并根据事务日志回滚所有数据库中未完成的事务。

在通过银行系统将一笔资金(10000 元)从账户 A 转账到账户 B 操作中，可以清楚地体现事务的 ACID 属性：

1）原子性：从账户 A 转出 10000 元，同时账户 B 应该转入了 10000 元。不能出现账户 A 转出了，但账户 B 没有转入的情况。转出和转入的操作是一体的。

2）一致性：转账操作完成后，账户 A 减少的金额应该和账户 B 增加的金额是一致的。

3）隔离性：在账户 A 完成转出操作的瞬间，往账户 A 中存入资金等操作是不允许的，必须将账户 A 转出资金的操作和往账户 A 存入资金的操作分开来做。

4）持久性：账户 A 转出资金的操作和账户 B 转入资金的操作一旦作为一个整体完成了，则会对账户 A 和账户 B 的资金余额产生永久的影响。

【提示】

- 事务的概念是相对的，是把相关的几件事情放在一起做为一个整体处理。
- 事务的大小取决于用户和业务逻辑的需要。

SQL Server 中的事务有以下几种类型：

（1）自动处理事务 系统默认每个 T-SQL 命令都是事务处理，由系统自动开始并提交。例如，DELETE BookInfo 这是一条语句，作用是删除数据表 BookInfo 中的所有记录，但它本身就构成了一个事务。删除数据表 BookInfo 中的所有记录，要么全部删除成功，要么全部删除失败。

（2）隐式事务 当有大量的 DDL 和 DML 命令执行时会自动开始，并一直保持到用户明确提交为止，切换隐式事务可以用 SET IMPLICIT _ TRANSACTIONS。为连接设置隐式事务模式，当设置为 ON 时，SET IMPLICIT _ TRANSACTIONS 将连接设置为隐式事务模式；当设置为 OFF 时，则使连接返回到自动提交事务模式。

（3）显式事务 每个事务均以 BEGIN TRANSACTION 语句显式开始，以 COMMIT 或 ROLLBACK 语句显式结束，这样由用户来控制事务的开始和结束。在实际应用中，大多数的事务处理都采用用户定义的事务来处理。

（4）批处理级事务 只能应用于多个活动结果集(MARS)。在 MARS 会话中启动的 T-SQL 显式或隐式事务变为批处理级事务。当批处理完成时没有提交或回滚的批处理级事务自动由 SQL Server 进行回滚。

10.1.2 自动提交事务

自动提交模式是 SQL Server 数据库引擎的默认事务管理模式。每个 T-SQL 语句在完成时，都被提交或回滚。如果一个语句成功地完成，则提交该语句；如果遇到错误，则回滚该语句。

在自动提交模式下，当遇到编译错误时数据库引擎回滚整个批处理而不是仅仅一个 SQL 语句。编译错误会阻止数据库引擎生成执行计划，这样批处理中的任何语句都不会执行。因此，产生编译错误时，回滚了产生错误的语句之前的所有语句，并且该错误阻止了批处理中的所有语句的执行。

【应用 10-1】 产生编译错误的批处理。

```
USE Library
GO
--第二个批处理
CREATE TABLE TestTran(t_ID INT PRIMARY KEY,t_Name CHAR(3))
GO
--第三个批处理
INSERT INTO TestTran VALUES(1,'aaa')
INSERT INTO TestTran VALUES(2,'bbb')
INSERT INTO TestTran VALUSE(3,'ccc')--语法错误
GO
--第四个批处理
SELECT * FROM TestTran--不返回任何行
GO
```

运行结果如图 10-1 所示。

该批处理执行时，由于第 3 条 INSERT 语句发生编译错误，导致第 3 个批处理中的 3 条 INSERT 语句都没有执行，因而没有查询到任何记录。

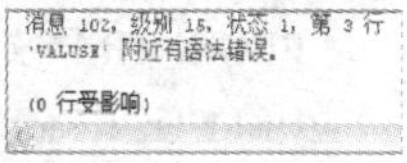

图 10-1 应用 10-1 运行结果

【提示】

• 因为 CREATE TABLE 语句与 INSERT 语句不在同一个批处理(以 GO 分隔)中，因此 TestTran 表创建成功，在遇到编译错误时也没有回滚。

• 如果将 CREATE TABLE 语句之后的 GO 删除，即将 CREATE TABLE 语句与 INSERT 语句放在同一个批处理中，在执行时遇到编译错误时 CREATE TABLE 语句也不能成功执行。

【应用 10-2】 产生运行错误的批处理。

```
USE Library
GO
CREATE TABLE TestTran(t_ID INT PRIMARY KEY,t_Name CHAR(3))
GO
INSERT INTO TestTran VALUES(1,'aaa')
INSERT INTO TestTran VALUES(2,'bbb')
INSERT INTO TestTran VALUES(1,'ccc')--重复键值错误
GO
SELECT * FROM TestTran--返回第 1 条和第 2 条插入语句的记录
GO
```

运行结果如图 10-2 所示。

该批处理执行时，第 3 个 INSERT 语句产生运行时重复键错误。由于前两个 INSERT 语句成功地执行并且提交，因此它们在运行时错误之后被保留下来，因而可以查询到两条记录。

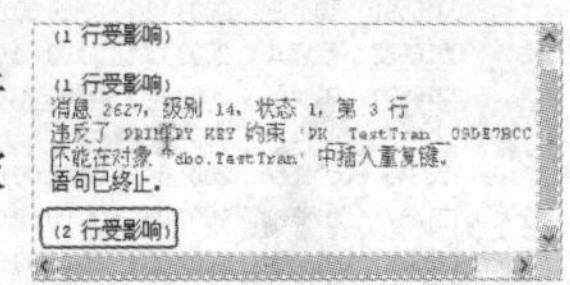

图 10-2 应用 10-2 运行结果

10.1.3 显式事务

显式事务就是可以显式地定义事务的开始和结束的事务。以前的 SQL Server 版本中，显式事务也称为“用户定义的事务”或“用户指定的事务”。可以使用 BEGIN TRANSACTION、COMMIT TRANSACTION、COMMIT WORK、ROLLBACK TRANSACTION 或 ROLLBACK WORK 语句进行显式事务处理。

1. 定义和提交事务

通常在程序中用 BEGIN TRANSACTION 命令来标识一个事务的启动开始，用 COMMIT TRANSACTION 命令标识事务结束。这两个命令之间的所有语句被视为一体，即事务。只有执行到 COMMIT TRANSACTION 命令时，事务中对数据库的更新操作才算确认，这两个命令的基本语句格式如下：

```
BEGIN   TRAN[SACTION][事务名|@事务变量名]
…
COMMIT   [TRAN[SACTION][事务名|@事务变量名]]
```

其中，BEGIN TRANSACTION 可以缩写为 BEGIN TRAN，COMMIT TRANSACTION 可以缩写为 COMMIT TRAN 或 COMMIT。

【应用 10-3】 读者编号为‘0016584’的读者已注销，考虑到在 BorrorReturn 表中保存了该读者的借还记录，出于数据一致性考虑，要求要么在读者表(ReaderInfo)和借还表(BorrowReturn)中都删除该读者信息和借还信息，要么都不删除。

```
BEGIN TRANSACTION
DELETE ReaderInfo
WHERE r_ID ='0016584'
DELETE BorrowReturn
WHERE r_ID ='0016584'
COMMIT TRANSACTION
```

为了验证事务的执行情况，在事务执行前，先查看 ReaderInfo 表和 BorrowReturn 表中的记录情况。

```
SELECT r_ID,r_Name,r_Date,rt_ID
FROM ReaderInfo
SELECT s_ID,r_ID,br_OutDate,br_InDate
FROM BorrowReturn
```

运行结果如图 10-3 所示。

事务成功执行以后，再查询这两个表的数据，发现读者编号为‘0016584’的读者在两个表中都被删除，运行结果如图 10-4 所示。

	r_ID	r_Name	r_Date	rt_ID
1	0016584	王周应	2003-09-16 00:00:00.000	03
2	0016586	谢群	2003-09-16 00:00:00.000	02
3	0016587	黃莉	2003-09-16 00:00:00.000	04
4	0016588	向鹏	2003-09-16 00:00:00.000	05
5	0016589	龙川玉	2003-12-12 00:00:00.000	01
6	0016590	谭涛涛	2003-12-12 00:00:00.000	04
7	0016591	黎小清	2003-12-12 00:00:00.000	05
8	0016592	蔡鹿其	2003-12-12 00:00:00.000	03
9	0016593	王谢恩	2003-12-12 00:00:00.000	05

	s_ID	r_ID	br_OutDate	br_InDate
1	128349	0016584	2007-06-15 00:00:00.000	2007-09-01 00:00:00.000
2	121497	0016584	2007-09-15 00:00:00.000	NULL
3	128376	0016584	2007-09-15 00:00:00.000	2007-09-30 00:00:00.000
4	128350	0016587	2007-09-15 00:00:00.000	NULL

图 10-3　事务执行前“读者表”和“借还表”详细信息

	r_ID	r_Name	r_Date	rt_ID
1	0016586	谢群	2003-09-16 00:00:00.000	02
2	0016587	黃莉	2003-09-16 00:00:00.000	04
3	0016588	向鹏	2003-09-16 00:00:00.000	05
4	0016589	龙川玉	2003-12-12 00:00:00.000	01
5	0016590	谭涛涛	2003-12-12 00:00:00.000	04
6	0016591	黎小清	2003-12-12 00:00:00.000	05
7	0016592	蔡鹿其	2003-12-12 00:00:00.000	03
8	0016593	王谢恩	2003-12-12 00:00:00.000	05

	s_ID	r_ID	br_OutDate	br_InDate
1	128350	0016587	2007-09-15 00:00:00.000	NULL
2	128353	0016589	2007-09-15 00:00:00.000	NULL
3	128354	0016590	2007-09-15 00:00:00.000	2007-09-30 00:00:00.000
4	128375	0016585	2007-09-15 00:00:00.000	NULL

图 10-4　事务执行后“读者表”和“借还表”详细信息

【提示】

- 单独的一个 DELETE 语句是一个自动提交事务，由数据库系统自动维护。
- 使用 BEGIN TRANSACTION 将两个自动提交事务设置为一个显式事务，保证两个 DELETE 语句要么同时执行，要么都不执行。
- 如果 ReaderInfo 表和 BorrowReturn 表与其他表还存在着外键约束，则删除操作可能不能成功执行。

采用事务方式完成该操作与使用以下批处理方式完成该操作不同之处：在批处理中如果删除 ReaderInfo 表中记录的操作成功，但删除 BorrowReturn 表中记录的操作失败，会造成 ReaderInfo 表和 BorrowReturn 表中的数据不一致(没有该读者,但有该读者的借还记录)；而采用事务方式可以保证要么删除 ReaderInfo 表和删除 BorrowReturn 表中的数据的语句被同时执行，要么都不执行，它是把两个删除操作当做一件事情(事务)来进行处理。从而保证了数据的一致性。

```
DELETE ReaderInfo
WHERE r_ID ='0016584'
DELETE BorrowReturn
WHERE r_ID ='0016584'
```

2. 回滚事务

事务回滚是指当事务中的某一语句执行失败时，将对数据库的操作恢复到事务执行前或某个指定位置。事务回滚使用 ROLLBACK TRANSACTION 命令，其基本语句格式如下：

```
ROLLBACK[TRAN[SACTION][事务名|@事务变量名
|保存点名|@保存点变量名]]
```

如果要让事务回滚到指定位置，则需要在事务中设定事务保存点。所谓保存点，是指定其所在位置之前的事务语句不能回滚的语句，即此语句前面的操作被视为有效，其基本语句格式如下：

```
SAVE TRAN[SACTION]{保存点名|@保存点变量名}
```

【应用 10-4】 查询出版社编号为“003”的图书信息，并将此出版社编号对应的出版社名称修改为“中国人民邮电出版社”。

```
USE Library
GO
BEGIN TRANSACTION
SELECT b_ID,b_Name,BookInfo.p_ID,p_Name,b_Price
FROM BookInfo,Publisher
WHERE BookInfo.p_ID = Publisher.p_ID AND Publisher.p_ID ='004'
SAVE TRANSACTION after_query
UPDATE Publisher
SET p_Name ='中国人民邮电出版社'
WHERE p_ID ='004'
IF @@ERROR! =0 OR @@ROWCOUNT =0
BEGIN
    ROLLBACK TRANSACTION after_query--回滚到保存点 after_query
    COMMIT TRANSACTION
    PRINT '更新出版社信息时产生错误！'
    RETURN
END
SELECT b_ID,b_Name,BookInfo.p_ID,p_Name,b_Price
FROM BookInfo, Publisher
WHERE BookInfo.p_ID = Publisher.p_ID AND Publisher.p_ID ='004'
COMMIT TRANSACTION
```

如果事务成功执行，两条查询语句的结果将不一样，运行结果如图 10-5 所示；如果事务执行的过程中发生了意外，则保存点(after_query)之前的所有操作有效，保存点之后的所有操作都被撤销了，即 Publisher 表中的数据维护不变，事务保存点之前与之后的查询结果应该一致。

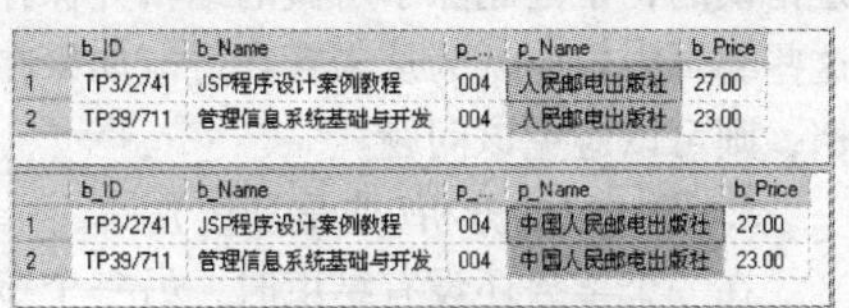

	b_ID	b_Name	p_...	p_Name	b_Price
1	TP3/2741	JSP程序设计案例教程	004	人民邮电出版社	27.00
2	TP39/711	管理信息系统基础与开发	004	人民邮电出版社	23.00

	b_ID	b_Name	p_...	p_Name	b_Price
1	TP3/2741	JSP程序设计案例教程	004	中国人民邮电出版社	27.00
2	TP39/711	管理信息系统基础与开发	004	中国人民邮电出版社	23.00

图 10-5　应用 10-4 运行结果

10.1.4　隐式事务

当连接以隐式事务模式进行操作时，SQL Server 数据库引擎实例将在提交或回滚当前事务后自动启动新事务。不需要描述事务的开始，只需要提交或回滚每个事务，隐式事务模式将生成连续的事务链。

将隐式事务模式设置为打开之后，当数据库引擎实例首次执行某些 T-SQL 语句时，都会自动启动一个事务。首次执行时自动启动事务的 T-SQL 语句见表 10-1。

表 10-1　首次执行时自动启动事务的 T-SQL 语句

ALTER TABLE	INSERT	ALTER TABLE	INSERT
CREATE	OPEN	FETCH	TRUNCATE TABLE
DELETE	REVOKE	GRANT	UPDATE
DROP	SELECT		

在发出 COMMIT 语句或 ROLLBACK 语句之前，该事务将一直保持有效。在第一个事务被提交或回滚之后，下次当连接执行以上任何语句时，数据库引擎实例都将自动启动一个新事务。该实例将不断地生成隐式事务链，直到隐式事务模式关闭为止。

隐式事务模式既可以使用 T-SQL 的 SET 语句来设置，也可以通过数据库 API 函数和方法来设置。

10.2　锁

10.2.1　并发问题

当多个用户同时访问一个数据库而没有进行锁定时，如果他们的事务同时使用相同的数据时可能会发生问题。这些由于同时操作数据库产生的问题称为并发问题，主要包括丢失或覆盖更新、未确认的相关性(脏读)、不一致的分析(非重复读)和幻像读。

1. 丢失或覆盖更新

当两个或多个事务选择同一行，然后基于最初选定的值更新该行时，会发生丢失更新问题。每个事务都不知道其他事务的存在，最后的更新将重写由其他事务所做的更新，这将导致数据丢失。

例如，两个编辑人员制作了同一文档的电子副本。每个编辑人员独立地更改其副本，然后保存更改后的副本，这样就覆盖了原始文档。最后保存其更改副本的编辑人员覆盖了第一个编辑人员所做的更改。如果在第一个编辑人员完成之后第二个编辑人员才能进行更改，则可以避免该问题。

2. 未确认的相关性(脏读)

当一个事务正在访问数据，对数据进行了修改，而这种修改还没有提交到数据库中，这时另外一个事务也访问这个数据，并且使用了这个数据。因为这个数据是还没有提交的数据，那么另外一个事务读到的这个数据是脏数据，依据脏数据所做的操作可能是不正确的。

例如，一个编辑人员正在更改电子文档。在更改过程中，另一个编辑人员复制了该文档(该副本包含到目前为止所做的全部更改)并将其分发给预期的用户。此后，第一个编辑人员认为目前所做的更改是错误的，于是删除了所做的编辑并保存了文档。分发给用户的文档包含不再存在的编辑内容，并且这些编辑内容应认为从未存在过。如果在第一个编辑人员确定最终更改前任何人都不能读取更改的文档，则可以避免该问题。

3. 不一致的分析(非重复读)

在一个事务还没有结束时，另一个事务也访问同一数据，这样在第一个事务中的两次读数据之间，由于第二个事务的修改，第一个事务两次读到的数据可能是不一致的。这样就发生了在第一个事务内两次读到的数据是不一致的，因此称为不可重复读取。

例如，一个编辑人员两次读取同一文档，但在两次读取之间，文档作者重写了该文档，当编辑人员第二次读取文档时，文档已更改，原始读取不可重复。如果只有在作者全部完成编写后编辑人员才可以读取文档，则可以避免该问题。

4. 幻像读

当对某行执行插入或删除操作，而该行属于某个事务正在读取的行的范围时，会发生幻像读问题。事务第一次读的行范围显示出其中一行已不复存在于第二次读或后续读中，因为该行已被其他事务删除。同样，由于其他事务的插入操作，事务的第二次或后续读显示有一行已不存在于原始读中。

例如，一个编辑人员更改作者提交的文档，但当生产部门将其更改内容合并到该文档的主副本时，发现作者已将未编辑的新材料添加到该文档中。如果在编辑人员和生产部门完成对原始文档的处理之前，任何人都不能将新材料添加到文档中，则可以避免该问题。

SQL Server 提供了用户并发访问数据库和操作数据库的方法，即允许多个用户在不同事务中对同一个数据进行访问，甚至进行修改操作，这给用户的使用带来了方便，但同时也导致了丢失更新、脏数据、不可重复读取和幻像数据等问题。

SQL Server 通过锁来防止数据库并发操作过程中的问题。锁就是防止其他事务访问指定资源的手段，它是实现并发控制的主要方法，是多个用户能够同时操作同一个数据库中的数据而不发生数据不一致性现象的重要保障。

10.2.2　锁的类型

SQL Server 数据库引擎使用不同的锁模式锁定资源，这些锁模式确定了并发事务访问资源的方式。数据库引擎使用的资源锁模式见表 10-2。

表 10-2　SQL Server 2005 锁模式

锁 模 式	说　明
共享(S)	用于不更改或不更新数据的读取操作，如 SELECT 语句
更新(U)	用于可更新的资源中，防止当多个会话在读取、锁定以及随后可能进行的资源更新时发生常见形式的死锁
修改(X)	用于数据修改操作，如 INSERT、UPDATE 或 DELETE，确保不会同时对同一资源进行多重更新
意向	用于建立锁的层次结构；意向锁的类型有意向共享(IS)、意向排他(IX)以及意向排他共享(SIX)
架构	在执行依赖于表架构的操作时使用；架构锁的类型有架构修改(Sch-M)和架构稳定性(Sch-S)
大容量更新(BU)	在向表进行大容量数据复制且指定了 TABLOCK 提示时使用
键范围	当使用可序列化事务隔离级别时保护查询读取的行的范围，确保再次运行查询时其他事务无法插入符合可序列化事务的查询的行

1. 共享锁

共享锁用于只读数据操作，它允许多个并发事务读取所锁定的资源，但禁止其他事务对锁定资源的修改操作。默认情况下，当读取数据的事务读完数据之后，立即释放所占用的资源。一般而言，当使用 SELECT 语句访问数据时，系统自动对所访问的数据使用共享锁锁定。

2. 排他锁

对于那些修改数据的事务，如 INSERT、UPDATE 和 DELETE 语句，系统自动在所修改的事务上放置排他锁。排他锁就是在同一时间内只允许一个事务访问一种资源，其他事务都不能在有排他锁的资源上访问。只有当产生排他锁的事务结束之后，排他锁锁定的资源才能被其他事务使用。

3. 修改锁

在修改操作的初始化阶段用于锁定可能被修改的资源，以防止使用共享锁可能产生的死锁现象。在使用共享锁时，一个事务对数据修改操作的执行过程为：事务首先获得一个共享锁，读取记录，然后将共享锁申请升级为排他锁，再执行数据修改操作。采用这种方式时，如果两个并发事务获得同一个资源的共享锁后都需要修改数据时，两者均申请将共享锁升级为排他锁。这时，双方都不再释放共享锁而一直等对方释放共享锁，从而造成死锁现象。为了避免这种现象的发生，一个数据修改事务在开始时直接申请修改锁，之后在需要修改数据时，再将修改锁转换为排他锁，或者将修改锁转换为共享锁。

4. 意向锁

意向锁说明 SQL Server 有在该锁所锁定资源的低层资源上获得共享锁或排他锁的意向，在表级设置意向锁可以阻止其他事务获得该表的排他锁。意向锁又分为共享意向锁、排他意向锁和共享式排他意向锁3种。

(1) 共享意向锁 说明一个事务准备在共享意向锁所锁定资源的低层上放置共享锁来读取资源数据。

(2) 排他意向锁 说明一个事务准备在排他意向锁所锁定资源的低层资源上放置排他锁来修改其中的资源数据。

(3) 共享式排他意向锁 说明当前事务允许其他事务使用共享锁来并发读取顶层资源，并准备在该资源的低层资源上放置排他意向锁。

5. 架构锁

执行表的数据定义语言(DDL)操作(如添加列或删除表)时使用架构修改锁(Sch-M 锁)。架构修改锁(Sch-M 锁)起作用的期间，会防止对表的并发访问，这意味着在释放架构修改锁(Sch-M 锁)之前，该锁之外的所有操作都将被阻止。

当编译查询时，使用架构稳定性锁(Sch-S 锁)。架构稳定性锁(Sch-S 锁)不阻塞任何事务锁，包括排他锁(X 锁)。因此在编译查询时，其他事务都能继续运行，包括在表上有排他锁(X 锁)的事务。但不能在表上执行 DDL 操作。

6. 大容量更新锁

当将数据大容量复制到表，且指定了 TABLOCK 提示或者使用 sp _ tableoption 设置了 table lock on bulk 表选项时，将使用大容量更新锁(BU 锁)。大容量更新锁(BU 锁)允许多个线程将数据并发地大容量加载到同一表，同时防止其他不进行大容量加载数据的进程访问该表。

7. 键范围锁

在使用可序列化事务隔离级别时，对于 T-SQL 语句读取的记录集，键范围锁可以隐式保护该记录集中包含的行范围。键范围锁可防止幻读。通过保护行之间键的范围，它还防止对事务访问的记录集进行幻像插入或删除。

10.2.3 查看锁

在 SQL Server 2005 中使用 sys. dm _ tran _ locks 动态管理视图可以返回有关当前活动的锁管理器资源的信息。同时，也可以使用系统存储过程 sp _ lock 查看锁的信息。

使用系统存储过程 sp _ lock 可以查看 SQL Server 系统或指定进程对资源的锁定情况，其基本语句格式如下：

```
sp _ lock[spid1][,spid2]
```

其中，spid1 和 spid2 为进程标识号。指定 spid1、spid2 参数时，SQL Server 显示这些进程的锁定情况，否则显示整个系统的锁使用情况。进程标识号为一个整数，可以使用系统存储过程 sp _ who 检索当前启动的进程及各进程所对应的标识号。

【应用 10-5】 对数据表 BookType 执行插入和查询操作，检查在程序执行过程中锁的使用情况。

```
USE Library
GO
BEGIN TRANSACTION
SELECT * FROM BookType
```

```
EXEC sp _ lock
INSERT INTO BookType VALUES('88','测试锁','测试锁的情况')
SELECT * FROM BookType
EXEC sp _ lock
COMMIT TRANSACTION
```

执行结果如图 10-6 所示。

	bt_ID	bt_Name	bt_Description
20	20	X环境科学、劳动...	NULL
21	21	Z综合性图书	NULL
22	22	M期刊杂志	NULL
23	23	W电子图书	NULL

	spid	dbid	ObjId	IndId	Type	Resource	Mode	Status
1	52	6	0	0	DB		S	GRANT
2	52	1	1211151360	0	TAB		IS	GRANT

	bt_ID	bt_Name	bt_Description
17	17	T工业技术	NULL
18	18	U交通、运输	NULL
19	19	V航空、航天	NULL
20	20	X环境科学、劳...	NULL
21	21	Z综合性图书	NULL
22	22	M期刊杂志	NULL
23	23	W电子图书	NULL
24	88	测试锁	测试锁的情况

	spid	dbid	ObjId	IndId	Type	Resource	Mode	Status
1	52	6	0	0	DB		S	GRANT
2	52	6	2073058421	0	PAG	1:73	IX	GRANT
3	52	6	2073058421	3	PAG	1:191	IX	GRANT
4	52	6	2073058421	0	TAB		IX	GRANT
5	52	1	1211151360	0	TAB		IS	GRANT
6	52	6	2073058421	3	KEY	(7502b89...	X	GRANT
7	52	6	2073058421	0	RID	1:73:23	X	GRANT

图 10-6　应用 10-5 执行结果

10.2.4　设置事务隔离级别

隔离是计算机安全学中的一种概念，其本质上是一种封锁机制。它是指自动数据处理系统中的用户和资源的相关牵制关系，也就是用户和进程彼此分开且与操作系统的保护控制也分开来。在 SQL Server 中，隔离级是指一个事务和其他事务的隔离程度，即指定了数据库如何保护锁定那些当前正在被其他用户或服务器请求使用的数据。指定事务的隔离级与在 SELECT 语句中使用锁定选项来控制锁定方式具有相同的效果。在 SQL Server 中有以下 4 种隔离级：

（1）**READ COMMITTED**　在此隔离级下，SELECT 命令不会返回尚未提交的数据，也不能返回脏数据，它是 SQL Server 默认的隔离级。

（2）**READ UNCOMMITTED**　与 READ COMMITTED 隔离级相反，它允许读取已经被其他用户修改但尚未提交确定的数据。

（3）**REPEATABLE READ**　在此隔离级下，用 SELECT 命令读取的数据在整个命令执行过程中不会被更改。此选项会影响系统的效能，非必要情况下最好不使用此隔离级。

（4）**SERIALIZABLE**　在此隔离级下，在整个 SELECT 命令执行的过程中设定的共享锁会一直存在。

隔离级需要使用 SET 命令来设定，其基本语句格式如下：

```
SET TRANSACTION ISOLATION LEVEL
{READ UNCOMMITTED
 | READ COMMITTED
 | REPEATABLE READ
 | SNAPSHOT
 | SERIALIZABLE
}
```

事务隔离级别定义了可为读取操作获取的锁类型。针对 READ COMMITTED 或 REPEATABLE READ 获取的共享锁通常为行锁，尽管当读取引用了页或表中大量的行时，行锁可以升级为页锁或表锁。如果某行在被读取之后由事务进行了修改，则该事务会获取一个用于保护该行的排他锁，并且该排他锁在事务完成之前将一直保持。例如，如果 REPEATABLE READ 事务具有用于某行的共享锁，并且该事务随后修改了该行，则共享行锁便会转换为排他行锁。

当事务进行时，可以随时将事务从一个隔离级别更改为另一个隔离级别。将事务从一个隔离级别更改为另一个隔离级别之后，便会根据新级别的规则对更改后读取的资源执行保护。更改前读取的资源将继续根据先前级别的规则进行保护。例如，一个事务由 REPEATABLE READ 更改为 SERIALIZABLE，由更改前发出的 SELECT 语句读取的行将继续受到行级、页级或表级共享锁的保护。这些锁会继续保持，直至事务结束。由 SELECT 语句在更改后读取的行将受到范围锁的保护。

【应用 10-6】 设置事务隔离级别 REPEATABLE READ。

```
USE Library
GO
SET TRANSACTION ISOLATION LEVEL REPEATABLE READ
GO
BEGIN TRANSACTION
GO
SELECT * FROM BookInfo
GO
SELECT * FROM BorrowReturn
GO
COMMIT TRANSACTION
GO
```

该语句设置了事务隔离级别为 REPEATABLE READ。对于每个后续 T-SQL 语句，SQL Server 将所有共享锁一直保持到事务结束为止。

10.2.5 死锁的处理

1. 死锁概述

在两个或多个任务中，如果每个任务锁定了其他任务试图锁定的资源，此时会造成这些任务永久阻塞，从而出现死锁。死锁状态如图 10-7 所示。

1）任务 T1 具有资源 R1 的锁(通过从 R1 指向 T1 的箭头指示)，并请求资源 R2 的锁(通过从 T1 指向 R2 的箭头指示)。

2）任务 T2 具有资源 R2 的锁(通过从 R2 指向 T2 的箭头指示)，并请求资源 R1 的锁(通过从 T2 指向 R1 的箭头指示)。

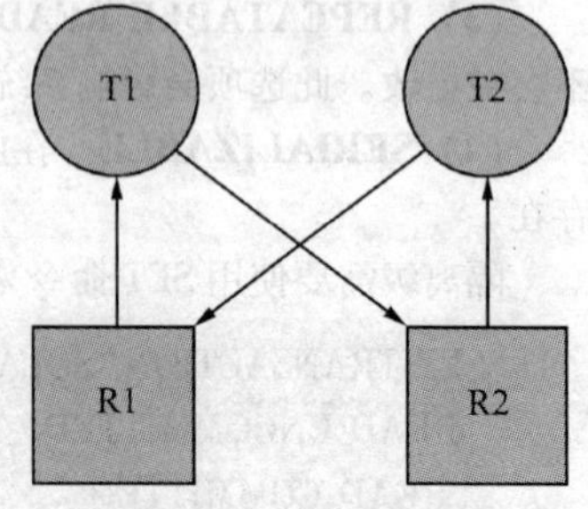

图 10-7　死锁状态

两个用户分别锁定一个资源，之后双方又都等待对方释放所锁定的资源，就产生一个锁定请求环，从而出现死锁现象。死锁会造成资源的大量浪费，甚至会使系统崩溃。

在多用户环境下，数据库系统出现死锁现象是难免的。SQL Server 数据库引擎自动检测 SQL Server 中的死锁循环，并选择一个会话作为死锁牺牲品，然后终止当前事务(出现错误)来打断死锁。

2. 死锁检测

SQL Server 能够自动定期搜索和处理死锁问题。SQL Server 在每次定期搜索中标识所有等待锁定请

求的会话，如果在下一次搜索中被标识进程仍处于等待状态，SQL Server 将开始递归死锁搜索。当递归死锁搜索检测到锁定请求环时，SQL Server 根据各会话的死锁优先级选项等设置结束一个代价最低的事务。之后，SQL Server 回滚被中断的事务，并向应用程序返回 1205 号错误，而未被中断的事务则继续运行。

3. 死锁处理

【应用 10-7】 使用 TRY-CATCH 进行死锁处理。

（1）设计产生死锁的事务 将下面的 SQL 语句放在 2 个不同的连接里面，并且在 5s 内同时执行，将会发生死锁。

```
USE Library
GO
BEGIN TRAN
    INSERT INTO BookType(bt_ID,bt_Name)VALUES('98','死锁测试')
    WAITFOR DELAY '00:00:05'
    SELECT * FROM BookType WHERE bt_ID = '98'
COMMIT
PRINT'事务结束'
```

（2）SQL Server 对死锁的自动处理 SQL Server 对付死锁的办法是牺牲掉其中的一个，抛出异常，并且回滚事务。上面两个连接的语句执行时，其中先执行查询的连接中能够成功执行，运行结果如图 10-8 所示。后执行查询的连接被选作牺牲品，运行结果如图 10-9 所示。被牺牲的连接中，“PRINT'事务结束'”语句将不会被运行。

	bt_ID	bt_Name	bt_Description
1	98	死锁测试	NULL

图 10-8　成功的事务的执行结果

消息 1205，级别 13，状态 47，第 2 行
事务(进程 ID 53)与另一个进程被死锁在 锁 资源上，
并且已被选作死锁牺牲品。请重新运行该事务。

图 10-9　作为牺牲品的事务的执行结果

（3）使用 TRY-CATCH 处理死锁 在 SQL Server 2005 可以在 T-SQL 中通过 TRY-CATCH 对异常进行捕获，也就提供了一条处理死锁的途径：程序员可以通过该语句捕获事务执行过程中的错误，根据设定的次数进行重试。

```
DECLARE @count INT--声明循环次数变量
SET @count = 1--初始化循环次数为
WHILE @count <= 3
BEGIN
    BEGIN TRAN--开始事务
    BEGIN TRY
        INSERT INTO BookType(bt_ID,bt_Name)VALUES('98','死锁测试')
        WAITFOR DELAY '00:00:05'
        SELECT * FROM BookType WHERE bt_ID = '98'
      COMMIT--提交事务
      BREAK
  END TRY
  BEGIN CATCH
      ROLLBACK
      WAITFOR DELAY '00:00:03'
      SET@count = @count + 1--循环次数加
```

```
        CONTINUE
    END CATCH
END
IF ERROR_NUMBER()<>0
BEGIN
--重新定义错误
    DECLARE@ ERRORMESSAGE NVARCHAR(4000);
    DECLARE@ ERRORSEVERITY INT;
    DECLARE@ ERRORSTATE INT;
    SELECT
        @ ERRORMESSAGE = ERROR_MESSAGE(),
        @ ERRORSEVERITY = ERROR_SEVERITY(),
        @ ERRORSTATE = ERROR_STATE()
--抛出错误
    RAISERROR(@ ERRORMESSAGE,
              @ ERRORSEVERITY,
              @ ERRORSTATE
              )
END
```

该事务中由于使用 TRY-CATCH 进行了错误捕获，因此在两个连接中执行该事务时，后执行的事务在遇到死锁时，不会被选做牺牲品，而是在指定的延时后进行重试，等到另一进程释放资源后执行事务。后执行的事务成功执行之后的结果如图 10-10 所示。

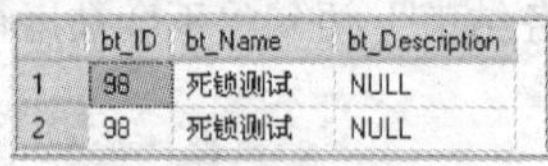

	bt_ID	bt_Name	bt_Description
1	98	死锁测试	NULL
2	98	死锁测试	NULL

图 10-10　处理后的事务执行结果

【提示】

- 由于两个事务往同一表中添加相同的记录，因此在测试之前首先保证测试的表没有主键、唯一等约束；也可以使用不同的数据记录进行测试。
- ROLLBACK 后面使用 WAITFOR 语句，保证在死锁发生后等待一段时间，该时间可以根据机器的运行速度进行适当调整。
- @ count 为重新尝试的次数，可以根据实际情况进行调整。
- 重新定义发生的错误，以便于 RaiseError 抛出。因为 RaiseError 可以抛出异常，但却不能直接抛出死锁中的异常。

因此，为减少出现死锁的次数，在设计应用程序时，用户需要遵循以下原则：

1）尽量避免并发地执行涉及修改数据的语句。

2）要求每个事务一次就将所有要使用的数据全部加锁，否则就不予执行。

3）预先规定一个锁定顺序，所有的事务都必须按这个顺序对数据进行锁定。例如，不同的过程在事务内部对对象的更新执行顺序应尽量保持一致。

4）每个事务的执行时间不应太长，对较长的事务可将其分为几个事务。

本章小结

本章学习了如下内容：

■ 事务。包括事务概述、自动提交事务、显式事务和隐式事务。

■ 锁。包括并发问题、锁的类型、查看锁、设置事务隔离级别和死锁的处理。

习 题 10

一、选择题

1. 一个事务提交后，如果系统出现故障，则事务对数据的修改将________。

(A) 无效　(B) 有效　(C) 事务保存点前有效　(D) 以上都不是

2. 以下与事务控制无关的关键字是________。

(A) ROLLBACK　(B) COMMIT　(C) DECLARE　(D) BEGIN

3. SQL Server 中的锁不包括________。

(A) 共享锁　(B) 互斥锁　(C) 排它锁　(D) 意向锁

4. 下列关于避免死锁的表述不正确的是________。

(A) 尽量使用并发执行语句

(B) 要求每个事务一次就将所有要使用的数据全部加锁，否则就不予执行

(C) 预先规定一个锁定顺序，所有的事务都必须按这个顺序对数据进行锁定

(D) 每个事务的执行时间不应太长，对较长的事务可将其分为几个事务

二、简答题

1. 什么是事务？事务有哪些属性？

2. SQL Server 中的锁有哪几种模式？

3. 什么是死锁？怎样进行死锁的预防和处理？

实训10　SQL Server 2005 事务和锁

一、实训目的

1. 进一步理解事务的概念。
2. 理解隐式事务的执行方式。
3. 掌握显式的定义、提交和回滚等方式。
4. 理解数据库并发执行时的典型问题。
5. 理解死锁机制。
6. 掌握 SQL Server 2005 中的死锁处理方法。

二、实训要求

1. 通过实训加深对数据库并发机制的理解。
2. 保存实训结果到网络文件夹。

三、实训步骤

1. 删除商品号为“010006”的商品记录时，考虑到在订单详情表中保存了该商品的销售记录，出于数据一致性考虑，要求要么在商品表和订单详情表中都删除该商品信息，要么都不删除。通过事务完成上述操作。

2. 通过事务方式完成查询类别编号为“03”的商品信息，将此商品类别编号对应的类别名称修改为“电器产品”。并设置事务保存点，保证在事务执行失败时可以回滚。

3. 对数据表 Goods 执行插入和查询操作时，检查在程序执行过程中锁的使用情况。

4. 使用 TRY-CATCH 对以下事务进行死锁处理。

```
USE WebShop
BEGIN TRAN
    INSERT INTO Orders(o_ID) VALUES('200710011012')
    WAITFOR DELAY '00:00:05'
    SELECT * FROM Orders WHERE o_ID = '200710011012'
COMMIT
PRINT '事务结束'
```

四、实训提示

1. 事务的 ACID 特性。
2. 显式事务和隐式事务。
3. 死锁处理机制。

第 11 章　数据库设计

【学习目标】

本章将要学习数据库设计的内容，主要包括数据库设计的过程、需求分析、概念结构设计、逻辑结构设计、物理结构设计、数据库设施、数据库运行和维护等。

【学习要点】

- 数据库设计的基本过程。
- 需求分析的基本步骤。
- 利用数据流图和数据字典描述用户需求的方法。
- 利用 E-R 模型描述系统概念结构的方法。
- 从 E-R 图到关系模型的转换方法。
- 数据库的物理设计内容。
- 数据库的实施、运行和维护。

11.1 数据库设计概述

数据库设计是建立数据库及其应用系统的核心和基础。它要求对于指定的应用环境，构造出较优的数据库模式，建立数据库及应用，使系统能有效地存储数据，并满足用户的各种应用需求。

按照规范的设计方法，将数据库设计分为系统需求分析、概念结构设计、逻辑结构设计、物理结构设计、数据库实施、数据库运行和维护 6 个阶段，如图 11-1 所示。

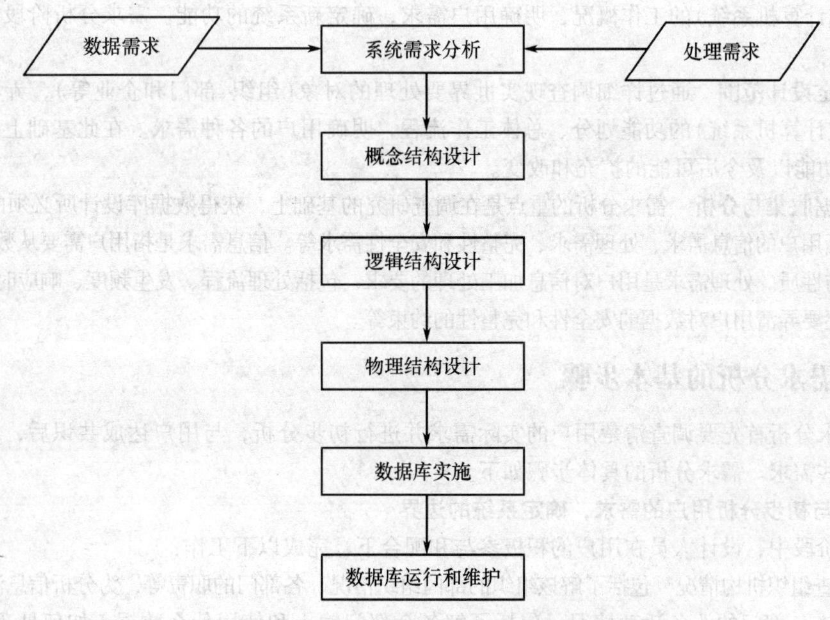

图 11-1　数据库设计的 6 个阶段

(1) 系统需求分析 收集和分析用户对系统的信息需求和处理需求，得到设计系统所必须的需求信息，建立系统说明文档。

(2) 概念结构设计 概念结构设计是整个数据库设计的关键。它通过对用户的需求进行综合、归纳与抽象，形成一个独立于具体 DBMS 的概念模型。

(3) 逻辑结构设计 在概念模型的基础上导出一种 DBMS 支持的逻辑数据库模型，该模型应满足数据库存取、一致性及运行等各方面的用户需求。

(4) 物理结构设计 从一个满足用户需求的已确定的逻辑模型出发，在限定的软、硬件环境下，利用 DBMS 提供的各种手段设计数据库的内模式，即设计数据的存储结构和存取方法。

(5) 数据库实施 运用 DBMS 提供的数据语言及宿主语言，根据逻辑设计和物理设计的结果建立数据库，编制与调试应用程序，组织数据入库，并进行试运行。

(6) 数据库运行和维护 数据库应用系统经过试运行后，即可投入正式运行。在数据库系统运行过程中必须不断地对其进行评价、调整与修改。

【提示】

- 数据库的设计是数据库应用程序开发过程中系统设计中的一部分。
- 数据库的设计步骤既是数据库设计的过程，也包括了数据库应用系统的设计过程。

11.2 需求分析

需求分析是整个数据库设计过程中的第一步，也是最重要一步，是其他后继各步骤的基础。它对客观世界的对象进行调查、分析和命名，标识并构造出一个简明的全局数据视图，是整个企业信息的轮廓框架，并且独立于任何具体的 DBMS。

11.2.1 需求分析的任务

需求分析的目标是通过详细调查现实世界要处理的对象(组织、部门、企业等)，充分了解原系统(手工系统或计算机系统)的工作概况，明确用户需求，确定新系统的功能。需求分析阶段的任务主要有两项：

(1) 确定设计范围 通过详细调查现实世界要处理的对象(组织、部门和企业等)，弄清现行系统(手工系统或计算机系统)的功能划分、总体工作流程，明确用户的各种需求。在此基础上确定应用系统要实现的功能以及今后可能的扩充和改变。

(2) 数据收集与分析 需求分析的重点是在调查研究的基础上，获得数据库设计所必须的数据信息。这些信息包括用户的信息需求、处理需求、完整性和安全性需求等。信息需求是指用户需要从数据库中获得信息的内容与性质。处理需求是用户对信息加工处理的要求，包括处理流程、发生频度、响应时间和涉及数据等。同时还要弄清用户对数据的安全性和完整性的约束等。

11.2.2 需求分析的基本步骤

进行需求分析首先要调查清楚用户的实际需求并进行初步分析，与用户达成共识后，再进一步分析与表达这些需求。需求分析的具体步骤如下。

1. 调查与初步分析用户的需求，确定系统的边界

在这一阶段中，设计人员在用户的积极参与和配合下，完成以下工作：

(1) 调查组织机构情况 包括了解该组织的部门组织情况、各部门的职责等，为分析信息流程作准备。

(2) 调查各部门的业务活动情况。包括了解各个部门输入和使用什么数据、如何处理这些数据、输出什么信息、输出到什么部门、输出结果的格式是什么，这是调查的重点。

（3）在熟悉业务活动的基础上，协助用户明确对新系统的各种要求，包括信息要求、处理要求、安全性与完整性要求，这是调查的又一个重点。

（4）对前面调查的结果进行初步分析，确定新系统的边界，确定哪些功能由计算机完成或将来由计算机完成，哪些活动由人工完成。由计算机完成的功能就是新系统应该实现的功能。

在调查的过程中，可以根据不同的问题和条件，使用不同的调查方法。常用的调查方法有面谈、书面填表、开会调查、查看和分析业务记录、实地考察或资料分析法等。

2. 分析和表达用户的需求

在调查了解了用户的需求，收集了用户的数据后，还必须采用好的工具和方法分析表达用户的需求。结构化分析方法就是一种广泛应用的需求分析表达方法，它是从最上层的系统结构入手，自顶向下、逐步求精地建立系统模型，并用数据流图和数据字典描述系统。

3. 阶段成果

需求分析的阶段成果是系统需求说明书，主要包括各项业务的数据流图 DFD 及有关说明、对各类数据描述的集合(即数据字典)、各类数据的统计表格、系统功能结构图和必要的说明。系统需求说明书将作为数据库设计全过程的重要依据文件。

11.2.3　数据流图

1. 基本符号

数据流图(Data Flow Diagram,DFD)是一种最常用的结构化分析工具，它用图形的方式来表达数据处理系统中信息的变换和传递过程。数据流图有 4 种基本符号，如图 11-2 所示。

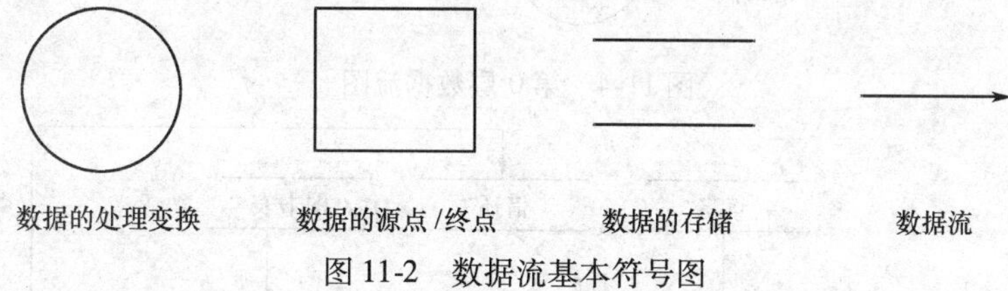

图 11-2　数据流基本符号图

箭头表示数据流，即特定数据的流动方向。圆形表示数据处理，即对数据进行加工或变换。指向处理的数据流是该处理的输入数据，离开处理的数据流是该处理的输出数据。两条平行横线表示数据存储。方框表示数据的源点或终点，即数据处理过程的数据来源或数据去向。

数据流图从顶层数据流图开始，依次为第 0 层、第 1 层、第 2 层、…，逐级层次化，分解到系统的工作过程表达清楚为止。

2. 数据流图实例

以图书管理系统为例，该系统应能完成下面的功能：

（1）注册　工作人员对读者进行信息注册，发放借书证。

（2）借书　首先输入读者的借书证号，检查借书证是否有效；如果借书证有效，则查阅借还书登记文件，检查该读者所借图书是否超过可借图书数量(不同类别的读者具有不同的可借图书数量)。若超过可借图书数量，拒借；未超过，再检查副本数量，在有库存的情况下办理借书(修改副本数量,并记录读者借书情况)。

（3）还书　根据所还书籍编号及借书证编号，从借还书登记文件中读出与读者有关的记录，查阅所借日期。如果超期，作罚款处理；否则，修改库存信息与借还书记录。

（4）图书查询　根据一定的条件对图书进行查询，并可查看图书详细信息。

下面分别列出顶层、第 0 层数据流图及还书处理的第 1 层数据流图，如图 11-3 ~ 图 11-5 所示。其中，顶层数据流图反映了图书管理系统与外界的接口；第 0 层数据流图揭示了系统的组成部分及各部分之间的关系。还书处理的数据流图表达了还书处理的具体实现。

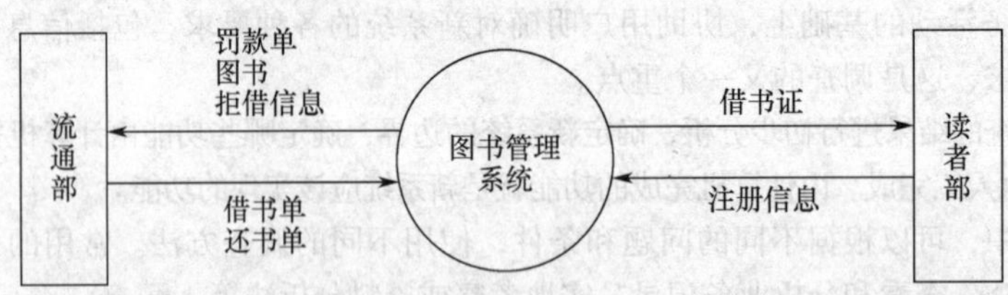

图 11-3　顶层数据流图

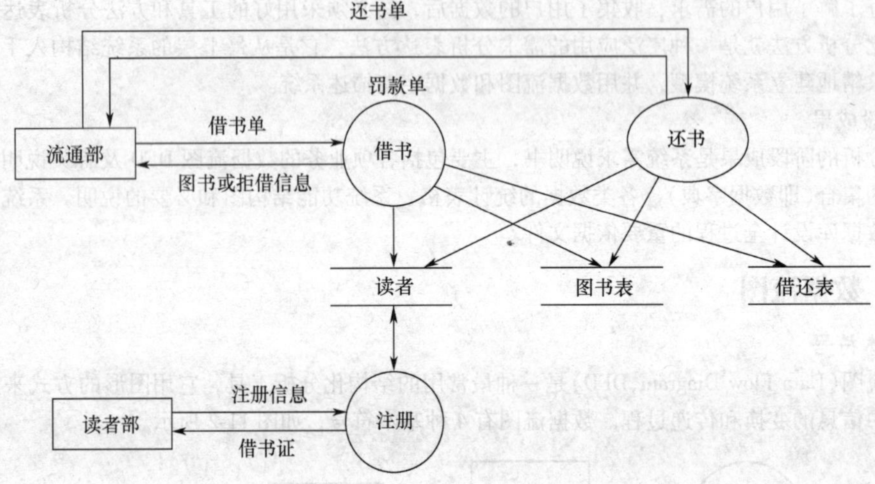

图 11-4　第 0 层数据流图

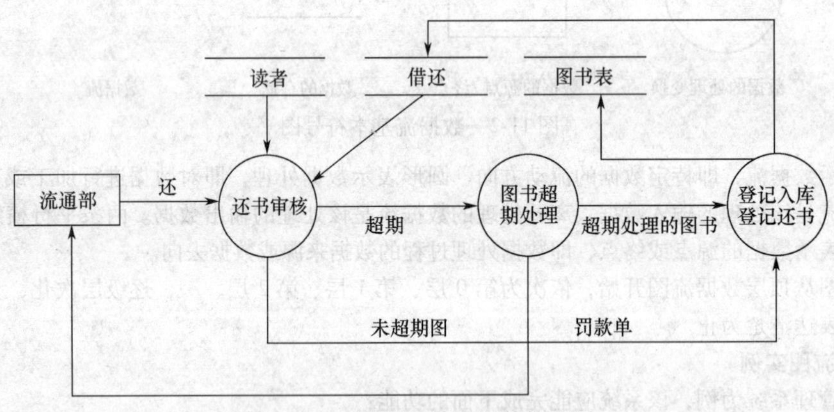

图 11-5　还书处理第 1 层数据流图

11.2.4　数据字典

1. 基本概念

数据字典定义的项目包含 4 项：数据项、数据流、数据文件(数据存储)和转换处理。

(1) 数据项条目　数据项是不可再分的数据单位，它直接反映事物的某一特征。对数据项的描述通常包括数据项的名称、含义、类型、字节长度、取值范围、别名等。

(2) 数据流条目　数据流是数据结构在系统内传输的路径。对数据流的描述通常包括数据流的名称、组成该数据流的所有数据项名、数据流的来源、去向及流量等。

(3) 数据文件条目　数据文件是数据项保存的地方，也是数据流的来源和去向之一。对数据存储的描述通常包括数据文件名称、组成该数据文件的所有数据项名、数据的存取频率及存取方式等。

(4) 转换处理条目　处理过程条目描述处理过程的说明性信息，通常包括处理过程名称、逻辑功能、事务所涉及的部门名、数据项名、数据流名和激发条件等。

2. 数据字典实例

下面给出了图书管理系统数据字典的例子。

(1) 数据项说明

数据项名称：借书证编号

含义说明：唯一标识一个借书证

别名：卡号

类型：字符型

长度：8

(2) 数据流说明

数据流名称：借书单

含义：读者借书时填写的单据

来源：流通部

去向：审核借书

数据流量：25 份/天

组成：借书证号编号 + 借阅日期 + 借阅日期

(3) 数据存储说明

数据存储名称：图书表

含义说明：存放图书有关信息

组成结构：图书 + 副本数量

数据量：平均每年 600 条

说明：……

(4) 处理过程说明

处理过程名称：审核借书证

输入：借书证

输出：认定合格的借书证

加工逻辑：根据读者信息表和读者借书证，如果借书证在读者信息表中存在并且没有被锁定，那么借书证是有效的借书证，否则是无效的借书证。

11.3　概念结构设计

在需求分析阶段，数据库设计人员充分调查了用户的应用需求，用数据流图描述了系统的逻辑结构，这些描述还是对现实世界应用需求的具体描述，要首先把它们抽象为信息世界的结构，才能更好、更准确地用某一个 DBMS 实现用户的这些需求。概念结构设计就是将系统需求分析得到的用户需求抽象为信息结构的过程，一般是通过 E-R 模型来描述概念结构。概念结构的主要特点是：

1）能真实地反映现实世界，包括事物和相互之间的联系，能满足用户对数据的处理要求，是现实世界的一个真实模型。

2）易于理解。

3）易于更改。

4）易于向关系、网状、层次等各种数据模型转换。

11.3.1　E-R 模型

目前应用最为广泛的概念结构设计方法是 E-R 模型。E-R 模型是人们认识客观世界的一种方法、

工具。这种模型将现实世界的信息结构统一用实体、实体的属性以及实体之间的联系，即 E-R 图来描述。E-R 图可用于描述数据流图中数据存贮及其之间的关系，它是数据库概念设计最常用的工具。

1. 实体、属性与联系

实体(Entity)与属性：实体与属性都是客观存在并可相区分的事物。而属性是用以描述实体的某一特征的，而且其本身在一定意义中，是不再需要描述事物。实体必须用一组表征其特征的属性来描述。属性与实体无一定的界限，在设计时可以归属为属性的事物尽可能归为属性，以简化 E-R 图的处理，但也要根据需求而定。

联系(Relationship)：联系是指实体之间存在的对应关系(它也具有属性)，用菱形表联系，在图形内标识它们的名字，它们之间无向线相连，表示联系时在线上标明是哪种对应关系的联系。

2. E-R 模型的表示方法

在 E-R 模型中用 3 种图形分别表示实体、属性及实体间的联系，其规定如下：

1）用矩形框表示实体，框内标明实体名。

2）用椭圆框表示实体的属性，并在其内写上属性名。

3）用菱形框表示实体间的联系，框内写上联系名。

4）实体与其属性之间以无向边连接，菱形框及相关实体之间亦用无向边连接，并在无向边旁标明联系的类型。

图 11-6 表示了图书实体的属性。

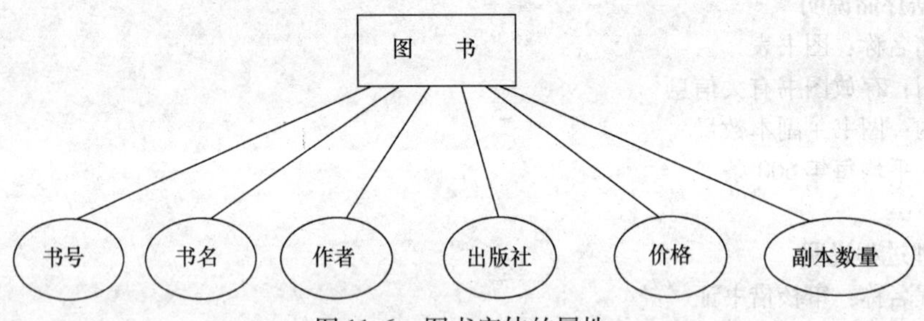

图 11-6　图书实体的属性

3. 联系的类型

联系有以下 3 种类型：

(1) 一对一联系　如果实体集 E1 中每个实体至多和实体集 E2 中的一个实体有联系，反之亦然，那么实体集 E1 和 E2 的联系称为“一对一联系”，记为“1∶1”。

(2) 一对多联系　如果实体集 E1 中每个实体可以与实体集 E2 中任意个(零个或多个)实体间有联系，而 E2 中每个实体至多和 E1 中一个实体有联系，那么称 E1 对 E2 的联系是“一对多联系”，记为“1∶N”。

(3) 多对多联系　如果实体集 E1 中每个实体可以与实体集 E2 中任意个(零个或多个)实体有联系，反之亦然，那么称 E1 和 E2 的联系是“多对多联系”，记为“M∶N”。

用 E-R 图可以简单明了地描述实体及其相互间的联系。例如，班长实体集和班级实体集之间是一对一的联系，校长实体集和教师实体集之间的联系是一对多的联系，学生实体集和课程实体集之间的联系是多对多的联系，如图 11-7 所示。

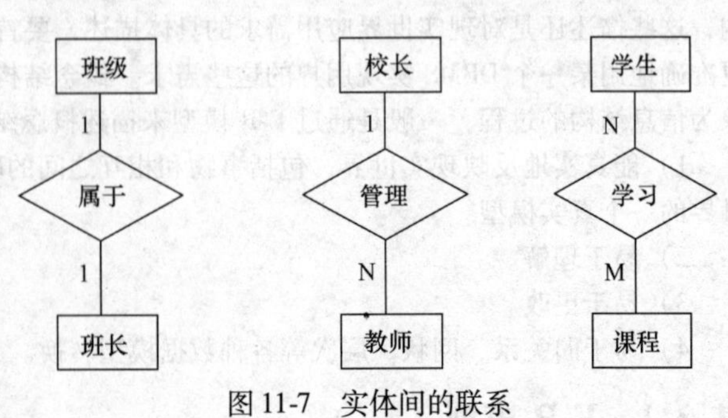

图 11-7　实体间的联系

11.3.2　局部 E-R 图设计

采用 E-R 方法进行数据库概念设计，通常分为两步：第一步是抽象数据并设计局部视图，得到局部的概念结构；第二步是集成局部视图，得到全局的概念结构。

设计局部 E-R 图的任务是根据需求分析阶段产生的各个部门的数据流图和数据字典中相关数据，设计出各项应用的局部 E-R 图。局部 E-R 模型的设计步骤如图 11-8 所示。

1. 确定实体类型和属性

在视图设计中，凡是可以互相区别、又可以被人们识别的事、物、概念等统统可以被抽象为实体。实体和属性之间没有严格的区别界限，但对于属性来讲，可以用下面的两条准则作为依据：

1）作为属性必须是不可再分的数据项，也就是属性中不能再包含其他的属性。

2）属性不能与其他实体之间具有联系。

凡是满足上述两条准则的事物，一般均可作为属性来处理。但实际中往往根据业务处理的不同来合理的选定实体或属性。

图书管理系统中参照数据流图和数据字典，可初步确定 3 个实体及其属性：

读者：{编号,姓名,类别编号,发证日期,可借数量,状态}

图书：{书号,书名,作者,副本数量,价格,出版社}

读者类别：{类别编号,类别名称,限借期限,限借数量,续借次数}

其中有下画线的属性为实体的主键。

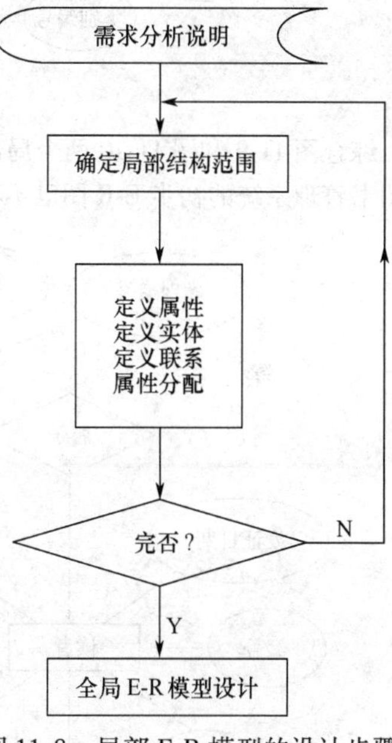

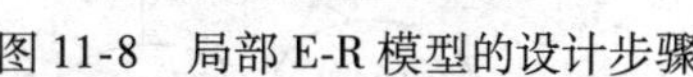
图 11-8　局部 E-R 模型的设计步骤

2. 确定实体间的联系

因一个读者只能属于一种读者类别，而一种读者类别可以拥有多个读者，因此读者与读者类别之间是多对一的关系。分析后得到读者与读者类别的 E-R 模型如图 11-9 所示。

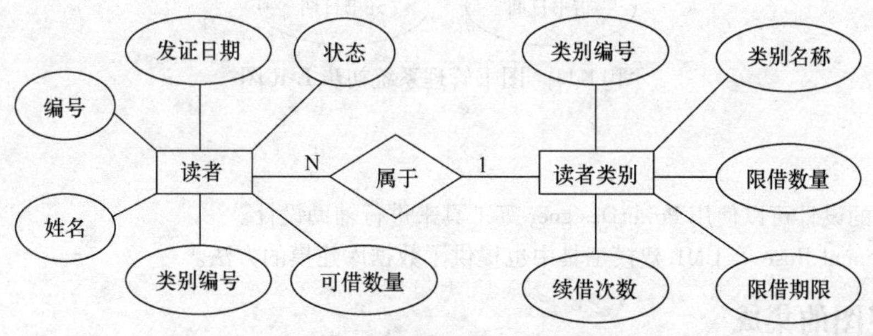

图 11-9　读者与读者类别 E-R 图

读者和图书之间的联系是借还联系。因为一个读者可以借还多本图书，而一本图书也可被多个读者借还，所以读者与图书之间的关系是多对多的关系。读者和图书之间的 E-R 模型如图 11-10 所示。

3. 画出局部 E-R 图

确定了实体及实体间的联系后，可用 E-R 图描述出来。同时，每个局部视图必须满足以下条件：

1）对用户需求是完整的。

2）所有实体、属性、联系都有唯一的名字。

3）不允许有异名同义、同名异义的现象。

4）无冗余的联系。

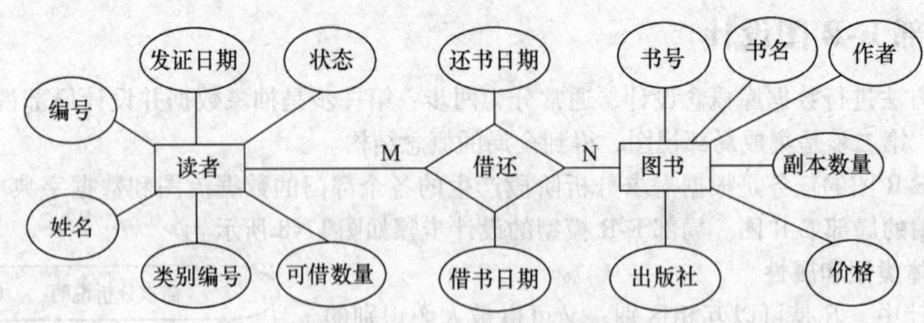

图 11-10　读者与图书 E-R 图

综合图 11-9 和图 11-10 两个局部 E-R 模型就可以得到图 11-11 所示的图书管理系统初步 E-R 模型。因图书管理系统的初步 E-R 图已不存在冗余的数据和冗余的联系，即为图书管理系统的基本 E-R 图。

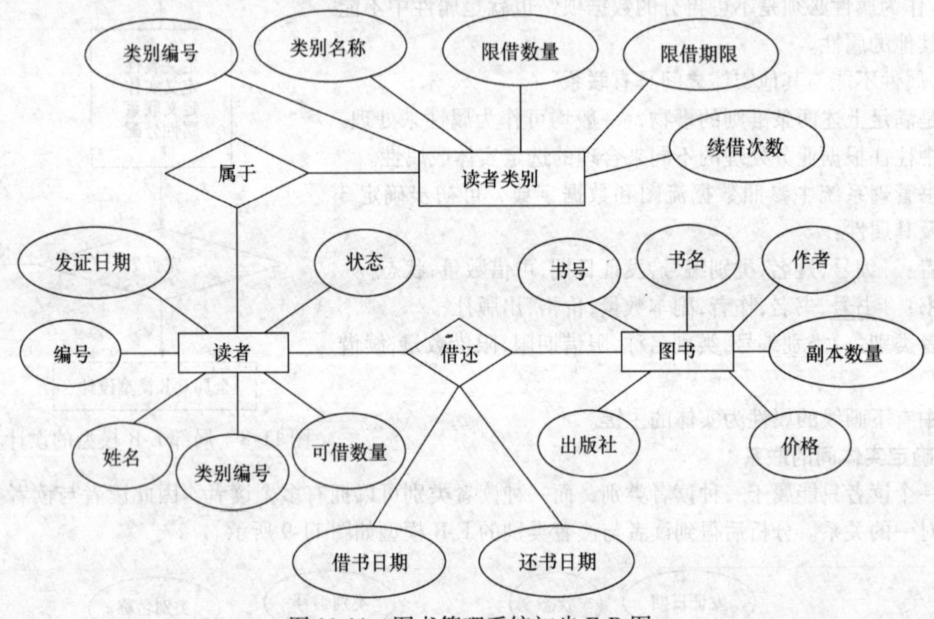

图 11-11　图书管理系统初步 E-R 图

【提示】

- 数据库的设计可以使用 PowerDesigner 等工具来进行辅助设计。
- 在 Rataional Rose 等 UML 建模工具中也提供了数据库建模的方法。

11.3.3　视图的集成

各个局部视图建立好后，还需要对它们进行合并，集成为一个整体的数据概念结构，即总 E-R 图。

1. 合并局部 E-R 图，生成初步 E-R 图

把局部 E-R 图集成为全局 E-R 图时，一般采用两两集成的方法，即：先将具有相同实体的两个 E-R 图，以该相同实体为基准进行集成。如果还有相同实体的 E-R 图，再次集成，这样一直下去，直到所有的具有相同实体的局部 E-R 图都被集成，从而初步得到总的 E-R 图。

将局部的 E-R 图集成为全局的 E-R 图时，可能存在 3 类冲突：

(1) 属性域冲突　即用一个属性在不同的分 E-R 图中其值的类型、取值范围等不一致或者属性取值单位不同。这需要各部门之间协商使之统一。

(2) 命名冲突　即属性名、实体名、联系名之间有同名异义或异名同义的问题存在，这显然也是不允许的，要讨论、协商解决。

(3) 模型冲突　这主要表现在同一对象在不同的应用中有不同的抽象，如同一对象在不同的分E-R图中有实体和属性两种不同的抽象。还有，同一实体在不同的分 E-R 图中有着不同的属性组成，如属性个数不同、属性次序不一致等。还有，相同的实体之间的联系，在不同的分 E-R 图中其类型可能不一样。例如，在一个分 E-R 图中是一对多的联系，而在另一个分 E-R 图中是多对多的联系。

在综合各分 E-R 图时，必须处理、解决上述冲突，从而得到一个集中了各用户的信息要求，为所有用户共同理解和接受的初步的总体模型，即初步 E-R 图。

2. 消除冗余

在初步 E-R 图中可能存在冗余的数据和冗余的联系。所谓冗余数据是指可由基本数据导出的数据。所谓冗余联系是可由其他联系导出的联系。冗余的存在容易破坏数据库的完整性，给数据库维护增加困难，应当加以消除。修改与重构初步 E-R 图，就是合并具有相同键的实体类型，消除冗余属性，消除冗余联系。

11.4　逻辑结构设计

概念模型是独立于任何一种数据模型的信息结构，是从设计者的角度和方法来分析问题。概念模型设计其实是一个理解过程，主要是让设计者能够清楚地认识系统的结构。对于系统的实现还需要转换为逻辑模型，通过计算机来加以实现。逻辑结构设计任务就是把概念结构设计阶段产生的系统基本 E-R 图转换为具体的 DBMS 所支持的数据模型。

11.4.1　E-R 图向关系模型的转换

关系模型的逻辑结构是一组关系模式的集合，而 E-R 图则是由实体、实体的属性和实体之间的联系 3 个要素组成的。所以将 E-R 图转换为关系模型实际上就是把实体、实体的属性和实体之间的联系转换为关系模式。转换规则如下。

1. 实体的转换

一个实体转换为一个关系，实体的属性转换为关系的属性，实体所对应的码就是关系所对应的码。图书管理系统中的实体可以转换为下面的关系模型：

读者(<u>编号</u>,姓名,类别编号,发证日期,可借数量,状态)

读者类别(<u>类别编号</u>,类别名称,限借期限,限借数量,续借次数)

图书(<u>书号</u>,书名,作者,副本数量,价格,出版社)

2. 1∶1 联系的转换

一个 1∶1 联系可以转换为一个独立的关系模式，也可以与任意一端所对应的关系模式合并。如果转换为一个独立的关系模式，则与联系相连的各实体的码以及联系本身的属性均转换为关系的属性，每个实体的码均是该关系的候选码。如果将联系与任意一端实体所对应的关系模式合并，则需要在被合并的关系中增加属性，其新增的属性为联系本身的属性和与联系相关的另一个实体集的码。

3. 1∶n 联系的转换

一个 1∶n 联系可以转换为一个独立的关系模式，也可以与 n 端所对应的关系模式合并。如果转换为一个独立的关系模式，则与该联系相连的各实体的码以及联系本身的属性均转换为关系模式，而关系的码为 n 端的码。如果是在 n 端实体集中增加新属性，新属性由联系对应的 1 端实体集的码和联系自身的属性构成，新增属性后原关系的码不变。

例如，图书管理系统中的联系“属于”为 1∶n 联系，可以转换为下面两种关系模型：

属于(<u>编号</u>,类别编号)

读者(<u>编号</u>,姓名,类别编号,发证日期,可借数量,状态)

通常取后一种方式。

4. m∶n 联系的转换

一个 m∶n 联系转换为一个关系模式。转换的方法为：与该联系相连的各实体的码以及联系本身的属性均转换为关系的属性，新关系的码为两个相连实体码的组合。

“借还”联系转换成的关系模式为：

借还(<u>编号</u>,<u>书号</u>,<u>借书日期</u>,还书日期)

5. 3 个或 3 个以上实体间的多元联系的转换

3 个或 3 个以上实体间的多元联系转换为一个关系模式。与该多元联系相连的各实体的码以及联系本身的属性均转换为关系的属性，而关系的码为各实体码的组合。

6. 具有相同码的关系的处理

具有相同码的关系可以合并。如果两个关系模式具有相同的主码，可以考虑将它们合并为一个关系模式。合并的方法是将其中一个关系模式的全部属性加入到另一个关系模式中，然后去掉其中的同义属性，并适当调整属性的次序。

通过上面分析，最后可以得到图书管理系统的 4 个关系模式(简化)：

读者(<u>编号</u>,姓名,类别编号,发证日期,可借数量,状态)

读者类别(<u>类别编号</u>,类别名称,限借期限,限借数量,续借次数)

图书(<u>书号</u>,书名,作者,副本数量,价格,出版社)

借还(<u>编号</u>,<u>书号</u>,<u>借书日期</u>,还书日期)

这些关系模式可以转换为具体 DBMS 的关系模型，如转换为 Oracle 或 SQL Server 中的表。对这些表或关系模型，需要进行规范化，非规范化数据存在数据冗余、修改异常、插入异常和删除异常。下面将介绍规范化设计的 3 个常用范式。

11.4.2 数据库的规范化

在介绍数据库范式之前，先介绍一下函数依赖的定义。

函数依赖普遍地存在于现实生活中。例如，描述一个学生的关系，可以有学号(SNO)、姓名(SNAME)、年龄(SAGE)等几个属性。由于一个学号只对应一个学生，一个学生只一个姓名和一个年龄。因而，当“学号”值确定之后，姓名和年龄的值也就被唯一确定了。所以说 SNO 决定了 SNAME 和 SAGE，或者说 SNAME、SAGE 依赖于 SNO，记为：SNO→SNAME，SNO→AVE。

通常可以通过判断分解后的模式达到几范式来评价模式的好坏。范式有 1NF、2NF、3NF、BCNF、4NF 和 5NF。通常，在数据库设计中，达到第三范式就可以了。通过模式分解，将低一级范式的关系模式分解成了若干个高一级范式的关系模式的集合，这种过程叫做规范化。下面介绍各个范式的定义。

1. 第一范式(1NF)

设 R 是一个关系模式，如果 R 中的每个属性都是不可分解的，则称 R 是第一范式，记为 R∈1NF。

第一范式要求不能表中套表，它是关系模式最基本的要求。数据库模式中的所有关系模式必须是第一范式。表 11-1 列出了一个非第一范式的员工关系。

表 11-1 员工关系

姓 名	联 系 方 式	姓 名	联 系 方 式
丁一	{株洲 412001}	王二	{长沙 410082}

该员工关系不是 1NF，因为联系方式可以分解为地址与邮编。可以将员工关系的联系方式属性拆开，使其满足第一范式，见表 11-2。

表 11-2　满足第一范式的员工关系

姓　名	地　址	邮　编	姓　名	地　址	邮　编
丁一	株洲	412001	王二	长沙	410082

2. 第二范式(2NF)

如果关系模式 R 是第一范式，且每个非码属性都完全依赖于码属性，则称 R 是第二范式，记为 R ∈2NF。

在第二范式中，不存在非码属性之间的部分函数依赖关系，即消除了部分函数依赖关系，因此第二范式解决了插入异常问题。

例如，关系模式 SCD(学号,姓名,课程名,成绩,系名,系主任)，它不是第二范式，因为该关系模式的主关键字是学号和课程名，对于非码属性姓名和系名来说，它们只依赖于学号，而与课程名无关。可以把关系模式 SCD 分解为以下两个模式：

学生和系关系模式：SD(学号,姓名,系名,系主任)

选课关系模式：SC(学号,课程,成绩)

这两个关系模式都不存在部分函数依赖，它们都是第二范式。

3. 第三范式(3NF)

如果关系模式 R 是第二范式，且没有一个非码属性传递依赖于码，则称 R 是第三范式，记为 R ∈3NF。

第三范式消除了传递函数依赖部分，解决了数据的删除异常问题。

例如，关系模式 SD(学号,姓名,系名,系主任)是上例的分解结果，它仍然存在问题。该关系模式中存在着学号→系名→系主任，即系主任传递依赖于学号，因此关系模式 SD 不是第三模式。可以把关系模式 SD 分解为以下两个模式：

学生关系模式：S(学号,姓名,系名)

系关系模式：D(系名,系主任)

可以看出，S 和 D 关系模式各自描述单一的现实事物，都不存在传递依赖关系，它们都是第三模式。

根据 3 个范式的定义，前面所定义的图书管理系统的 4 个关系模式已满足第三范式。值得注意的是，有时为了进一步提高数据库应用的性能，需要反规范化，即通过使关系模式违反某一较高范式来获得性能和操作上的好处。

11.4.3　设计用户外模式

外模式是用户所看到的数据模式。在关系 DBMS 中，与用户相关的基表，加上按需定义的视图，就构成了一个用户的外模式。因此，设计用户外模式，就是根据需要定义视图。定义外模式时主要考虑以下几个方面：

1）尽量使用符合用户习惯的命名。

2）针对不同级别的用户定义不同的外模式，以满足系统对安全性的要求。

3）简化用户对系统的使用。

11.5　数据库的物理设计

数据库物理结构设计的任务是选择合适的存储结构和存储路径，即设计数据库的内模式。内模式的设计不直接面向用户，对于用户来讲，一般不需要了解内模式的实现细节。因此，内模式的设计不必过多地考虑用户的因素。

数据库物理结构的设计目标通常包含两个方面：其一，提高数据库的性能，主要是对用户应用性能的满足；其二，有效的利用存储空间。数据库的物理设计比逻辑设计更加依赖于具体的 DBMS，在进行数据库物理设计时，设计人员必须熟悉具体的 DBMS 提供的访问手段和设计中的限制条件，从而合理地设计数据库的物理结构。关系数据模型大多数物理设计因素都由 RDBMS 处理，留给设计人员控制的因素已很少。一般来说，物理设计阶段，设计人员需考虑以下内容。

11.5.1 存取方法设计

存取方法是快速存取数据库中的数据的技术，因此存取方法的设计主要是指如何建立索引，确定哪些属性上建立组合索引、哪些索引设计为唯一索引以及哪些索引要设计为聚簇索引。创建索引时考虑以下事实：

1）唯一索引保证索引列中的使用数据是唯一的，不含重复值。因此，唯一索引一般创建在关系的主码上或候选码上。也就是说，只可在强制实体完整地列上创建唯一索引。

2）复合索引指定多个列为关键字值。当两个或多个列最适合作为搜索关键字时，则可以考虑创建复合索引。

3）如果一个或多个列在连接操作中经常出现，则考虑在该列上创建索引。

4）在经常出现查询条件的列上创建索引。

SQL Server 在默认的情况下，会为每个表的主键创建聚簇索引，因为一个表只能建立一个聚簇索引。在具体的应用情况下，如果将聚簇索引建立在其他的字段上更能提高系统的性能，应进行调整。

在关系上定义适当的索引可以加快数据的存取。但并不是索引越多越好。因为在修改数据时，系统要同时对索引进行维护，使索引与数据保持一致。维护索引要占用相当多的时间，而且存放索引信息也会占用空间资源。因此在决定是否建立索引时，要权衡数据库的操作，如果查询多，并且对查询的性能要求比较高时，则可以考虑多建一些索引。如果数据更改多，并且对更新的效率要求比较高，则应该考虑少建一些索引。总之，在设计和创建索引时，应确保对性能的提高程度大于存储空间和处理资源方面的代价。

11.5.2 数据的存放位置设计

为了提高系统的性能，在实际设计关系的时候，应根据具体情况将数据的易变部分与稳定部分、经常存取部分(即热点数据)和不常存取部分分开存放。热点数据最好分散存放在不同的磁盘组上，以均衡各个磁盘组的负荷，充分发挥各个磁盘组并行操作的优势，同时保证关键数据的快速访问，缓解系统的瓶颈。

11.5.3 确定系统配置

DBMS 产品一般都提供了一些存储分配参数，供设计人员和 DBA 对数据库进行物理优化。初始情况下，系统都为这些变量赋予了合理的默化值。但是这些值不一定适合每一种应用环境，在进行物理设计时，需要重新对这些变量赋予改善系统的性能。通常情况下，这些配置变量包括：同时使用数据库的用户数(即数据库的连接数)，同时打开的数据库对象数，使用的缓冲区长度、个数，时间片、数据库的大小，数据页的填充因子，锁的数目等，这些参数值影响存取时间和存储空间的分配，在物理设计时就要根据应用环境确定这些参数值，以使系统性能最优。

11.5.4 评价物理结构

评价物理数据库的方法完全依赖于所选用的 DBMS，主要是从定量估算各种方案的存储空间、存取时间和维护代价入手，对估算结果进行权衡、比较，选择出一个较优的合理的物理结构。

11.6 数据库实施

数据库实施是指根据逻辑设计和物理设计的结果，在计算机上建立起实际数据库结构，装入数据、进行测试和试运行的过程，主要包括以下步骤：

1）建立实际的数据库结构。

2）装入试验数据对应用程序进行测试，以确认其功能和性能是否满足设计要求，并检查其空间的占有情况。

3）装入实际数据，即数据库加载，建立起实际的数据库。

11.7 数据库运行与维护

数据库投入正式运行，标志着数据库设计和应用开发工作的结束和运行维护阶段的开始。在数据库运行阶段，对数据库经常性的维护工作是由DBA完成的，它包括以下工作：

1）维护数据库的安全生和完整性。

2）监测并改善数据库性能：分析评估存储空间和响应时间，必要时进行再组织。

3）增加新的功能：必要时对现有功能按用户需要进行扩充。

4）修改错误：包括程序和数据。

只要数据库系统在运行，就需要不断地进行修改、调整和维护。一旦应用变化太大，数据重新组织也无济于事，这就表明数据库应用系统的生命周期结束，应该建立新系统，重新设计数据库。

本章小结

本章学习了如下内容：

- 数据库设计概述。
- 需求分析。包括需求分析的任务、需求分析的基本步骤、数据流图和数据字典。
- 概念结构设计。包括E-R模型、局部E-R图设计和视图的集成。
- 逻辑结构设计。包括E-R图向关系模型的转换、数据库的规范化和设计用户外模式。
- 数据库的物理设计。包括存取方法设计、数据的存放位置设计和确定系统配置、评价物理结构。
- 数据库实施。
- 数据库运行与维护。

习 题 11

一、选择题

1. 下列不属于数据库设计阶段的是________。

（A）需求分析　（B）系统设计　（C）概念结构设计　（D）物理结构设计

2. 在E-R模型中，实体间的联系用________图标来表示。

（A）矩形　（B）直线　（C）菱形　（D）椭圆

3. 设R是一个关系模式，如果R中的每个属性都是不可分解的，则称R属于________。

（A）第一范式　（B）第二范式　（C）第三范式　（D）BC范式

4. 数据库逻辑结构设计阶段的主要功能是________。

（A）明确用户需求，确定新系统的功能

（B）建立数据库的E-R模型

(C) 将数据库的E-R模型转换为关系模型

(D) 选择合适的存储结构和存储路径

5. 在SQL Server 2005中创建数据库时以页面和盘区来组织物理数据，并将数据库对应文件保存在指定文件夹中，这种功能属于数据库设计的________阶段。

(A) 需求分析阶段　　(B) 概念结构设计阶段

(C) 逻辑结构设计阶段　　(D) 物理结构设计阶段

6. 在数据库设计过程使用________可以很好地描述数据处理系统中信息的变换和传递过程。

(A) 数据流图　　(B) 数据字典　　(C) E-R图　　(D) 系统流程图

7. 本书样例数据库student中学生(information)和课程(course)之间的联系是________。

(A) 1∶1　　(B) m∶n　　(C) 1∶n　　(D) 没有联系

8. 下列不属于数据库实施阶段的功能的是________。

(A) 建立实际的数据库结构

(B) 装入试验数据对应用程序进行测试

(C) 装入实际数据并建立起实际的数据库

(D) 选择合适的存储结构和存储路径

二、简答题

1. 数据字典通常包括哪几部分?
2. 两个实体之间的联系有哪几种?
3. 数据库为什么要规范化? 有哪几个范式?
4. 简述数据库概念结构设计的内容。
5. 简述数据库逻辑结构设计的内容。
6. 简述数据库物理结构设计的内容。
7. 现有一局部应用，包括两个实体："学生"和"课程"，这两个实体是多对多的联系。设计适当的属性，画出E-R图，再将其转换为关系模型。
8. 设有商店和顾客两个实体，"商店"有属性商店编号、商店名、地址、电话，"顾客"有属性顾客编号、姓名、地址、年龄、性别。假设一个商店有多个顾客购物，一个顾客可以到多个商店购物，顾客每次去商店购物有一个消费金额和日期，而且规定每个顾客在每个商店里每天最多消费一次。试画出E-R图，并注明属性和联系类型。

实训11　数据库设计

一、实训目的

1. 了解数据库设计的基本过程。
2. 绘制E-R模型图。
3. 了解数据库设计辅助工具的使用。
4. 完成"课程实训"中用到的教务管理系统中数据库的设计。

二、实训要求

1. 按"课程实训"要求，以小组为单位完成数据库设计。
2. 尽量熟悉真实的教务管理系统的使用或下载教务管理软件理解该系统业务。
3. 保存实训文档到网络文件夹。

4. 各小组推荐代表进行设计结果的演讲。

三、实训步骤

1. 体验真实教务管理系统的使用，明确教务管理系统的需求。
2. 编写 StudentMis 数据库的数据字典和数据流图。
3. 绘制 StudentMis 数据库 E-R 模型。
4. 试着使用 PowerDesigner 等数据库建模工具进行 StudentMis 数据库的建模。
5. 完成 E-R 模型到关系模型的转换。
6. 结合“课程实训”要求，进行 StudentMis 数据库的物理设计。
7. 将实训过程中完成的数据库设计文档保存为 chap11. doc。

四、实训提示

1. 注意数据库建模工具的选择和使用。
2. 注意结合“课程实训”进行数据库的设计。

第 12 章　数据库应用程序开发

【学习目标】

本章将要学习 SQL Server 2005 数据库应用程序开发的相关知识，包括数据库应用程序结构、常用的数据库访问技术、JAVA 平台下 SQL Server 2005 数据库程序开发方法以及 .NET平台下 SQL Server 2005 数据库程序开发方法。

【学习要点】

- C/S 结构和 B/S 结构。
- 常用的数据库访问技术。
- 使用 JDBC-ODBC 驱动程序访问 SQL Server 2005 数据库。
- C#. NET 中使用 ADO. NET 访问 SQL Server 数据库。
- ASP. NET 中使用 ADO. NET 访问 SQL Server 数据库。

12.1　数据库应用程序结构

数据库应用程序是指任何可以添加、查看、修改和删除特定数据库(如 SQL Server 2005 中的 Library)中数据的应用程序。在软件开发领域中，数据库应用程序的设计与开发具有广阔的市场。现在流行的客户机/服务器结构(C/S)、浏览器/服务器结构(B/S)应用大都属于数据库应用编程领域，它们把信息系统中大量的数据用特定的数据库管理系统组织起来，并提供存储、维护和检索数据的功能，使数据库应用程序可以方便、及时、准确地从数据库中获得所需的信息。

数据库应用程序一般包括 3 个组成部分：一是为应用程序提供数据的后台数据库；二是实现与用户交互的前台界面；三是实现具体业务逻辑的组件。具体来说，数据库应用程序的结构可依其数据处理及存取方式分为：主机-多终端结构、文件型结构、C/S(客户机/服务器)结构和 B/S(浏览器/服务器)结构以及 3(N)层结构等。下面主要介绍 C/S 结构、B/S 结构及 3(N)层结构。

12.1.1　客户机/服务器结构

C/S(Client/Server)结构，即客户机/服务器结构，是大家熟知的软件系统体系结构，通过将任务合理分配到客户端和服务器端，降低了系统的通信开销，可以充分利用两端硬件环境的优势，提高系统的运行效率。早期的软件系统大多是 C/S 结构。

客户机/服务器(C/S)结构的出现是为了解决费用和性能的矛盾。最简单的 C/S 结构的数据库应用由两部分组成，即客户应用程序和数据库服务器程序。二者可分别称为前台程序与后台程序。运行数据库服务器程序的计算机称为应用服务器，一旦服务器程序被启动，就随时等待响应客户程序发来的请求；客户程序运行在用户的计算机上，相对于服务器，可称为客户机。当需要对数据库中的数据进行任何操作时，客户程序就自动地寻找服务器程序，并向其发出请求，服务器程序根据预定的规则作出应答，送回结果。

在客户机/服务器结构中，数据库的管理由数据库服务器完成。而应用程序的数据处理，如数据访问规则、业务规则、数据合法性校验等则可能有两种情况：一是客户端只负责一些简单的用户交互，客户机向服务器传送结构化查询语言 SQL，运算和商业逻辑都在服务器端运行的结构也称为瘦客户机；

二是数据处理由客户端程序代码来实现，像这种运算和商业逻辑可能会放在客户端进行的结构也称为胖客户机。C/S 结构的系统结构如图 12-1 所示。

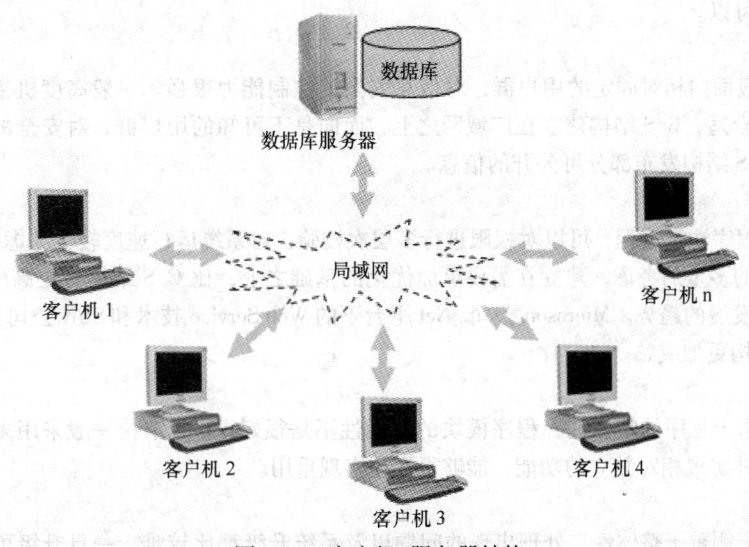

图 12-1　客户机/服务器结构

由于这种通信方式简单，软件开发起来容易，现在还有许多的中小型信息系统是基于这种两层的客户机/服务器结构的。但这种结构的软件存在以下问题：

（1）伸缩性差　客户机与服务器联系很紧密，无法在修改客户机或服务器时不修改另一个，这使软件不易伸缩、维护量大，软件互操作起来也很难。

（2）性能较差　在一些情况下，需要将较多的数据从服务器端传送到客户机进行处理。这样，一方面会出现网络拥塞，另一方面会消耗客户端机的主要系统资源，从而使整个系统的性能下降。

（3）重用性差　数据库访问、业务规则等都固化在客户端应用程序中。如果客户另外提出的其他应用需求中也包含了相同的业务规则，程序开发者将不得不重新编写相同的代码。

（4）移植性差　当某些处理任务是在服务器端由触发器或存储过程来实现时，其适应性和可移植性较差。因为这样的程序可能只能运行在特定的数据库平台下，当数据库平台变化时，这些应用程序可能需要重新编写。

12.1.2　浏览器/服务器结构

B/S(Browser/Server)结构，即浏览器/服务器结构，是随着 Internet 技术的兴起，对 C/S 结构的一种变化或者改进的结构。在 B/S 结构下，用户界面完全通过 WWW 浏览器实现，一部分事务逻辑在前端实现，但是主要事务逻辑在服务器端实现。B/S 结构利用不断成熟和普及的浏览器技术实现原来需要复杂专用软件才能实现的强大功能，并节约了开发成本，是一种全新的软件系统构造技术。

基于 B/S 结构的软件，系统安装、修改和维护全在服务器端解决。用户在使用系统时，仅仅需要一个浏览器就可运行程序的全部功能，真正实现“零客户端”。B/S 结构还提供了异种机、异种网和异种应用服务的开放性基础，这种结构已成为当今应用软件的首选体系结构。

B/S 结构与 C/S 结构相比，C/S 结构是建立在局域网的基础上的，而 B/S 结构是建立在 Internet/Intranet 基础上的。虽然 B/S 结构在电子商务、电子政务等方面得到了广泛的应用，但并不是说 C/S 结构没有存在的必要。相反，在某些领域中 C/S 结构还将长期存在，C/S 结构和 B/S 结构的区别主要表现在支撑环境、安全控制、程序架构、可重用性、可维护性、用户界面等方面。

1. 支撑环境

C/S 结构一般建立在专用的小范围内的局域网络环境，局域网之间通过专门服务器提供连接和数据交换服务；B/S 结构建立在广域网之上的，有比 C/S 结构更强的适应范围，客户端一般只要有操作系统和浏览器就可以。

2. 安全控制

C/S 结构一般面向相对固定的用户群，对信息安全的控制能力很强。一般高度机密的信息系统采用 C/S 结构比较合适；B/S 结构建立在广域网之上，面向是不可知的用户群，对安全的控制能力相对弱，可以通过 B/S 结构发布部分可公开的信息。

3. 程序架构

C/S 结构的程序注重流程，可以对权限进行多层次校验，对系统运行速度较少考虑；B/S结构对安全以及访问速度的多重的考虑，建立在需要更加优化的基础之上，比 C/S 结构有更高的要求。B/S 结构的程序架构是发展的趋势。Microsoft 公司 . Net 平台下的 Web Service 技术和 SUN 公司 JavaBean 及 EJB 技术将使 B/S 结构更加成熟。

4. 可重用性

C/S 结构侧重于程序的整体性，程序模块的重用性不是很好；B/S 结构一般采用多层架构，使用相对独立的中间件实现相对独立的功能，能够很好地实现重用。

5. 可维护性

C/S 结构由于侧重于整体性，处理出现的问题以及系统升级都比较难，一旦升级可能要求开发一个全新的系统；B/S 程序由组件组成，通过更换个别的组件，可以实现系统的无缝升级，系统维护开销减到最小，用户从网上自己下载安装就可以实现升级。

6. 用户界面

C/S 结构大多是建立的 Window 平台上，表现方法有限，对程序员普遍要求较高；B/S 结构建立在浏览器上，有更加丰富和生动的表现方式与用户交流，开发难度降低，开发成本下降。

通过上面的对比分析可以看出，传统的 C/S 结构并非一无是处，而 B/S 结构也并非十全十美，在以后相当长的时期里 C/S 结构和 B/S 结构将会同时存在。另外，在同一个系统中根据应用的不同要求，可以同时使用 C/S 结构和 B/S 结构，以发挥这两种结构的优点。

12.1.3 3 层/N 层结构

所谓 3 层体系结构，是在客户端与数据库之间加入了一个“中间层”，也叫组件层。这里所说的 3 层结构，不是简单地放置 3 台机器就是 3 层结构，3 层可以是逻辑上的也可以是物理上的 3 层，B/S 应用和 C/S 应用都可以采用 3 层体系结构。3 层结构的应用程序将业务规则等放到了中间层进行处理。通常情况下，客户端不直接与数据库进行交互，而是通过中间层(动态链接库、Web 服务或 JavaBean)实现对数据库的存取操作。

3 层体系结构将 2 层结构中的应用程序处理部分进行分离，将其分为用户界面服务程序和业务逻辑处理程序。分离的目的是使客户机上的所有处理过程不直接涉及到数据库管理系统，分离的结果将应用程序在逻辑上分为 3 层：

1）用户界面层。实现用户界面，并保证用户界面的友好性、统一性。

2）业务逻辑层。实现数据库的存取及应用程序的商业逻辑计算。

3）数据服务层。实现数据定义、存储、备份和检索等功能，主要由数据库系统实现。

在 3 层结构中，中间层起着双重作用，对于数据层是客户机，对于用户层是服务器。如图 12-2 所示就是一个典型的 3 层客户机/服务器结构。

3 层结构的系统具有如下特点：

1）业务逻辑放置在中间层可以提高系统的性能，使中间层业务逻辑处理与数据层的业务数据紧密结合在一起，而无需考虑客户的具体位置。

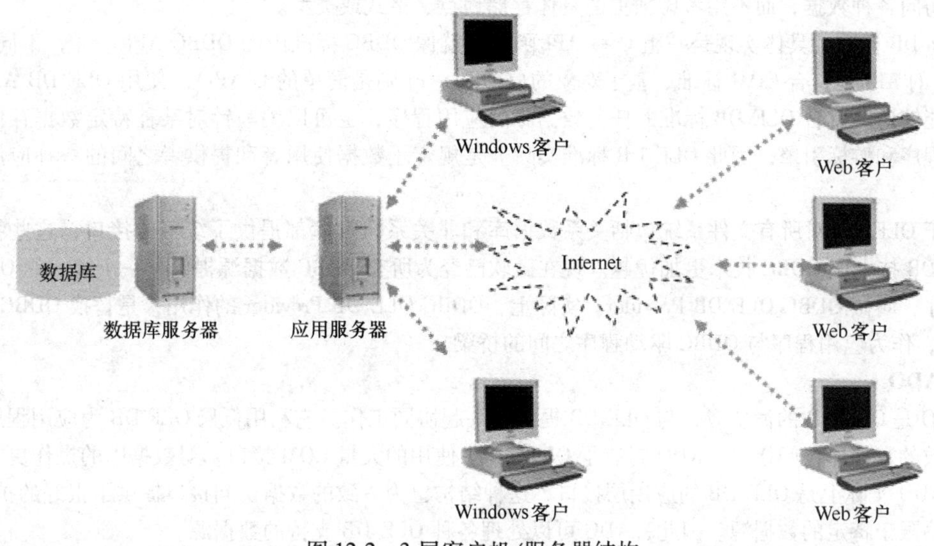

图 12-2　3 层客户机/服务器结构

2）添加新的中间层服务器，能够满足新增客户机的需求，大大地提高了系统的可伸缩性。

3）将业务逻辑置于中间层，从而使业务逻辑集中到一处，便于整个系统的维护和管理及代码的复用。

如果将 3 层结构中的中间层进一步划分成多个完成某一特定服务独立的层，那么 3 层体系结构就成为多层体系结构。一个基于 Web 的应用程序在逻辑上可能包含如下几层：

1）由 Web 浏览器实现的一个界面层。

2）由 Web 服务器实现的一个 Web 服务层。

3）由类库或 Web 服务实现的应用服务层。

4）由关系型数据库管理系统实现的数据层。

【提示】

- 不管是 3 层还是多层，层次的划分是从逻辑上的实现的。
- 每个逻辑层次可以对应一个物理层次。例如，一台物理机器充当 Web 服务器(配置好 IIS)，一台物理机器充当应用服务器(提供 Web 服务)，一台物理机器充当数据库服务器(安装好 SQL Server 2005)，一台机器充当客户端(安装 IE)。
- 多个逻辑层次也可以集中在一台物理机器上，即在同一台机器上配置好 IIS、Web 服务、SQL Server 2005 数据库和 IE 浏览器。

12.1.4　数据库访问技术

伴随着计算机技术的不断发展和计算机应用的普及，信息系统中所使用的数据库的访问方式也在不断发展，现在常用的数据库访问技术包括 ODBC/JDBC、OLEDB、ADO 和 ADO. NET。ODBC/JDBC 和 ADO. NET 在后面章中进行介绍，这里只简单介绍 OLE DB 和 ADO 两种技术。

1. OLE DB

继 ODBC 之后，微软推出了 OLE DB。OLE DB 是一种技术标准，目的是提供一种统一的数据访问接口。这里所说的“数据”，除了标准的关系型数据库中的数据之外，还包括邮件数据、Web 上的文本或图形、目录服务，以及主机系统中的 IMS 和 VSAM 数据。OLE DB 标准的核心内容就是要求为以上这些各种各样的数据存储都提供一种相同的访问接口，使得数据的使用者(应用程序)可以使用同样的方法访问各种数据，而不用考虑数据的具体存储地点、格式或类型。

OLE DB 标准的具体实现是一组 C ++ API 函数，就像 ODBC 标准中的 ODBC API 一样，不同的是，OLE DB 的 API 是符合 COM 标准、基于对象的(ODBC API 则是简单的 C API)。使用 OLE DB API，可以编写能够访问符合 OLE DB 标准的任何数据源的应用程序，也可以编写针对某种特定数据存储的查询处理程序和游标引擎，因此 OLE DB 标准实际上是规定了数据使用者和提供者之间的一种应用层的协议。

由于 OLE DB 对所有文件系统包括关系数据库和非关系数据库都提供了统一的接口，这些特性使得 OLE DB 技术比 ODBC 技术更加优越。现在微软已经为所有 ODBC 数据源提供了一个统一的 OLE DB 服务程序，叫做 ODBC OLE DB Provider。实际上，ODBC OLE DB Provider 的作用，是替换 ODBC Driver Manager，作为应用程序与 ODBC 驱动程序之间的桥梁。

2. ADO

ADO 是 OLE DB 的消费者，与 OLE DB 提供者一起协同工作。它利用低层 OLE DB 为应用程序提供简单高效的数据库访问接口。ADO 封装了 OLE DB 中使用的大量 COM 接口，对数据库的操作更加方便简单。ADO 实际上是 OLE DB 的应用层接口，这种结构也为一致的数据访问接口提供了很好的扩展性，而不再局限于特定的数据源。因此，ADO 可以处理各种 OLE DB 支持的数据源。

ADO 支持双接口，既可以在 C/C ++、Visual Basic、Java 等高级语言中应用，也可在 VBScript、JScript 等脚本语言中应用，这使得 ADO 成为前几年应用最广的数据库访问接口。用 ADO 编制 Web 数据库应用程序非常方便。通过 VBScript 或 JScript 在 ASP 中很容易操作 ADO 对象，从而轻松地把数据库中的内容呈现到 Web 前台。ADO 对象模型如图 12-3 所示。ADO 模型中共有 7 个对象：Connection、Command、Recordset、Error、Propertie、Parameter 和 Field 对象。

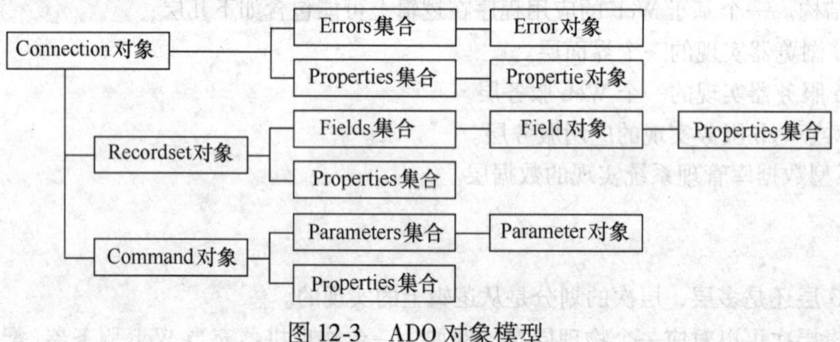

图 12-3　ADO 对象模型

ADO 简化了 OLE DB 模型，也就是在 OLE DB 上面设置了另外一层，它只要求开发者掌握几个简单对象的属性和方法就可以开发数据库应用程序了，这比在 OLE DB API 中直接调用函数要简单得多。

12.2　Java 平台 SQL Server 数据库程序开发

12.2.1　ODBC/JDBC

1. ODBC

ODBC(Open Database Connectivity,开放式数据库互联)是微软推出的一种工业标准，一种开放的独立于厂商的 API 应用程序接口，可以跨平台访问各种个人计算机、小型机以及主机系统。ODBC 作为一个工业标准，绝大多数数据库厂商、大多数应用软件和工具软件厂商都为自己的产品提供了 ODBC 接口或提供了 ODBC 支持，这其中就包括常用的 SQL Server、Oracle、Informix 和 Access。

ODBC 是微软的 Windows 开放服务体系 WOSA(Windows Open System Architecture)的一部分，是数据库访问的标准接口。它建立了一组规范，并提供了一组对数据库访问的标准 API(应用程序编程接

口）。应用程序可以应用 ODBC 提供的 API 来访问任何带有 ODBC 驱动程序的数据库。ODBC 已经成为一种标准，目前所有关系数据库都提供 ODBC 驱动程序。

ODBC 的体系结构如图 12-4 所示，它由数据库应用程序、驱动程序管理器、数据库驱动程序和数据源 4 部分组成。

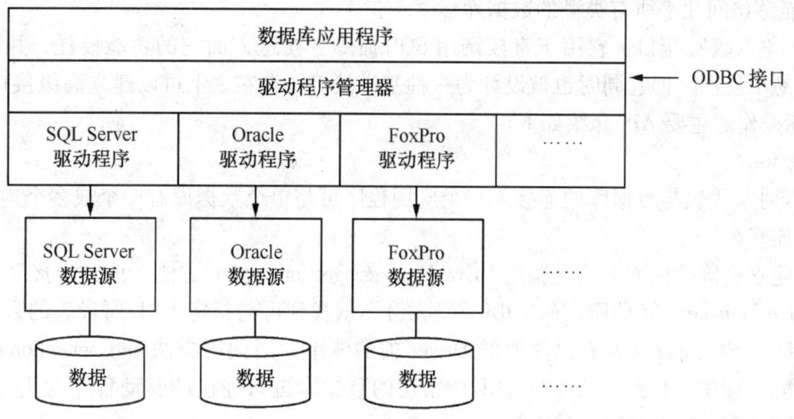

图 12-4　ODBC 体系结构

2. JDBC

JDBC 是 Java 数据库连接（Java DataBase Connectivity）的简写形式。它是一种可用于执行 SQL 语句的 Java API，主要提供了 Java 跨平台、跨数据库的数据库访问方法，为数据库应用开发人员提供了一种标准的应用程序设计接口，使开发人员可以用纯 Java 语言编写完整的数据库应用程序。其功能与微软的 ODBC 类似。相对于 ODBC 只适合于 Windows 平台来说，JDBC 具有明显的跨平台的优势。同时为了能够使 JDBC 具有更强的适应性，JDBC 还专门提供了 JDBC/ODBC 桥来直接使用 ODBC 定义的数据源。

用 JDBC 开发 Java 数据库应用程序的工作原理如图 12-5 所示。

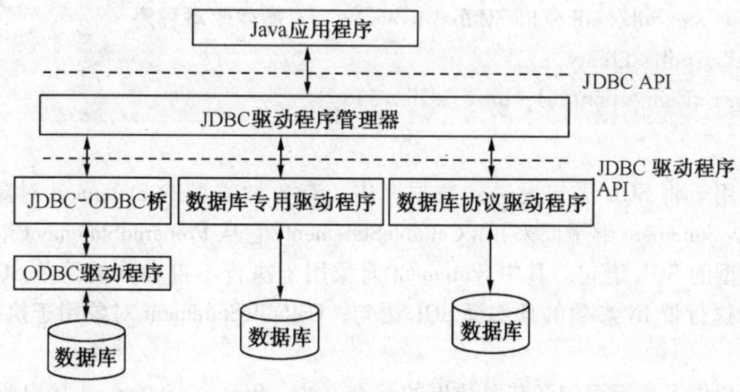

图 12-5　JDBC 工作原理

12.2.2　JDBC API 介绍

Java 语言一种纯粹的面向对象程序设计语言，它提供了方便访问数据的技术。利用 Java 语言中的 JDBC 技术，用户能方便地开发出基于 Java 的数据库应用程序，从而扩充网络应用功能。JDBC 由一组用 Java 语言编写的类与接口组成，通过调用这些类和接口所提供的方法，用户能够以一致的方式连接多种不同的数据库系统（如 Access、SQL Server 2005、Oracle、Sybase 等），进而可使用标准的 SQL 语言来存取数据库中的数据，而不必再为每一种数据库系统编写不同的 Java 程序代码。

Java 应用程序通过 JDBC API(包含在 java. sql 包中)与数据库连接，而实际的动作则是由 JDBC 驱动程序管理器通过 JDBC 驱动程序与数据库系统进行连接。JDBC-ODBC 桥是一种 JDBC 驱动程序，它通过将 JDBC 操作转换为 ODBC 操作来实现的。利用 JDBC-ODBC 桥可以使程序开发人员不需要学习更多的知识就可以编写 JDBC 应用程序，并能够充分利用现有的 ODBC 数据源。JDBC-ODBC 桥驱动程序可以使 JDBC 能够访问几乎所有类型的数据库。

JDBC 是个“低级”接口，它用于直接调用 SQL 命令。在这方面它的功能极佳，并比其他的数据库连接 API 更易于使用。但它同时也被设计为一种基础接口，在它之上可以建立高级接口和工具。JDBC 用于数据库操作的主要 API 介绍如下。

1. Connection

Connection 对象代表与数据库的连接。一个应用程序可与单个数据库有一个或多个连接，或者可与许多数据库有连接。

与数据库建立连接的标准方法是调用 DriverManager. getConnection 方法。该方法接受含有某个 URL 的字符串。DriverManager 类(即所谓的 JDBC 管理层)尝试找到可与指定 URL 所代表的数据库进行连接的驱动程序。DriverManager 类存有已注册的 Driver 类的清单，当调用方法 getConnection 时，它将检查清单中的每个驱动程序，直到找到可与 URL 中指定的数据库进行连接的驱动程序为止。Driver 的方法 connect 使用这个 URL 来建立实际的连接。

```
String url ="jdbc:odbc:library";
Connection con = DriverManager. getConnection(url,"liuzc","liuzc518");
```

JDBC URL 提供了一种标识数据库的方法，可以使相应的驱动程序能识别该数据库并与之建立连接。

2. DriverManager

DriverManager 类是 JDBC 的管理层，作用于用户和驱动程序之间。它跟踪可用的驱动程序，并在数据库和相应驱动程序之间建立连接。对于简单的应用程序，程序员使用其唯一的方法 DriverManager. getConnection 来建立连接。通过调用方法 Class. forName 将显式地加载驱动程序类。

```
Class. forName("sun. jdbc. odbc. JdbcOdbcDriver");    //加载驱动程序
String url ="jdbc:odbc:library";
DriverManager. getConnection(url,"liuzc","liuzc518");
```

3. Statement

Statement 对象用于将 SQL 语句发送到数据库中。有 3 种类型的 Statement 对象：Statement、PreparedStatement(它从 Statement 继承而来)和 CallableStatement(它从 PreparedStatement 继承而来)。它们都专用于发送特定类型的 SQL 语句，其中 Statement 对象用于执行不带参数的简单 SQL 语句；PreparedStatement 对象用于执行带 IN 参数的预编译 SQL 语句；CallableStatement 对象用于执行对数据库中存储过程的调用。

Statement 接口提供了执行语句和获取结果的基本方法。PreparedStatement 接口添加了处理 IN 参数的方法；而 CallableStatement 添加了处理 OUT 参数的方法。

```
Connection con = DriverManager. getConnection(url,"liuzc","liuzc518");
Statement stmt = con. createStatement();
```

Statement 接口提供了 3 种执行 SQL 语句的方法：executeQuery、executeUpdate 和 execute，使用哪一种方法由 SQL 语句所产生的内容决定。

1）方法 executeQuery 用于产生单个结果集的语句，如 SELECT 语句。

2）方法 executeUpdate 用于执行 INSERT、UPDATE 或 DELETE 语句以及 SQL DDL(数据定义语言)

语句。

3）方法 execute 用于执行返回多个结果集、多个更新计数或二者组合的语句。

执行语句的所有方法都将关闭所调用的 Statement 对象打开的结果集。这意味着在重新执行 Statement 对象之前，需要完成对当前 ResultSet 对象的处理。Statement 对象将由 Java 垃圾收集程序自动关闭。程序员也应在不需要 Statement 对象时显式地关闭它们，这样可以释放 DBMS 资源，有助于避免潜在的内存问题。

4. ResultSet

ResultSet 包含符合 SQL 语句中条件的结果集，并且它通过一套 get 方法提供了对这些行中数据的访问。ResultSet. next 方法用于移动到 ResultSet 中的下一行，使下一行成为当前行。

```
Statement stmt = conn. createStatement( ) ;
ResultSet rs = stmt. executeQuery(" SELECT c_ID,c_Name,c_Gender FROM Customers ") ;
while( rs. next( ) )
    {
        //打印当前行的值
        String no = rs. getString(" c_ID ") ;
        String name = rs. getString(" c_Name ") ;
        float sex = rs. getString(" c_Gender ") ;
        System. out. println( no + " " + name + " " + sex) ;
    }
```

ResultSet 维护指向其当前数据行的光标。每调用一次 next 方法，光标向下移动一行。最初它位于第一行之前，因此第一次调用 next 将把光标置于第一行上，使它成为当前行。随着每次调用 next 导致光标向下移动一行，按照从上至下的次序获取 ResultSet 行。

ResultSet 的方法 get××× 提供了获取当前行中某列值的途径。在每一行内，可按任何次序获取列值，但为了保证可移植性，应该从左至右获取列值，并且一次性地读取列值。列名或列号可用于标识要从中获取数据的列。例如，如果 ResultSet 对象 rs 的第二列名为“c_name”，并将值存储为字符串，则下列任一代码将获取存储在该列中的值：

```
String name = rs. getString(" c_name ") ;
String s = rs. getString(2) ;
```

注意列是从左至右编号的，并且从数字 1 开始的。同时，get××× 方法中的列名不区分大小写。用户一般情况下不需要关闭 ResultSet，当产生它的 Statement 被关闭、Statement 被重新执行或从多结果集序列中获取下一个结果集时，当前 ResultSet 将被 Statement 自动关闭。

12. 2. 3 JDBC 访问 SQL Server 数据库

【应用 12-1】 编写一个 Java 应用程序，要求能够根据输入的图书名称查询在 SQL Server 2005 的 Library 数据库中图书的详细信息(使用 ODBC 数据源)。

1. 创建 ODBC 数据源

1）选择“控制面板”→“管理工具”→“ODBC 数据源”。

2）打开“ODBC 数据源管理器”对话框，选择“系统 DSN”选项卡，如图 12-6 所示。

3）单击“添加”按钮，打开“创建新数据源”对话框，选择“SQL Server”，如图 12-7 所示。

4）单击“完成”按钮，打开“创建到 SQL Server 的新数据源”对话框，输入数据源名称(library)和数据源描述，选择要连接的服务器，如图 12-8 所示。

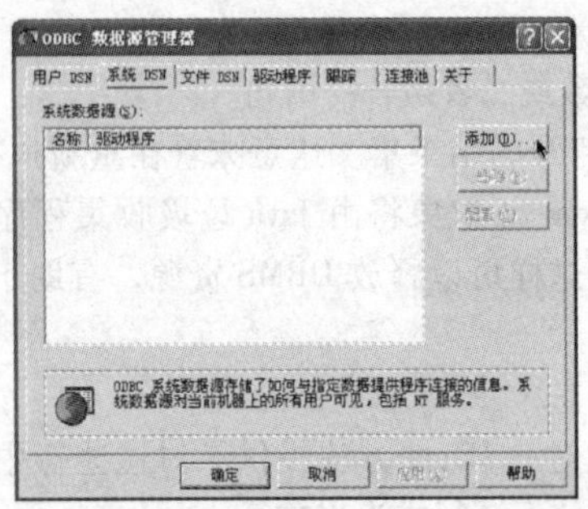

图 12-6 “ODBC 数据源管理器”对话框

图 12-7 “创建新数据源”对话框

【提示】

- 这里的数据源名称 library 就是程序中要用到的 ODBC 数据源名称。
- 如果是当前服务器，可以输入“.”表示当前数据库服务器。

5）单击“下一步”按钮，打开如图 12-9 所示的对话框，选择登录方式。

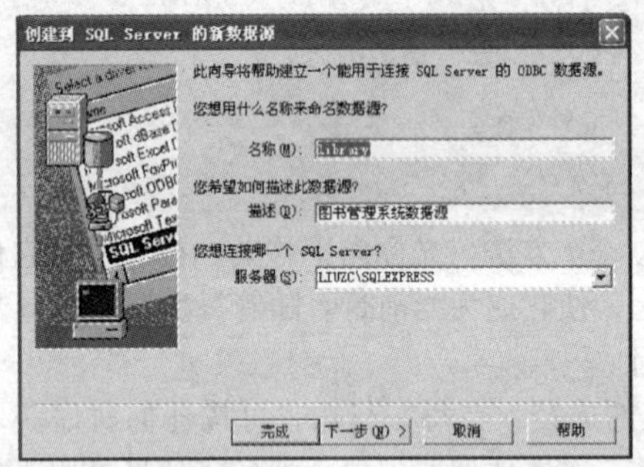

图 12-8 “创建到 SQL Server 的新数据源”对话框

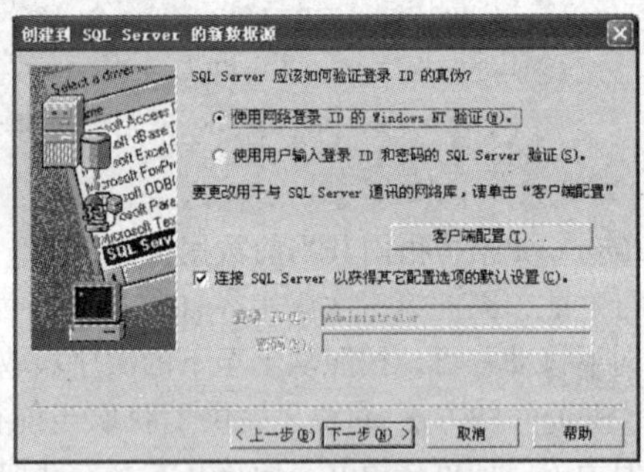

图 12-9 设置登录验证

6）单击“下一步”按钮，打开如图 12-10 所示的对话框，选择数据库服务器上的数据库 Library。

7）单击“下一步”按钮，打开如图 12-11 所示的对话框，完成数据源的其他设置。

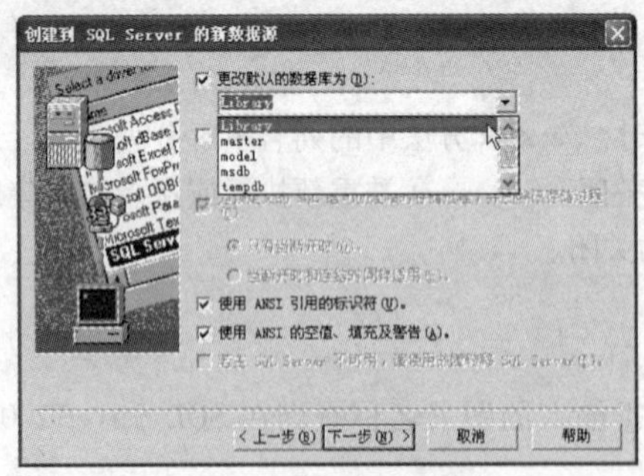

图 12-10 更改默认的数据库

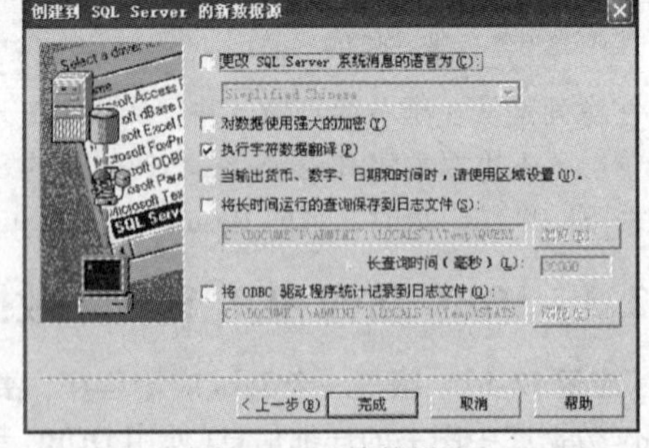

图 12-11 其他设置

8）单击“完成”按钮，打开“ODBC Microsoft SQL Sever 安装”对话框，可以查看数据源的设置信息，如图 12-12 所示。

9）单击“测试数据源”按钮，打开“SQL Server ODBC 数据源测试”对话框，如果返回测试成功信息，表示数据源创建成功。

10）单击“确定”按钮，回到“ODBC 数据源管理器”对话框，可以查看到所创建的数据源“library”，如图 12-13 所示。

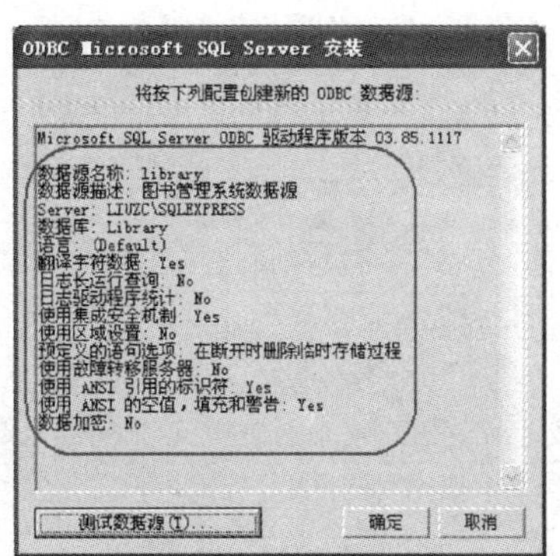

图 12-12 “ODBC Microsoft SQL Server 安装”对话框

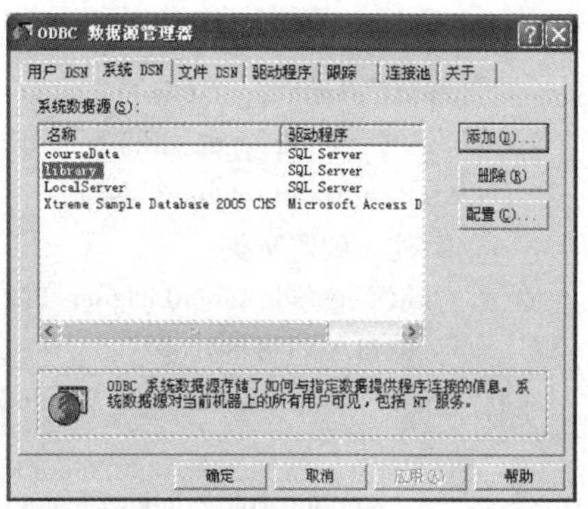

图 12-13 创建好的 ODBC 数据源 library

【提示】

- 必须正确执行以上步骤，创建好与 SQL Server 2005 数据库对应的数据源。
- 这种方法的缺点是需要用户配置数据源，并且数据源不好维护。

2. 编写 Java 程序

使用任何的文本编辑器(Jcreator、Eclipse 等)编写访问 Library 数据库的 Java 程序 JdbcDemo.java(这里保存在 C:\)，其完整代码如下：

```
import java.awt.*;
import java.awt.event.*;
import java.sql.*;
import javax.swing.*;
//Jdbc 实现数据库查询类
public class JdbcDemo extends Frame implements ActionListener
{
    JLabel lblSno;
    JTextArea taResult;
    JPanel pnlMain;
    JTextField txtName;
    JButton btnQuery;
    //构造方法
    public JdbcDemo()
    {
        setLayout(new BorderLayout());
        lblSno = new JLabel("请输入要查询的图书名称:");
        taResult = new JTextArea();
        btnQuery = new JButton("查询");
        txtName = new JTextField(16);
        pnlMain = new JPanel();
        pnlMain.setBackground(Color.ORANGE);
        pnlMain.add(lblSno);
        pnlMain.add(txtName);
```

```
    pnlMain. add(btnQuery);
    add("North",pnlMain);
    add("Center",taResult);
    taResult. setEditable(false);
    //注册到监听类
    btnQuery. addActionListener(this);
    //窗口关闭事件处理
    addWindowListener(new WindowAdapter()
    {
        public void windowClosing(WindowEvent e)
        {
            //setVisible(false);
            System. exit(0);
        }
    });
    setSize(500,300);
    setTitle("图书信息查询");
    setBackground(Color. ORANGE);
    setVisible(true);
}

public void actionPerformed(ActionEvent evt)
{
    //用户点击查询按钮
    if(evt . getSource()==btnQuery)
    {
        taResult. setFont(new Font("宋体",Font. PLAIN,14));
        //显示提示信息
        taResult. setText("^-^-^-^-^-^-^查询结果^-^-^-^-^-^-^"+'\n');
        taResult. append('\n'+"图书编号"+"图书名称"+"作者"+" "+"图书价格"+"\n");
        taResult. append("------------------------------------------------"+'\n');
        try
        {
            //显示图书信息
            displayBook();
        }
        catch(SQLException e)
        {
            JOptionPane. showMessageDialog(null,e. toString());
        }
    }
}
```

```
    //显示图书信息方法
    public void displayBook()throws SQLException
    {
        String no,name,author;
        float price;
        String strQuery;
        try
        {
            //设置数据库驱动程序
            Class.forName("sun.jdbc.odbc.JdbcOdbcDriver");
        }
        catch(ClassNotFoundException e)
        {
            JOptionPane.showMessageDialog(null,"驱动程序错误!");
            return;
        }
        //建立连接
        Connection con = DriverManager.getConnection("jdbc:odbc:library");
        //创建 Statement 对象
        Statement sql = con.createStatement();
        strQuery =" select * from BookInfo where b_Name like '%" + txtName.getText().trim() +"%'";

        ResultSet rs = sql.executeQuery(strQuery);
        System.out.println(strQuery);
        //输出查询结果
        while(rs.next())
        {
            no = rs.getString("b_ID");
            name = rs.getString("b_Name");
            author = rs.getString("b_Author");
            price = rs.getFloat("b_Price");
            taResult.append(no +" "+ name +" "+ author +" "+ price +"\n");
        }
    }
    //主方法
    public static void main(String args[])
    {
        new JdbcDemo();
    }
}
```

3. 运行 Java 程序

(1) 编译源程序　在命令行提示符下执行编译 Java 源程序的命令：

C:\JAVA\> javac JdbcDemo. java

(2) 运行程序　在命令行提示符下执行运行 Java 字节码文件的命令:

C:\JAVA\> java JdbcDemo

【提示】

- 如果使用 Java 集成开发环境，则可以在指定环境中完成程序的编译和运行。
- 要注意构造查询 SQL 语句的方式。
- Java 语言编程的详细内容可以参阅本书编者编写的《Java 进阶教程》。

程序执行后，打开“图书信息查询”对话框，在文本框中输入要查询的图书的名称(这里为“数据库”)，单击“查询”按钮，在下面的文本区域中就会显示查询到的图书的详细信息，如图 12-14 所示。

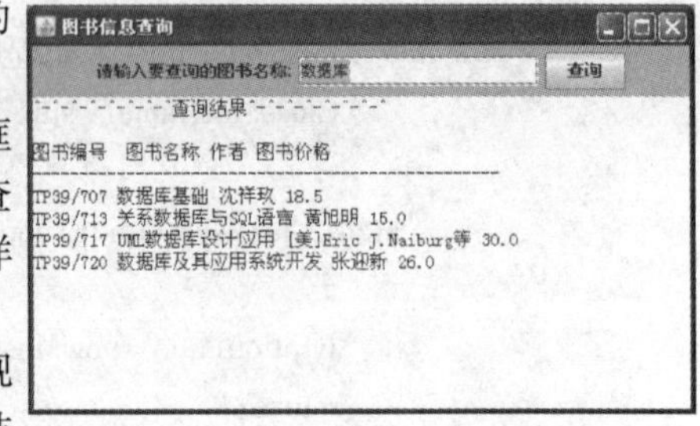

图 12-14　应用 12-1 运行结果

另外，也可以使用 SQL Server 2005 的专用驱动程序实现对 SQL Server 2005 数据库的访问。同时，JDBC 数据库访问技术在基于 Java 的 Web 应用开发中也得到了广泛的应用。详细的编程方式请参阅本书编者编写的《JSP 程序设计实例教程》(人民邮电出版社,2009)。

12.3　.NET 平台 SQL Server 数据库程序开发

12.3.1　ADO. NET

1. ADO. NET 概述

ADO. NET 提供对 Microsoft SQL Server 等数据源以及通过 OLE DB 和 XML 公开的数据源的一致访问。数据共享使用者应用程序可以使用 ADO. NET 来连接到这些数据源，并检索、操作和更新数据。ADO. NET 包含用于连接到数据库、执行命令和检索结果的 . NET Framework 数据提供程序，用户可以直接处理检索到的结果，或将其放入 ADO. NET DataSet 对象，以便与来自多个源的数据或在层之间进行远程处理的数据组合在一起，以特殊方式向用户公开。ADO. NET DataSet 对象也可以独立于 . NET Framework 数据提供程序使用，以管理应用程序本地的数据或源自 XML 的数据。

ADO. NET 是重要的应用程序接口，用于在 Microsoft. NET 平台中提供数据访问服务。在 ADO. NET 中，可以使用新的 . NET Framework 数据提供程序来访问数据源，这些数据提供程序可以满足各种开发要求。这些数据提供程序包括:

1) SQL Server. NET Framework 数据提供程序。
2) OLE DB. NET Framework 数据提供程序。
3) ODBC. NET Framework 数据提供程序。
4) Oracle. NET Framework 数据提供程序。

ADO. NET 提供了多种数据访问方法，如果在 Web 应用程序或 XML Web 服务中需要访问多个数据源中的数据，或者需要与其他应用程序(包括本地和远程应用程序)进行互操作，这时可以使用数据集(DataSet)。而如果要直接进行的数据库操作，如运行查询和存储过程、创建数据库对象、使用 DDL 命令直接更新和删除等，则可以使用数据命令(如 SqlCommand)和数据读取器(如 SqlDataReader)，以便与数据源直接通信。

2. ADO. NET 结构

设计 ADO. NET 组件的目的是为了将数据访问从数据操作中分离出来。ADO. NET 的两个核心组件

DataSet 和 . NET Framework 数据提供程序会完成此任务，后者是一组包括 Connection、Command、DataReader 和 DataAdapter 对象在内的组件。

ADO. NET DataSet 是 ADO. NET 的断开式结构的核心组件。DataSet 的设计目的是为了实现独立于任何数据源的数据访问。因此，它可以用于多种不同的数据源，可以用于 XML 数据，也可以用于管理应用程序本地的数据。DataSet 包含一个或多个 DataTable 对象的集合，这些对象由数据行和数据列以及主键、外键、约束和有关 DataTable 对象中数据的关系信息组成。

ADO. NET 结构的另一个核心元素是 . NET Framework 数据提供程序，其组件的设计目的是为了实现数据操作和对数据的快速、只进、只读访问。Connection 对象提供与数据源的连接；Command 对象使您能够访问用于返回数据、修改数据、运行存储过程以及发送或检索参数信息的数据库命令；DataReader 从数据源中提供高性能的数据流。最后，DataAdapter 提供连接 DataSet 对象和数据源的桥梁。DataAdapter 使用 Command 对象在数据源中执行 SQL 命令，以便将数据加载到 DataSet 中，并使对 DataSet 中数据的更改与数据源保持一致。ADO. NET 结构如图 12-15 所示。

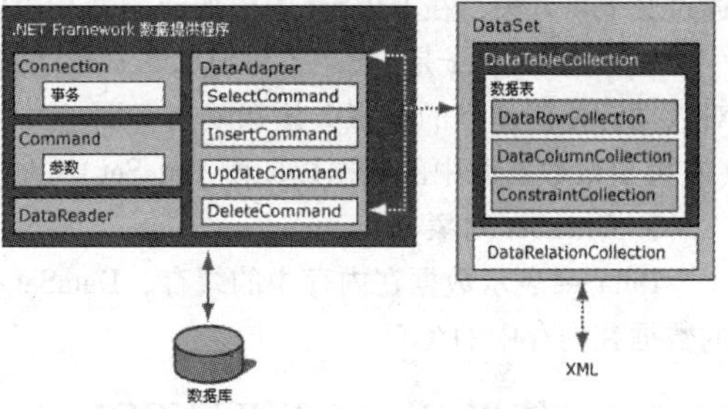

图 12-15　ADO. NET 体系结构

3. ADO 和 ADO. NET 的比较

ADO 与 ADO. NET 既有相似之处也有不同的地方，利用它们都能够编写对数据库服务器中的数据进行访问和操作的应用程序，并且都具有易于使用、高速度、低内存支出和占用磁盘空间较少的优点，都支持用于建立基于客户端/服务器和 Web 的应用程序的主要功能。但 ADO. NET 和 ADO 比较起来还是有很大的不同。

ADO 使用 OLE DB 接口并基于微软的 COM 技术，而 ADO. NET 拥有自己的 ADO. NET 接口并且基于微软的 . NET 体系架构和 XML 格式，这样 ADO. NET 的数据类型更为丰富，并且不需要再做 COM 编排导致的数据类型转换，从而提高了整体性能。

ADO 以 Recordset 存储，而 ADO. NET 则以 DataSet 表示。Recordset 看起来更像单表，如果让 Recordset 以多表的方式表示就必须在 SQL 中进行多表连接。反之，DataSet 可以是多个表的集合。

ADO 的运作是一种在线方式，这意味着不论是浏览或更新数据都必须是实时的。ADO. NET 则使用离线方式，在访问数据的时候 ADO. NET 会利用 XML 制作数据的一份副本，ADO. NET 的数据库连接也只有在这段时间需要在线。ADO 和 ADO. NET 的比较见表 12-1。

表 12-1　ADO 和 ADO. NET 比较

比 较 项 目	ADO	ADO. NET
接口	OLE DB	独立接口
技术基础	COM 技术	. NET 体系架构、XML 格式
数据存储	RecordSet(单表)	DataSet(多表)
运行方式	在线	离线(只连接时在线)

12. 3. 2　ADO. NET 数据库操作对象

1. SqlConnection 对象

表示 SQL Server 数据库的一个打开的连接，SqlConnection 对象表示与 SQL Server 数据源的一个唯一的会话。对于客户机/服务器数据库系统，它相当于到服务器的网络连接。SqlConnection 与 SqlDataAdapter 和 SqlCommand 一起使用，以便在连接 Microsoft SQL Server 数据库时提高性能。

2. SqlCommand 对象

表示要对 SQL Server 数据库执行的一个 T-SQL 语句或存储过程。

3. SqlDataReader 对象

SqlDataReader 提供一种从数据库读取只进的行流的一种方式。要创建 SqlDataReader，必须调用 SqlCommand 对象的 ExecuteReader 方法。

4. SqlDataAdapter 对象

SqlDataAdapter 对象用于填充 DataSet 和更新 SQL Server 数据库的一组数据命令和一个数据库连接。通过其 Fill 方法，在 DataSet 中添加或刷新行以匹配数据源中的行。

SqlDataAdapter 是 DataSet 和 SQL Server 之间的桥接器，用于检索和保存数据。SqlDataAdapter 通过对数据源使用适当的 T-SQL 语句映射 Fill(它可更改 DataSet 中的数据以匹配数据源中的数据)和 Update(它可更改数据源中的数据以匹配 DataSet 中的数据)来实现这一桥接功能。

5. DataSet 对象

DataSet 表示数据在内存中的缓存，DataSet 是 ADO. NET 结构的主要组件，它是从数据源中检索到的数据在内存中的缓存。

12.3.3 使用 C#. NET 开发 SQL Server 数据库程序

【应用 12-2】 编写 Win Form 应用程序，要求能够根据输入的图书名称查询在 SQL Server 2005 的 Library 数据库中图书的详细信息。

1. 界面设计

1）启动“Visual Studio 2005”，单击“文件”→“新建”菜单命令，选择“项目”选项，如图 12-16 所示。

2）打开“新建项目”对话框，依次选择“Visual C#”→“Windows 应用程序”，并指定解决方案的“名称”和“位置”，如图 12-17 所示。

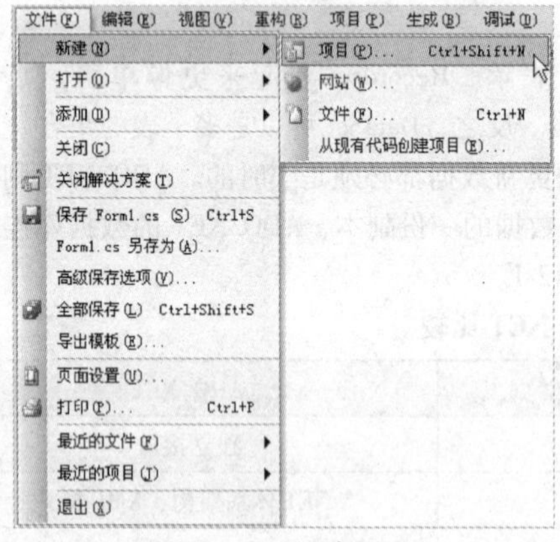

图 12-16 新建项目

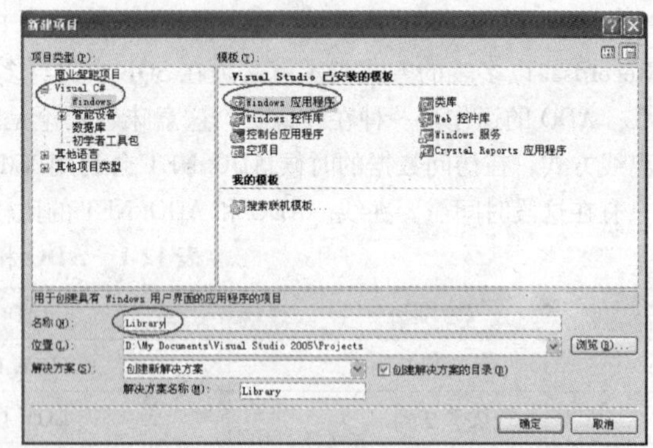

图 12-17 新建 WinForm 项目

3）单击“确定”按钮，进入 Windows 程序设计界面，参照图 12-17 和表 12-2 进行程序的界面的设计。

表 12-2 应用 12-1 界面设计

控件名	属性名称	属性值	功能
Label	Text	请输入查询的图书名称:	显示查询文本
TextBox	Name	txtName	输入查询文本
Button	Text	查询(&Q)	进行查询
	Name	btnQuery	设置按钮名称
DataGridView	Name	dgvBook	显示查询结果

2. 编写程序

完成本应用的主要操作为通过 ADO. NET 连接数据库，并对数据库中信息进行查询，关键代码如下：

```
private void btnQuery_Click(object sender,EventArgse)
{
string strConnection = " Initial Catalog = Library; Data Source = LIUZC \\SQLEXPRESS; Integrated Security = SSPI;";
    SqlConnection myConnection = new SqlConnection(strConnection);
    string strCommnad = " SELECT b_ID AS 图书编号,b_Name AS 图书名称,b_Date AS 入库日期,b_Author AS 作者 FROM BookInfo WHERE b_Name like '%" + txtName. Text + "%'";
    try
    {
        myConnection. Open();
    }
    catch(Exception)
    {
        MessageBox. Show("打开数据库连接错误！");
    }
    SqlDataAdapter myDataAdapter = new SqlDataAdapter(strCommnad,myConnection);
    DataSet myDataSet = new DataSet();
    try
    {
        int i = myDataAdapter. Fill(myDataSet," book ");
        if(i == 0)
        {
            MessageBox. Show("没有找到满足条件的记录！");
            return;
        }
    }
    catch(Exception)
    {
        MessageBox. Show("数据库连接错误！");
        return;
    }
    dgvBook. DataSource = myDataSet;
    dgvBook. DataMember = " book ";
    myConnection. Close();
}
```

3. 运行程序

程序运行结果如图 12-18 所示。

【提示】

- 为了实现数据库连接，要添加“using System. Data. SqlClient;”语句。
- VS. NET 2005 的详细使用，请读者参阅相关书籍进行了解。

- 请将该应用与“应用 12-1”进行比较。

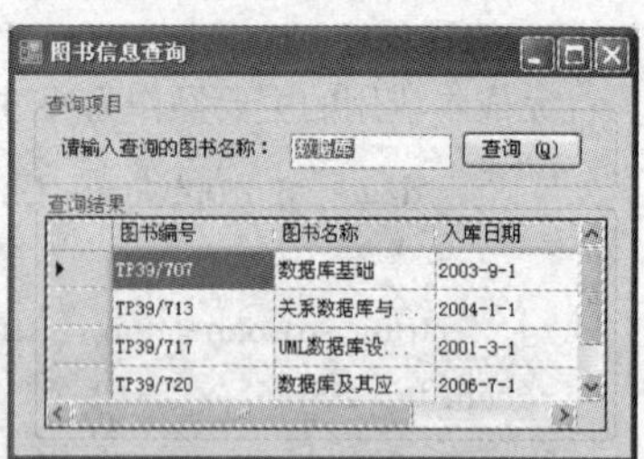
图 12-18 图书信息查询程序

12.3.4 使用 ASP. NET 开发 SQL Server 数据库程序

【应用 12-3】 编写一个 Web Form 应用程序，要求能够显示 SQL Server 2005 的 Library 数据库中所有商品的详细信息。

1. 界面设计

1）启动“Visual Studio 2005”，单击“文件”→“新建”菜单命令，选择“网站”选项，如图 12-19 所示。

2）打开“新建网站”对话框，选择“ASP. NET 网站”，并指定网站的“位置”和“语言”，如图 12-20 所示。

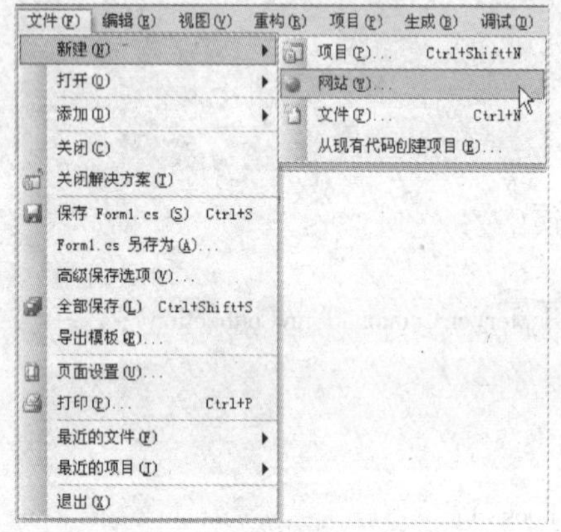
图 12-19 新建网站

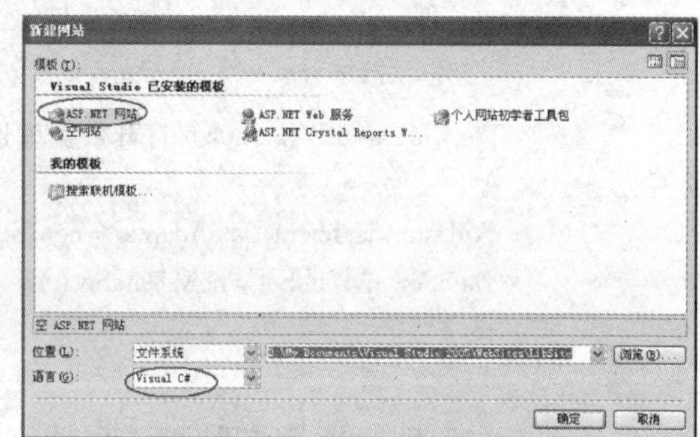
图 12-20 “新建网站”对话框

3）单击“确定”按钮，进入网站设计界面，参照图 12-21 和表 12-3 进行网站的界面的设计。

表 12-3 应用 12-3 界面设计

控 件 名	属 性 名 称
Label	Text
GridView	Name
图书信息展示	显示标题文本
gvBook	显示商品信息

图 12-21 商品信息展示网站

2. 编写程序

本应用主要操作为通过 ADO. NET 连接数据库，并对数据库中信息进行查询，关键代码如下：

```
protected void Page_Load(object sender,EventArgs e)
{
    string strConnection = "Initial Catalog = Library;Data Source = LIUZC\\SQLEXPRESS;Integrated Security = SSPI;";
    SqlConnection myConnection = new SqlConnection(strConnection);
    string strCommnad = "SELECT b_ID AS 图书编号,b_Name AS 图书名称,b_Date AS 入库日期,b_Author AS 作者 FROM BookInfo";
```

```
    try
    {
        myConnection. Open( ) ;
    }
    catch( Exception)
    {
        Response. Write("打开数据库连接错误! ") ;
    }
    SqlDataAdapter myDataAdapter = new SqlDataAdapter( strCommnad,myConnection) ;
    DataSet myDataSet = new DataSet( ) ;
    try
    {
        int i = myDataAdapter. Fill( myDataSet," book ") ;
        if(i ==0)
        {
            Response. Write("没有找到满足条件的记录! ") ;
            return;
        }
    }
    catch( Exception)
    {
        Response. Write("数据库连接错误! ") ;
        return;
    }
    gvBook. DataSource = myDataSet;
    gvBook. DataBind( ) ;
    myConnection. Close( ) ;
}
```

3. 运行程序

程序运行结果如图 12-21 所示。

本章小结

本章学习了如下内容:

■ 数据库应用程序结构。包括客户机/服务器结构、浏览器/服务器结构、3 层/N 层结构和数据库访问技术。

■ Java 平台下 SQL SERVER 数据库程序开发。包括 ODBC/JDBC、JDBC API 介绍、Java 环境下 SQL Server 数据库程序开发。

■ . NET 平台下 SQL SERVER 数据库程序开发。包括 ADO. NET、ADO. NET 数据库操作对象、使用 C#. NET开发 SQL Server 数据库程序、使用 ASP. NET 开发 SQL Server 数据库程序。

习　题　12

一、填空题

1. 典型数据库系统由________和________两个组件组成。

2. 在3层或多层系统中________可以实现数据库的存取及应用程序的商业逻辑计算功能。

3. 在JDBC的API中Statement接口提供了3种执行SQL语句的方法，其中用于产生单个结果集的方法是________。

4. 在ADO.NET中________表示要对SQL Server数据库执行的一个T-SQL语句或存储过程。

二、选择题

1. JDBC API中用来获取结果集的对象是________。

(A) Connection　(B) Statement　(C) ResultSet　(D) DriverManager

2. 下面关于B/S模式表述错误的是________。

(A) B/S建立在Internet之上的

(B) B/S一般面向相对固定的用户群，对信息安全的控制能力很强

(C) B/S一般采用多重结构，要求构件相对独立的功能

(D) B/S是属于胖客户型

3. 在软件系统结构中用于表现数据的层次称为________。

(A) 界面层　(B) Web服务层　(C) 应用服务层　(D) 数据库层

4. 在ADO.NET中，________对象提供连接DataSet对象和数据源的桥梁。

(A) DataAdapter　(B) DataTable　(C) DataReader　(D) Connection

5. 下面关于ADO.NET中DataSet对象的表述错误的是________。

(A) DataSet表示数据在内存中的缓存

(B) DataSet是ADO.NET结构的主要组件

(C) DataSet是从数据源中检索到的数据在内存中的缓存

(D) 对DataSet操作就是对数据库的操作

实训12-1　Java连接SQL Server 2005

一、实训目的

1. 掌握利用ODBC-JDBC访问SQL Server 2005方法。

2. 了解Java访问SQL Server 2005数据库常用JDBC API。

3. 体验基于Java的SQL Server数据库应用程序的开发思路。

二、实训要求

1. 利用JDBC-ODBC桥连接到SQL Server 2005数据库。

2. 设计程序在WebShop数据库中根据会员名称查询会员信息。

3. 保存并上交实训结果。

三、实训步骤

编写一个Java应用程序，要求能够根据输入的会员名称查询在SQL Server 2005的WebShop数据库中会员的详细信息，参考界面如图12-22所示(使用ODBC数据源)。

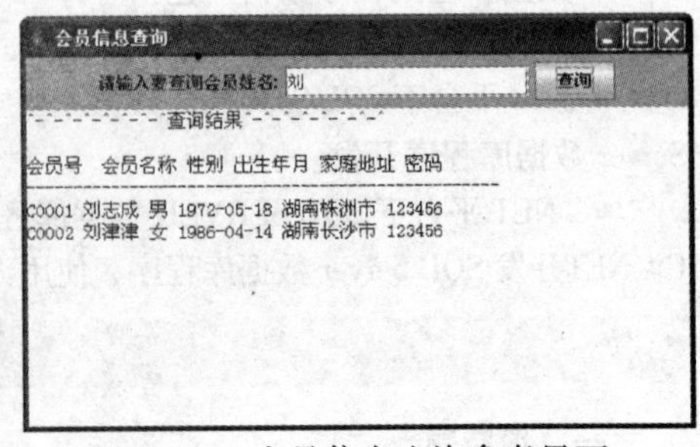

图12-22　会员信息查询参考界面

1) 使用记事本、JCreator Pro或其他Java源程序编辑器

编辑源程序。

2）使用 JavaC 或其他集成开发环境编译 Java 源程序。

3）运行程序并查看结果。

四、实训提示

1. 安装好 J2SDK1.4 或以上版本。
2. Java 环境的配置。
3. ODBC 的设置。
4. 应用 JDBC API 连接数据库的过程。

实训 12-2　.NET 连接 SQL Server 2005

一、实训目的

1. 掌握 ADO.NET 数据访问技术。
2. 掌握 ASP.NET 访问 SQL Server 2005 数据库的方法。
3. 理解多层架构中数据库服务器的含义。

二、实训要求

1. 利用 ADO.NET 的 SQL Server.NET Framework 数据提供程序连接 SQL Server 2005 数据库。
2. 编写 WinForm 程序，在 WehShop 数据库中根据会员名称查询会员记录。
3. 编写 WebForm 程序，在 WehShop 数据库中展示商品信息。
4. 保存并上交实训结果。

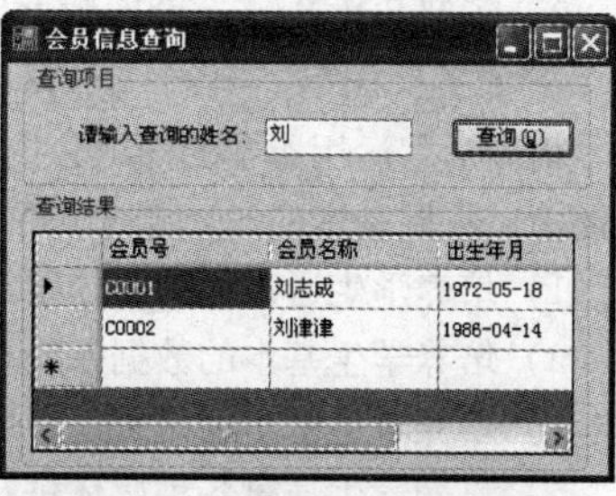

图 12-23　会员信息查询程序

三、实训步骤

1. 启动 Visual Studio2005，新建 Visual C# Windows 项目。
2. 设计程序界面。
3. 编写数据库访问代码。
4. 编译运行程序，参考界面如图 12-23 所示。
5. 启动 Visual Studio 2005，新建 Visual C# ASP.NET 项目。
6. 设计程序界面。
7. 编写数据库访问代码。
8. 编译运行程序，参考界面如图 12-24 所示。

图 12-24　商品信息展示网站

四、实训提示

1. 安装好 Visual Studio 2005。
2. ADO.NET 对象的使用。
3. 连接字符串和 SQL Server 服务器登录模式的选择。
4. 如果要使用 sa 用户，请首先开启该账号。

附　　录

附录A　综合实训

一、实训目的

1. 知识目标

通过综合实训进一步巩固、深化和扩展 SQL Server 2005 数据库管理和开发技能。

1）熟练掌握 SQL Server 2005 数据库的操作。

2）熟练掌握 SQL Server 2005 表的操作。

3）熟练掌握 SQL Server 2005 视图的操作和应用。

4）掌握 SQL Server 2005 索引的操作。

5）熟练掌握 T-SQL 编程技术和 SQL Server 2005 存储过程的操作和使用。

6）熟练掌握 SQL Server 2005 触发器的操作和应用。

7）掌握 SQL Server 2005 数据安全性操作。

8）熟练掌握 SQL Server 2005 数据管理操作。

9）了解 SQL Server 2005 数据库程序开发技术。

2. 能力目标

培养学生运用所学的知识和技能解决 SQL Server 2005 数据库管理和开发过程中所遇到的实际问题的能力，掌握基本的 SQL 脚本编写规范，养成良好的数据库操作习惯。

1）培养学生通过各种媒体搜集资料、阅读资料和利用资料的能力。

2）培养学生基本的数据库应用能力。

3）培养学生基本的编程逻辑思想。

4）培养学生通过各种媒体进行自主学习的能力。

3. 素质目标

培养学生理论联系实际的工作作风、严肃认真的工作态度以及独立工作的能力。

1）培养学生观察问题、思考问题、分析问题和解决问题的综合能力。

2）培养学生的团队协作精神和创新精神。

3）培养学生学习的主动性和创造性。

二、实训内容

StudentMis 教务管理系统是用来实现学生学籍的管理、学生成绩的管理、课程的管理、学生选课管理等功能的信息系统。该系统采用 SQL Server 2005 为关系型数据库管理系统，该系统主要满足来自 3 方面的需求，分别是学生、教务管理人员和系统管理员。

学生：

- 注册入学。
- 选择每学期学习的课程。
- 查询每学期课程考试成绩。

教务管理人员：

- 管理学生学籍信息异动。
- 管理学生选课信息。
- 管理每学期课程考试成绩。

系统管理员：

- 管理系统用户。
- 管理课程。
- 管理部门。
- 管理专业。
- 管理班级。

作为一个数据库管理员或数据库程序开发人员，需要从以下几个方面完成数据库的管理操作。

（一）数据库对象的管理

1. 数据库

（1）数据库名称

逻辑名称：StudentMis

物理名称：主数据库文件名为 StudentMis. mdf，日志文件名为 StudentMis_ log. ldf

（2）数据库文件的增长方式

主数据库文件：SIZE = 10MB，MAXSIZE = UNLIMITED，FILEGROWTH = 1MB

日志文件：SIZE = 1MB，MAXSIZE = 2GB，FILEGROWTH = 10%

（3）数据库存放路径

E:\Data(可根据实际情况进行调整)

2. 表

创建 StudentMis 数据库中的所有表(参考结构见表附 A-1 至表附 A-7)。添加样本数据到所创建的表中(根据自己学校和班级情况自行设计数据)。

（1）学生信息表　学生信息表的参考结构见表 A-1。

表 A-1　学生信息表参考结构

学　号	姓名	性别	身 份 证 号	班级编号	籍贯	学籍	出生年月	民族编号
200503100101	苑俊芳	女	430725198603022535	2005031001	湖南省	在籍	1982-5-18	04
……	……	……	……	……	……	……	……	

【提示】

- 籍贯：包括我国所有的省、直辖市和自治区。
- 学籍：包括在籍、未注册、转出、休学、退学、开除和毕业。
- 民族：包括我国的 56 个民族。
- 也可以通过籍贯表、学籍表和民族表来存放籍贯、学籍和民族信息。

（2）课程信息表　课程信息表的参考结构见表 A-2。

表 A-2　课程信息表参考结构

课 程 编 号	课 程 名 称	专 业 编 号	学　分	总 课 时	课 程 类 型	授课形式编号
031007	软件工程	0310	4	60	01	01
……	……	……	……	……	……	……

【提示】

- 课程类型：包括必修课、限选课和任选课。
- 授课形式：包括讲授、实训、实习、课程设计、毕业设计、毕业实习、电化教学、多媒体教学、体育、理论实践一体化、顶岗实习、社会实践、入学教育、军训和劳动等。

(3) 专业信息表　专业信息表的参考结构见表 A-3。

表 A-3　专业信息表参考结构

专业编号	专业名称	专业负责人	联系电话	学　制	部门编号	开设年份
0310	软件技术	刘志成	8208290	3	03	2003
……	……	……	……	……	……	……

(4) 部门信息表　部门信息表的参考结构见表 A-4。

表 A-4　部门信息表参考结构

部门编号	部门名称	部门负责人	联系电话
03	信息工程系	彭勇	2783857
……	……	……	……

(5) 班级信息表　班级信息表的参考结构见表 A-5。

表 A-5　班级信息表参考结构

班级编号	班级名称	部门编号	专业编号
2005031001	软件 051	03	0310
……	……	……	……

(6) 学生成绩表　学生成绩表的参考结构见表 A-6。

表 A-6　学生成绩表参考结构

学　号	课程编号	正考成绩	补考成绩	重修成绩
200503100101	031007	87	0	0
……	……	……	……	……

(7) 管理员信息表　管理员信息表的参考结构见表 A-7。

表 A-7　管理员信息表参考结构

用户 ID	用户名	密　码	用户类型	启用日期
1	admin	123	系统管理员	2007-2-10
2	A 类用户	123	超级用户	2007-2-10
……	……	……	……	……

(8) 约束　请参阅第 1 章教学样例数据库设置各表的约束。

3. 视图

1) 创建指定部门的专业信息的视图 vw_Major(专业名称、专业负责人、专业负责人联系电话、所属部门名称、部门负责人、部门负责人联系电话、专业开设年份)，参考结构见表 A-8。

表 A-8　vw_Major 参考结构

专业名称	专业负责人	联系电话	部门名称	部门负责人	联系电话	专业开设年份
软件技术	刘志成	8208290	信息工程系	彭勇	2783857	2003
……	……	……	……	……	……	……

2）创建学生成绩的视图 vw_Score(学号、姓名、课程编号、课程名称、正考成绩)，参考结构见表 A-9。

表 A-9　vw_Score 参考结构

学　号	姓　名	课程编号	课程名称	正考成绩
200503100101	苑俊芳	031007	软件工程	87
……	……	……	……	……

4. 索引

1）在学生信息表中创建“学生名称”为关键字的非聚集索引。

2）在课程信息表中创建“课程名称”为关键字的唯一索引。

3）在专业信息表中创建“专业名称”为关键字的唯一索引。

4）在班级信息表中创建“班级名称”为关键字的唯一索引。

5. 存储过程

1）创建根据指定的学号查询学生所有课程成绩信息的存储过程 up_MyScore，并执行该存储过程查询学号为“200503100101”的学生的成绩信息。

2）创建根据指定的管理员信息实现添加管理员的存储过程 up_AddAdmin，并执行该存储过程将管理员(8,A 类用户,888,超级用户,2007-10-10)添加到管理员表中。

3）创建统计每门课程总成绩和平均成绩的存储过程，并将课程总成绩和平均成绩以输出参数形式输出。执行该存储过程。

6. 触发器

1）创建在删除“学生信息表”中学生信息时，删除“学生成绩表”中该学生信息的触发器 tr_DeleteStudent，并设置删除语句验证该触发器的工作。

2）创建在修改“部门信息表”中的部门编号时，修改“班级信息表”和“专业信息表”的触发器 tr_UpdateDeptNo，并设置修改语句验证该触发器的工作。

（二）数据库安全策略

1）创建 SQL Server 登录名 stuLogin，并将该登录名添加到“sysadmin”固定服务器角色中。

2）创建 stuLogin 登录名对应的数据库用户 stuUser。

3）创建数据库角色 stuRole，并设置 stuRole 拥有对 StudentMis 数据库的所有权限。

4）将 stuUser 添加到该数据库角色中。

5）以 stuLogin 登录 SQL Server 数据库引擎服务器。

（三）数据查询

1）查询学生信息表中的所有数据。

2）查询部门编号“03”，专业负责人为“刘志成”的专业信息并显示汉字标题。

3）查询所有年龄在 20 岁以下的学生的名称、籍贯和年龄。

4）查询学生名字中包含有“芳”的学生的详细信息，并要求按年龄升序排列。

5）查询所有“软件技术”专业的专业编号、专业名称、所属部门名称和部门负责人。

6）查询每一门课程的平均成绩，并根据平均成绩进行降序排列。

7）查询学生“苑俊芳”的所有课程的成绩信息。

8）查询不比“苑俊芳”小的学生的详细信息。

9）查询每个班级男女学生的平均年龄，并将结果保存到“t_Age”表中。

10）查询年龄到20岁以上以及班级编号为“2005031001”的学生信息(使用联合查询)。

（四）数据管理

1）在 e:\data\bak 文件夹中创建备份设备 stubak. bak。

2）将 StudentMis 数据库完整备份到备份设备 stubak. bak。

3）试着删除 StudentMis 数据库中的一部分数据后，尝试使用完整恢复模式恢复 DataBak. bak 备份设备中的数据。

4）将 StudentMis 数据库分离后，将对应的数据库文件复制到另一台机器中。

5）在另一台计算机中，将分离后的数据库附加到 SQL Server 数据库引擎中。

6）将 StudentMis 数据库的数据导出到 e:\data\studentmis. xls 中。

（五）数据库程序开发

1）编写根据输入学生的学号查询学生信息的 Win Form 程序。

2）编写显示所有课程信息的 Web Form 程序。

【提示】

- 教师在实训过程中可以根据实际情况提出具体要求。
- 以上操作要求将参考表中的数据添加到数据库中。

三、实训要求

1. 完成方式

1）要求使用 SSMS 和 T-SQL 语句分别完成实训内容。

2）将 SSMS 的关键过程截图，并加以说明保存到 Word 文档中上交。

3）将完成实训任务的 T-SQL 语句以 SQL 文件的形式保存(可分成多个文件)上交。

2. 实训纪律

课程综合实训是操作性很强的教学环节，针对实训的培养目标和特点，教学的方式和手段可以灵活多样。

1）要求学生在机房上机的时间不低于40学时，并且要求一人一机。学生上机时间可以根据具体情况进行适当增减。

2）实训期间的非上机时间，学生应通过各种媒体获取相关资料进行上机准备工作。

3）实训过程中可以互相讨论，发现问题后找出解决问题的方法，但不允许互相抄袭、复制程序。

四、实训安排

实训内容和时间安排见表 A-10。

表 A-10　实训进程表

序　号	实 训 内 容	课　时
1	1）创建数据库 2）创建学生信息表并输入数据 3）创建课程信息表并输入数据 4）创建专业信息表并输入数据	4
2	1）创建部门信息表并输入数据 2）创建班级信息表并输入数据 3）创建学生成绩表并输入数据 4）创建管理员信息表并输入数据 5）创建表间的关系 6）添加表中的约束	4

（续）

序　号	实 训 内 容	课　时
3	1）创建视图 2）创建索引	4
4	1）创建存储过程 2）使用存储过程	4
5	1）创建触发器 2）使用触发器	4
6	1）进行安全控制 2）验证安全策略	4
7	实现数据查询	4
8	1）数据库备份和恢复 2）数据库分离和附加 3）数据库的导入和导出	4
9	1）Win Form 数据库程序开发 2）Web Form 数据库程序开发	4
10	1）学生进行项目演讲 2）教师评分并对实训情况讲评	4
11	合计	40

说明：

1）课程综合实训建议为两周，共 40 课时。教师可以根据实际情况进行调整。

2）表中的“课时”是指机房上机时间。

五、实训考核

1. 考核方式

考核方式分为过程考核和终结考核两种形成。

过程考核主要考查学生的出勤情况、学习态度和学习能力情况；终结考核主要考查学生综合运用 SQL Server 2005 中的 SSMS 进行数据管理的能力、编写 T-SQL 脚本能力、数据库程序开发能力以及文档的书写能力。

2. 考核标准

实训的考核标准见表 A-11。

表 A-11　实训考核表

序　号	考 核 内 容	考 核 比 例
1	实训期间出勤 学习态度 学习能力	10%
2	使用 SSMS 管理数据库 使用 T-SQL 语句管理数据库 T-SQL 脚本编写规范 进度控制	50%
3	主动发现问题、分析问题和解决问题	10%
4	是否有创新 是否采用优化方案	10%

(续)

序　号	考核内容	考核比例
5	相关文档 实训报告书	10%
6	项目陈述情况 回答问题情况	10%
合计		100%

附录B　模拟试题

数据库系统原理与应用(SQL Server 2005)模拟试题1

一、选择题(20分)

1. 根据关系数据基于的数据模型——关系模型的特征判断下列正确的一项是________。

(A) 只存在一对多的实体关系，以图形方式来表示

(B) 以二维表格结构来保存数据，在关系表中不允许有重复行存在

(C) 能体现一对多、多对多的关系，但不能体现一对一的关系

(D) 关系模型数据库是数据库发展的最初阶段

2. 在“连接”组中有两种连接认证方式，其中在________方式下，需要客户端应用程序连接时提供登录时需要的用户标识和密码。

(A) Windows身份验证　　(B) SQL Server身份验证

(C) 以超级用户身份登录时　　(D) 其他方式登录时

3. SQL Server 2005在安装之前，应注意的事项是________。

(A) SQL Server 2005的任何版本在安装时都不用考虑操作系统的制约

(B) SQL Server 2005的安装对硬件的要求不作任何限制

(C) SQL Server 2005在安装之前，必须安装好 .NET Framework2.0

(D) SQL Server 2005在安装之前，必须安装好SQL Server 2000

4. 关系数据库中，主键是(1)________，主键的建立有(2)________种方法，当运用Transact-SQL语句创建主键时，可以是(3)________。

(1) (A) 为标识表中唯一的实体

(B) 创建唯一的索引，允许空值

(C) 只允许以表中第一字段建立

(D) 允许有多个主键的

(2) (A) 1　　(B) 2　　(C) 3　　(D) 4

(3) (A) create table table1

(column1 char(13) not null primary,

column2 int not) on primary;

(B) alter table table1 with notcheck add

constraint [PK _ table1] primary key nonclustered

(column1) on primary;

（C）alter table table1 column1 primary key;

5. 表在数据库中是一个非常重要的数据对象，它是用来(1)________各种数据内容的，数据库创建后就可以创建表了，创建表可以用(2)________等方法来创建。

(1)（A）显示　（B）查询　（C）存放　（D）检索

(2)（A）SSMS　（B）查询分析器

（C）OSQL　（D）SSMS 和 CREATE TABLE 语句

6. 为数据表创建索引的目的是(1)________，可以在创建表时用(2)________来创建唯一索引，也可以用(2)________来创建唯一索引。

(1)（A）提高查询的检索性能　（B）创建唯一索引

（C）创建主键　（D）归类

(2)（A）设置主键约束，设置唯一约束

（B）Create table，Create index

（C）设置主键约束，Create index

（D）以上都可以

7. 在 Transact-SQL 语法中，用来插入数据的命令是________，用于更新的命令是________。

（A）INSERT，UPDATE　（B）UPDATE，INSERT

（C）DELETE，UPDATE　（D）CREATE，INSERT INTO

8. 在 Transact-SQL 语法中，SELECT 语句的完整语法较复杂，但至少包括的部分(1)________，使用关键字(2)________可以把重复行屏蔽，将多个查询结果返回一个结果集合的运算符是(3)________，如果在 SELECT 语句中使用集合函数时，一定在后面使用(4)________。

(1)（A）SELECT，INTO　（B）SELECT，FROM

（C）SELECT，GROUP　（D）仅 SELECT

(2)（A）DISTINCT　（B）UNION

（C）ALL　（D）TOP

(3)（A）JOIN　（B）UNION

（C）INTO　（D）LIKE

(4)（A）GROUP BY　（B）COMPUTE BY

（C）HAVING　（D）COMPUTE

9. 视图是一种常用的数据对象，它是提供(1)________和(1)________数据的另一种途径，可以简化数据库操作。当使用多个数据表来建立视图时，表的连接不能使用(2)________方式，并且不允许在该语句中包括(3)________等关键字。

(1)（A）查看，存放　（B）查看，检索

（C）插入，更新　（D）检索，插入

(2)（A）外连接　（B）内连接

（C）左连接　（D）右连接

(3)（A）ORDER BY，COMPUTE

（B）ORDER BY，COMPUTE，COMPUTR BY

（C）ORDER BY，COMPUTE BY，GROUP BY

（D）GROUP BY，COMPUTE BY

10. 在 SQL SERVER 服务器上，存储过程是一组预先定义并(1)________的 Transact-SQL 语句。可以用(2)________来声明游标。

(1)（A）保存　（B）编译　（C）解释　（D）编写

(2)（A）CREATE CURSOR　（B）ALTER CURSOR

(C) SET CURSOR　　　　　　　　　　(D) DECLARE CURSOR

二、填空题(20 分)

1. 更改 Microsoft SQL Server 登录的密码的命令是__________，举例说明其语法格式：__________。

2. 如果要使用 sa 账号登录到 SQL Server 2005 服务咕嘟，必须将登录验证模式设置为__________。

3. SQL Server 中索引类型包括的 3 种类型分别是__________、__________和__________。

4. 在 SELECT 语句的 FROM 子句中最多可以指定__________个表或视图，相互之间要用__________分隔，当所查询的表不在当前数据库时，可用__________格式来指出表或视图对象。

5. 实现分离名称为 mydb 的数据库的 T-SQL 语句为__________。

6. 在 SQL SERVER 实例中有 DBOA 数据库，要将它设置成为单用户状态，请写出设置命令：__________。

7. 删除表命令是__________。

8. 用 SELECT 进行模糊查询时，可以使用__________或__________匹配符，但要在条件值中使用__________或__________等通配符来配合查询。并且，模糊查询只能针对字段类型是__________的查询。

9. 计算字段的累加和的函数是__________，统计项目数的函数是__________。

10. SQL SERVER 中的编程语言就是__________语言。

三、判断题(10 分)

1. 在 CREATE INDEX 语句中，使用 CLUSTERED 来建立聚集索引。　(　　)

2. 可以在 SSMS 中修改数据库的名称。　(　　)

3. 恢复数据，可以在查询分析器中使用这样的命令：　(　　)
BACKUP DATABASE database_name FROM backup

4. 可以用系统存储过程 Sp_modibaccess 修改账户。　(　　)

5. 每个存储过程向调用方返回一个整数返回代码。如果存储过程没有显式设置返回代码的值，则返回代码为 0，表示成功。　(　　)

6. 在 T-SQL 语句中，对不符合所有标识符规则的标识符必须进行分隔。　(　　)

7. 在 SQL SERVER 中，触发器的执行是在数据的插入、更新或删除之前执行的。　(　　)

8. 在 T-SQL 语句的 WHERE 子句中，完全可以用 IN 子查询来代替 OR 逻辑表达式。　(　　)

9. 通配符“_”表示某单个字符。　(　　)

10. 因为通过视图可以插入、修改或删除数据，因此视图也是一个实在表。　(　　)

四、简答题(20 分)

1. 写出关系型数据库的第一、第二、第三范式的各自要求。

2. 触发器的类型以及相应的语句命令是什么？

3. SQL Server2005 中的数据库完整性有哪几种类型？

4. 用户权限的种类有哪些？各自的作用是什么？

五、分析编码题(20 分)

1. 使用 T-SQL 建立表 B-1。

表 B-1　雇员基本信息表

字段名	数据类型	宽度	精度	为空性	要求
NO_ID	CHAR	7		NOT NULL	设为主键
NAME	CHAR	10		NOT NULL	

（续）

字 段 名	数 据 类 型	宽度	精度	为 空 性	要 求
SEX	CHAR	2		NOT NULL	默认值为“男”
AGE	INT			NOT NULL	
DEPT	VARCHAR	50		NULL	
PHONE	VARCHAR	20		NULL	
NOTES	VARCHAR	50		NULL	

2. 现有一个销售表，它的结构见表 B-2。

表 B-2 销售表结构

字 段 名	数 据 类 型	宽度	精度	为 空 性	备 注
id	int			NOT NULL	标识号
codno	Char	7		NOT NULL	商品编码
codname	Varchar	30		NOT NULL	商品名称
spec	Varchar	20		NOT NULL	商品规格
price	Numeric	10	2	NOT NULL	价格
sellnum	Int			NOT NULL	销售数量
deptno	char	3		NOT NULL	售出分店编码
selldate	datetime			NOT NULL	销售时间

要求：写出查询销售时间段在 2006 年 2 月 15 日到 2009 年 4 月 29 日之间，分店编码是 01 的所有记录。

3. 在 table1 数据表中增加“No_id”字段，数据类型 char(12)，不可空，并将其设定为 UNIQUE 约束，写出其命令语句。

六、编程填空题(10 分)

填写出下列触发器中缺少的关键字，使下面语句完整：

```
if update ([lcostprice])
        update[b_drug _data]set[scostprice] = ((select [lcostprice]
                from inserted
                ________[codno],[lcostprice],[scostprice]
                ________{b_drug_data. codno} = [inserted. codno])/
                (select[fsco]from[b_drug_data]
                    ________[codno],[fsco]
                    ________[b_drug_data. codno] =
                (select[codno]from inserted group by[codno])))
    where[b_drug_data. codno]______(select[codno]from inserted)
```

数据库系统原理与应用(SQL Server 2005)模拟试题 2

一、选择题(20 分)

1. T-SQL 中返回主机名的函数是________。

(A) DB_NAME( )　(B) HOST_NAME( )　(C) GET_DATE( )　(D) UPPER( )

2. Create trigger 命令用于创建________。

(A) 存储过程　(B) 触发器　(C) 视图　(D) 表

3. 如果对于实体集 A 中的每一个实体，实体集 B 中有可有多个个实体与之联系；反之，对于实体集 B 中的每一个实体，实体集 A 中也可有多个实体与之联系，则称实体集 A 与 B 具有________。

(A) 1∶1 联系　(B) 1∶n 联系　(C) n∶m 联系　(D) 多种联系

4. 数据库中只存放视图的________。

(A) 操作　(B) 对应的数据　(C) 定义　(D) 限制

5. 在 SQL 中，下列涉及空值的操作不正确的是________。

(A) AGE IS NULL　(B) AGE IS NOT NULL

(C) NOT(AGE IS NULL)　(D) AGE = NULL

6. 下列 SQL 语句中，能够实现参照完整性控制的语句是________。

(A) FOREIGN KEY　(B) PRIMARY KEY

(C) REFERENCES　(D) FOREIGNKEY 和 REFERENCES

7. 当两个子查询的结果________时，可以执行并、交、差操作。

(A) 结构完全不一致　(B) 结构完全一致　(C) 结构部分一致　(D) 主键一致

8. WHERE 子句的条件表达式中，可以匹配 0 个到多个字符的通配符是________。

(A) *　(B)%　(C) —　(D)?

9. 用二维表结构表示实体以及实体间联系的数据模型称为________。

(A) 网状模型　(B) 层次模型

(C) 关系模型　(D) 面向对象模型

10. 与 WHERE G BETWEEN 60 AND 100 语句等价的子句是________。

(A) WHERE　G > 60 AND G < 100　(B) WHERE　G >= 60 AND G < 100

(C) WHERE　G > 60 AND G <= 100　(D) WHERE　G >= 60 AND G <= 100

二、填空题(20 分)

1. 数据库的发展过程经历了手工处理阶段、________、________3 个阶段。

2. 当前流行的 3 种数据库模型是层次模型、网状模型和________。

3. 在 SELECT 语句中用来指定所选记录必须满足的条件时应使用________子句，用来说明每个组需要的条件时应使用________子句，在使用 Having 子句前，应保证 SELECT 语句中已经使用了________子句。

4. 当在一个表中已存在有 Primary key 约束时，不能再创建________索引。用 CREATE INDEX ID_Index ON Students(身份证)建立的索引为________索引。

5. 可以对视图进行像表一样的查询、更新操作，每次最多只能影响________个基表，此时，相应的基表的数据________(能或不能)被相应地改变。

6. 在查询表的记录时，若要统计符合某一指定的条件的所有记录个数时，应使用的聚合函数是________，而要求统计符合某一指定条件的所有记录的单个属性值的总和时，应使用的聚合函数是________。若要消除重复的行，应选用________关键字。用来进行模式匹配时，应使用________运算符。用于指定记录值的范围的运算符是________。

7. SQL Server 2005 至少包含一个________文件和________文件。

8. SQL Server 安装完后，有一个默认的登录账号是________。

9. 0 ~ 255 的数据最好采用________数据类型存储，图像一般用________类型的字段存储。

三、判断题(10 分)

1. 关系模型指的是用二维表格来表示数据间联系的模型。 (　　)
2. 结构化查询语言 SQL 是 SQL Server 2005 专用的语言。 (　　)
3. 视图能够简化用户操作。 (　　)
4. 存储过程有助于提高应用程序的性能。 (　　)
5. SQL Server 2005 企业版不可以安装在 Windows 98 上。 (　　)
6. Windows 身份验证登录时不要输入登录名与口令。 (　　)
7. 触发器可用于保证数据的完整性。 (　　)
8. 对表进行规范化的一个目的是减少数据冗余。 (　　)
9. 一般把可以唯一决定一行的字段定义为主键。 (　　)
10. 当列中各项的字符长度不固定时常用 Char 类型字段存储。 (　　)

四、简答题(每题 5 分,共 20 分)

1. SQL SERVER 2005 中有哪几种备份类型?
2. 什么是数据库角色和服务器角色?角色和用户有什么关系?
3. 简述 Microsoft SQL Server 2005 对数据的完整性控制机制。
4. 什么是事务?事务的作用是什么?SQL 中事务的语法结构是怎样的?

五、分析编码题(每题 3 分,共 30 分)

1. 创建一个学生档案表(表名为 xsda),其表结构见表 B-3。

表 B-3　学生档案表

列　名	类　型	长　度	允 许 空	备　注
xh	Char	10		学号
xm	Char	8	√	姓名
csny	Datetime		√	出生年月
gz	Decimal	6	√	工资
zy	Char	10	√	专业

2. 在 csny 字段上创建一个索引 CsnyIndex。
3. 在 xsda 表中插入一个学生记录(2000jsj008,李平)。
4. 把 xsda 表中 1980 年 1 月 1 日前出生的人的工资增加 20%。
5. 创建一个计算机专业学生的视图。
6. 查询 xsda 表中不同专业的人数。
7. 把对 xsda 表的查询权限赋予用户 USER1。
8. 假如另外还有一个学生成绩表 xscj(xh,kch,kccj),xh、kch、kccj 分别指学号、课程号、成绩,要求查询姓名为李平的同学的各门课程的成绩。
9. xsda、xscj 表同上,查询选修了 kch 为 Yy2 的学生的 xh 和 Xm。
10. 说明下面 SQL 语句的含义:

```
ALTER TABLE xsda
ADD Constraint Con_zy CHECK(zy IN('计算机','电子商务'))
```

参考文献

[1] 朱如龙. SQL Server 2005 数据库应用系统开发技术[M]. 北京：机械工业出版社，2006.
[2] 魏茂林. SQL Server 数据库设计与应用案例训练教程[M]. 北京：电子工业出版社，2005.
[3] 闪四清. SQL Server 实用简明教程[M]. 2 版. 北京：清华大学出版社，2005.
[4] 刘志成. SQL Server 2005 实例教程[M]. 北京：电子工业出版社，2008.
[5] 刘志成. SQL Server 数据库技术与实训[M]. 北京：科学出版社，2006.
[6] 董翔英. SQL Server 基础教程[M]. 北京：科学出版社，2005.
[7] 杨志姝，李光海，等. SQL 应用与开发标准教程[M]. 北京：清华大学出版社，2006.
[8] 王俊伟，史创明，等. SQL Server 2000 中文版数据库管理与应用标准教程[M]. 北京：清华大学出版社，2006.
[9] 陈永强，等. SQL Server 数据库企业应用系统开发[M]. 北京：清华大学出版社，2004.
[10] 邹建. 中文版 SQL Server 2000 开发与管理应用实例[M]. 北京：人民邮电出版社，2005.
[11] 杨得新. SQL Server 数据库系统[M]. 北京：机械工业出版社，2004.
[12] 刘志成. Java 进阶教程[M]. 北京：机械工业出版社，2009.
[13] 刘志成. JSP 程序设计案例教程[M]. 北京：清华大学出版社，2007.
[14] 曹圣祖，等. Visual C#. NET 程序设计经典[M]. 北京：科学出版社，2004.